超過500張全彩解剖插圖，專有名詞中英對照

圖解汽車原理與構造

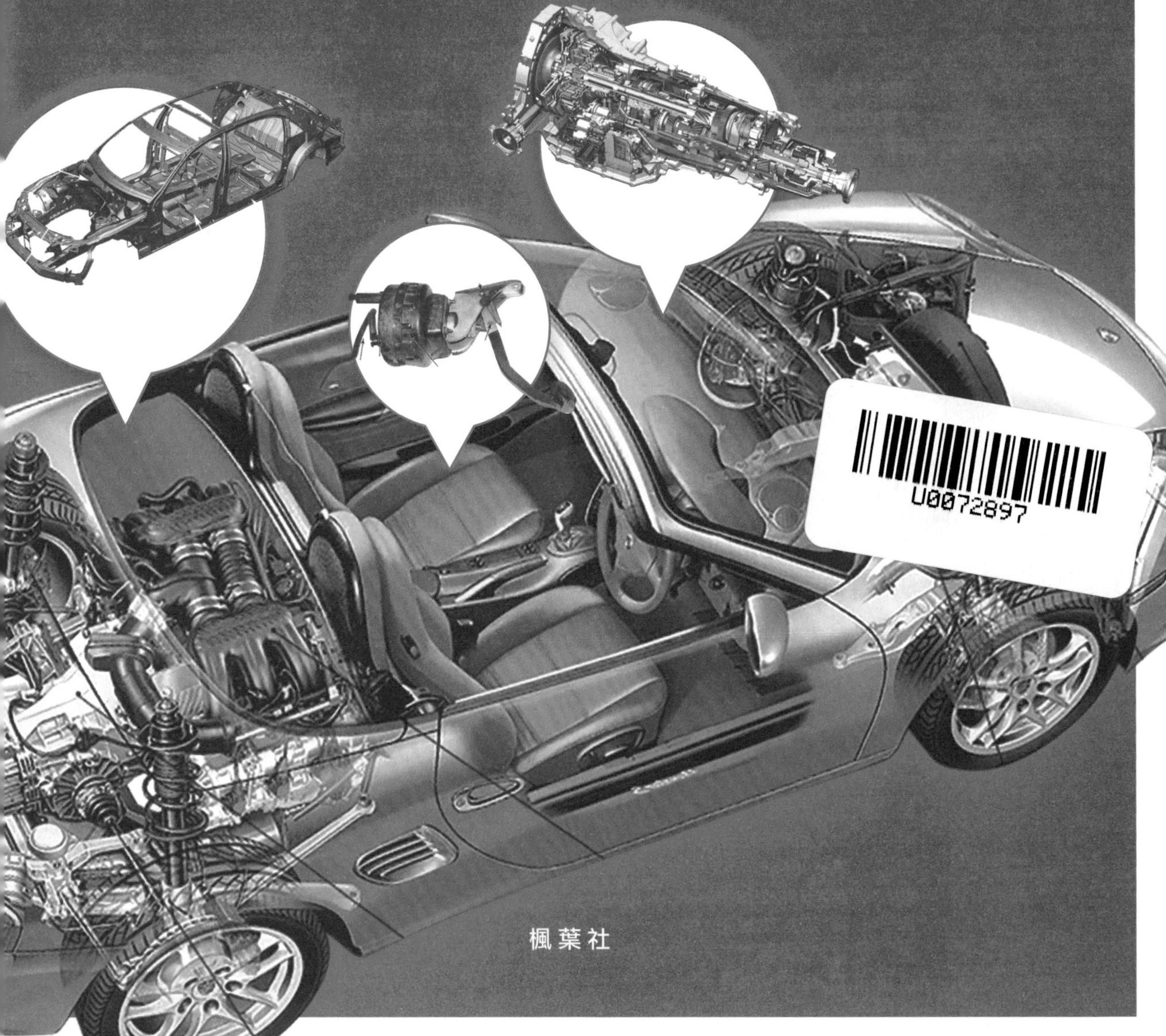

楓葉社

本書採用圖解的方式，系統地介紹汽車的結構與原理，並突出了新知識、新技術。全書主要內容由五部分組成，第一部分主要介紹汽車的總體結構；第二部分描述汽車引擎，包括曲軸連桿機構、汽門機構、燃料供給系統、冷卻系統、潤滑系統和電動汽車等；第三部分詳細介紹汽車的底盤，包括離合器、手動變速箱、自動變速箱、懸吊、轉向系統和煞車系統等；第四部分介紹汽車車身；第五部分介紹汽車電系，包括起動系統、充電系統、點火系統、汽車空調和安全氣囊等。除傳統汽車結構外，本書還增加了許多汽車新結構和新技術等，如混合動力汽車、燃料電池汽車、CVT變速箱、雙離合器變速箱等內容。

本書從入門講起，可作為掌握汽車技術的自學讀本，即使無任何基礎也同樣適用。書中所有專業術語採用英漢兩種語言相互對照，並與插圖相對應，方便學習與查閱。本書內容系統全面，插圖直觀精美，可作為學習汽車技術的參考書、工具書，適合汽車專業的師生、汽車技術人員、汽車維修人員以及汽車愛好者使用。

圖解汽車原理與構造

出　　版／楓葉社文化事業有限公司
地　　址／新北市板橋區信義路163巷3號10樓
郵政劃撥／19907596 楓書坊文化出版社
網　　址／www.maplebook.com.tw
電　　話／02-2957-6096
傳　　真／02-2957-6435
編　　著／張金柱
審　　定／黃國淵
企劃編輯／陳依萱
校　　對／黃薇霓
總 經 銷／商流文化事業有限公司
地　　址／新北市中和區中正路752號8樓
網　　址／www.vdm.com.tw
電　　話／02-2228-8841
傳　　真／02-2228-6939
定　　價／350元
二版日期／2019年8月

國家圖書館出版品預行編目資料

圖解汽車原理與構造 / 張金柱編著. -- 初版. -- 新北市：楓葉社文化, 2019.04 面； 公分

ISBN 978-986-370-195-8（平裝）

1. 汽車工程

447.1　　108001422

前言
FOREWORD

汽車在人們工作和生活中的地位變得越來越重要。汽車結構與原理是學習汽車知識、掌握汽車技術的前提和基礎，圖解是一種快速、直觀、簡捷的學習汽車結構的形式。本書採用圖解的方式描述汽車的結構和原理，使內容更加直觀、具體、形象、生動。書中的汽車專業術語採用英漢兩種語言表達，讀者可在瞭解汽車專業知識同時，學習汽車專業英語。

本書的特點如下：

1.直觀性。以彩色簡圖、原理圖、解剖圖、分解圖等形式詳細介紹汽車組成系統、總成和零部件，使複雜的汽車結構、原理一目瞭然。

2.系統性。按照汽車結構特點編寫，與目前典型的汽車構造教材內容順序相對應，便於學習汽車結構與原理。

3.對應性。英漢專業術語相對應，插圖和專業術語相對應。以插圖引導專業術語，以令人賞心悅目、色彩絢麗的圖畫配以簡明、精準的專業術語解釋。

4.通俗性。本書以圖解形式講述汽車的結構與原理，即使無任何基礎也同樣適合，通俗直觀、易於掌握。

全書主要內容由五部分組成，第一部分主要介紹汽車的總體結構。第二部分描述汽車引擎，包括曲軸連桿機構、汽門機構、燃料供給系統、冷卻系統、潤滑系統和電動汽車等。第三部分詳細介紹汽車的底盤，包括離合器、手動變速箱、自動變速箱、懸吊、轉向系統和煞車系統等。第四部分介紹汽車車身。第五部分介紹汽車電系，包括起動系統、充電系統、點火系統、汽車空調和安全氣囊等。除傳統汽車結構外，本書還增加了許多汽車新結構和新技術等，如混合動力汽車、燃料電池汽車、CVT變速箱、雙離合器變速箱等內容。

本書可作為學習汽車技術的參考書、工具書，適合廣大汽車愛好者、汽車專業的師生、汽車從業人員以及汽車駕駛員閱讀。

本書由黑龍江工程學院張金柱主編，黑龍江工程學院韓玉敏、王雲龍，哈爾濱技師學院李鵬和龍岩學院王悅新參加部分章節的編寫。全書第二部分第1章至第13章由韓玉敏編寫，第二部分第14章至第18章由王雲龍編寫，第三部分第1章至第4章由李鵬編寫，第三部分第5章至第9章由王悅新編寫，其餘部分由張金柱編寫。

編寫過程中曾參考多種國內外出版的有關圖書資料，在此謹向各書編者表示衷心的感謝。

由於本書所涉及的技術內容較新，範圍較廣，且筆者水平有限，因此書中難免有不妥之處，懇請讀者不吝指正。

編　者

第1部分 汽車概述
PART1

第2部分 引擎
PART2

目錄
CONTENTS

第3部分 底盤
PART3

第4部分 車身
PART4

第5部分 汽車電系
PART5

PART 1

第1部分
汽車概述

第1章 汽車分類

汽車按照功能性可劃分為房車、旅行轎車、轎跑車、跑車、敞篷車等車型（圖1-1-1）。

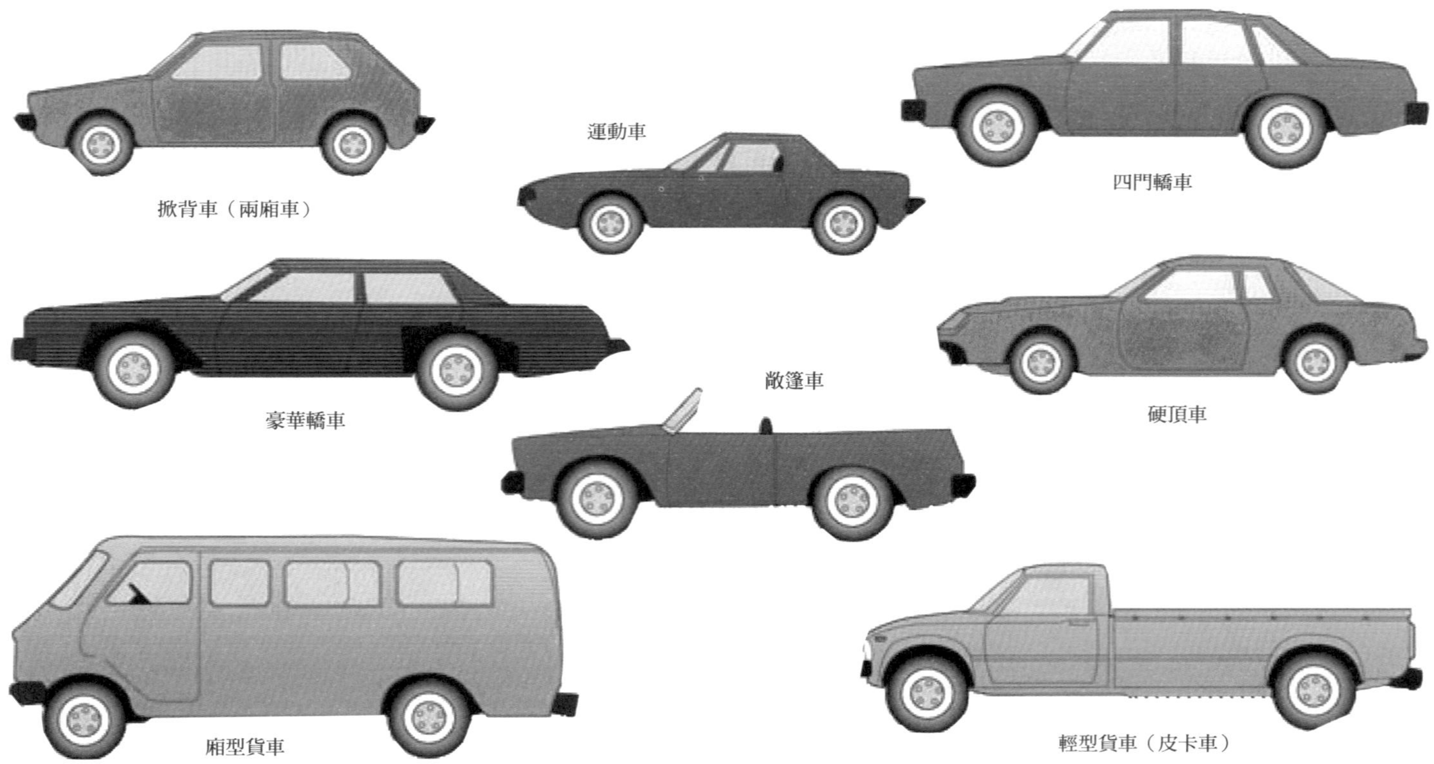

圖1-1-1 汽車類型

第2章 汽車組成

汽車的總體構造基本上由四部分組成：引擎、底盤、車身、電系（圖1-2-1）。

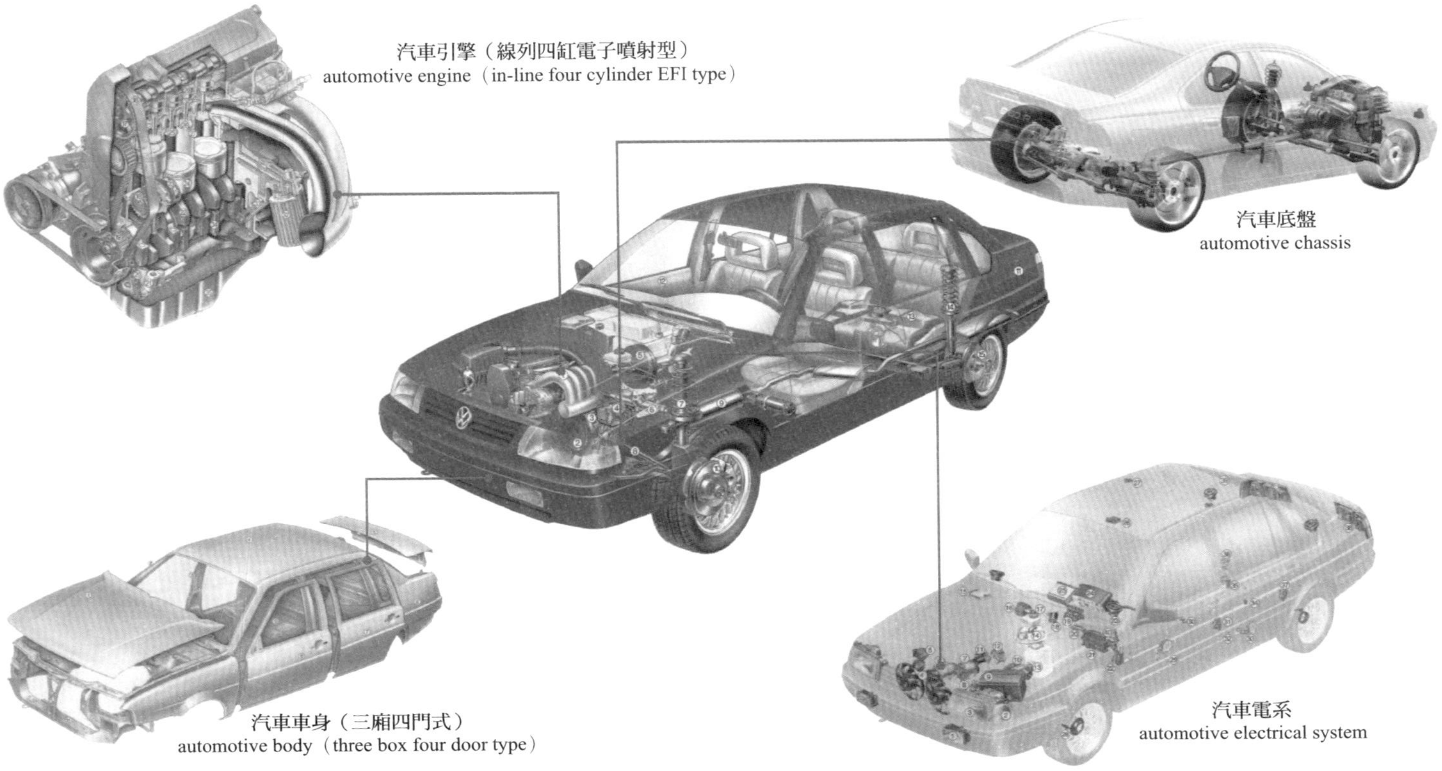
汽車引擎（線列四缸電子噴射型）
automotive engine（in-line four cylinder EFI type）
汽車底盤
automotive chassis
汽車車身（三廂四門式）
automotive body（three box four door type）
汽車電系
automotive electrical system

圖1-2-1 汽車總體結構

汽車結構視圖如圖1-2-2所示。

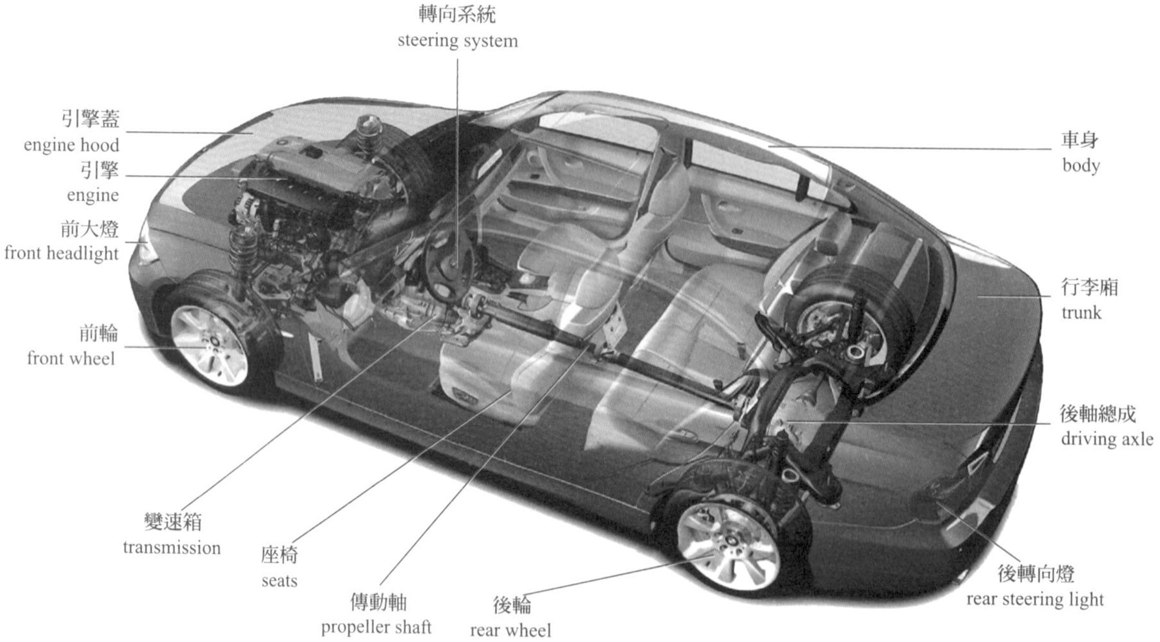

圖1-2-2 汽車結構視圖

汽車底視圖如圖1-2-3所示。

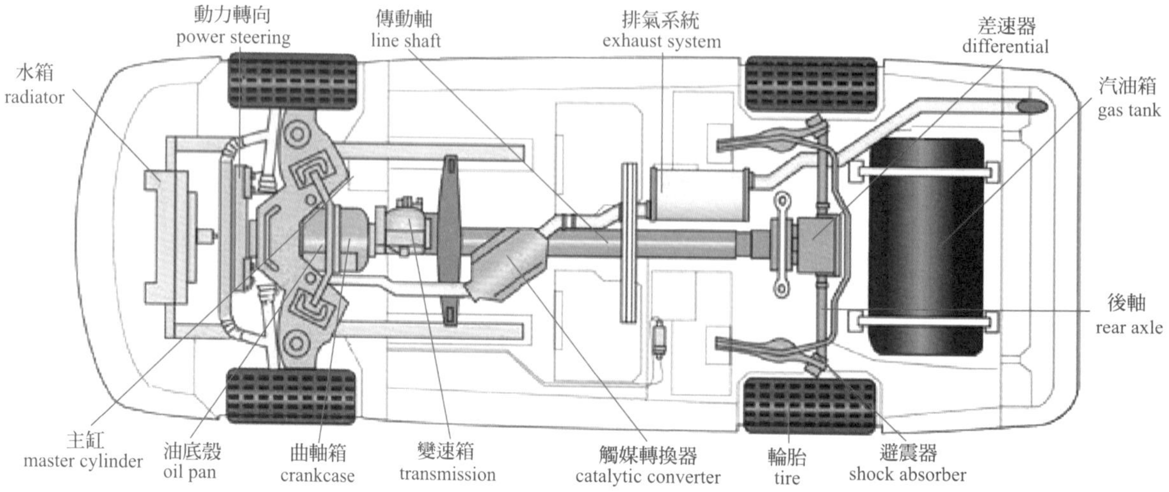

圖1-2-3 汽車底視圖

汽車總成分解如圖1-2-4所示。

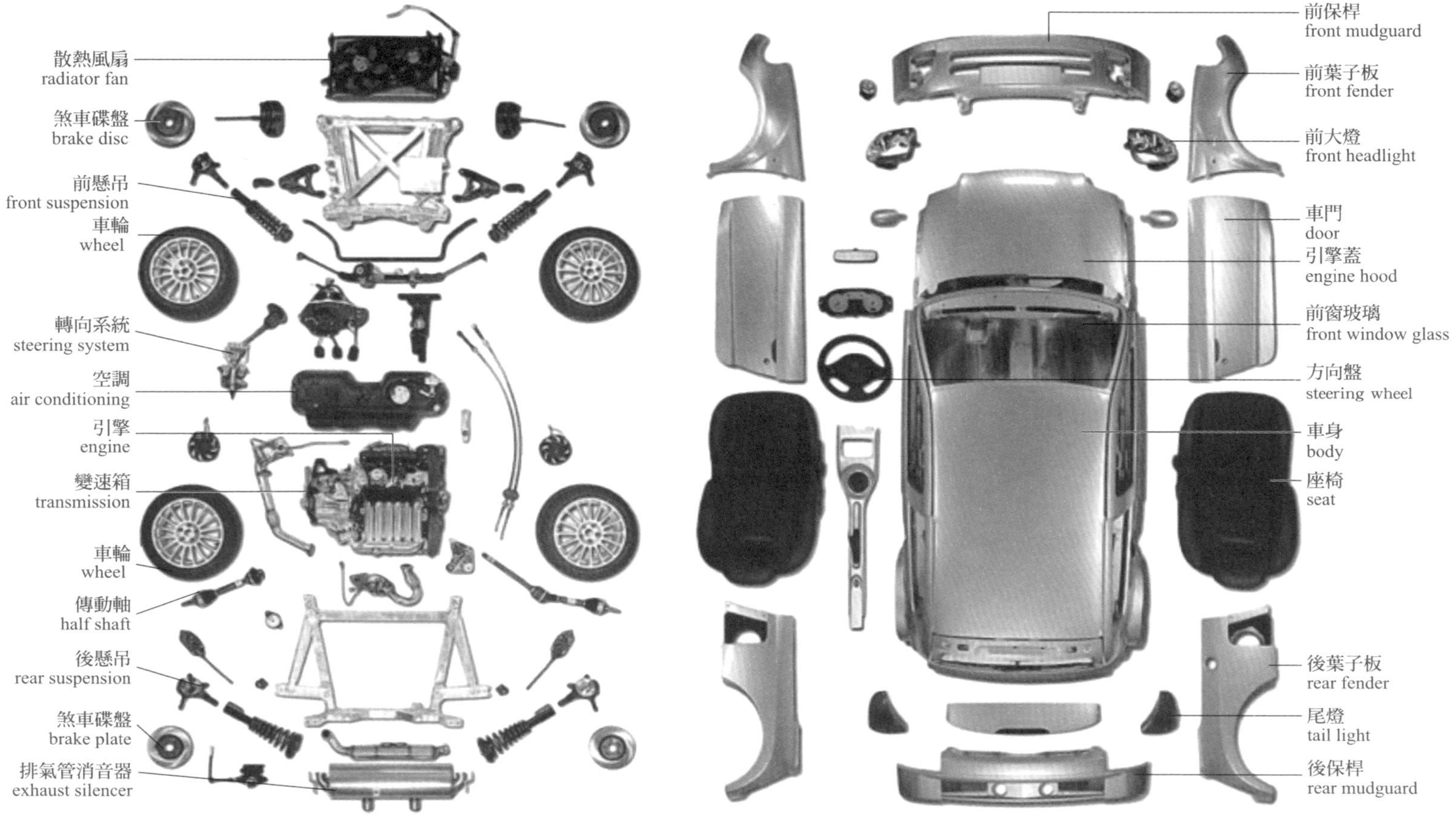
散熱風扇
radiator fan
煞車碟盤
brake disc
前懸吊
front suspension
車輪
wheel
轉向系統
steering system
空調
air conditioning
引擎
engine
變速箱
transmission
車輪
wheel
傳動軸
half shaft
後懸吊
rear suspension
煞車碟盤
brake plate
排氣管消音器
exhaust silencer
前保桿
front mudguard
前葉子板
front fender
前大燈
front headlight
車門
door
引擎蓋
engine hood
前窗玻璃
front window glass
方向盤
steering wheel
車身
body
座椅
seat
後葉子板
rear fender
尾燈
tail light
後保桿
rear mudguard

圖1-2-4 分解的汽車

2.1 引擎

引擎是汽車的動力裝置，其作用是使進入其中的燃料經過燃燒而變成熱能，並轉化為動能，通過底盤的傳動系統驅動汽車行駛（圖1-2-5）。

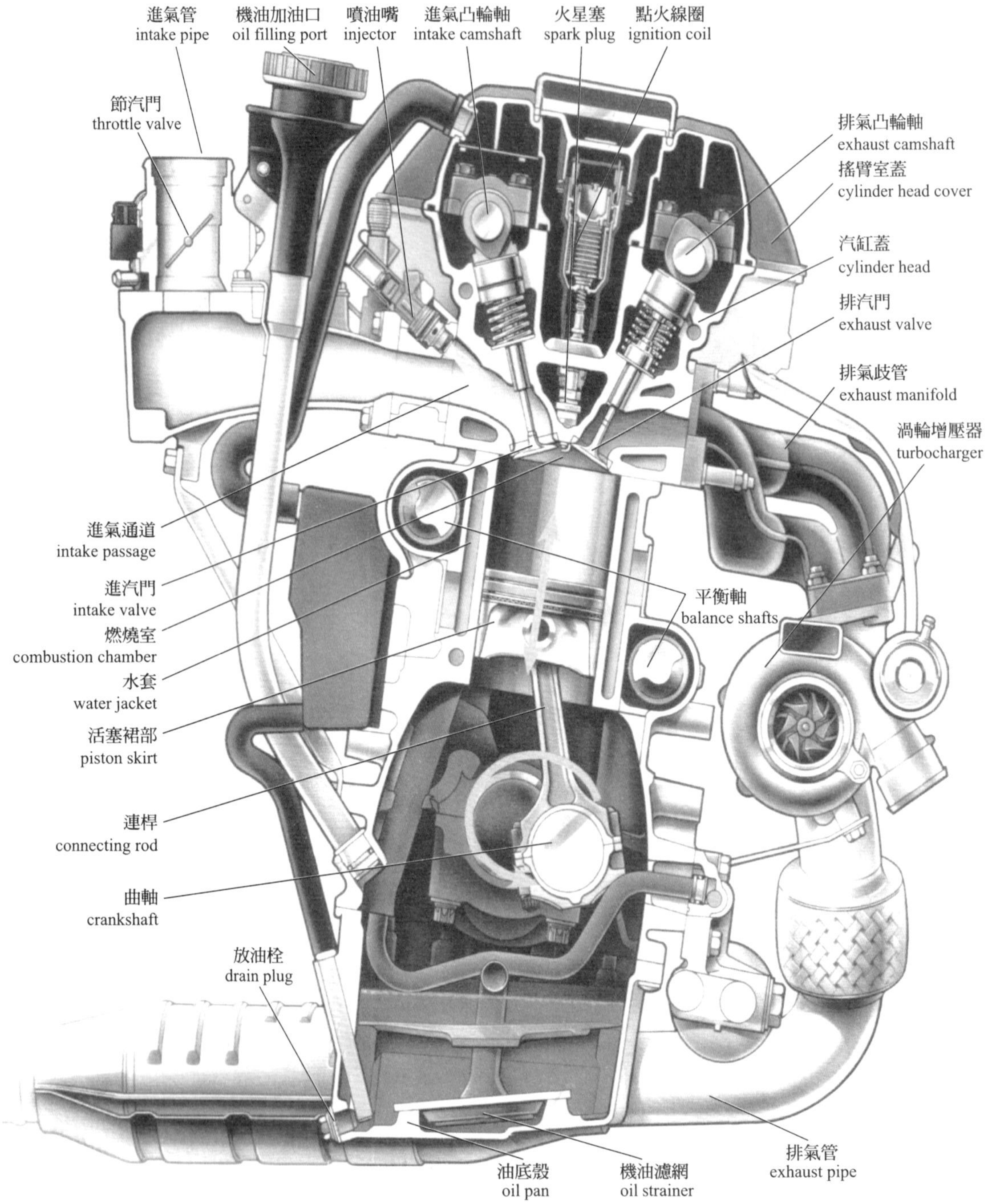
進氣管
intake pipe
機油加油口
oil filling port
噴油嘴
injector
進氣凸輪軸
intake camshaft
火星塞
spark plug
點火線圈
ignition coil
節汽門
throttle valve
排氣凸輪軸
exhaust camshaft
搖臂室蓋
cylinder head cover
汽缸蓋
cylinder head
排汽門
exhaust valve
排氣歧管
exhaust manifold
渦輪增壓器
turbocharger
進氣通道
intake passage
進汽門
intake valve
燃燒室
combustion chamber
水套
water jacket
活塞裙部
piston skirt
平衡軸
balance shafts
連桿
connecting rod
曲軸
crankshaft
放油栓
drain plug
油底殼
oil pan
機油濾網
oil strainer
排氣管
exhaust pipe

圖1-2-5 引擎總體構造

2.2 底盤

底盤的作用是支撐車身，接受引擎產生的動力，並保證汽車能夠正常行駛（**圖1-2-6**）。底盤本身又可分為傳動系統、懸吊系統、轉向系統和煞車系統四部分。

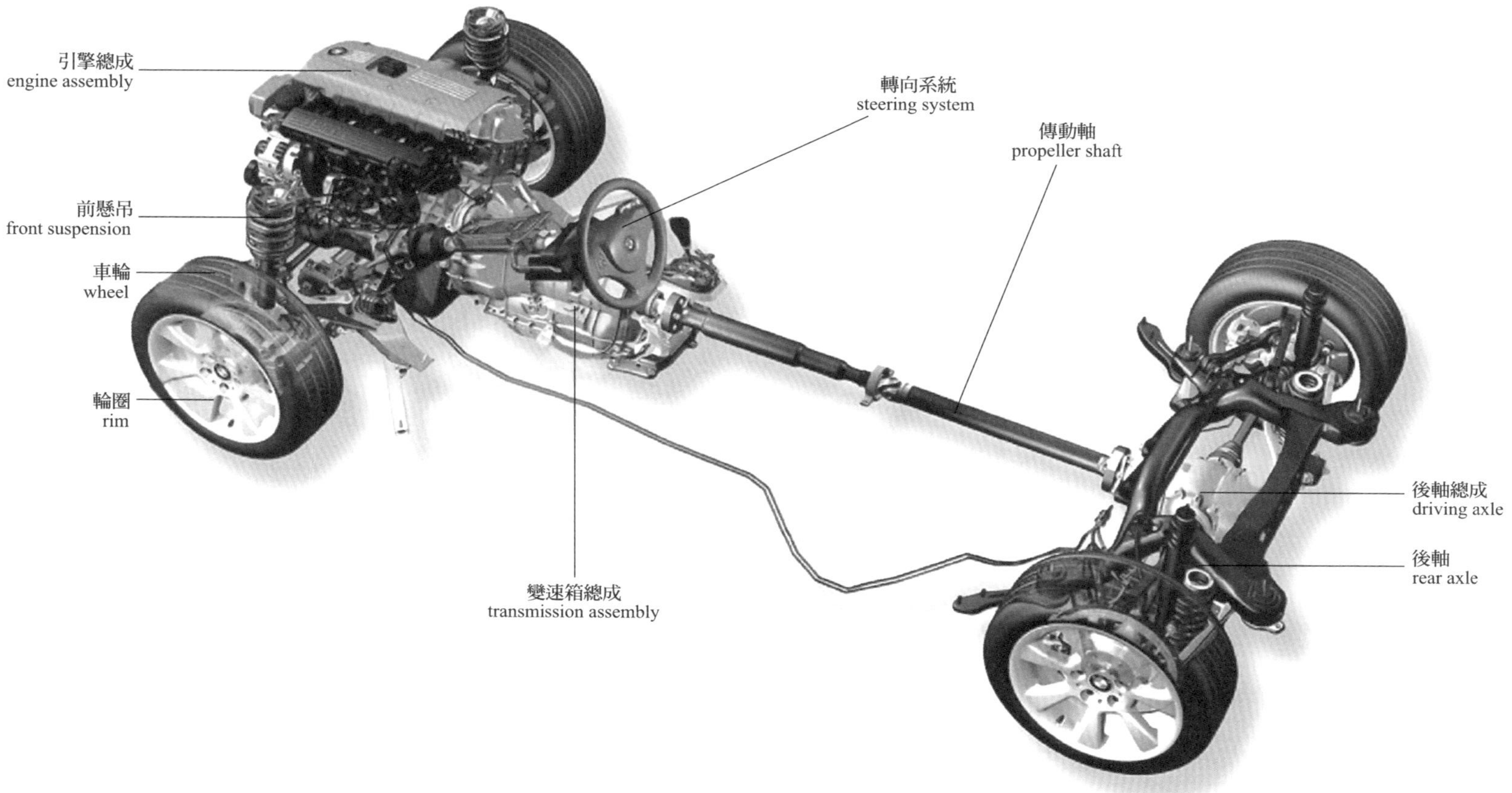
引擎總成
engine assembly
前懸吊
front suspension
車輪
wheel
輪圈
rim
轉向系統
steering system
傳動軸
propeller shaft
變速箱總成
transmission assembly
後軸總成
driving axle
後軸
rear axle

圖1-2-6 底盤

2.3 車身

車身指的是車輛用來載人裝貨的部分，也指車輛整體。汽車車身結構主要包括車身殼體、車門、車窗、車前鈑件、車身內外裝飾件和車身附件、座椅以及通風、暖氣、冷氣、空氣調節裝置等（圖1-2-7）。在貨車和專用汽車上還包括車廂和其他裝備。

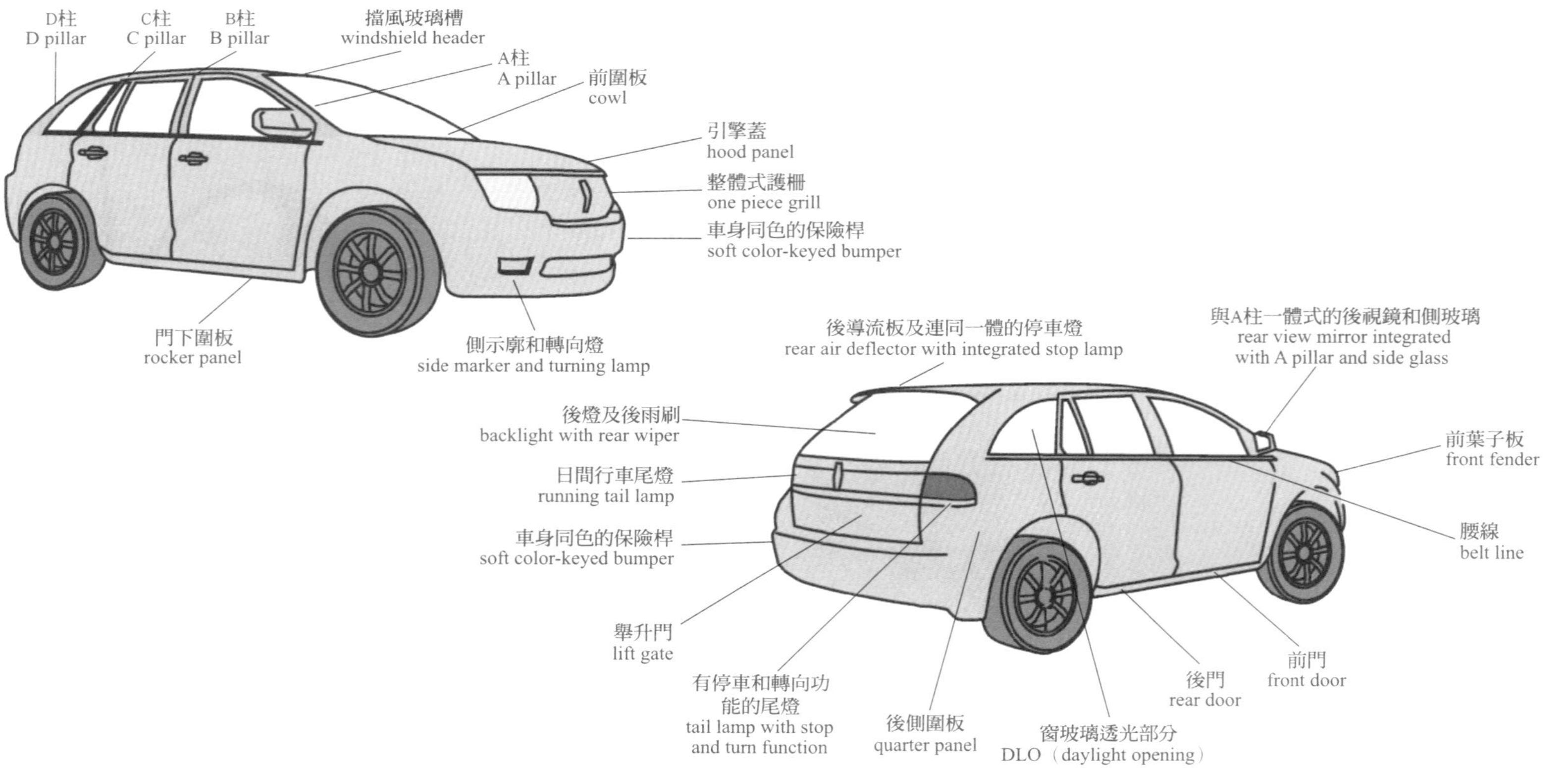
D柱
D pillar
C柱
C pillar
B柱
B pillar
擋風玻璃槽
windshield header
A柱
A pillar
前圍板
cowl
引擎蓋
hood panel
整體式護柵
one piece grill
車身同色的保險桿
soft color-keyed bumper
門下圍板
rocker panel
側示廓和轉向燈
side marker and turning lamp
後導流板及連同一體的停車燈
rear air deflector with integrated stop lamp
與A柱一體式的後視鏡和側玻璃
rear view mirror integrated
with A pillar and side glass
後燈及後雨刷
backlight with rear wiper
日間行車尾燈
running tail lamp
車身同色的保險桿
soft color-keyed bumper
舉升門
lift gate
有停車和轉向功
能的尾燈
tail lamp with stop
and turn function
後側圍板
quarter panel
窗玻璃透光部分
DLO（daylight opening）
後門
rear door
前門
front door
前葉子板
front fender
腰線
belt line

圖1-2-7 汽車車身

2.4 汽車電系

電系設備包括電源、引擎起動系統以及汽車照明等用電設備，在強制點火的引擎中還包括引擎的點火系統（圖1-2-8）。

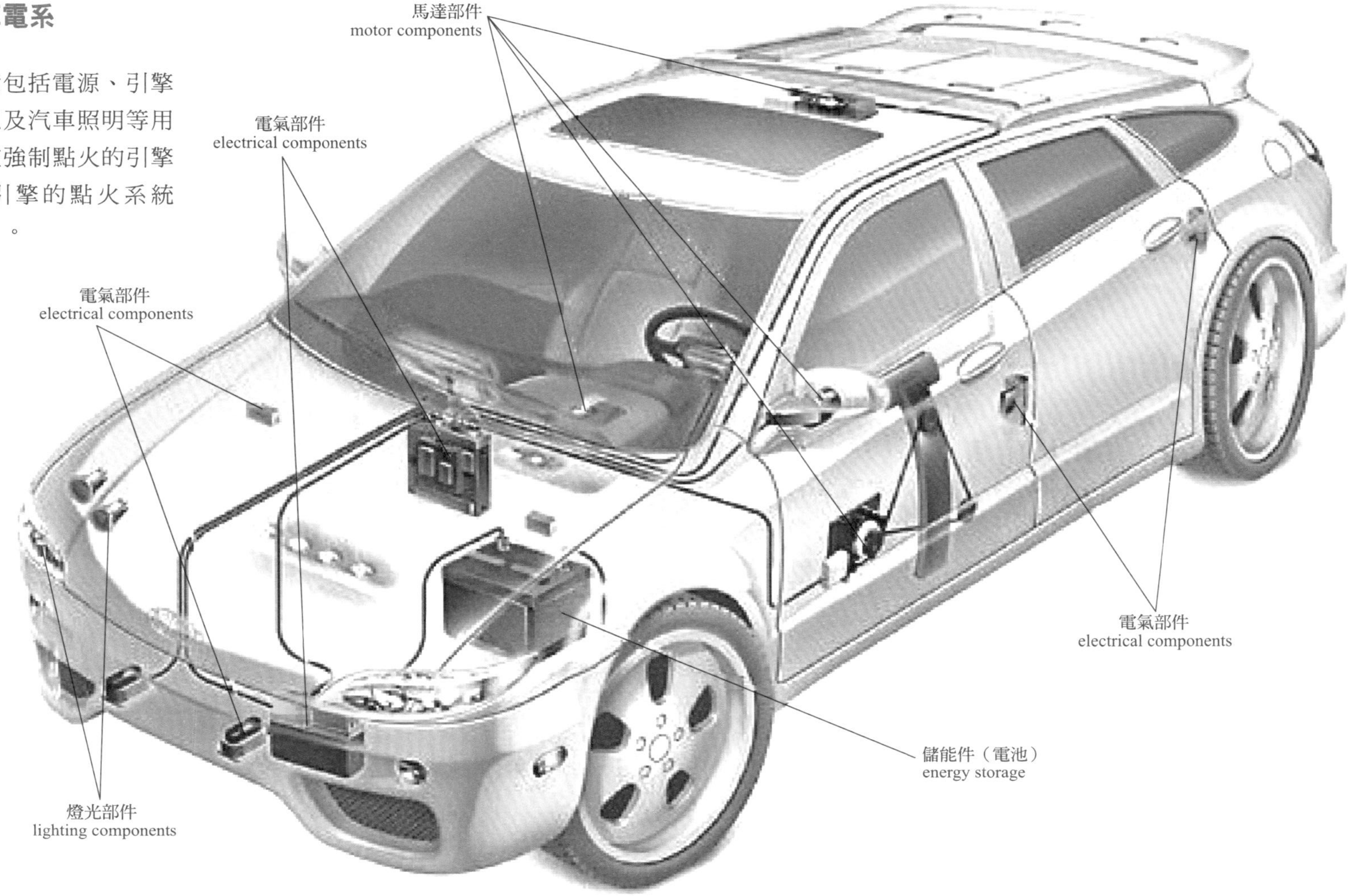
馬達部件
motor components
電氣部件
electrical components
電氣部件
electrical components
電氣部件
electrical components
儲能件（電池）
energy storage
燈光部件
lighting components

圖1-2-8 汽車電系

第3章
汽車參數

在買車時要瞭解一款車的空間，當然要看車的總長、軸距等參數。現在各汽車廠商對於車身規格的標注，基本上都統一了，如車身總長、軸距、輪距、前懸、後懸等（**圖1-3-1**、**圖1-3-2**）。

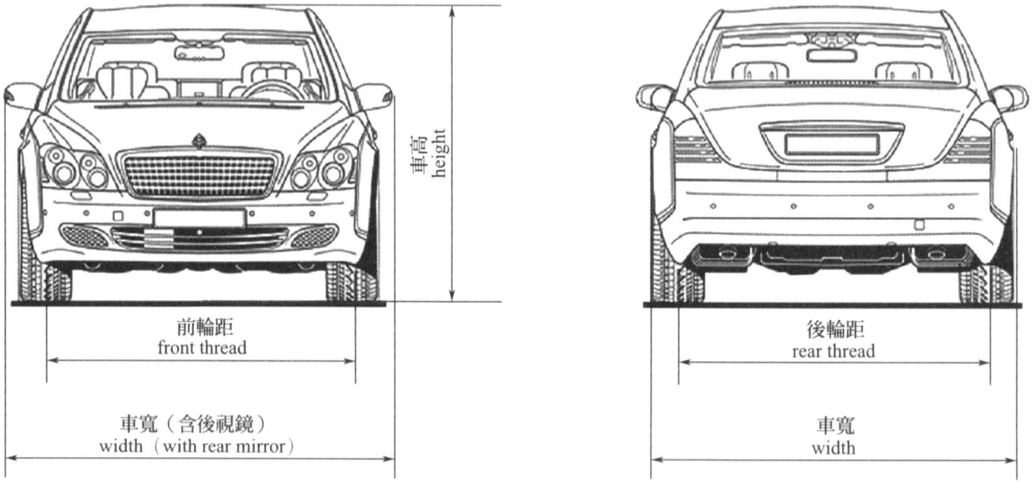

圖1-3-1 汽車總體參數（1）

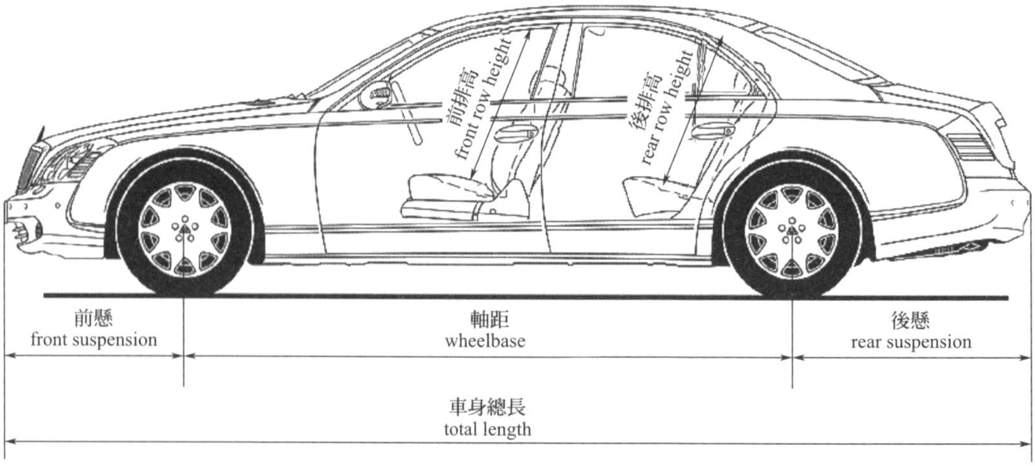

圖1-3-2 汽車總體參數（2）

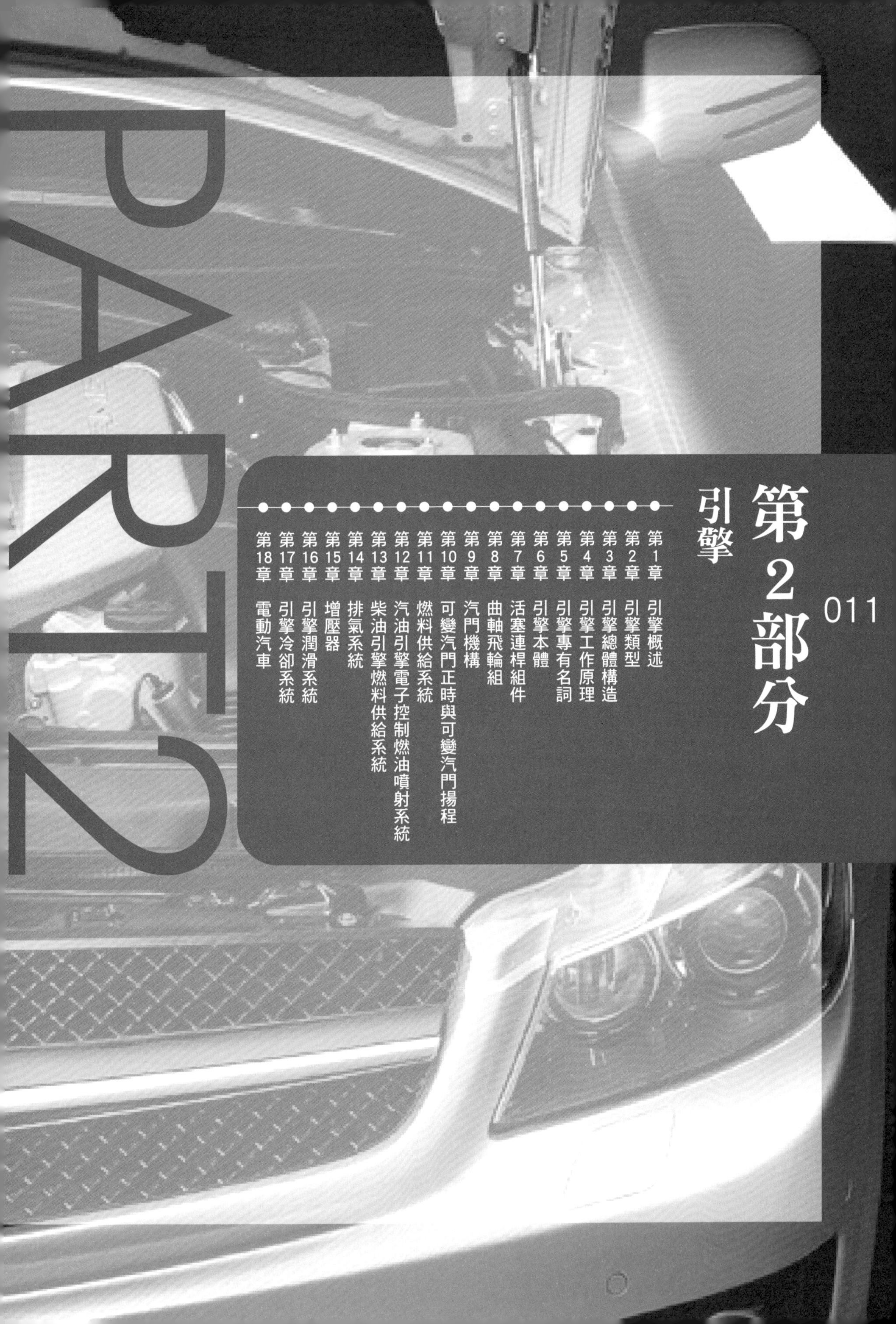

PART2

第2部分

引擎

第1章
引擎概述

汽車的動力源泉就是引擎，而引擎的動力則來自於汽缸內部，引擎汽缸就是一個把燃料的內能轉化為動能的場所。可以簡單理解為，燃料在汽缸內燃燒，產生巨大壓力推動活塞上下運動，通過連桿把力傳給曲軸，最終轉化為旋轉運動，再通過變速箱和傳動軸，把動力傳遞到驅動車輪上，從而推動汽車前進。引擎結構見**圖2-1-1**。

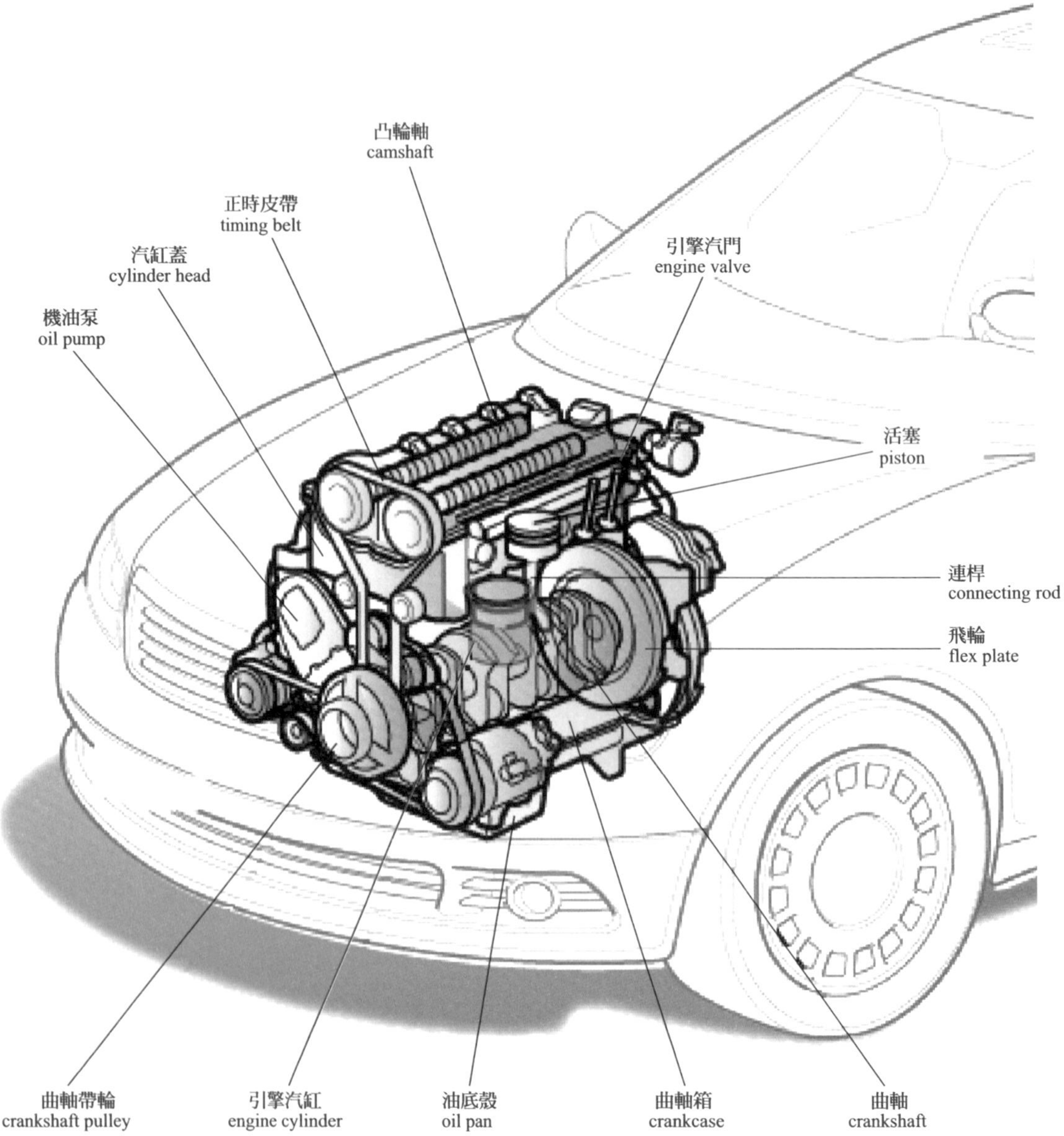
凸輪軸
camshaft
正時皮帶
timing belt
汽缸蓋
cylinder head
機油泵
oil pump
引擎汽門
engine valve
活塞
piston
連桿
connecting rod
飛輪
flex plate
曲軸帶輪
crankshaft pulley
引擎汽缸
engine cylinder
油底殼
oil pan
曲軸箱
crankcase
曲軸
crankshaft

圖2-1-1 引擎

單缸引擎結構見**圖2-1-2**。

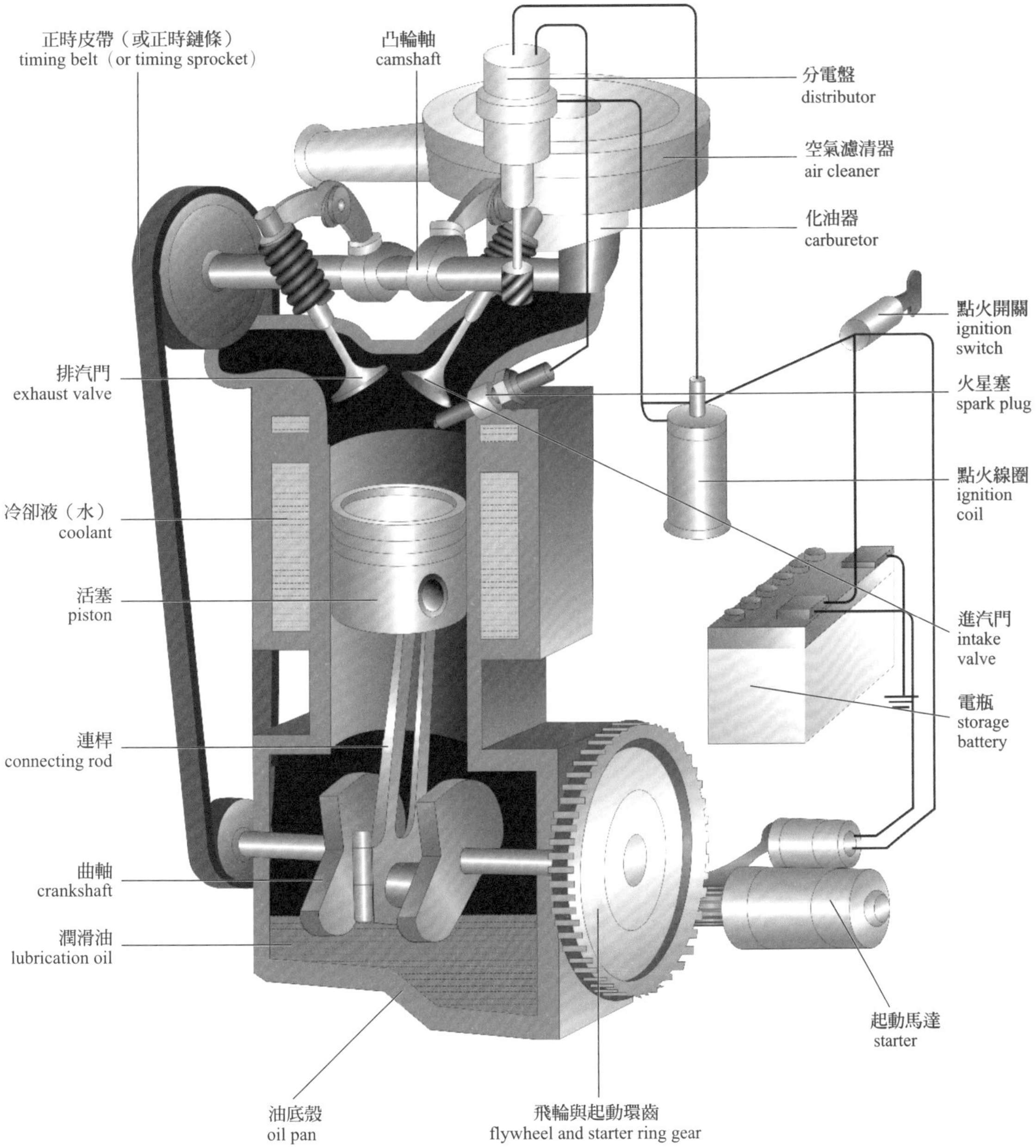
正時皮帶（或正時鏈條）
timing belt（or timing sprocket）
凸輪軸
camshaft
分電盤
distributor
空氣濾清器
air cleaner
化油器
carburetor
點火開關
ignition switch
火星塞
spark plug
點火線圈
ignition coil
排汽門
exhaust valve
冷卻液（水）
coolant
活塞
piston
進汽門
intake valve
電瓶
storage battery
連桿
connecting rod
曲軸
crankshaft
潤滑油
lubrication oil
起動馬達
starter
油底殼
oil pan
飛輪與起動環齒
flywheel and starter ring gear

圖2-1-2 單缸引擎

剖視的引擎見圖2-1-3。

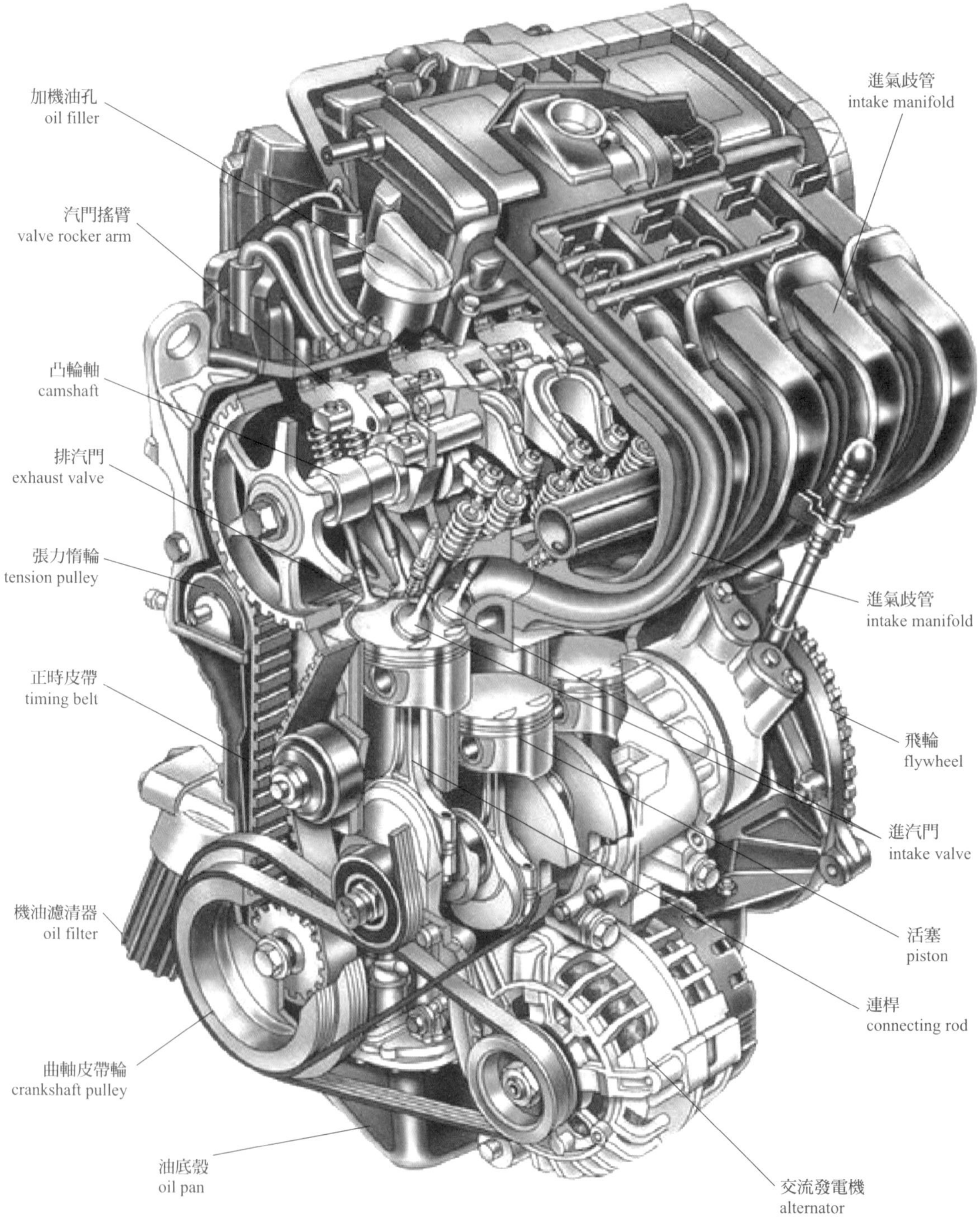
加機油孔
oil filler
汽門搖臂
valve rocker arm
凸輪軸
camshaft
排汽門
exhaust valve
張力惰輪
tension pulley
正時皮帶
timing belt
機油濾清器
oil filter
曲軸皮帶輪
crankshaft pulley
油底殼
oil pan
進氣歧管
intake manifold
進氣歧管
intake manifold
飛輪
flywheel
進汽門
intake valve
活塞
piston
連桿
connecting rod
交流發電機
alternator

圖2-1-3　引擎剖視圖

分解的引擎見圖2-1-4。

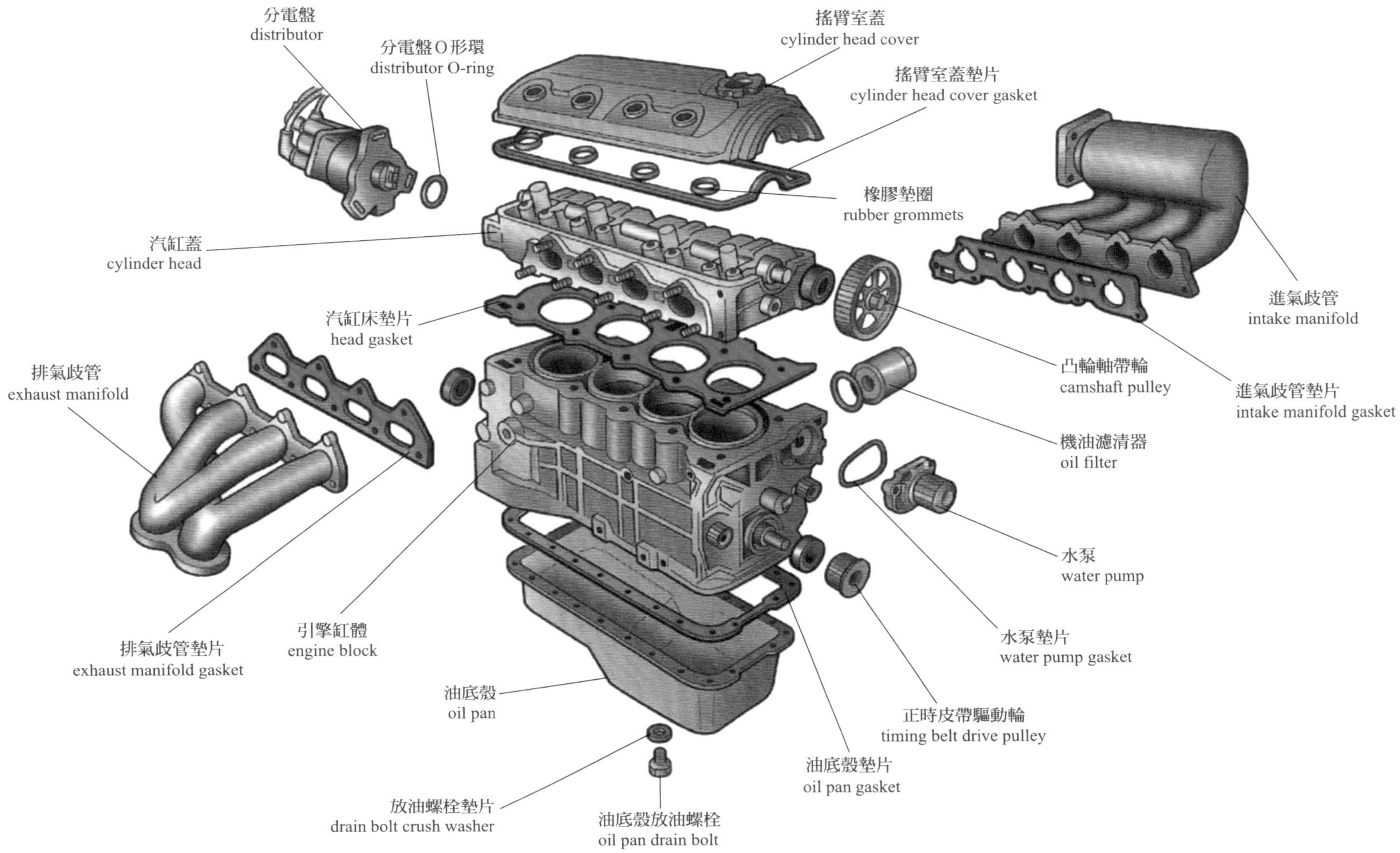
分電盤
distributor
分電盤O形環
distributor O-ring
搖臂室蓋
cylinder head cover
搖臂室蓋墊片
cylinder head cover gasket
橡膠墊圈
rubber grommets
進氣歧管
intake manifold
進氣歧管墊片
intake manifold gasket
汽缸蓋
cylinder head
汽缸床墊片
head gasket
凸輪軸帶輪
camshaft pulley
排氣歧管
exhaust manifold
機油濾清器
oil filter
水泵
water pump
排氣歧管墊片
exhaust manifold gasket
引擎缸體
engine block
水泵墊片
water pump gasket
油底殼
oil pan
正時皮帶驅動輪
timing belt drive pulley
油底殼墊片
oil pan gasket
放油螺栓墊片
drain bolt crush washer
油底殼放油螺栓
oil pan drain bolt

圖2-1-4 引擎分解圖

第2章 引擎類型

2.1 汽油引擎

汽油引擎是以汽油作為燃料的引擎（圖2-2-1）。由於汽油黏性小，蒸發快，可以用汽油噴射系統將汽油噴入汽缸，經過壓縮達到一定的溫度和壓力後，用火星塞點燃，使氣體膨脹動力。

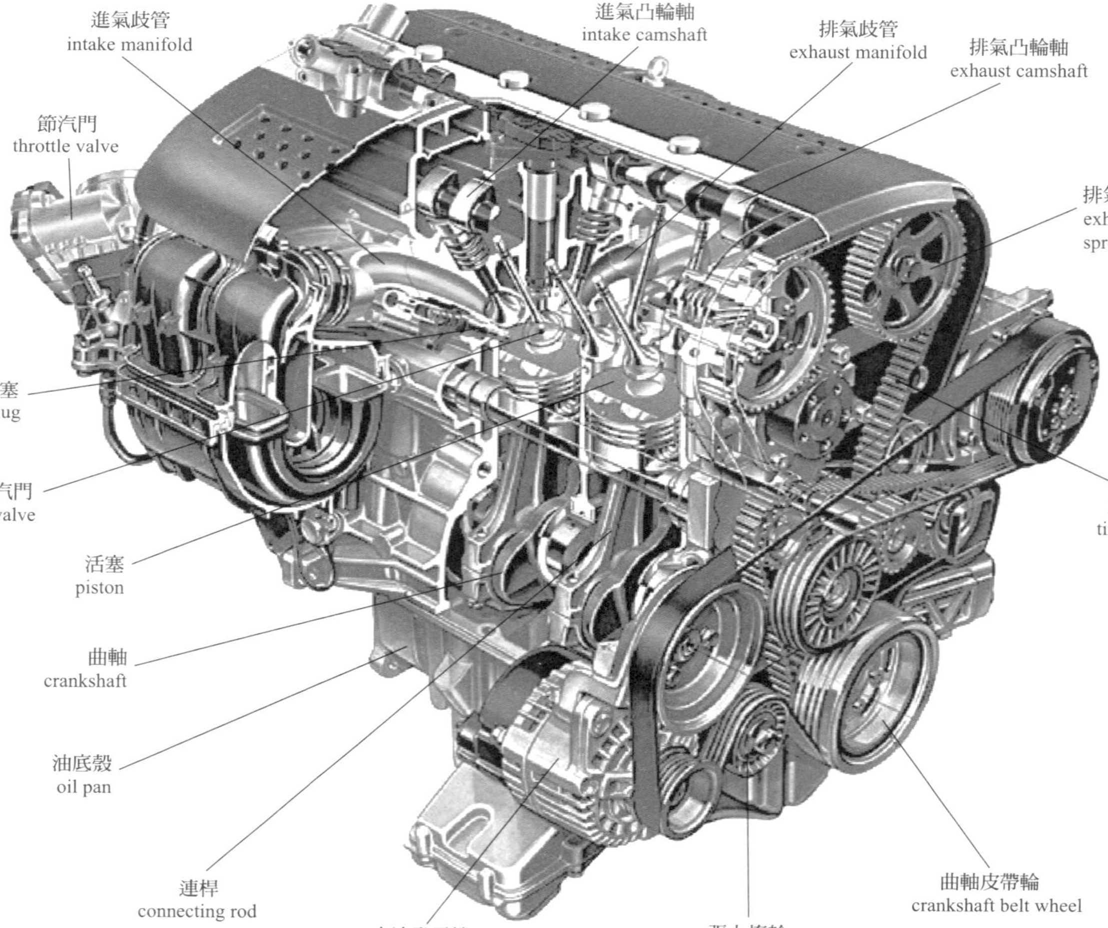
進氣歧管
intake manifold
進氣凸輪軸
intake camshaft
排氣歧管
exhaust manifold
排氣凸輪軸
exhaust camshaft
節汽門
throttle valve
排氣凸輪軸鏈輪
exhaust camshaft sprocket wheel
火星塞
spark plug
進汽門
intake valve
正時鏈條
timing chain
活塞
piston
曲軸
crankshaft
油底殼
oil pan
連桿
connecting rod
交流發電機
alternator
張力惰輪
pivot shaft
曲軸皮帶輪
crankshaft belt wheel

圖2-2-1 汽油引擎剖視圖

2.2 柴油引擎

柴油引擎是通過燃燒柴油來獲取能量釋放的引擎（圖2-2-2），它是由德國發明家魯道夫・狄塞爾（Rudolf Diesel）於1892年發明的，為了紀念這位發明家，柴油就是用他的姓Diesel來表示，而柴油引擎也稱為狄塞爾引擎。柴油引擎是直接將柴油噴入已充滿壓縮空氣的汽缸，壓縮自燃點火。

汽門搖臂
valve rocker arm
汽門彈簧
valve spring
排汽門
exhaust valve
活塞
piston
曲軸
crankshaft
連桿
connecting rod
凸輪軸鏈輪
camshaft sprocket
噴油嘴
injector
進汽門
intake valve
燃燒室
combustion chamber
曲軸鏈輪
crankshaft sprocket

圖2-2-2 柴油引擎構造

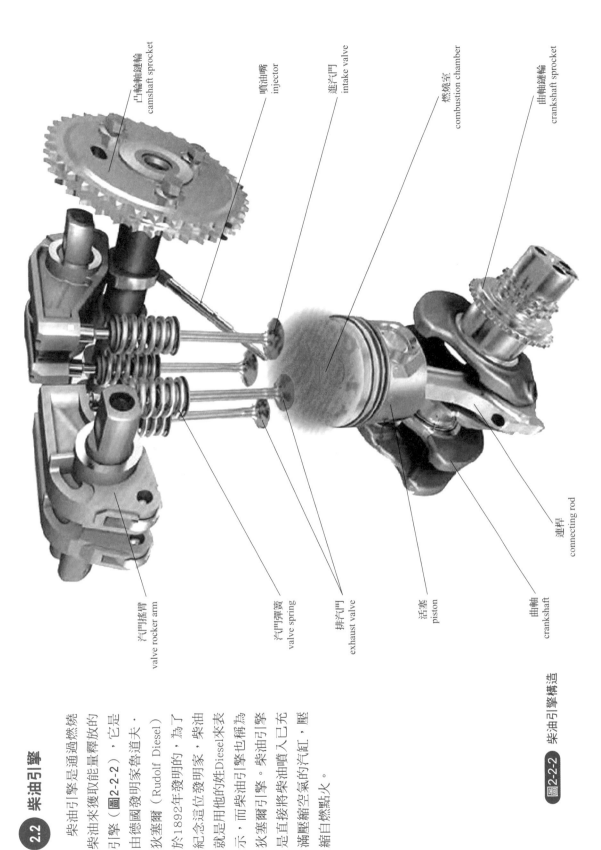

2.3 轉子引擎

轉子引擎又稱為米勒循環引擎，由德國人菲加士· 汪克爾（Felix Wankel）發明。轉子引擎直接將可燃氣的燃燒膨脹力轉化為驅動扭矩。轉子引擎的活塞是一個扁平三角形，汽缸是一個扁盒子，活塞偏心地安裝在空腔內。汽油燃燒產生的膨脹力作用在轉子的側面上，從而將三角形轉子的三個面之一推向偏心軸的中心，在向心力和切向力的作用下，活塞在汽缸內做行星旋轉運動（圖2-2-3）。

進氣管
intake pipe
轉子
rotor
中心軸
central shaft
排氣管
exhaust pipe
冷卻水套
cooling water jacket
汽缸體
cylinder block

圖2-2-3 轉子引擎構造

第3章
引擎總體構造

汽油引擎由兩大機構和五大系統組成，即由曲軸連桿機構、汽門機構以及燃料供給系統、潤滑系統、冷卻系統、點火系統和起動系統組成；柴油引擎由兩大機構和四大系統組成，即由曲軸連桿機構、汽門機構以及燃料供給系統、潤滑系統、冷卻系統和起動系統組成，柴油引擎是壓縮著火的，不需要點火系統。

3.1 曲軸連桿機構

曲軸連桿機構是引擎實現工作循環、完成能量轉換的主要運動零件，它由缸體組、活塞連桿組和曲軸飛輪組等組成（**圖2-3-1**）。

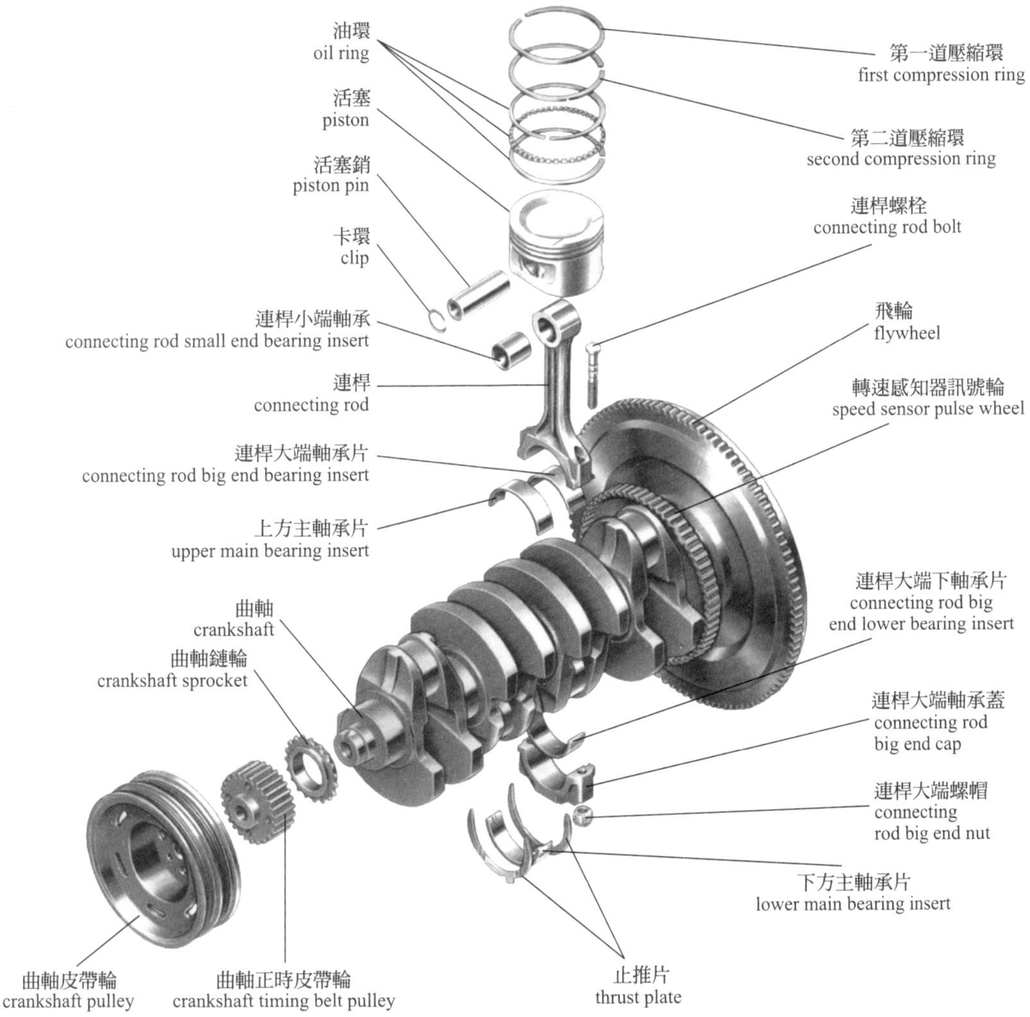
油環
oil ring
第一道壓縮環
first compression ring
活塞
piston
第二道壓縮環
second compression ring
活塞銷
piston pin
連桿螺栓
connecting rod bolt
卡環
clip
飛輪
flywheel
連桿小端軸承
connecting rod small end bearing insert
連桿
connecting rod
轉速感知器訊號輪
speed sensor pulse wheel
連桿大端軸承片
connecting rod big end bearing insert
上方主軸承片
upper main bearing insert
連桿大端下軸承片
connecting rod big
end lower bearing insert
曲軸
crankshaft
曲軸鏈輪
crankshaft sprocket
連桿大端軸承蓋
connecting rod
big end cap
連桿大端螺帽
connecting
rod big end nut
下方主軸承片
lower main bearing insert
曲軸皮帶輪
crankshaft pulley
曲軸正時皮帶輪
crankshaft timing belt pulley
止推片
thrust plate

圖2-3-1 曲軸連桿機構

3.2 汽門機構

汽門機構的功用是根據引擎的工作順序和工作過程，定時開啟和關閉進汽門和排汽門，使可燃混合氣或空氣進入汽缸，並使廢氣從汽缸內排出，實現換氣過程（圖2-3-2）。

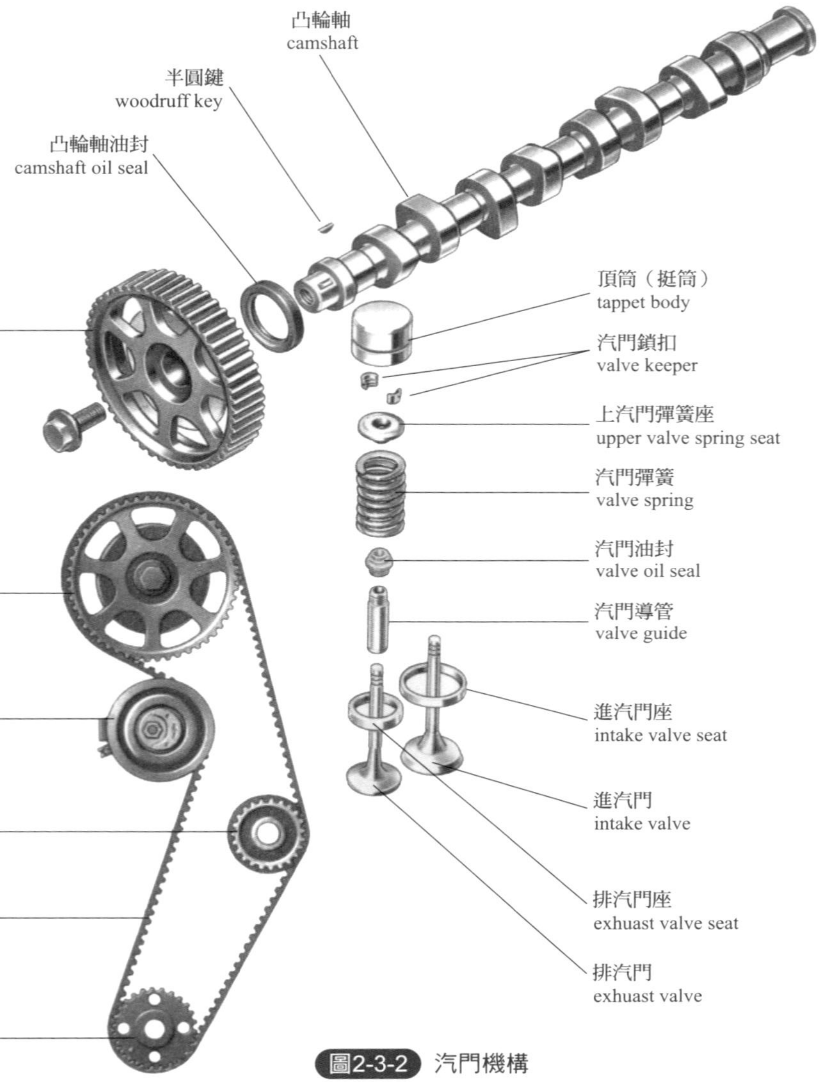
凸輪軸
camshaft
半圓鍵
woodruff key
凸輪軸油封
camshaft oil seal
凸輪軸正時齒形皮帶輪
camshaft timing cog belt pulley
凸輪軸正時齒形皮帶輪
camshaft timing cog belt pulley
張力惰輪
tension pulley
水泵齒形皮帶輪
water pump cog belt wheel
正時齒形皮帶
timing cog belt
曲軸正時齒形皮帶輪
crankshaft timing cog belt pulley
頂筒（挺筒）
tappet body
汽門鎖扣
valve keeper
上汽門彈簧座
upper valve spring seat
汽門彈簧
valve spring
汽門油封
valve oil seal
汽門導管
valve guide
進汽門座
intake valve seat
進汽門
intake valve
排汽門座
exhuast valve seat
排汽門
exhuast valve

圖2-3-2 汽門機構

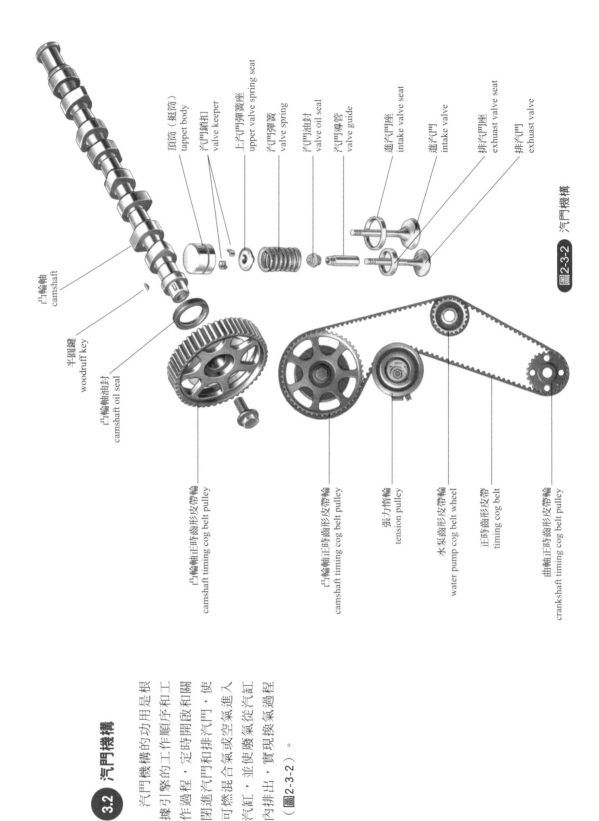

3.3 冷卻系統

冷卻系統的功用是將受熱零件吸收的部分熱量及時散發出去，保證引擎在最適宜的溫度狀態下工作（圖2-3-3）。

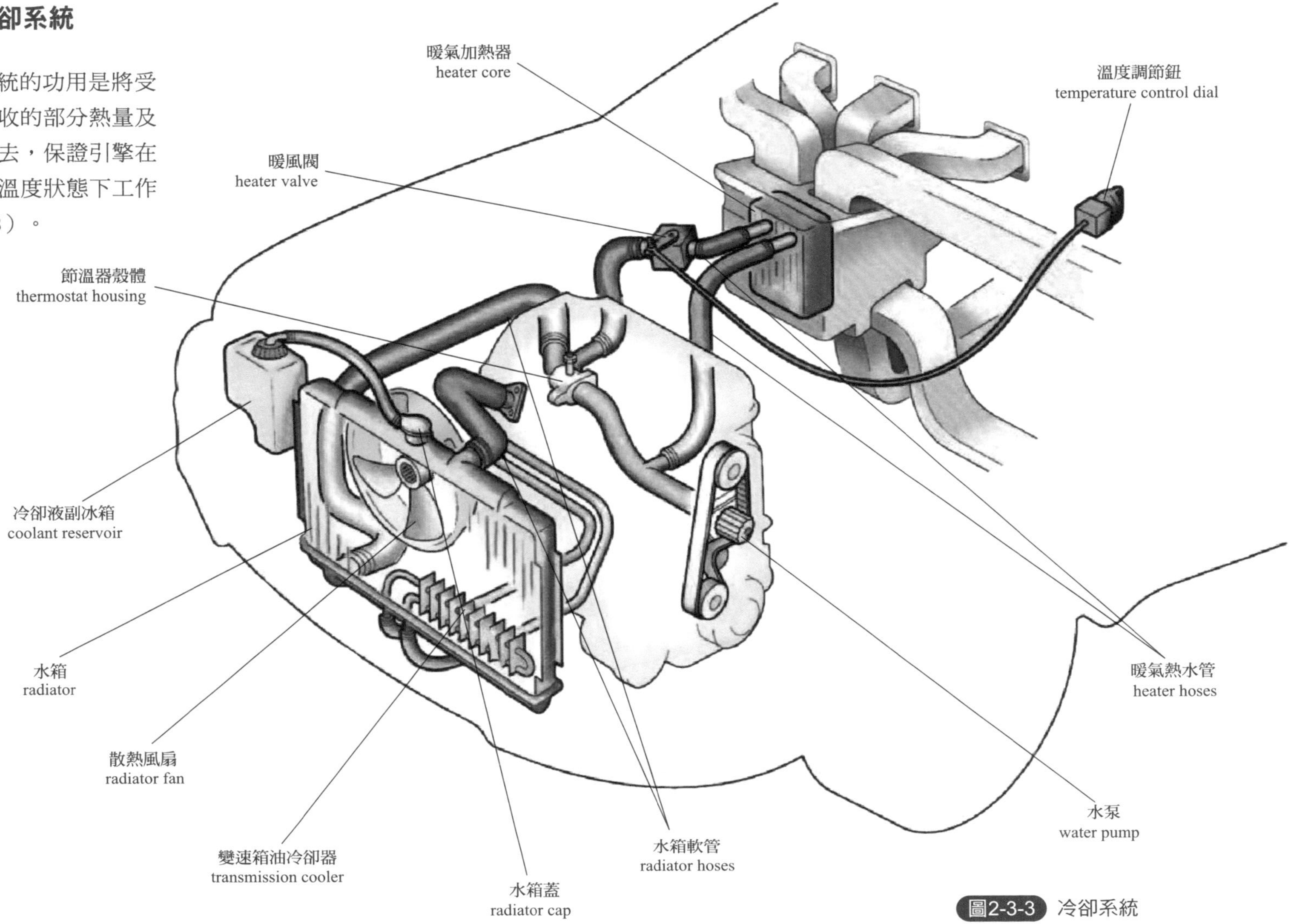
暖氣加熱器
heater core
溫度調節鈕
temperature control dial
暖風閥
heater valve
節溫器殼體
thermostat housing
冷卻液副冰箱
coolant reservoir
水箱
radiator
散熱風扇
radiator fan
變速箱油冷卻器
transmission cooler
水箱蓋
radiator cap
水箱軟管
radiator hoses
水泵
water pump
暖氣熱水管
heater hoses

圖2-3-3 冷卻系統

3.4 燃料供給系統

汽油引擎燃料供給系統的功用是根據引擎的要求，混合出一定數量和濃度的混合氣，輸入汽缸，並將燃燒後的廢氣從汽缸內排出到大氣中去；柴油引擎燃料供給系統的功用是把柴油和空氣分別輸入汽缸，在燃燒室內形成混合氣並燃燒，最後將燃燒後的廢氣排出（圖2-3-4）。

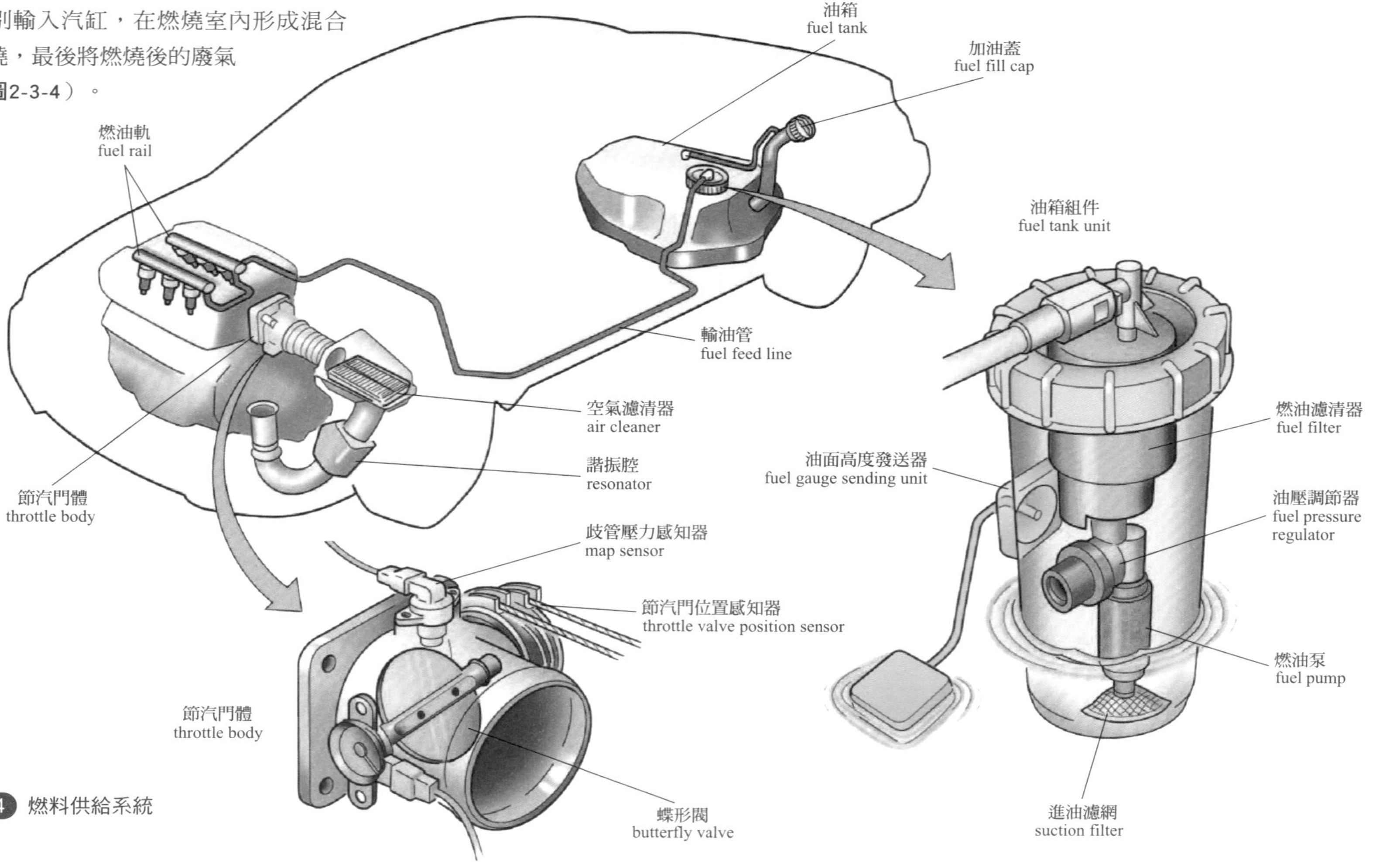
油箱
fuel tank
加油蓋
fuel fill cap
燃油軌
fuel rail
油箱組件
fuel tank unit
輸油管
fuel feed line
空氣濾清器
air cleaner
諧振腔
resonator
節汽門體
throttle body
油面高度發送器
fuel gauge sending unit
燃油濾清器
fuel filter
油壓調節器
fuel pressure regulator
歧管壓力感知器
map sensor
節汽門位置感知器
throttle valve position sensor
節汽門體
throttle body
燃油泵
fuel pump
蝶形閥
butterfly valve
進油濾網
suction filter

圖2-3-4 燃料供給系統

3.5 潤滑系統

潤滑系統的功用是向做相對運動的零件表面輸送定量的清潔潤滑油，減小摩擦阻力，減輕機件的磨損，並對零件表面進行清洗和冷卻（圖2-3-5）。

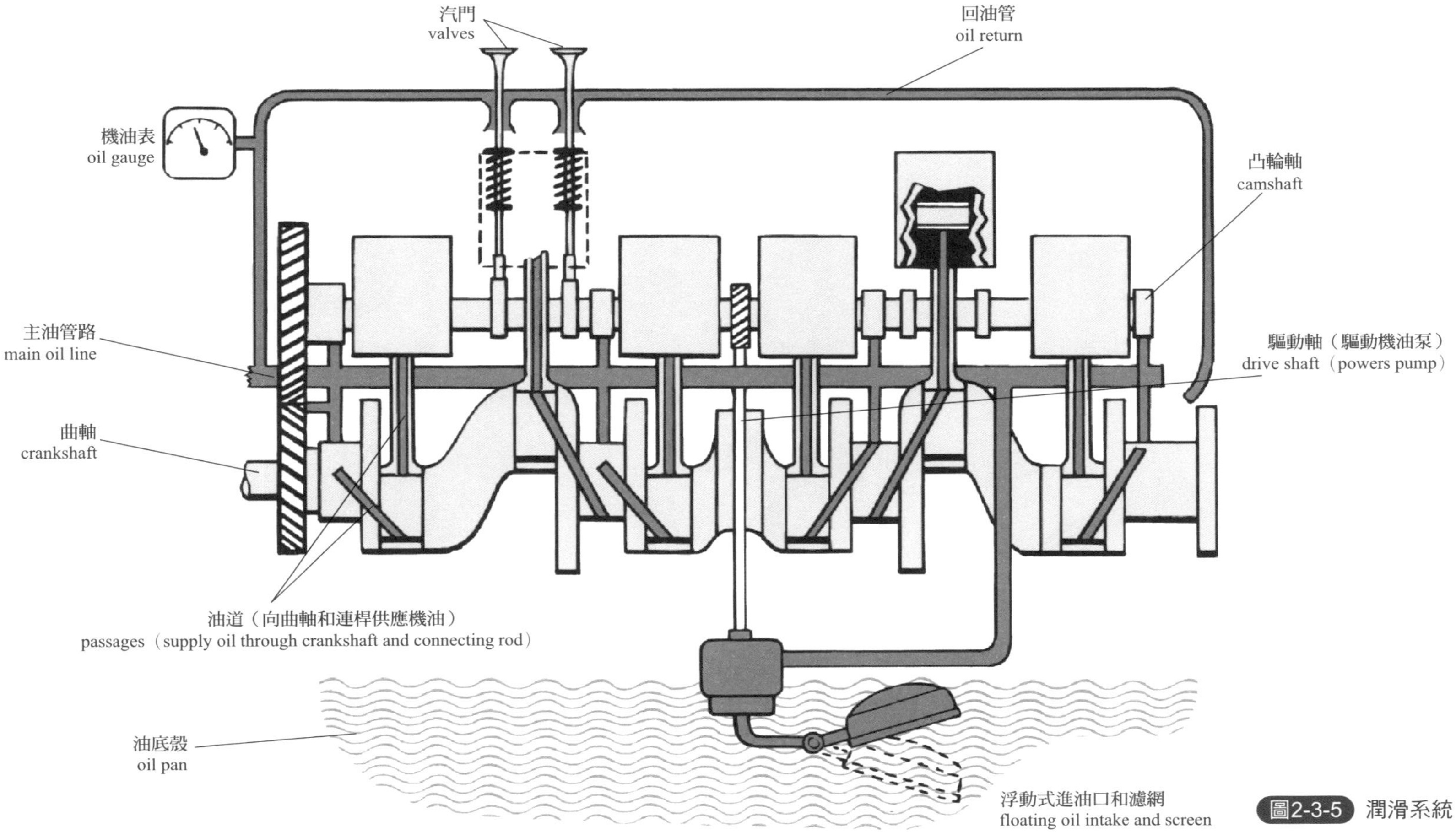
汽門
valves
回油管
oil return
機油表
oil gauge
凸輪軸
camshaft
主油管路
main oil line
驅動軸（驅動機油泵）
drive shaft（powers pump）
曲軸
crankshaft
油道（向曲軸和連桿供應機油）
passages（supply oil through crankshaft and connecting rod）
油底殼
oil pan
浮動式進油口和濾網
floating oil intake and screen

圖2-3-5 潤滑系統

3.6 點火系統

在汽油引擎中，汽缸內的可燃混合氣是靠電火花點燃的，為此在汽油引擎的汽缸蓋上裝有火星塞，火星塞頭部伸入燃燒室內。能夠按時在火星塞電極間產生電火花的全部設備稱為點火系統，點火系統通常由電瓶、發電機、分電盤、點火線圈和火星塞等組成（**圖2-3-6**）。

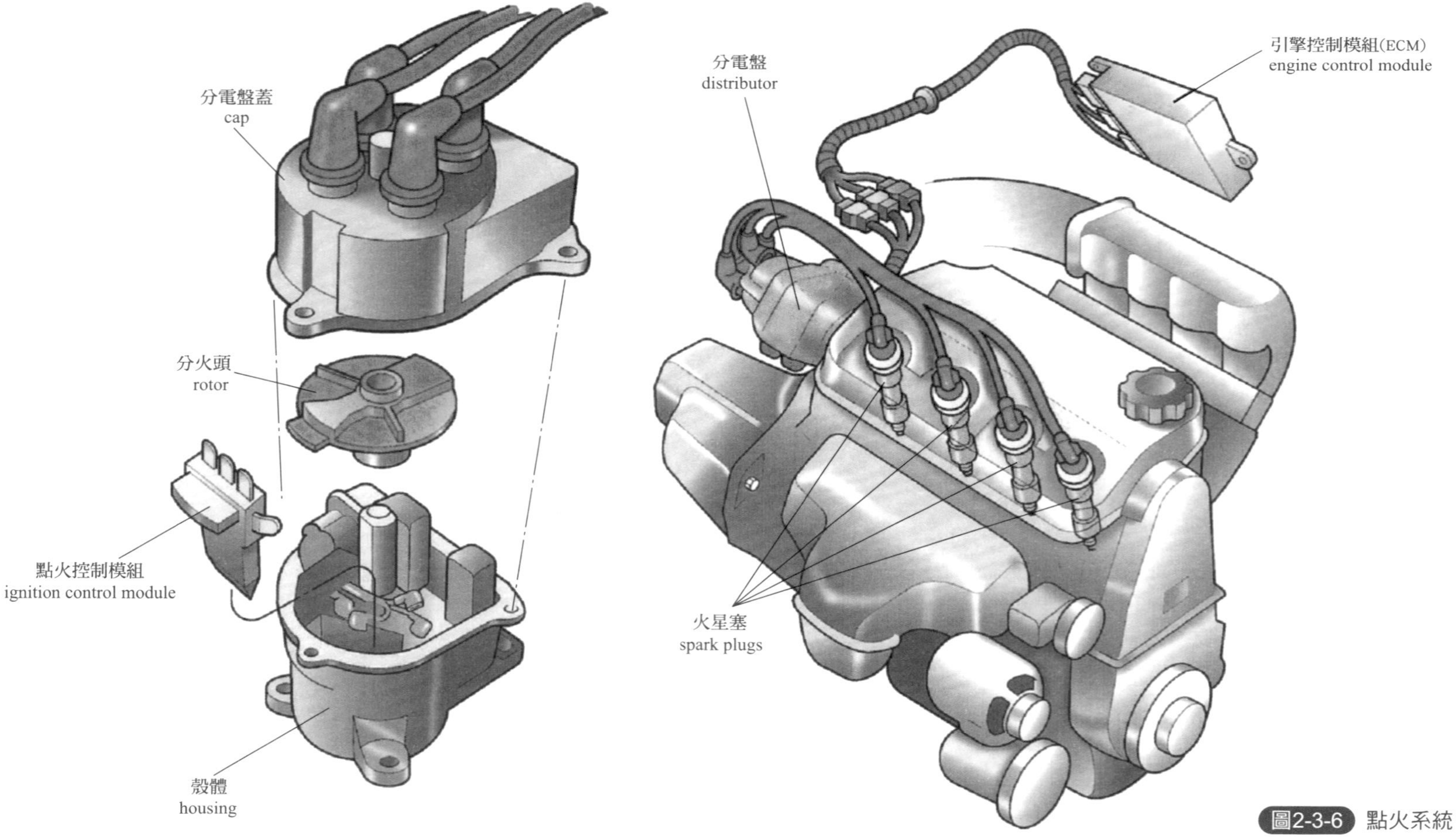
分電盤蓋
cap
分火頭
rotor
點火控制模組
ignition control module
殼體
housing
分電盤
distributor
引擎控制模組(ECM)
engine control module
火星塞
spark plugs

圖2-3-6 點火系統

3.7 起動系統和充電系統

起動系統由電瓶、點火開關、起動繼電器、起動馬達等組成。起動系統的功用是通過起動馬達將電瓶的電能轉換成機械能，起動引擎運轉（圖2-3-7）。

充電系統由發電機、電壓調節器、電瓶以及充電指示燈等組成，是汽車用電設備的電源。

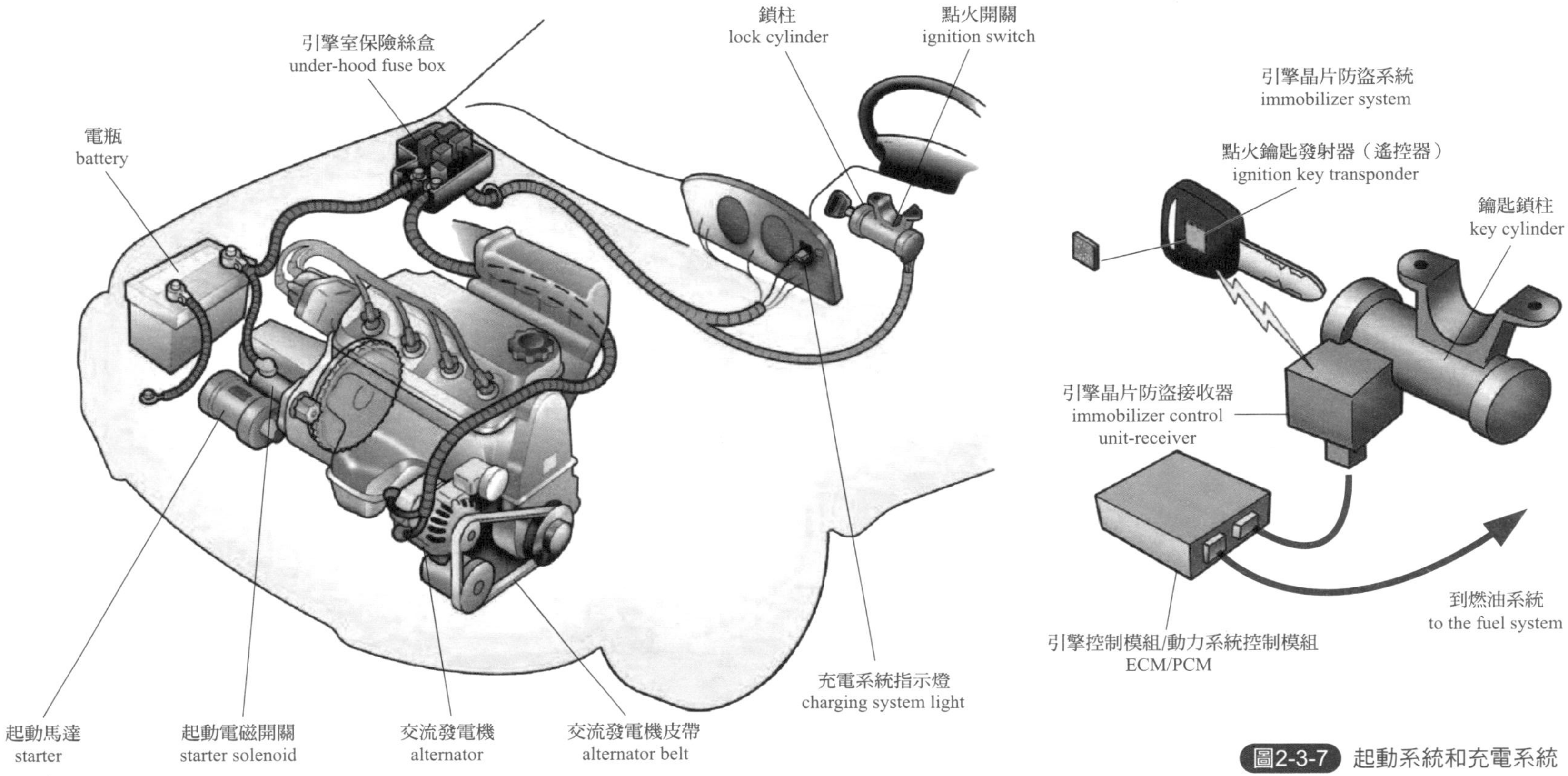
電瓶
battery
引擎室保險絲盒
under-hood fuse box
鎖柱
lock cylinder
點火開關
ignition switch
引擎晶片防盜系統
immobilizer system
點火鑰匙發射器（遙控器）
ignition key transponder
鑰匙鎖柱
key cylinder
引擎晶片防盜接收器
immobilizer control
unit-receiver
到燃油系統
to the fuel system
引擎控制模組/動力系統控制模組
ECM/PCM
充電系統指示燈
charging system light
起動馬達
starter
起動電磁開關
starter solenoid
交流發電機
alternator
交流發電機皮帶
alternator belt

圖2-3-7 起動系統和充電系統

第4章
引擎工作原理

4.1 四行程汽油引擎工作原理

引擎之所以能源源不斷提供動力，使汽缸內的進氣、壓縮、動力、排氣這四個行程有條不紊地循環運作（**圖2-4-1**）。

進氣行程，活塞從汽缸內上死點移動至下死點時，進汽門打開，排汽門關閉，新鮮的空氣和汽油混合氣被吸入汽缸內。

壓縮行程，進、排汽門關閉，活塞從下死點移動至上死點，將混合氣體壓縮至汽缸頂部，以提高混合氣的溫度，為動力行程做準備。

動力行程，火星塞將壓縮的氣體點燃，混合氣體在汽缸內發生「爆炸」產生巨大壓力，將活塞從上死點推至下死點，通過連桿推動曲軸旋轉。

排氣行程，活塞從下死點移至上死點，此時進汽門關閉，排汽門打開，將燃燒後的廢氣通過排氣歧管排出汽缸外。

汽油在汽缸內燃燒如**圖2-4-2**所示。

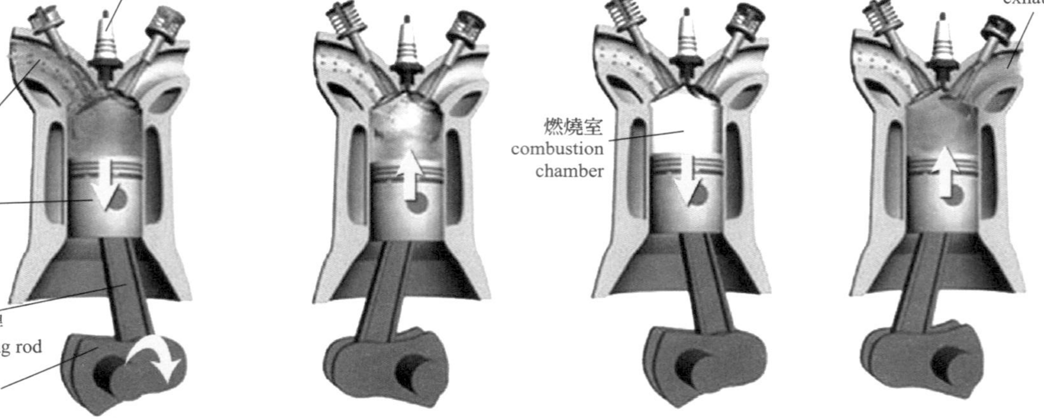
火星塞
spark plug
進氣
intake
活塞
piston
連桿
connecting rod
曲軸
crankshaft
進氣行程
intake stroke
壓縮行程
compression stroke
燃燒室
combustion
chamber
動力行程
power stroke
排氣
exhaust
排氣行程
exhaust stroke

圖2-4-1 四行程汽油引擎工作原理

排氣通道
exhaust passage
排汽門
exhaust valve
活塞
piston
活塞環
piston ring
進氣通道
intake passage
進汽門
intake valve
燃燒室
combustion chamber

圖2-4-2 汽油在汽缸內燃燒

4.2 四行程柴油引擎工作原理

四行程柴油引擎和汽油引擎一樣，每個工作循環也是由進氣行程、壓縮行程、動力行程和排氣行程組成（**圖2-4-3**）。由於柴油引擎以柴油作燃料，與汽油相比，柴油自燃溫度低、黏度大、不易揮發，因而柴油引擎採用壓縮行程末期自燃著火。

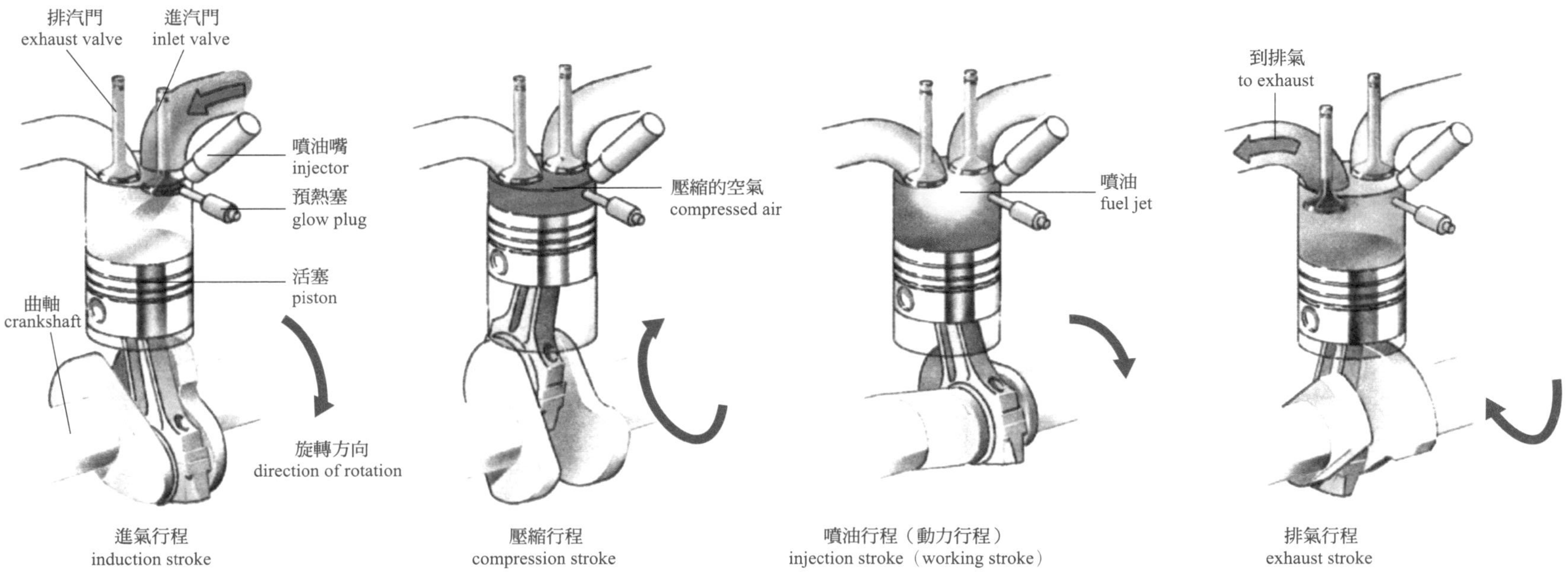
排汽門
exhaust valve
進汽門
inlet valve
噴油嘴
injector
預熱塞
glow plug
活塞
piston
曲軸
crankshaft
旋轉方向
direction of rotation
進氣行程
induction stroke
壓縮的空氣
compressed air
壓縮行程
compression stroke
噴油
fuel jet
噴油行程（動力行程）
injection stroke（working stroke）
到排氣
to exhaust
排氣行程
exhaust stroke

圖2-4-3 四行程柴油引擎工作原理

4.3 二行程汽油引擎工作原理

引擎汽缸體上有三個孔，即進氣孔、排氣孔和掃氣孔，這三個孔分別在一定時刻由活塞關閉（**圖2-4-4**）。其工作循環包含的兩個行程如下。

第一行程：活塞自下死點向上移動，三個氣孔同時被關閉後，進入汽缸的混合氣被壓縮；在進氣孔露出時，可燃混合氣流入曲軸箱。

第二行程：活塞壓縮到上死點附近時，火星塞點燃可燃混合氣，燃氣膨脹推動活塞下移動力。這時進氣孔關閉，密閉在曲軸箱內的可燃混合氣被壓縮；當活塞接近下死點時排氣孔開啟，廢氣衝出；隨後掃氣孔開啟，受預壓的可燃混合氣衝入汽缸，驅除廢氣，進行換氣行程。

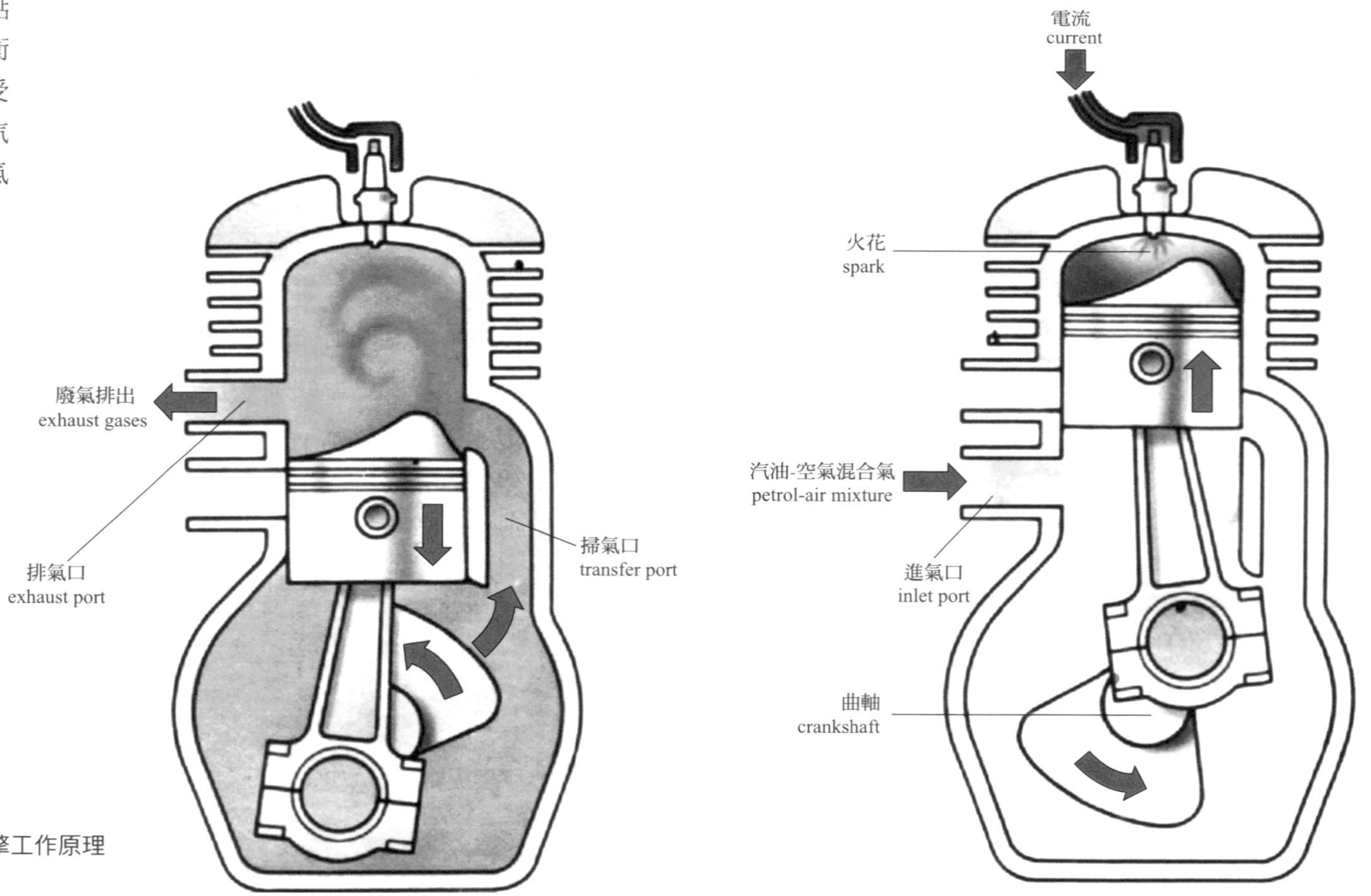
廢氣排出
exhaust gases
排氣口
exhaust port
掃氣口
transfer port
電流
current
火花
spark
汽油-空氣混合氣
petrol-air mixture
進氣口
inlet port
曲軸
crankshaft

圖2-4-4 二行程汽油引擎工作原理

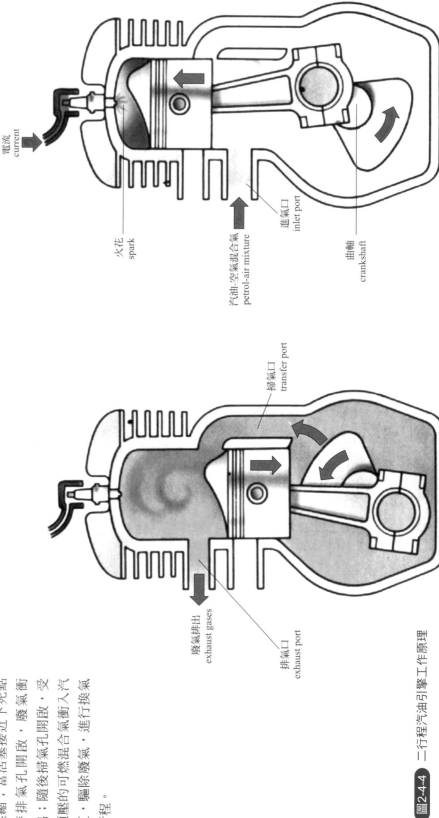

4.4 轉子引擎工作原理

殼體的內部空間（或旋輪線室）總是被分成三個工作室（**圖2-4-5**）。在轉子的運動過程中，三個工作室的容積不停地變動，在擺線形缸體內相繼完成進氣、壓縮、燃燒和排氣四個行程。每個行程都是在擺線形缸體中的不同位置進行。

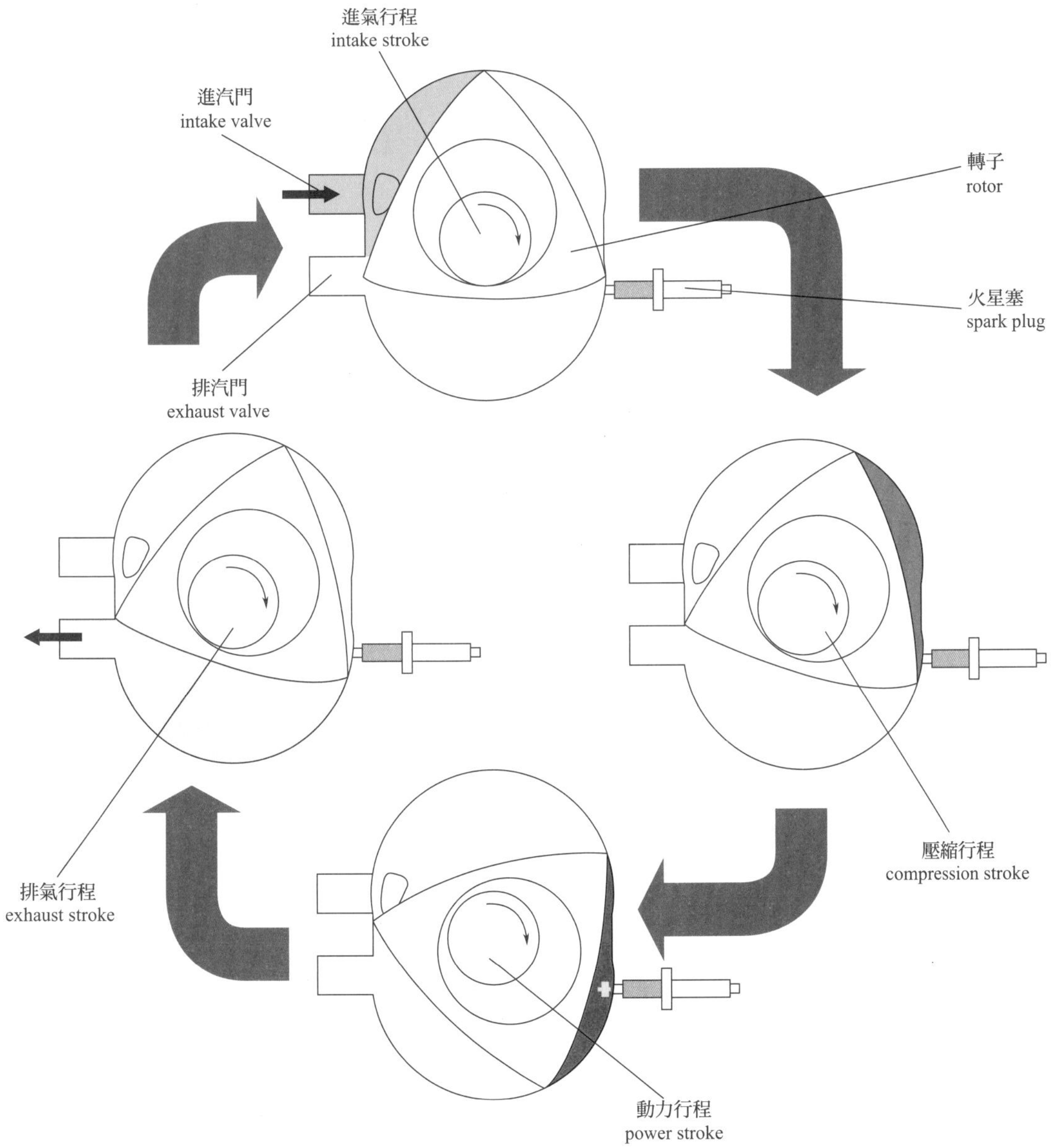

圖2-4-5 轉子引擎工作原理

第5章 引擎專有名詞

5.1 上死點與下死點（圖2-5-1）

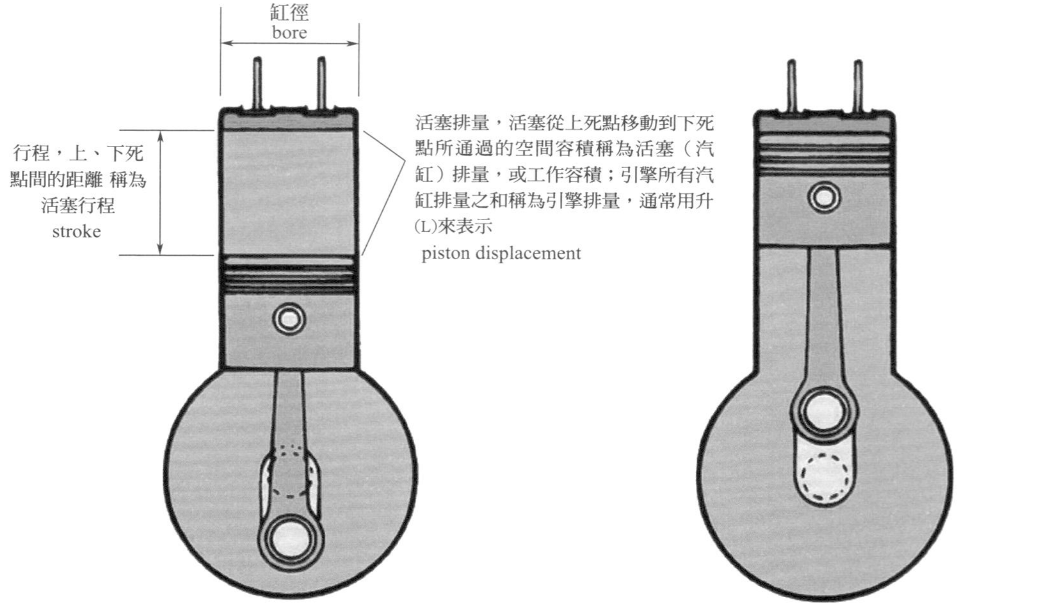
缸徑
bore
行程，上、下死點間的距離 稱為活塞行程
stroke
活塞排量，活塞從上死點移動到下死點所通過的空間容積稱為活塞（汽缸）排量，或工作容積；引擎所有汽缸排量之和稱為引擎排量，通常用升(L)來表示
piston displacement
下死點，活塞頂離曲軸回轉中心最近處為下死點
bottom dead center
上死點，活塞頂離曲軸回轉中心最遠處為上死點
top dead center

圖2-5-1 上死點與下死點

5.2 燃燒室容積（圖2-5-2）

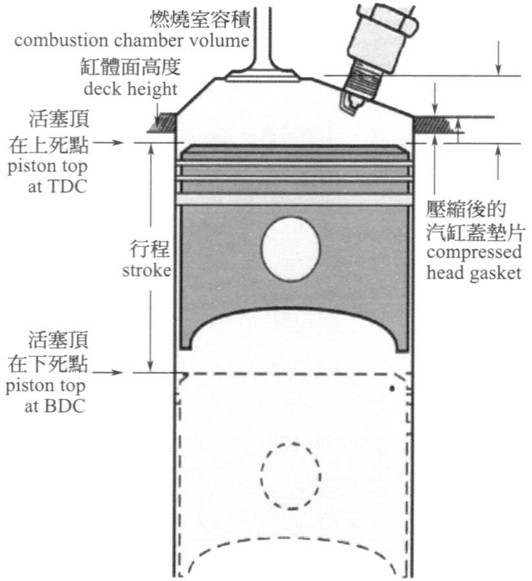
燃燒室容積
combustion chamber volume
缸體面高度
deck height
活塞頂
在上死點
piston top
at TDC
行程
stroke
活塞頂
在下死點
piston top
at BDC
壓縮後的
汽缸蓋墊片
compressed
head gasket

圖2-5-2 燃燒室容積

5.3 壓縮比（圖2-5-3）

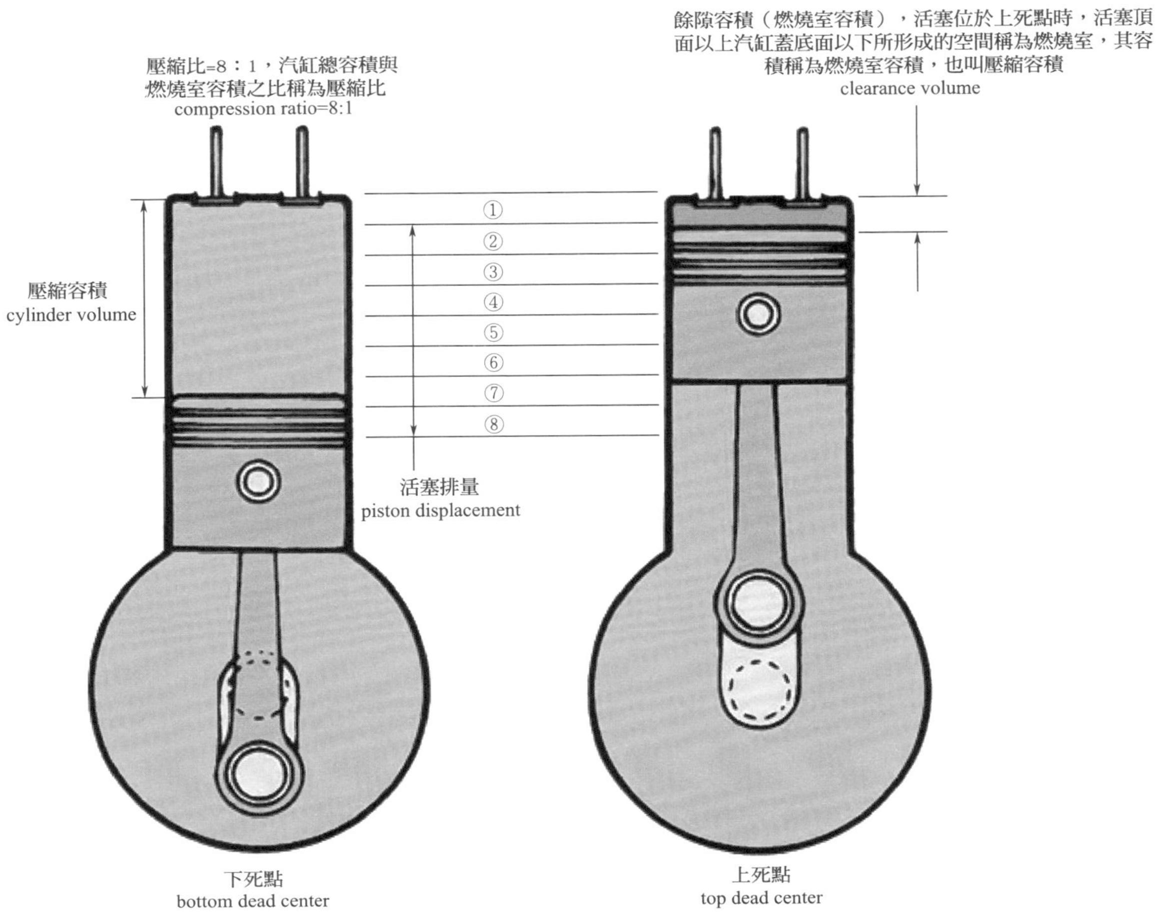
壓縮比=8：1，汽缸總容積與
燃燒室容積之比稱為壓縮比
compression ratio=8:1
餘隙容積（燃燒室容積），活塞位於上死點時，活塞頂
面以上汽缸蓋底面以下所形成的空間稱為燃燒室，其容
積稱為燃燒室容積，也叫壓縮容積
clearance volume
壓縮容積
cylinder volume
①
②
③
④
⑤
⑥
⑦
⑧
活塞排量
piston displacement
下死點
bottom dead center
上死點
top dead center

圖2-5-3 壓縮比

第6章 引擎本體

6.1 概述

現代汽車引擎本體主要由汽缸體、汽缸蓋、搖臂室蓋、汽缸床墊、主軸承蓋以及油底殼等組成（圖2-6-1）。引擎體是引擎的支架，是曲軸連桿機構、汽門機構和起動馬達各系統主要零部件的裝配基體。汽缸蓋用來封閉汽缸頂部，並與活塞頂和汽缸壁一起形成燃燒室。

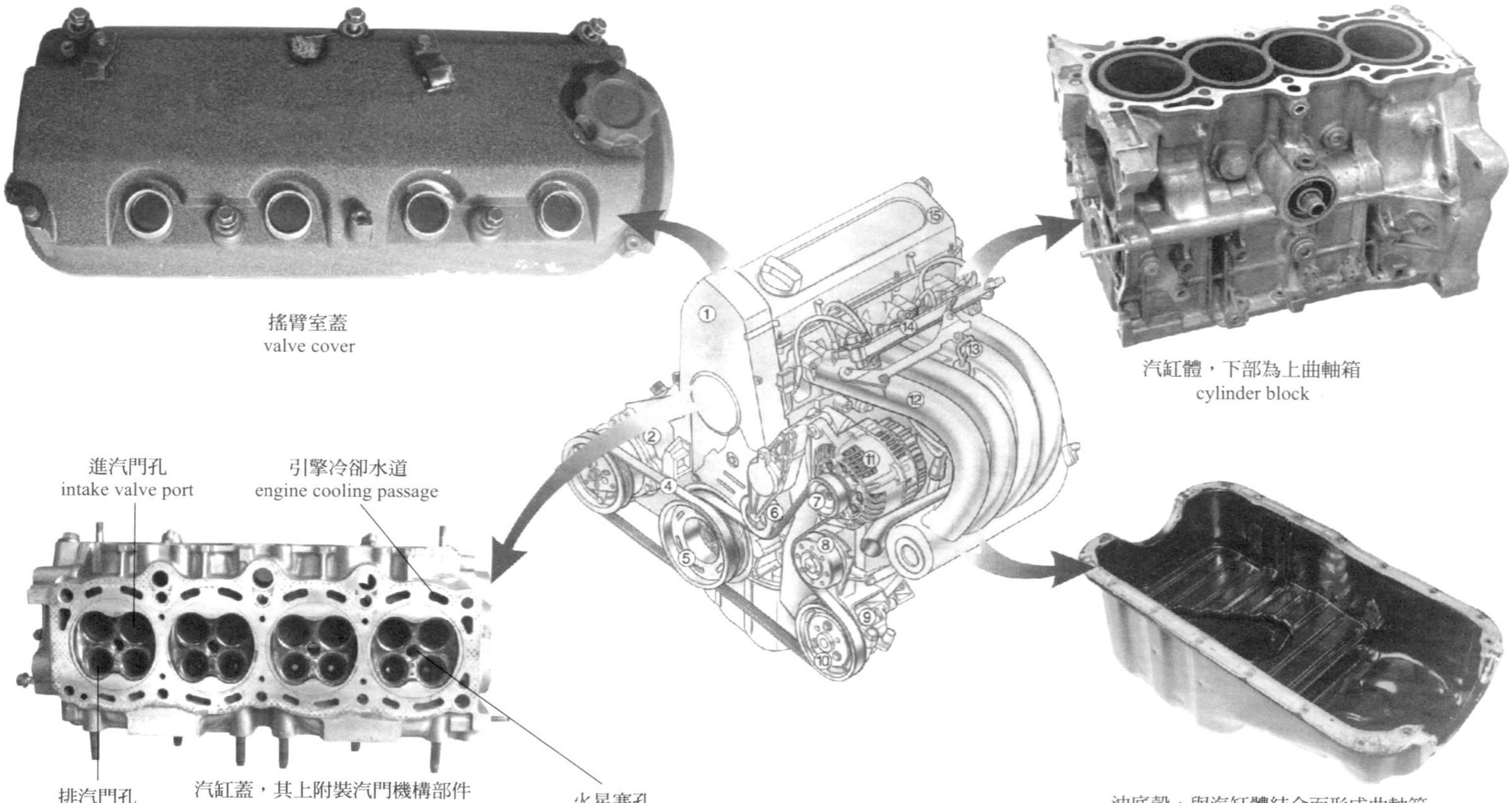
搖臂室蓋
valve cover
汽缸體，下部為上曲軸箱
cylinder block
進汽門孔
intake valve port
引擎冷卻水道
engine cooling passage
排汽門孔
exhaust valve port
汽缸蓋，其上附裝汽門機構部件
cylinder head
火星塞孔
spark plug hole
油底殼，與汽缸體結合而形成曲軸箱
oil pan
1
2
4
5
6
7
8
9
10
11
12
13
14
15

圖2-6-1 引擎本體部件

6.2 汽缸蓋

汽缸蓋用來封閉汽缸並構成燃燒室（**圖2-6-2**）。汽缸蓋鑄有水套、進水孔、出水孔、火星塞孔、螺栓孔、燃燒室等。

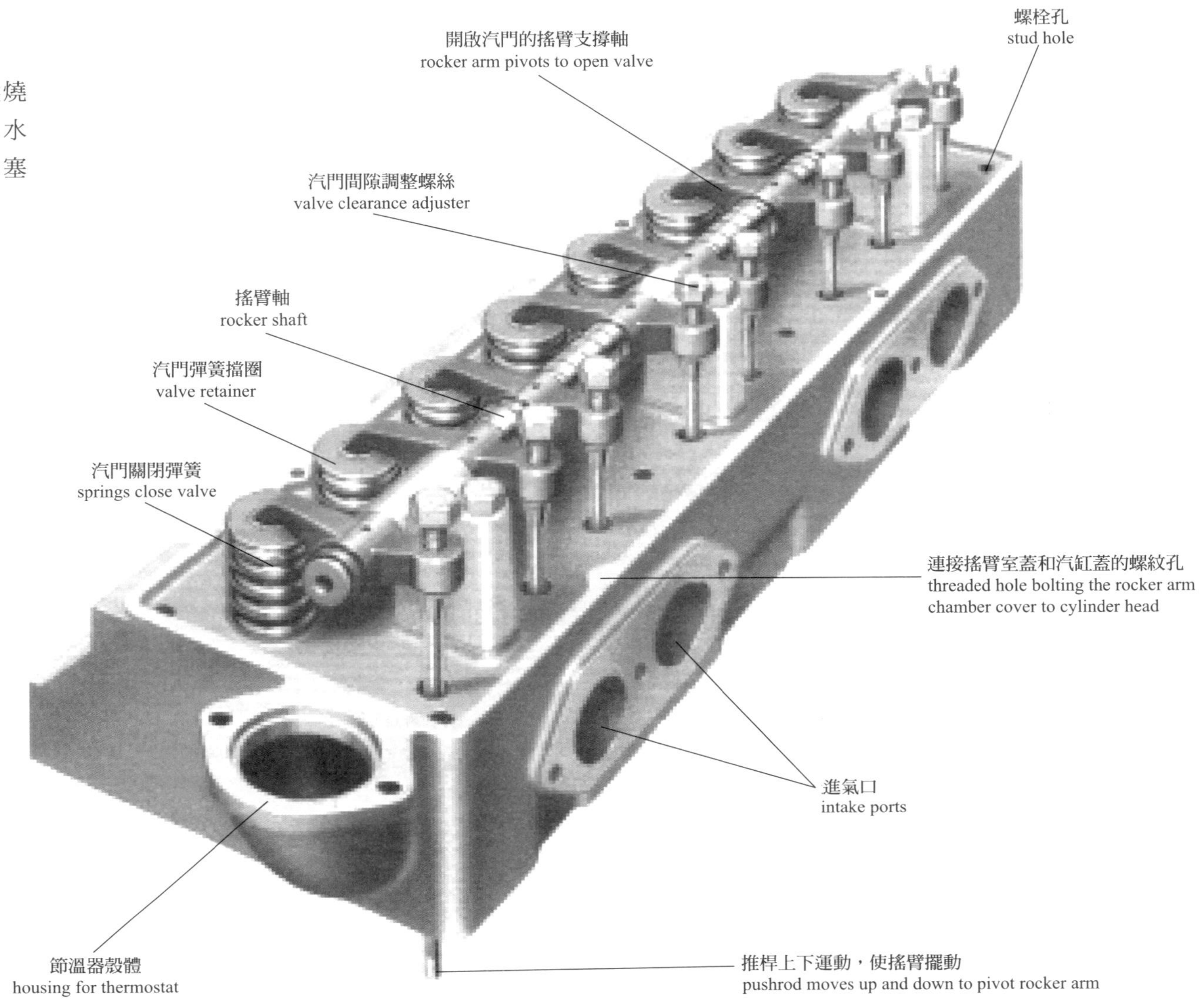
開啟汽門的搖臂支撐軸
rocker arm pivots to open valve
螺栓孔
stud hole
汽門間隙調整螺絲
valve clearance adjuster
搖臂軸
rocker shaft
汽門彈簧擋圈
valve retainer
汽門關閉彈簧
springs close valve
連接搖臂室蓋和汽缸蓋的螺紋孔
threaded hole bolting the rocker arm chamber cover to cylinder head
進氣口
intake ports
節溫器殼體
housing for thermostat
推桿上下運動，使搖臂擺動
pushrod moves up and down to pivot rocker arm

圖2-6-2 汽缸蓋

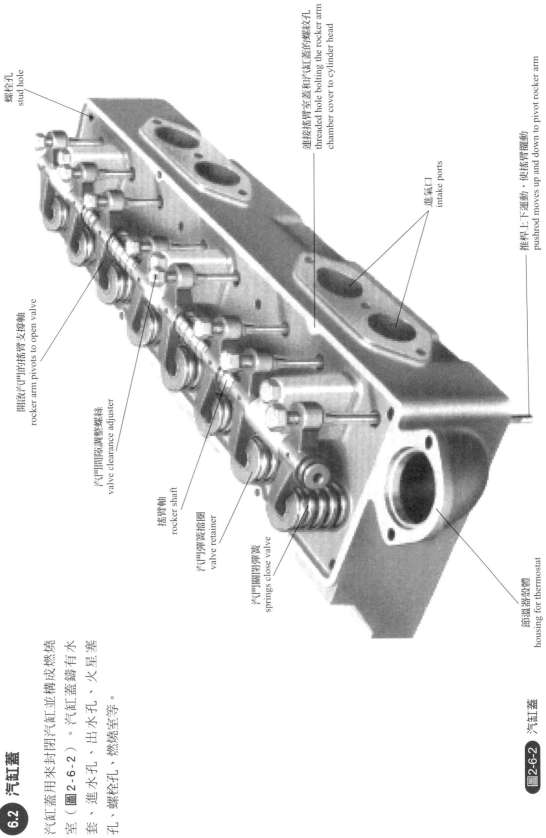

6.3 汽缸體

汽缸體是引擎的主體，它將各個汽缸和曲軸箱連成一體，是安裝活塞、曲軸以及其他零件和附件的支承骨架（圖2-6-3）。

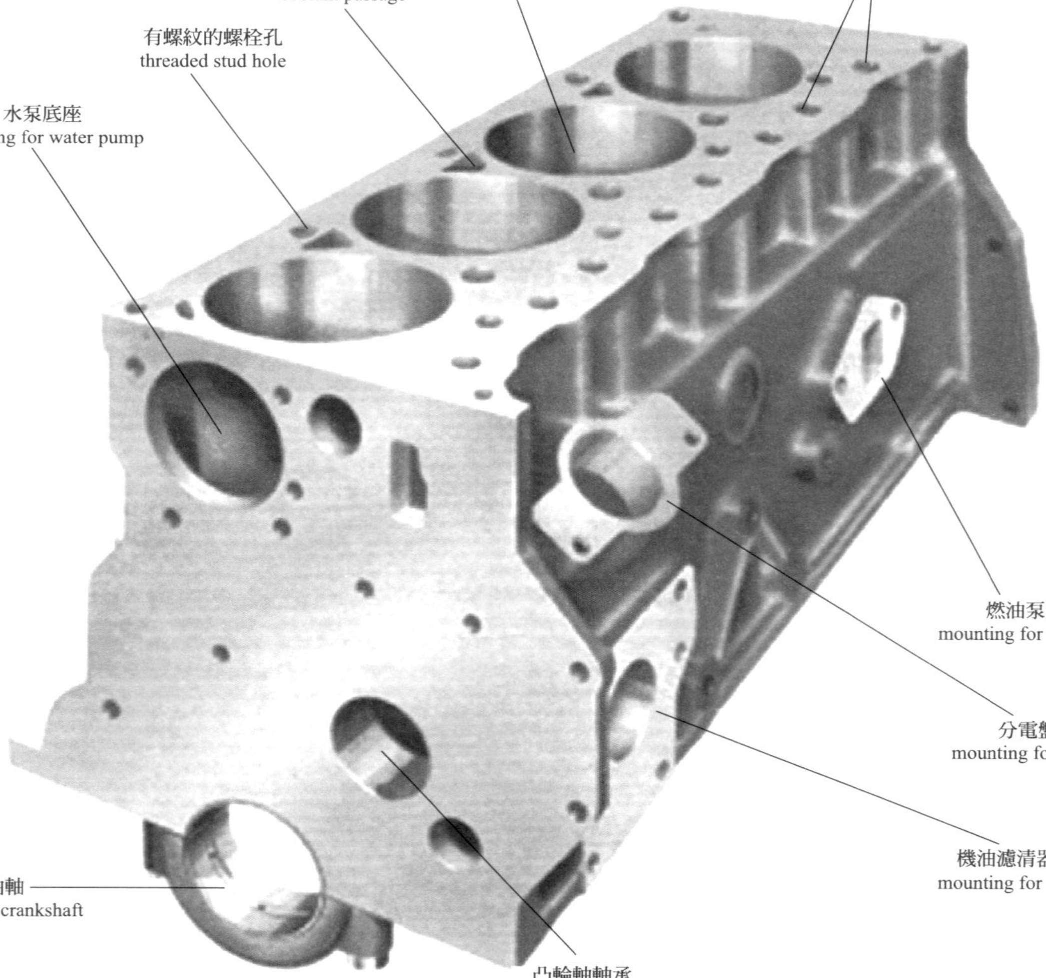
推桿孔
holes for pushrods
汽缸缸徑
cylinder bores
冷卻液通道
coolant passage
有螺紋的螺栓孔
threaded stud hole
水泵底座
mounting for water pump
燃油泵底座
mounting for fuel pump
分電盤底座
mounting for distributor
機油濾清器底座
mounting for oil filter
主軸承支撐曲軸
main bearing supports crankshaft
凸輪軸軸承
camshaft bearing

圖2-6-3 汽缸體

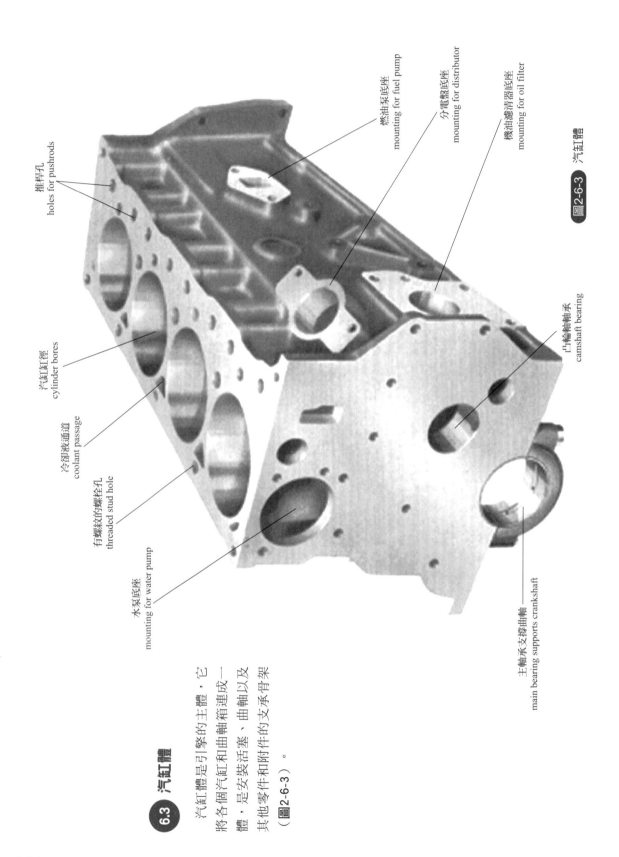

6.4 汽缸床墊片

汽缸床墊片位於汽缸蓋與汽缸體之間，其功用是填補汽缸體和汽缸蓋之間的細微孔隙，保證結合面處有良好的密封性，進而保證燃燒室的密封，防止汽缸漏氣和水套漏水（圖2-6-4）。

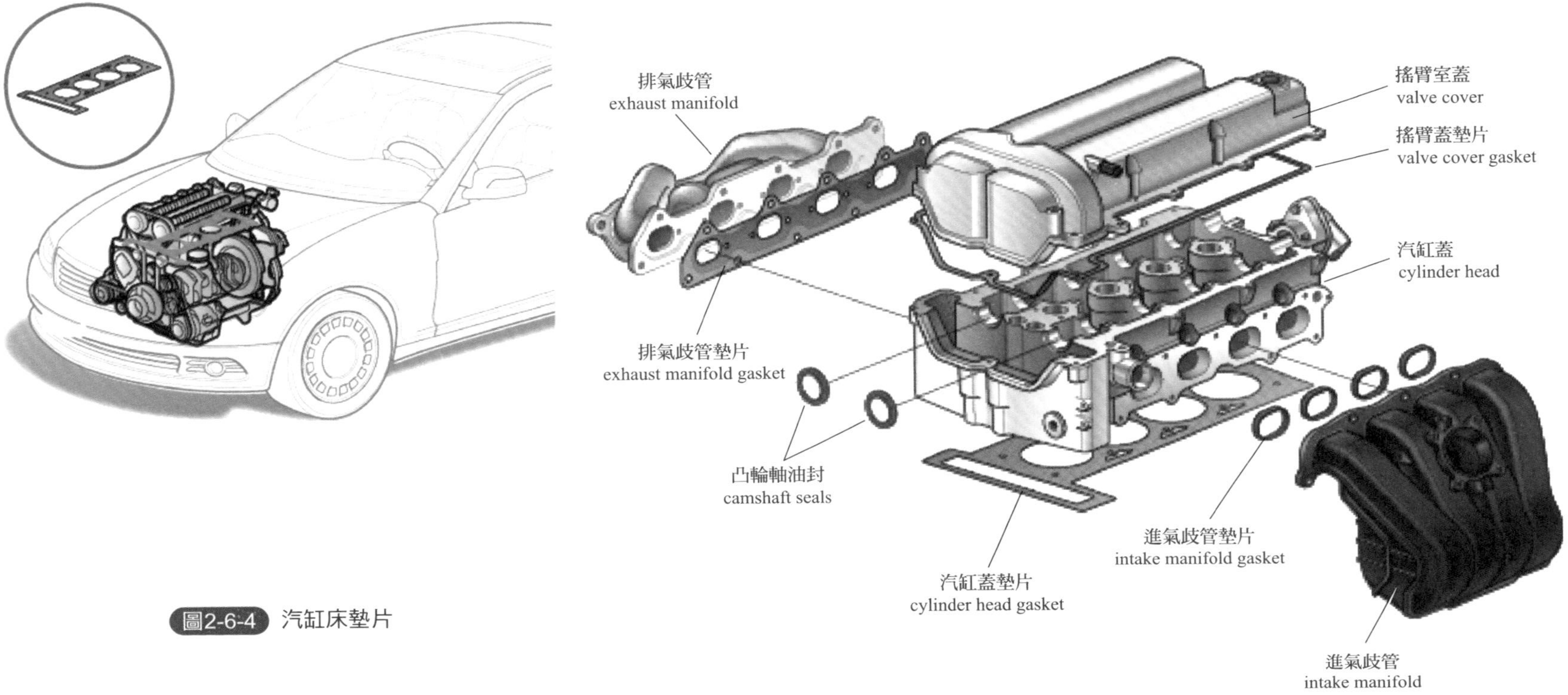
排氣歧管
exhaust manifold
排氣歧管墊片
exhaust manifold gasket
凸輪軸油封
camshaft seals
汽缸蓋墊片
cylinder head gasket
進氣歧管墊片
intake manifold gasket
進氣歧管
intake manifold
搖臂室蓋
valve cover
搖臂蓋墊片
valve cover gasket
汽缸蓋
cylinder head

圖2-6-4 汽缸床墊片

第7章 活塞連桿組件

7.1 概述

活塞連桿組是引擎的傳動件，它把燃燒氣體的壓力傳給曲軸，使曲軸旋轉並輸出動力。活塞連桿組主要由活塞、活塞環、活塞銷及連桿等組成（圖2-7-1）。

活塞頂
piston crown

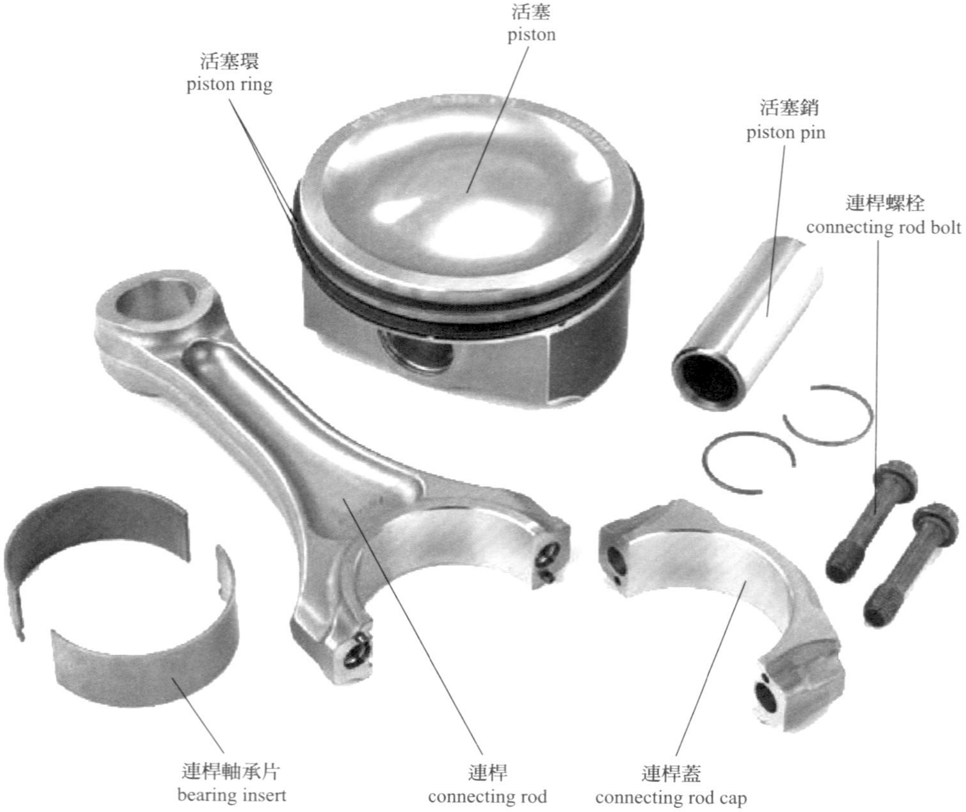
活塞
piston
活塞環
piston ring
活塞銷
piston pin
連桿螺栓
connecting rod bolt
連桿軸承片
bearing insert
連桿
connecting rod
連桿蓋
connecting rod cap

圖2-7-1 活塞連桿組件

7.2 活塞

活塞的主要功用是承受燃燒氣體壓力，並將此力通過活塞銷傳給連桿以推動曲軸旋轉，此外活塞頂部與汽缸蓋、汽缸壁共同組成燃燒室（圖2-7-2）。活塞是引擎中工作條件最嚴酷的零件，作用在活塞上的有氣體力和往復慣性力。

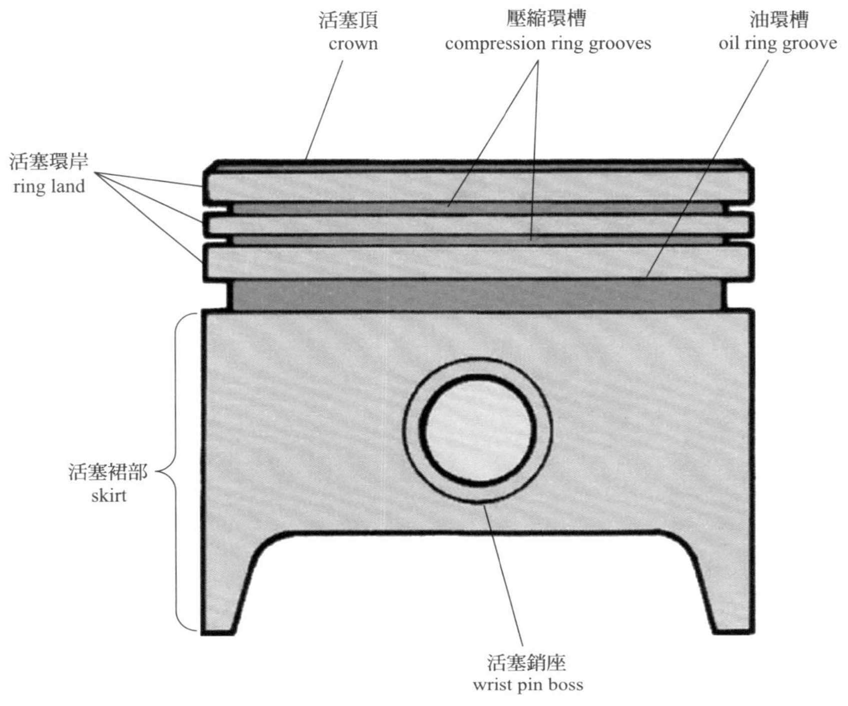
活塞頂
crown
壓縮環槽
compression ring grooves
油環槽
oil ring groove
活塞環岸
ring land
活塞裙部
skirt
活塞銷座
wrist pin boss

圖2-7-2 活塞

7.3 連桿

連桿組包括連桿體、連桿蓋、連桿螺栓和連桿軸承等零件。連桿組的功用是將活塞承受的力傳給曲軸，並將活塞的往復運動轉變為曲軸的旋轉運動（圖2-7-3）。連桿小端與活塞銷連接，同活塞一起做往復運動；連桿大端與曲軸銷連接，同曲軸一起做旋轉運動，因此在引擎工作時連桿在做複雜的平面運動。

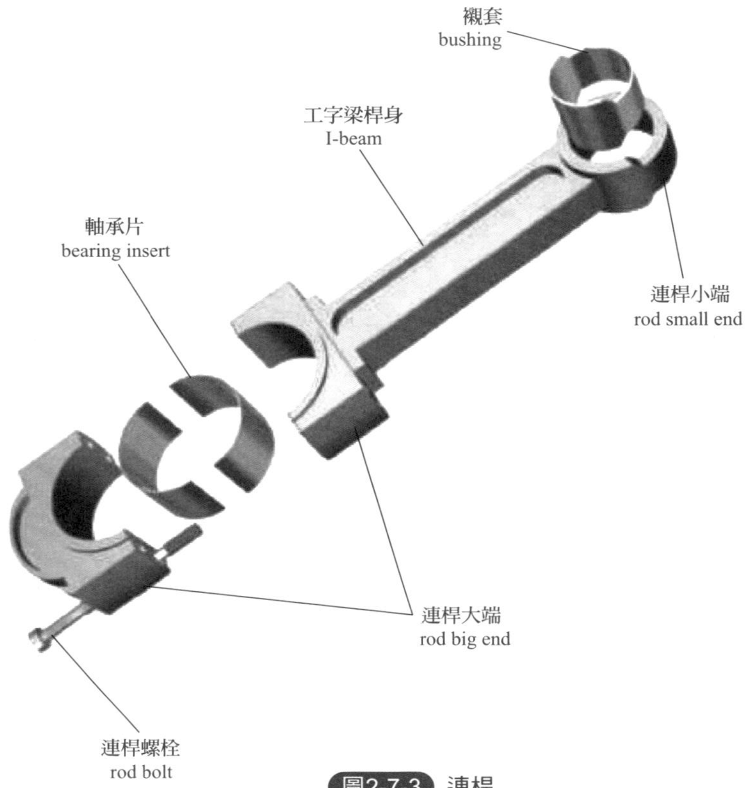
襯套
bushing
工字梁桿身
I-beam
軸承片
bearing insert
連桿小端
rod small end
連桿大端
rod big end
連桿螺栓
rod bolt

圖2-7-3 連桿

第8章
曲軸飛輪組

8.1 概述

曲軸飛輪組包括曲軸、飛輪、扭轉避震器、平衡軸。曲軸飛輪組的作用是把活塞的往復運動轉變為曲軸的旋轉運動，為汽車的行駛和其他需要動力的機構輸出扭矩；同時還儲存能量，用以克服非動力行程的阻力，使引擎運轉平穩（**圖2-8-1**）。

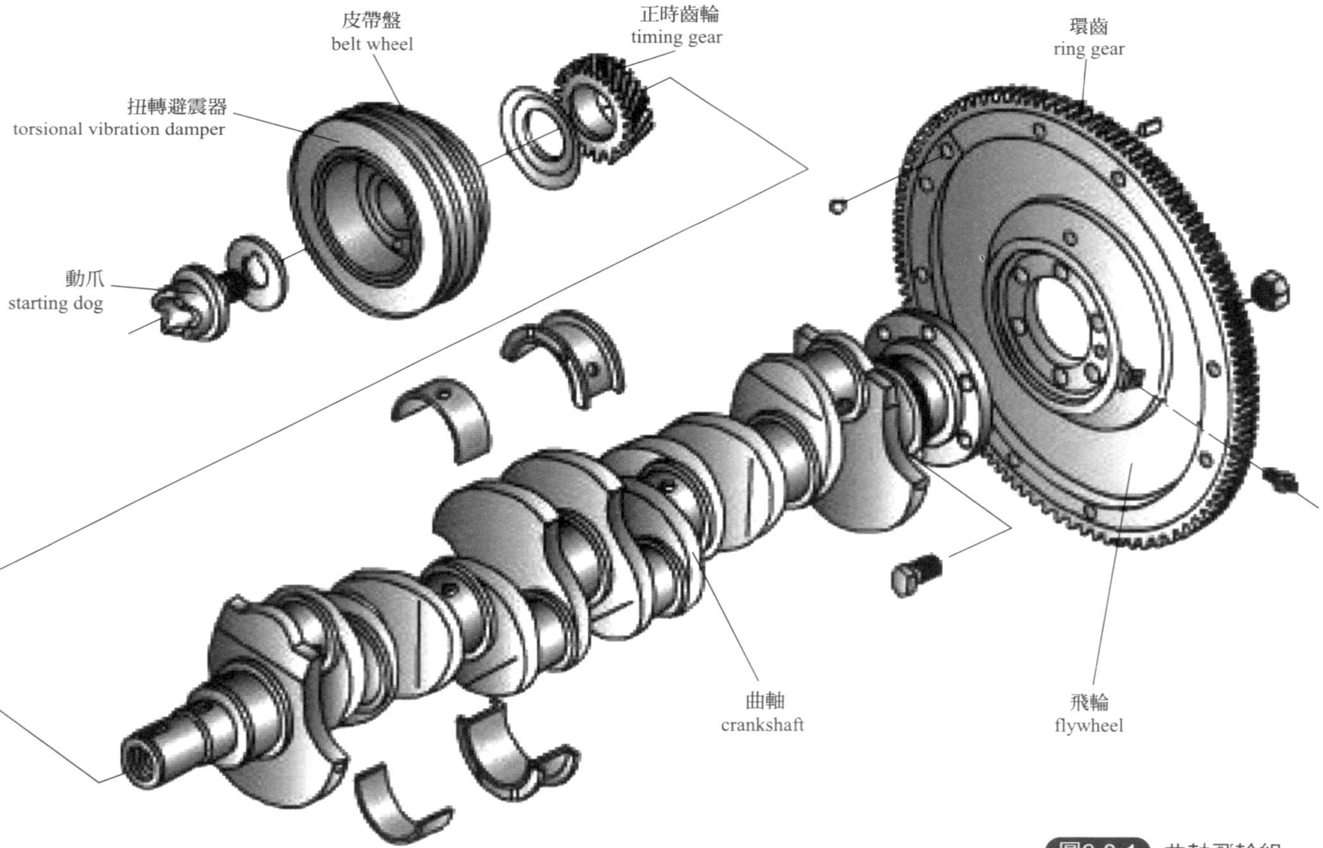
皮帶盤
belt wheel
正時齒輪
timing gear
環齒
ring gear
扭轉避震器
torsional vibration damper
動爪
starting dog
曲軸
crankshaft
飛輪
flywheel

圖2-8-1 曲軸飛輪組

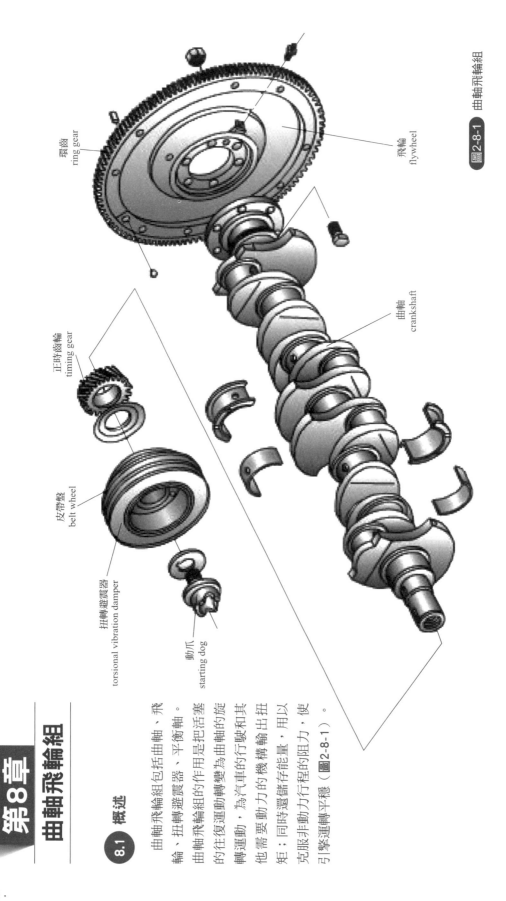

8.2 曲軸的功用

曲軸的功用是把活塞、連桿傳來的氣體力轉變為扭矩，用以驅動汽車的傳動系統和引擎的汽門機構以及其他輔助裝置（**圖2-8-2**）。曲軸在週期性變化的氣體力、慣性力及其力矩的共同作用下工作，承受彎曲和扭轉交變載荷。

曲軸專有名詞如**圖2-8-3**所示。

前端
front end
連桿軸頸
connecting rod journal
平衡配重
balance weight
曲柄
crank
潤滑油孔（道）
oil passage
主軸頸
main journal
輸出端
output end

圖2-8-2 曲軸

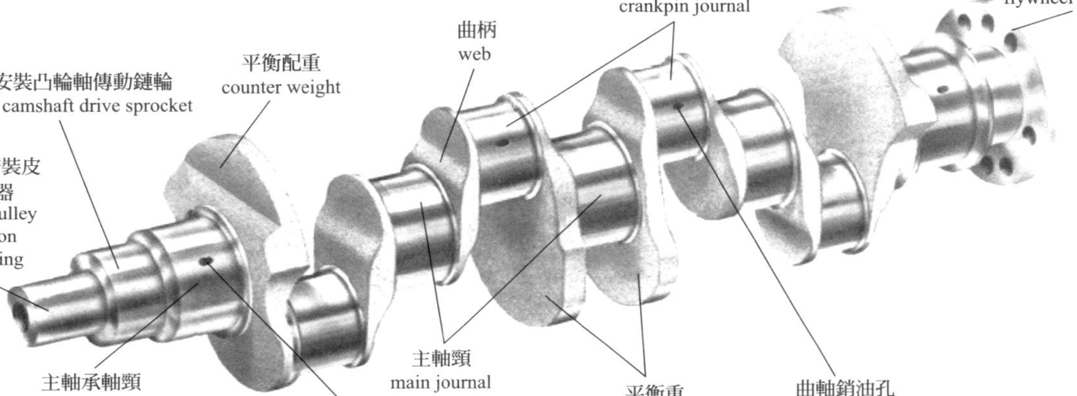
安裝飛輪的凸緣盤
flywheel mounting flange
曲軸銷軸頸
crankpin journal
曲柄
web
平衡配重
counter weight
用於安裝凸輪軸傳動鏈輪
mounting for camshaft drive sprocket
曲軸端頭，用於安裝皮帶盤和/或避震器
crank nose for pulley and/or vibration damper mounting
主軸承軸頸
main bearing journal
主軸頸油道，用於潤滑曲軸銷軸頸
main journal oil way to lubricate crankpin journal
主軸頸
main journal
平衡重
counter weight
曲軸銷油孔
crankpin oil hole

圖2-8-3 曲軸專有名詞

8.3 曲軸的安裝位置（圖2-8-4）

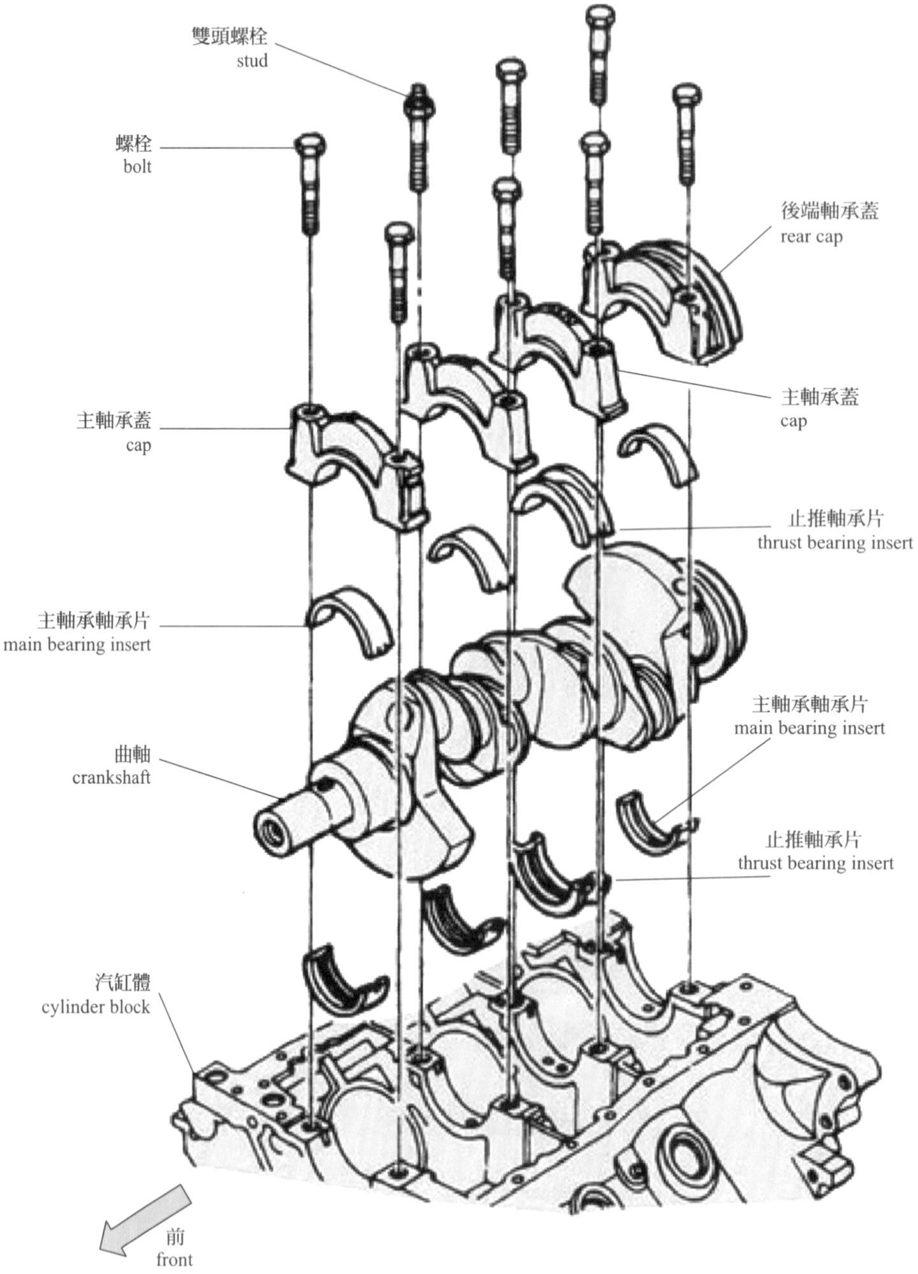
雙頭螺栓
stud
螺栓
bolt
後端軸承蓋
rear cap
主軸承蓋
cap
主軸承蓋
cap
止推軸承片
thrust bearing insert
主軸承軸承片
main bearing insert
曲軸
crankshaft
主軸承軸承片
main bearing insert
止推軸承片
thrust bearing insert
汽缸體
cylinder block
前
front

圖2-8-4 曲軸的安裝位置

8.4 曲軸工作原理

我們都知道，汽缸內活塞做的是上下的直線運動，但要輸出驅動車輪前進的旋轉力，是怎樣把直線運動轉化為旋轉運動的呢？其實這個與曲軸的結構有很大關係。曲軸的連桿軸與主軸是不在同一直線上的，而是對立布置的。

這個運動原理其實跟我們踩自行車非常相似，兩隻腳相當於相鄰的兩個活塞，腳踏板相當於連桿軸，而中間的大飛輪就是曲軸的主軸。左腳向下用力蹬時（活塞動力或吸氣向下做運動），右腳會被提上來（另一活塞壓縮或排氣做向上運動）。這樣周而復始，就由直線運動轉化為旋轉運動了（**圖2-8-5**）。

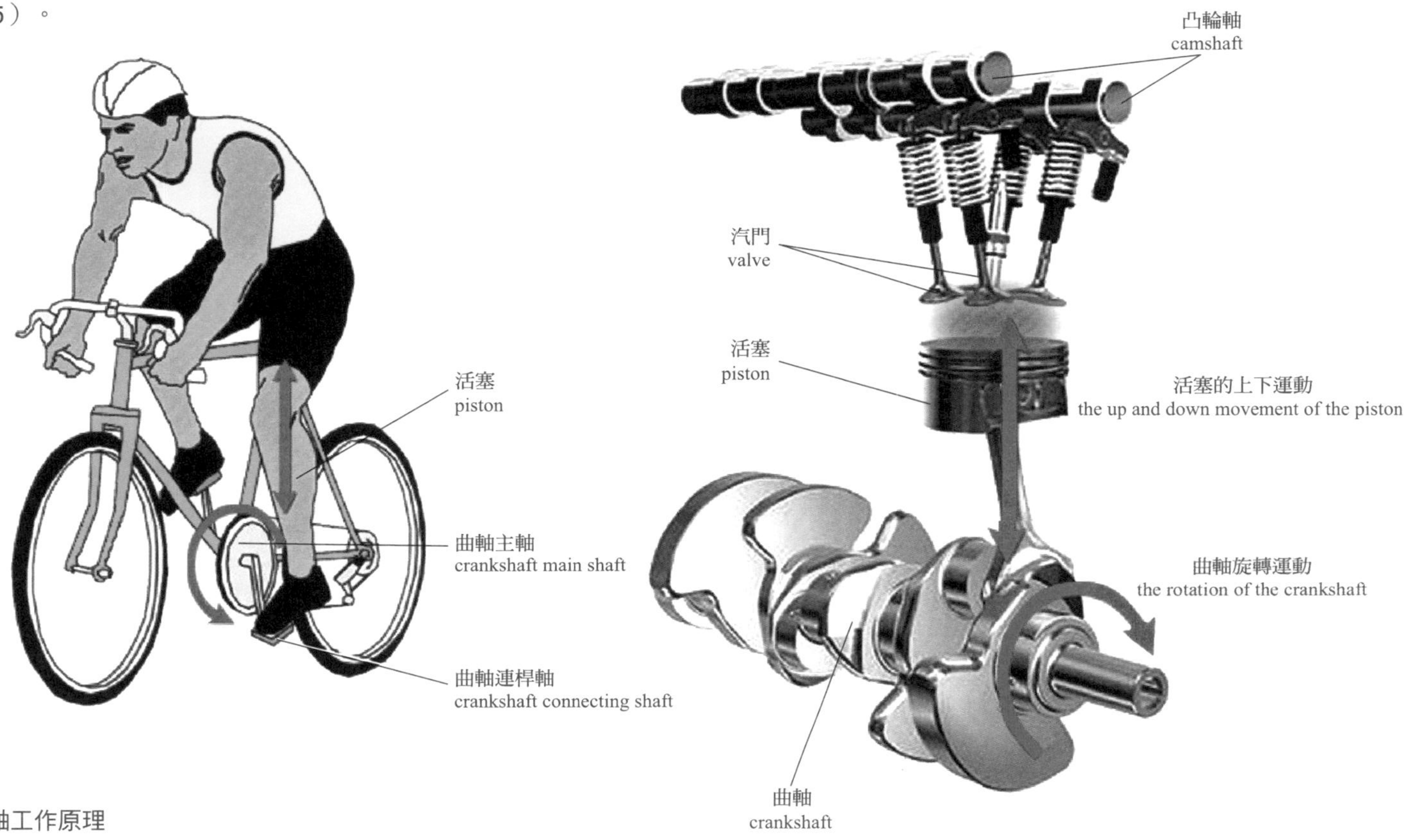
活塞
piston
曲軸主軸
crankshaft main shaft
曲軸連桿軸
crankshaft connecting shaft
凸輪軸
camshaft
汽門
valve
活塞
piston
活塞的上下運動
the up and down movement of the piston
曲軸旋轉運動
the rotation of the crankshaft
曲軸
crankshaft

圖2-8-5 曲軸工作原理

第9章 汽門機構

9.1 概述

汽門機構主要包括正時齒輪系、凸輪軸、汽門傳動組件（汽門、推桿、搖臂等），主要作用是根據引擎的工作情況，適時地開啟和關閉各汽缸的進、排汽門，以使得新鮮混合氣體及時充滿汽缸，廢氣得以及時排出汽缸外（圖2-9-1）。

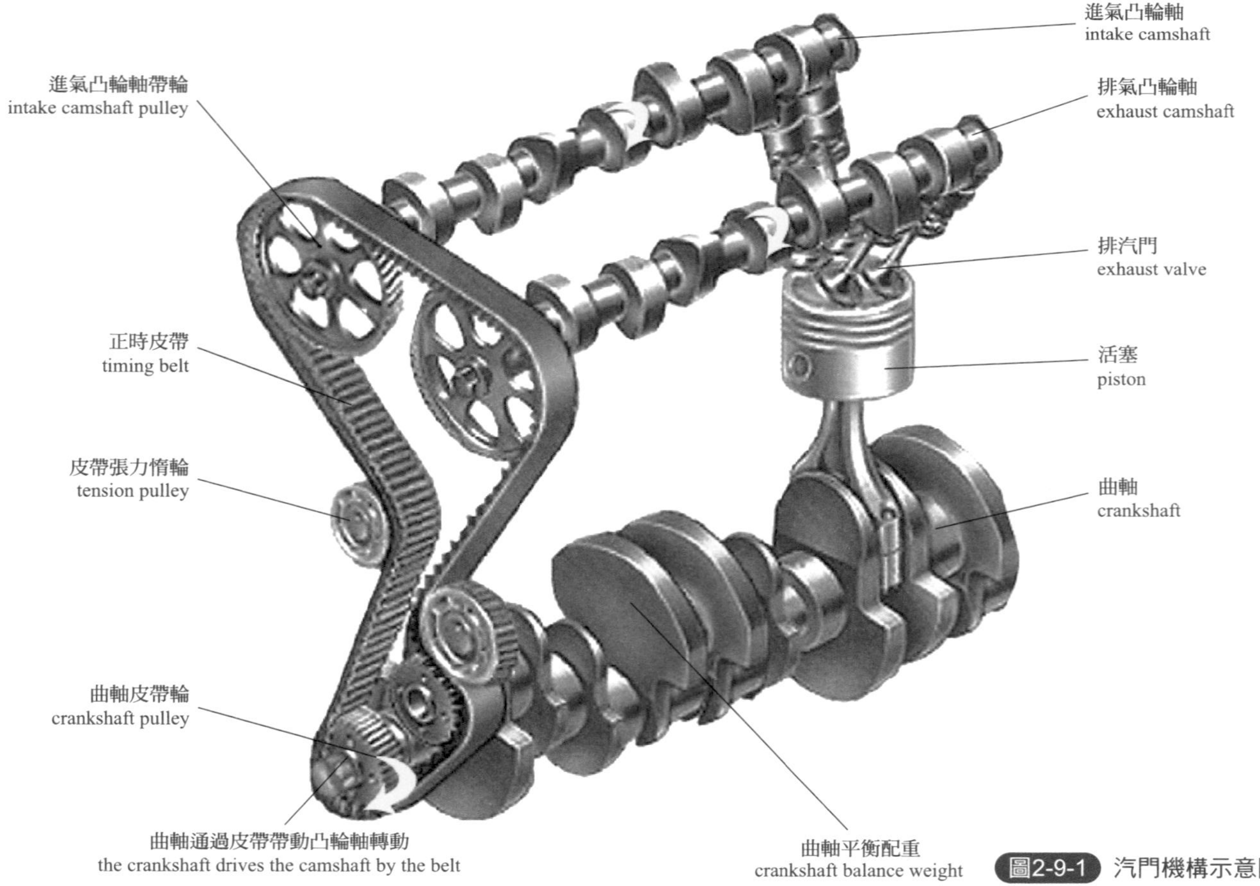
進氣凸輪軸
intake camshaft
排氣凸輪軸
exhaust camshaft
排汽門
exhaust valve
活塞
piston
曲軸
crankshaft
進氣凸輪軸帶輪
intake camshaft pulley
正時皮帶
timing belt
皮帶張力惰輪
tension pulley
曲軸皮帶輪
crankshaft pulley
曲軸通過皮帶帶動凸輪軸轉動
the crankshaft drives the camshaft by the belt
曲軸平衡配重
crankshaft balance weight

圖2-9-1 汽門機構示意圖

9.2 汽門機構組成（圖2-9-2）

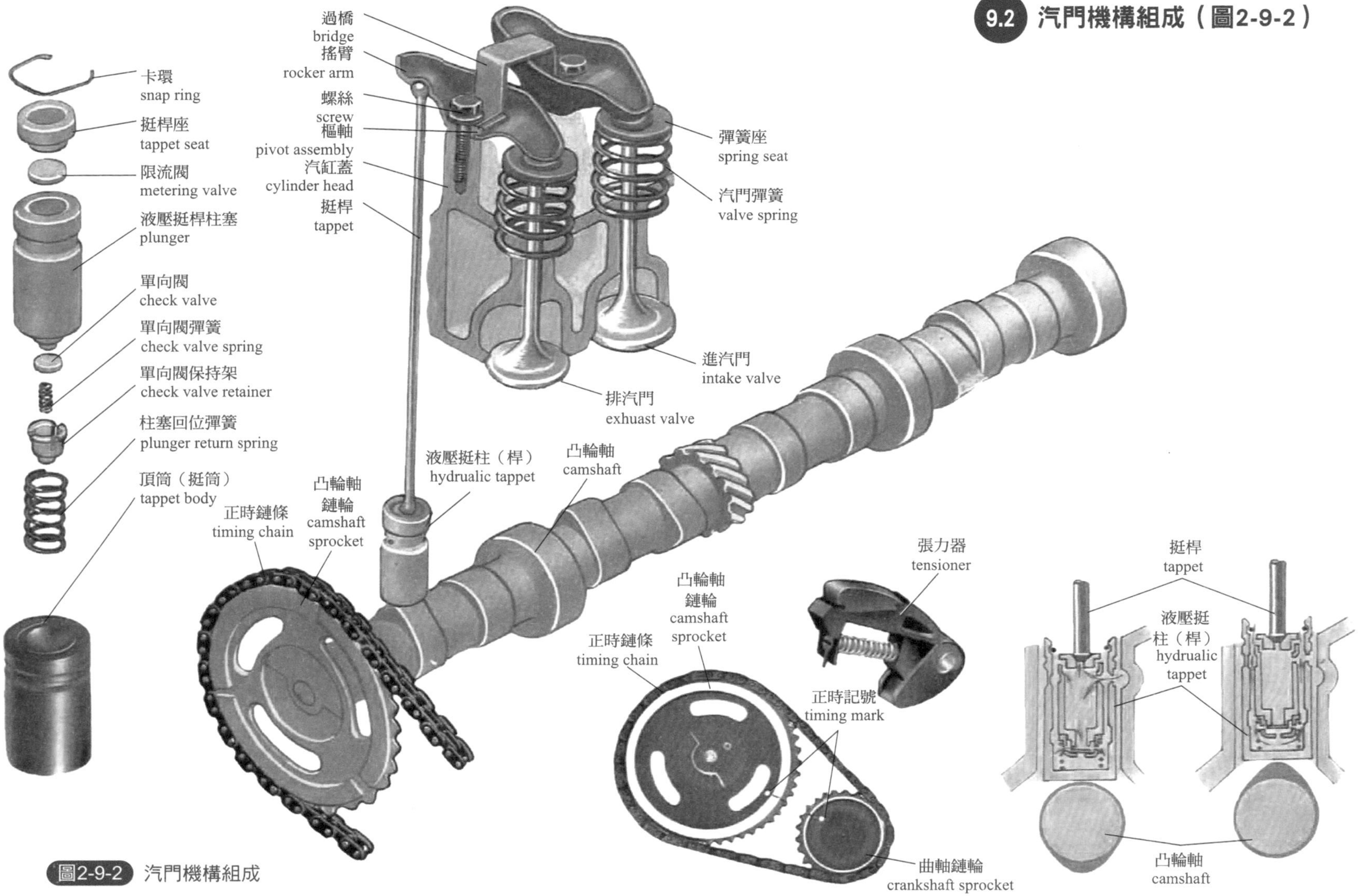
卡環
snap ring
挺桿座
tappet seat
限流閥
metering valve
液壓挺桿柱塞
plunger
單向閥
check valve
單向閥彈簧
check valve spring
單向閥保持架
check valve retainer
柱塞回位彈簧
plunger return spring
頂筒（挺筒）
tappet body
過橋
bridge
搖臂
rocker arm
螺絲
screw
樞軸
pivot assembly
汽缸蓋
cylinder head
挺桿
tappet
彈簧座
spring seat
汽門彈簧
valve spring
進汽門
intake valve
排汽門
exhuast valve
液壓挺柱（桿）
hydrualic tappet
凸輪軸
camshaft
凸輪軸
鏈輪
camshaft
sprocket
正時鏈條
timing chain
張力器
tensioner
凸輪軸
鏈輪
camshaft
sprocket
正時鏈條
timing chain
正時記號
timing mark
曲軸鏈輪
crankshaft sprocket
挺桿
tappet
液壓挺
柱（桿）
hydrualic
tappet
凸輪軸
camshaft

圖2-9-2 汽門機構組成

9.3 汽門機構類型

按照凸輪軸的位置可分為底置凸輪軸式和頂上凸輪軸式。底置凸輪軸式就是凸輪軸布置在汽缸底部；頂上凸輪軸式是指凸輪軸布置在汽缸的頂部。OHV（Overhead valve）是指頂上汽門底置凸輪軸（**圖2-9-3**）。OHC（Overhead camshaft）是指頂上凸輪軸。如果汽缸頂部只有一根凸輪軸同時負責進、排汽門的開、關，稱為單頂上凸輪軸（Single overhead camshaft，SOHC）。

如果在頂部有兩根凸輪軸分別負責進汽門和排汽門的開、關，則稱為雙頂上凸輪軸（Double overhead camshaft，DOHC）。在DOHC下，凸輪軸有兩根，一根可以專門控制進汽門，另一根則專門控制排汽門，這樣可以增大進汽門面積，改善燃燒室形狀，而且提高了汽門運動速度，非常適合高速汽車使用（**圖2-9-4**）。

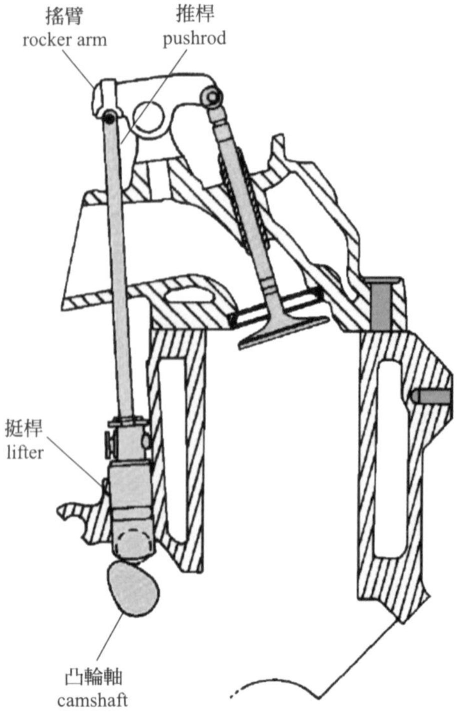
搖臂
rocker arm
推桿
pushrod
挺桿
lifter
凸輪軸
camshaft

圖2-9-3 頂上汽門引擎

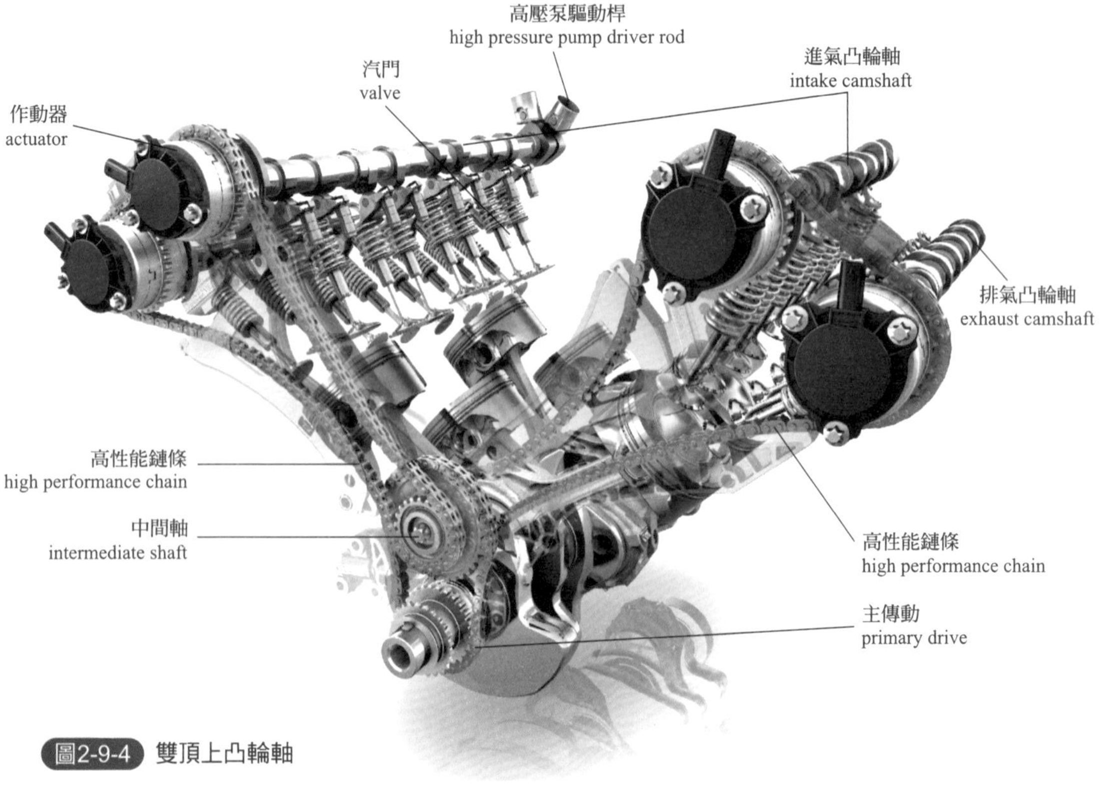
高壓泵驅動桿
high pressure pump driver rod
汽門
valve
進氣凸輪軸
intake camshaft
作動器
actuator
排氣凸輪軸
exhaust camshaft
高性能鏈條
high performance chain
中間軸
intermediate shaft
高性能鏈條
high performance chain
主傳動
primary drive

圖2-9-4 雙頂上凸輪軸

OHV與SOHC的結構比較如圖2-9-5所示。

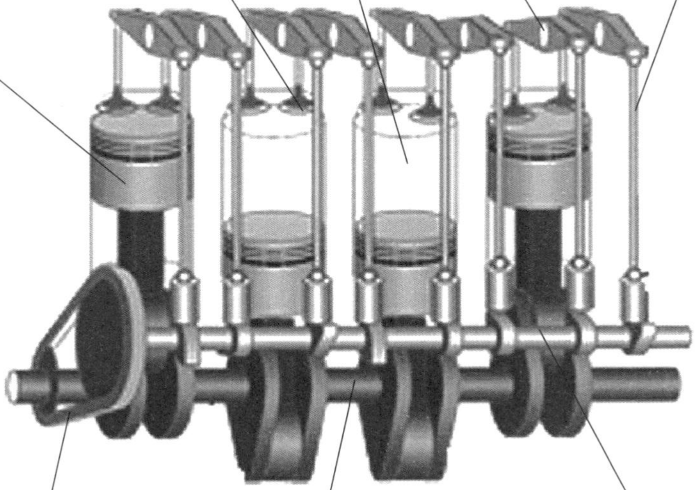

OHV （頂上汽門）

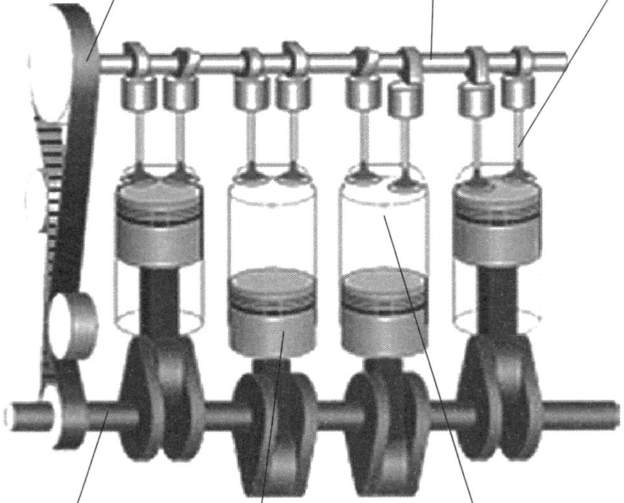

SOHC （單頂上凸輪軸）

圖2-9-5 OHV與SOHC

9.4 汽門正時

所謂汽門正時，可以簡單理解為汽門開啟和關閉的時刻。理論上在進氣行程中，活塞由上死點移至下死點時，進汽門打開、排汽門關閉；在排氣行程中，活塞由下死點移至上死點時，進汽門關閉、排汽門打開（**圖2-9-6**）。

正時的目的其實在實際的引擎工作中，是為了增大汽缸內的進氣量，進汽門需要提前開啟、延遲關閉；同樣地，為了使汽缸內的廢氣排得更乾淨，排汽門也需要提前開啟、延遲關閉，這樣才能保證引擎有效地運作。

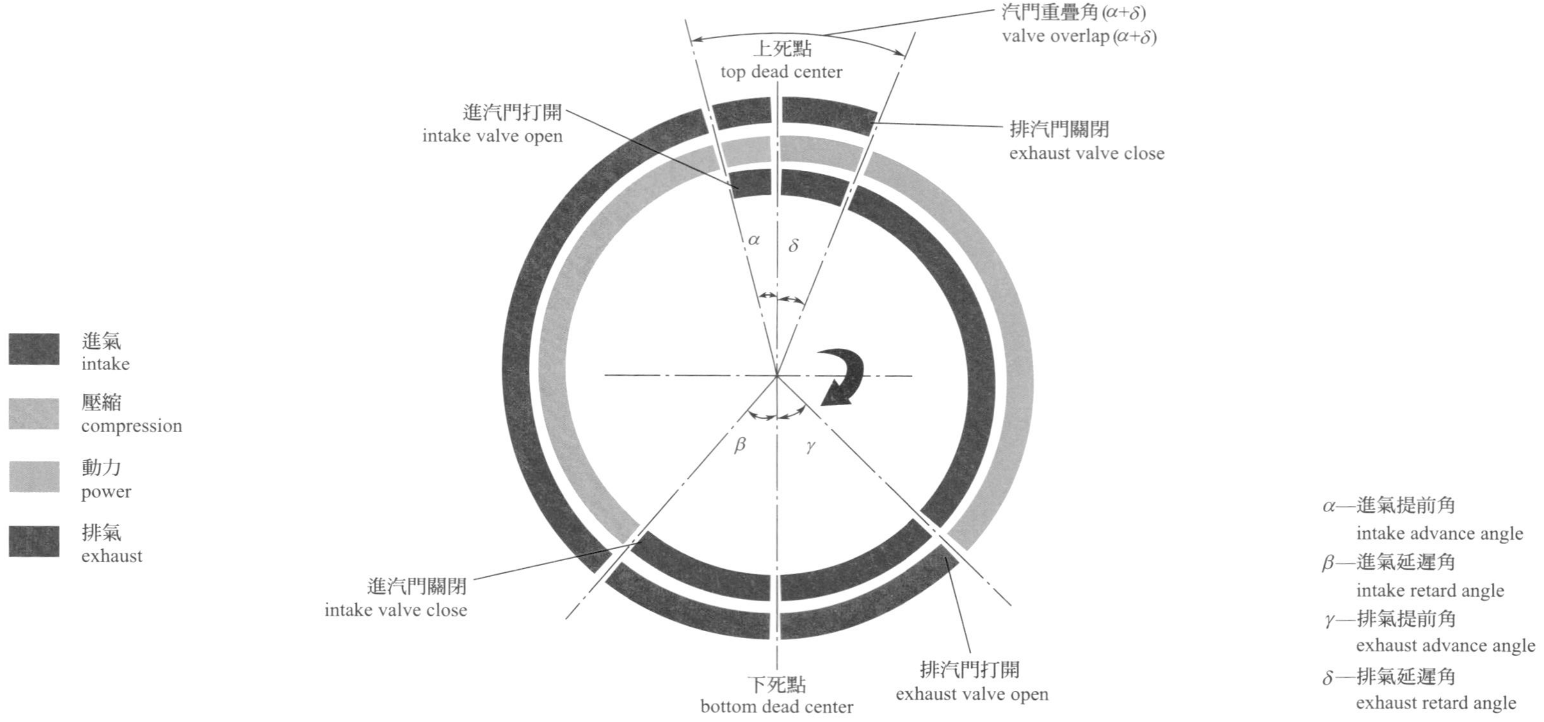
進氣
intake
壓縮
compression
動力
power
排氣
exhaust
汽門重疊角 (α+δ)
valve overlap (α+δ)
上死點
top dead center
進汽門打開
intake valve open
排汽門關閉
exhaust valve close
α
δ
β
γ
進汽門關閉
intake valve close
下死點
bottom dead center
排汽門打開
exhaust valve open
α—進氣提前角
intake advance angle
β—進氣延遲角
intake retard angle
γ—排氣提前角
exhaust advance angle
δ—排氣延遲角
exhaust retard angle

圖2-9-6 汽門正時工作示意圖

9.5 汽門機構部件

9.5.1　凸輪軸

凸輪軸主要負責進、排汽門的開啟和關閉。凸輪軸在曲軸的帶動下不斷旋轉，凸輪便不斷地下壓汽門，從而實現控制進汽門和排汽門開啟和關閉的功能（圖2-9-7）。

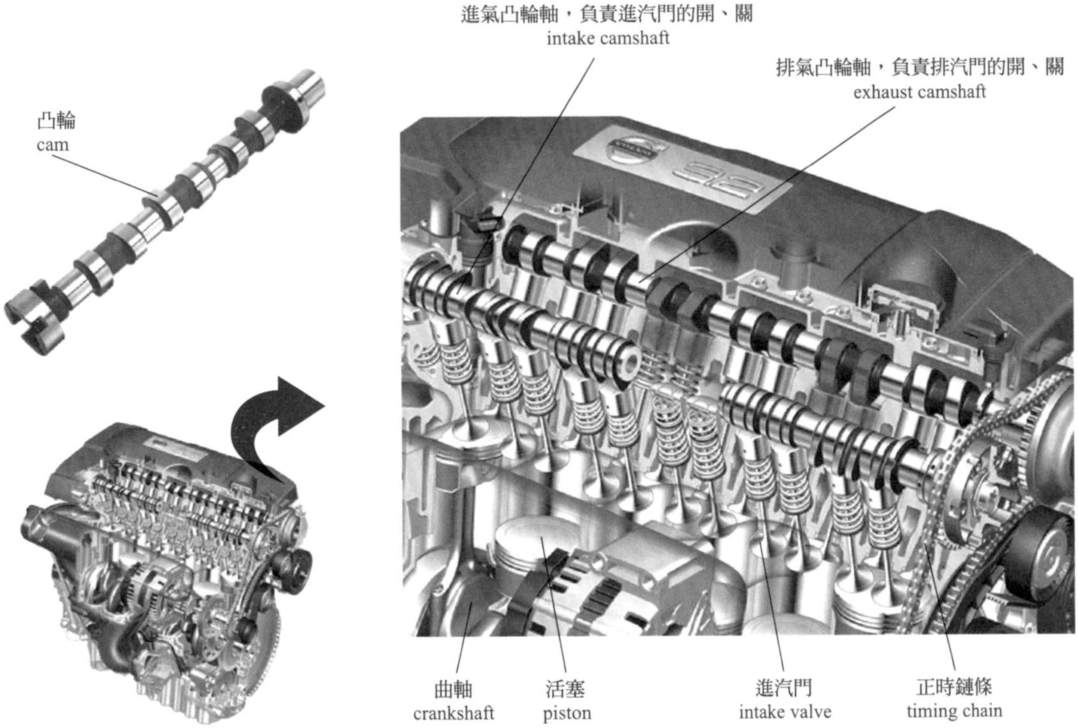
進氣凸輪軸，負責進汽門的開、關
intake camshaft
排氣凸輪軸，負責排汽門的開、關
exhaust camshaft
凸輪
cam
曲軸
crankshaft
活塞
piston
進汽門
intake valve
正時鏈條
timing chain

圖2-9-7 凸輪軸構造

凸輪軸專有名詞見圖2-9-8。

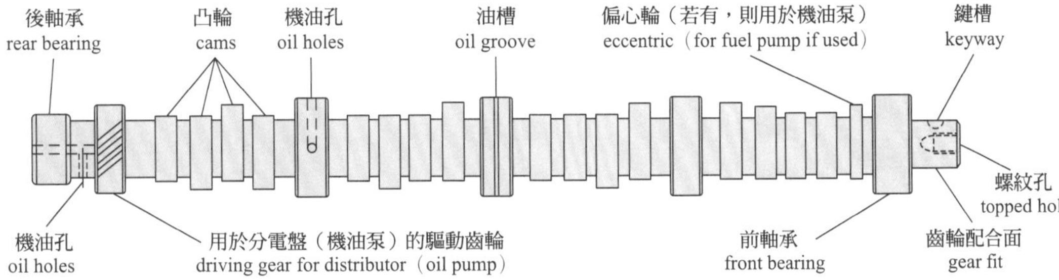
後軸承
rear bearing
凸輪
cams
機油孔
oil holes
油槽
oil groove
偏心輪（若有，則用於機油泵）
eccentric（for fuel pump if used）
鍵槽
keyway
螺紋孔
topped hole
機油孔
oil holes
用於分電盤（機油泵）的驅動齒輪
driving gear for distributor（oil pump）
前軸承
front bearing
齒輪配合面
gear fit

圖2-9-8 凸輪軸專有名詞

9.5.2　汽門

汽門的作用是專門負責向引擎內輸入燃料並排出廢氣（圖2-9-9）。

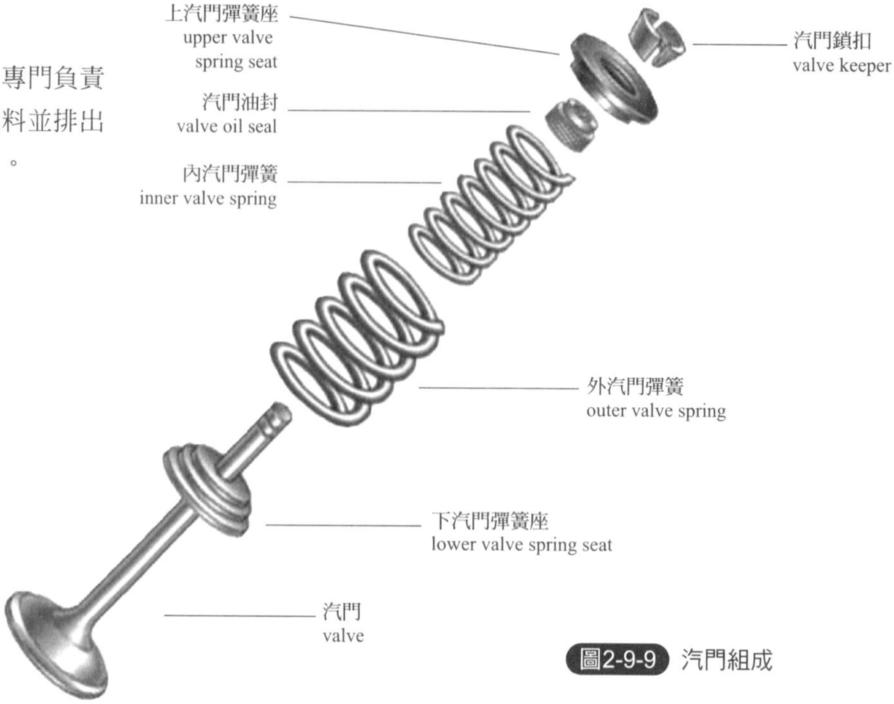
上汽門彈簧座
upper valve spring seat
汽門油封
valve oil seal
內汽門彈簧
inner valve spring
汽門鎖扣
valve keeper
外汽門彈簧
outer valve spring
下汽門彈簧座
lower valve spring seat
汽門
valve

圖2-9-9 汽門組成

汽門專有名詞如圖2-9-10所示。

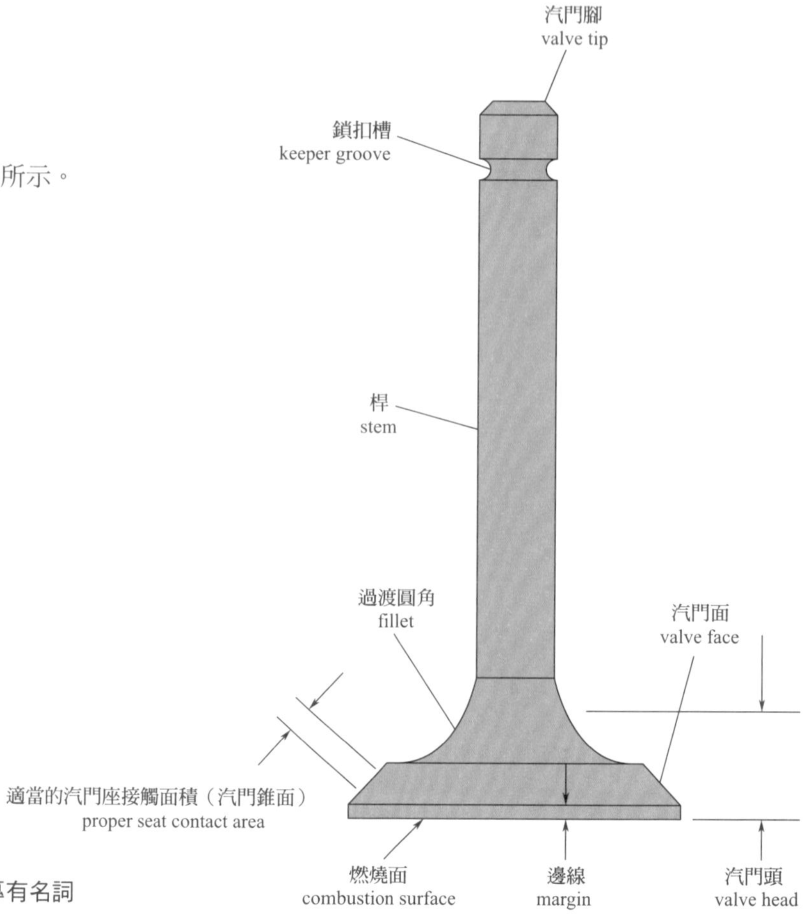
汽門腳
valve tip
鎖扣槽
keeper groove
桿
stem
過渡圓角
fillet
汽門面
valve face
適當的汽門座接觸面積（汽門錐面）
proper seat contact area
燃燒面
combustion surface
邊線
margin
汽門頭
valve head

圖2-9-10 汽門專有名詞

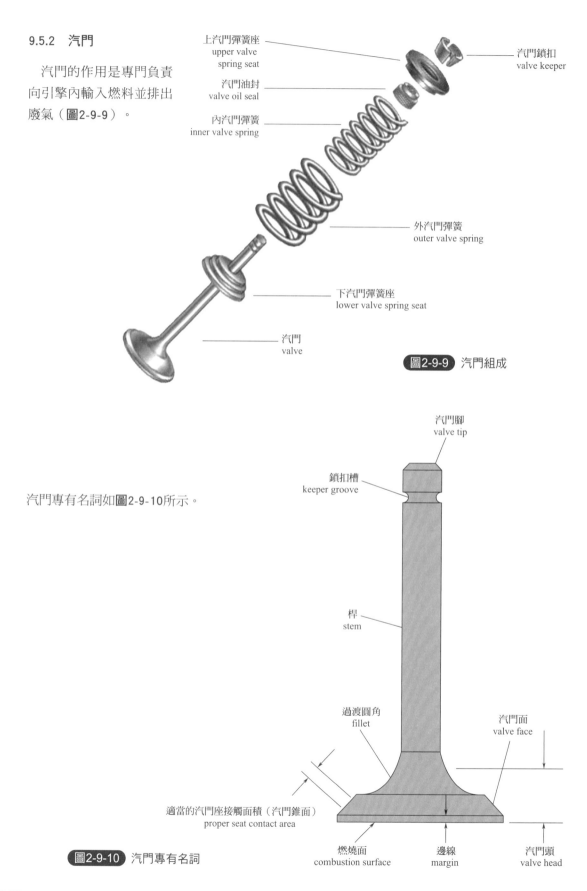

9.5.3　汽門彈簧

汽門彈簧的作用是依靠其彈簧的張力使開啟的汽門迅速回到關閉的位置，並防止汽門在引擎的運動過程中因慣性力量而產生間隙，確保汽門在關閉狀態時能緊密貼合，同時也防止汽門在震動時因跳動而破壞密封性（**圖2-9-11**）。

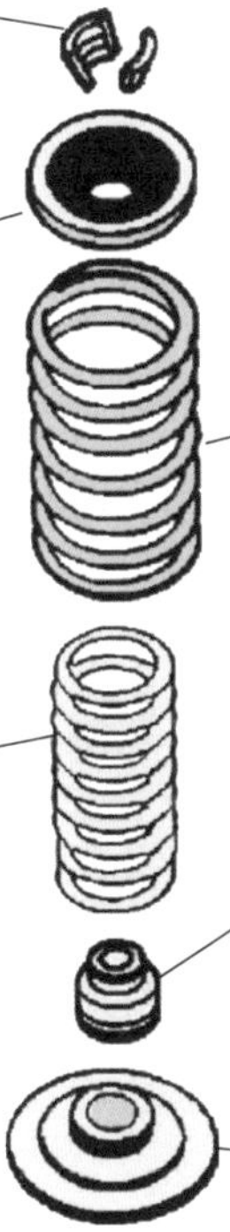
鎖扣
keepers
擋圈
retainer
外汽門彈簧
outer valve spring
內汽門彈簧
inner valve spring
油封
seal
彈簧座
spring seat

圖2-9-11 典型汽門彈簧與相關部件

9.5.4　汽門座

汽門座是汽門和汽缸蓋之間的接觸面。汽門和汽門座用於燃燒室的密封，以調節進、排氣（**圖2-9-12**）。

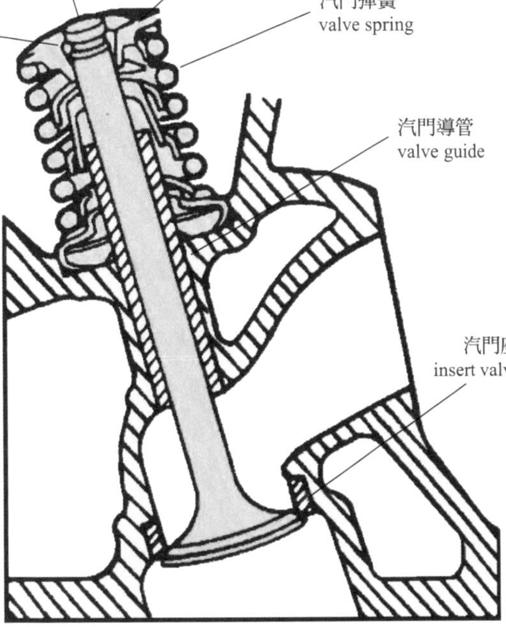
汽門
valve
擋圈
retainer
汽門鎖扣
valve keeper
汽門彈簧
valve spring
汽門導管
valve guide
汽門座
insert valve seat

圖2-9-12 汽門座

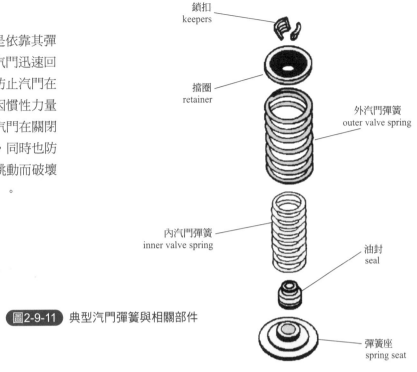

9.5.5　汽門間隙

引擎在冷態下，當汽門處於關閉狀態時，汽門與傳動件之間的間隙稱為汽門間隙。圖2-9-13（a）表示通過螺絲調整汽門間隙，圖2-9-13（b）表示通過墊片調整汽門間隙。

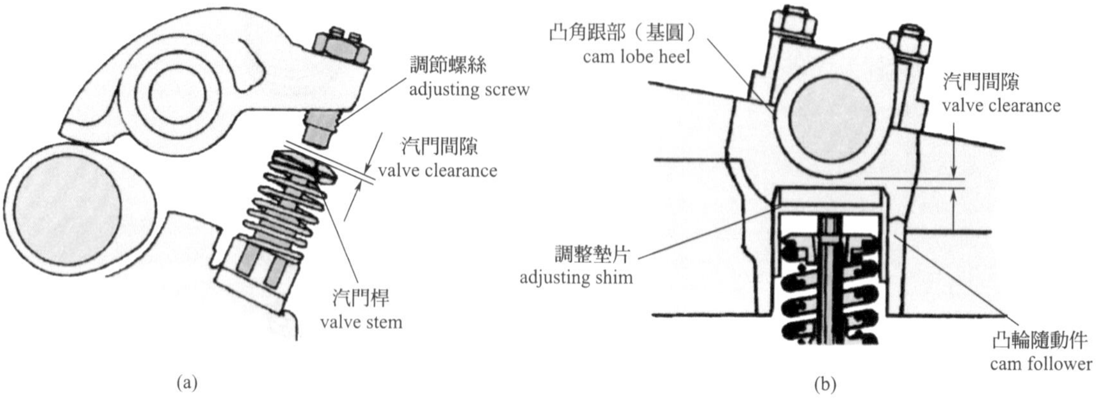
調節螺絲
adjusting screw
汽門間隙
valve clearance
汽門桿
valve stem
(a)
凸角跟部（基圓）
cam lobe heel
汽門間隙
valve clearance
調整墊片
adjusting shim
凸輪隨動件
cam follower
(b)

圖2-9-13 汽門間隙

9.5.6　液壓舉桿

液壓舉桿主要由舉桿、柱塞、球頭柱塞（推桿底座）、單向閥、單向閥彈簧及回位彈簧等零件組成（圖2-9-14）。利用液壓舉桿內部獨特的結構設計，可自動調節汽門機構傳動間隙、傳遞凸輪揚程變化、準時開閉汽門。

其工作原理是，當凸輪在揚程階段，凸輪壓縮柱塞，單向閥關閉，壓力室中的油液從舉桿與柱塞按偶件配合的間隙中洩出少量，這時液壓舉桿可近似被看作一個不被壓縮的剛體，在「剛體」的支撐作用下，將進、排汽門打開。在凸輪回程階段，柱塞的受力被解除，在回位彈簧作用下柱塞恢復上升，汽門在汽門彈簧的作用下自動關閉，完成一個工作循環，達到自動調節汽門間隙的目的。

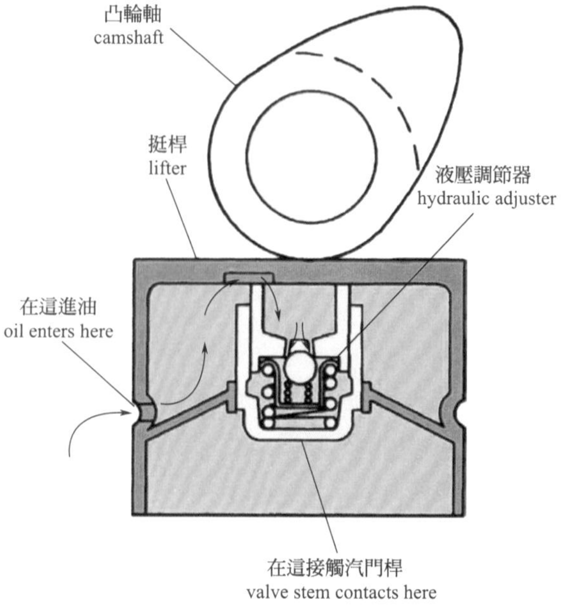
凸輪軸
camshaft
挺桿
lifter
液壓調節器
hydraulic adjuster
在這進油
oil enters here
在這接觸汽門桿
valve stem contacts here

圖2-9-14 液壓舉桿

9.5.7 搖臂

搖臂是頂壓汽門的槓桿機構，用於驅動汽門開啟和關閉（圖2-9-15）。

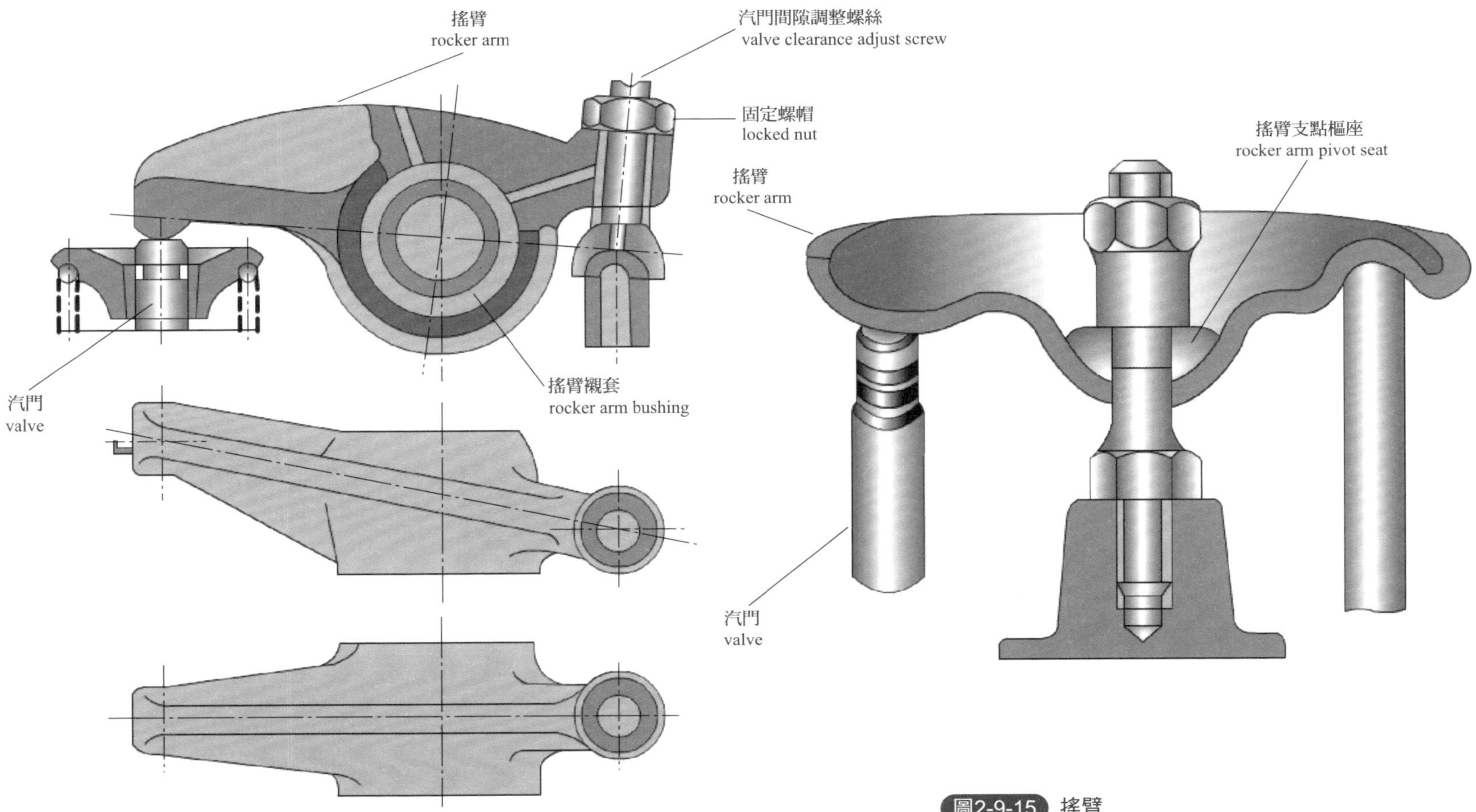
搖臂
rocker arm
汽門間隙調整螺絲
valve clearance adjust screw
固定螺帽
locked nut
汽門
valve
搖臂襯套
rocker arm bushing
搖臂支點樞座
rocker arm pivot seat
搖臂
rocker arm
汽門
valve

圖2-9-15 搖臂

9.5.8　搖臂軸

有些引擎利用搖臂軸支撐搖臂，如圖2-9-16所示。

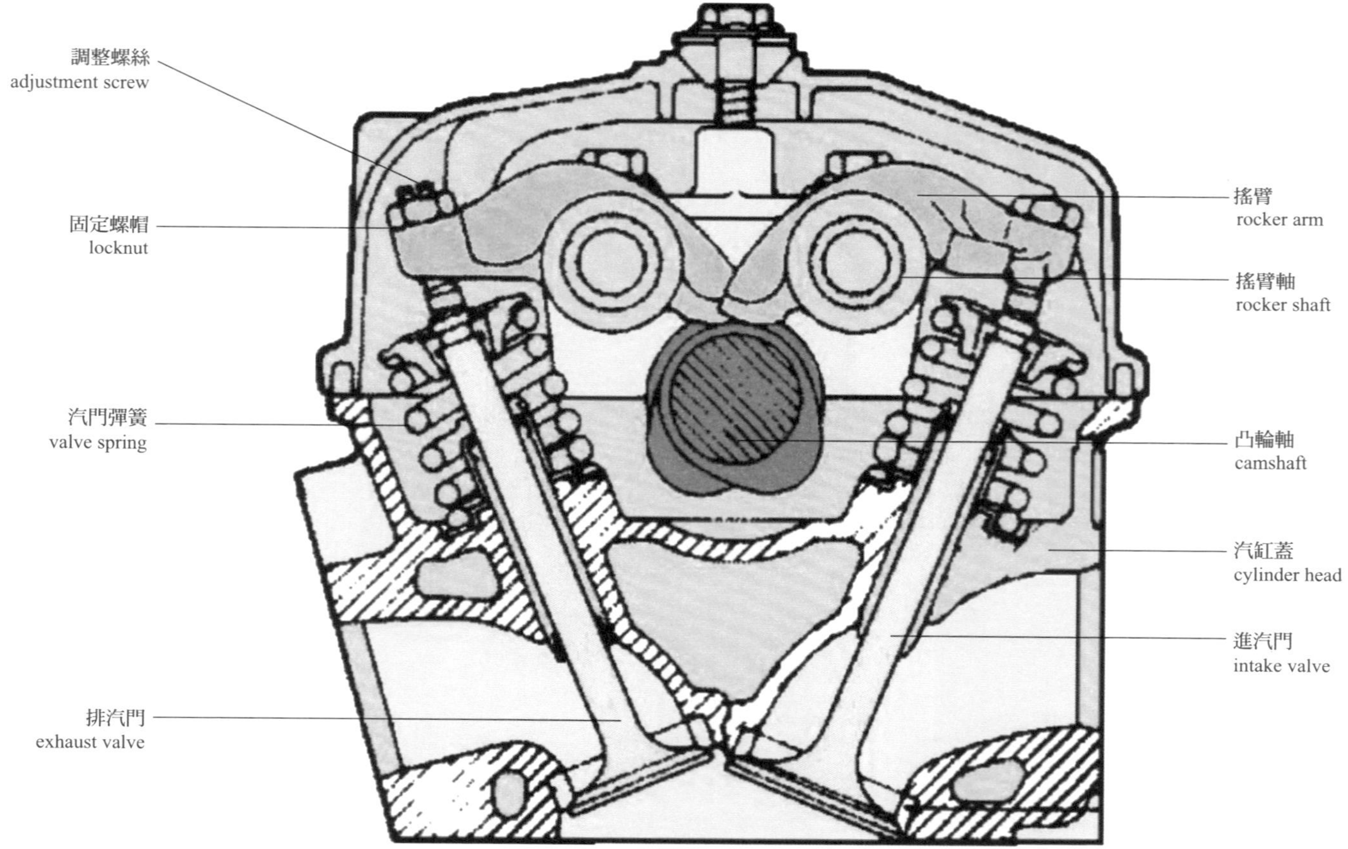
調整螺絲
adjustment screw
固定螺帽
locknut
汽門彈簧
valve spring
排汽門
exhaust valve
搖臂
rocker arm
搖臂軸
rocker shaft
凸輪軸
camshaft
汽缸蓋
cylinder head
進汽門
intake valve

圖2-9-16 搖臂軸

第10章 可變汽門正時與可變汽門揚程

10.1 概述

可變汽門正時和可變汽門揚程可以根據引擎轉速和負載的

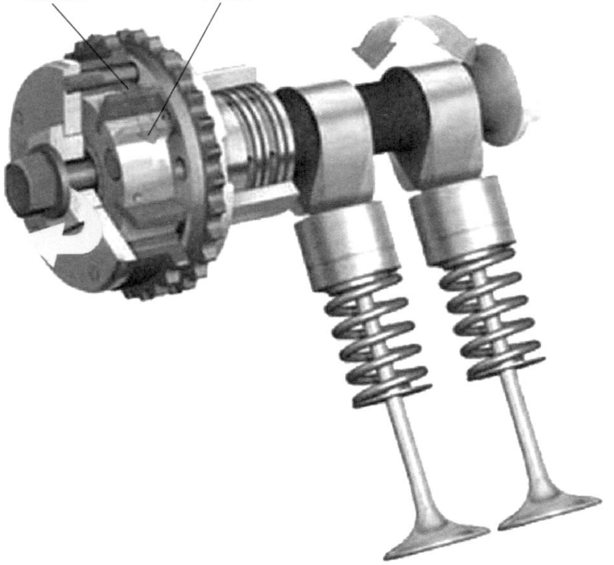
提前
advance
延遲
retard

不同而進行調節，使得引擎在高低速下都能獲得理想的進、排氣效率。

10.1.1　可變汽門正時

如**圖2-10-1**所示，利用液壓控制凸輪軸正時齒輪內部內轉子，可以實現一定範圍內的角度提前或延遲。

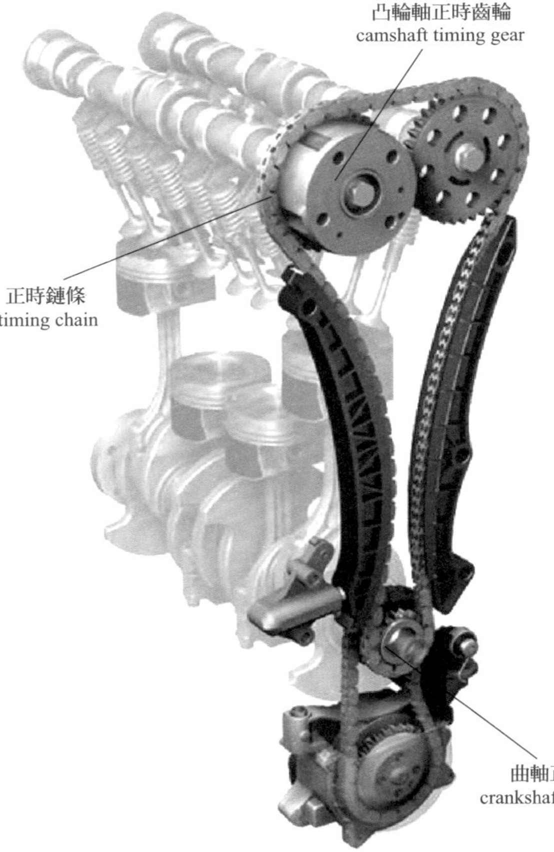
凸輪軸正時齒輪
camshaft timing gear
正時鏈條
timing chain
曲軸正時齒輪
crankshaft timing gear

圖2-10-1 可變汽門正時

10.1.2　可變汽門揚程

圖2-10-2表示可變汽門揚程系統主要通過切換凸輪軸上的低角度凸輪和高角度凸輪，來實現汽門的可變揚程。

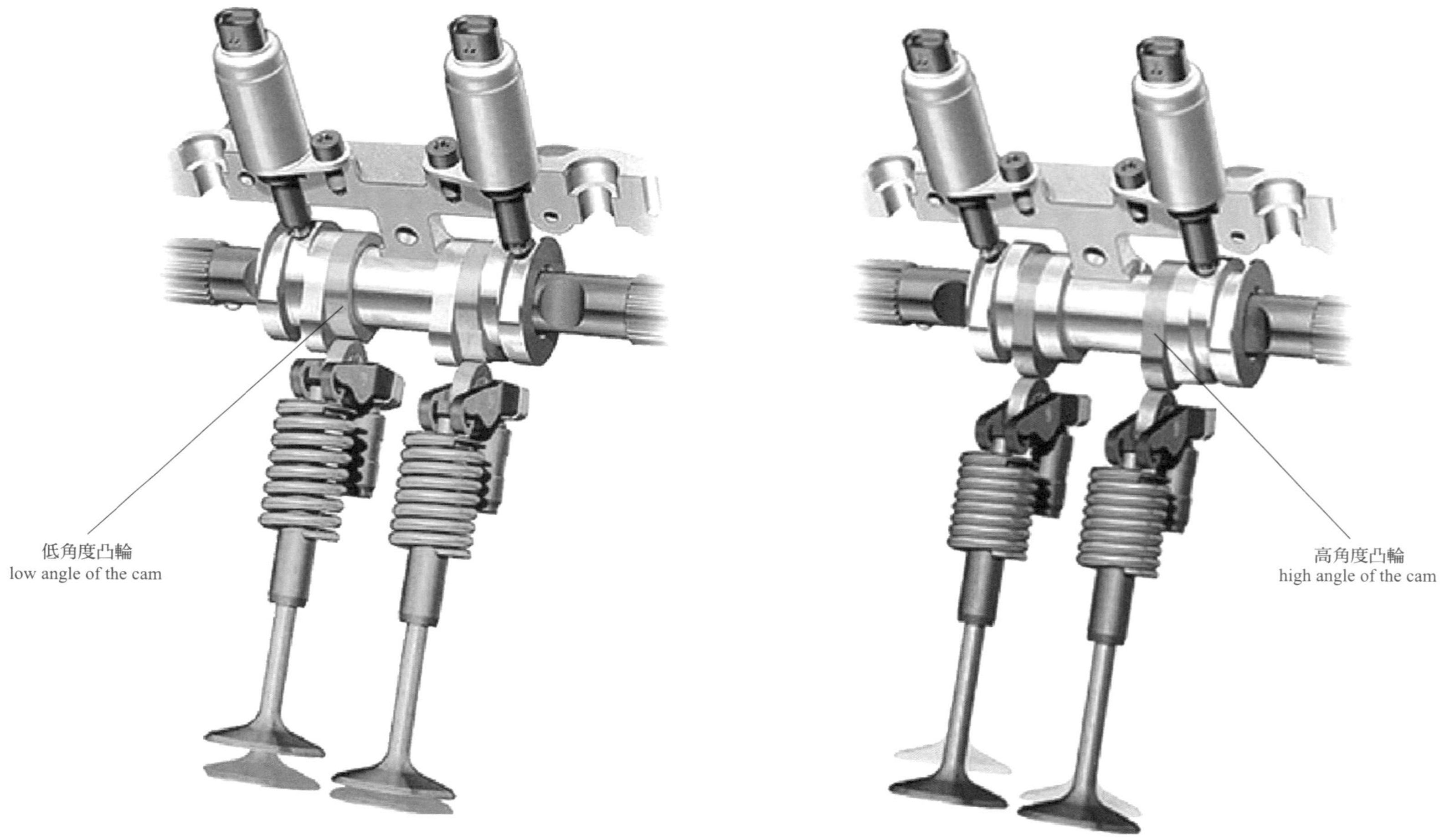
低角度凸輪
low angle of the cam
高角度凸輪
high angle of the cam

圖2-10-2　可變汽門揚程

10.2 豐田智慧型可變汽門正時系統

豐田的可變汽門正時系統已被廣泛應用，主要的原理是在凸輪軸上加裝一套油壓機構，通過ECU的控制，在一定角度範圍內對汽門的開啟、關閉時間進行調節，或提前或延遲或保持不變（圖2-10-3）。

凸輪軸的正時齒輪的外轉子與正時鏈條（皮帶）相連，內轉子與凸輪軸相連。外轉子可以通過機油間接帶動內轉子，從而實現一定範圍內的角度提前或延遲。

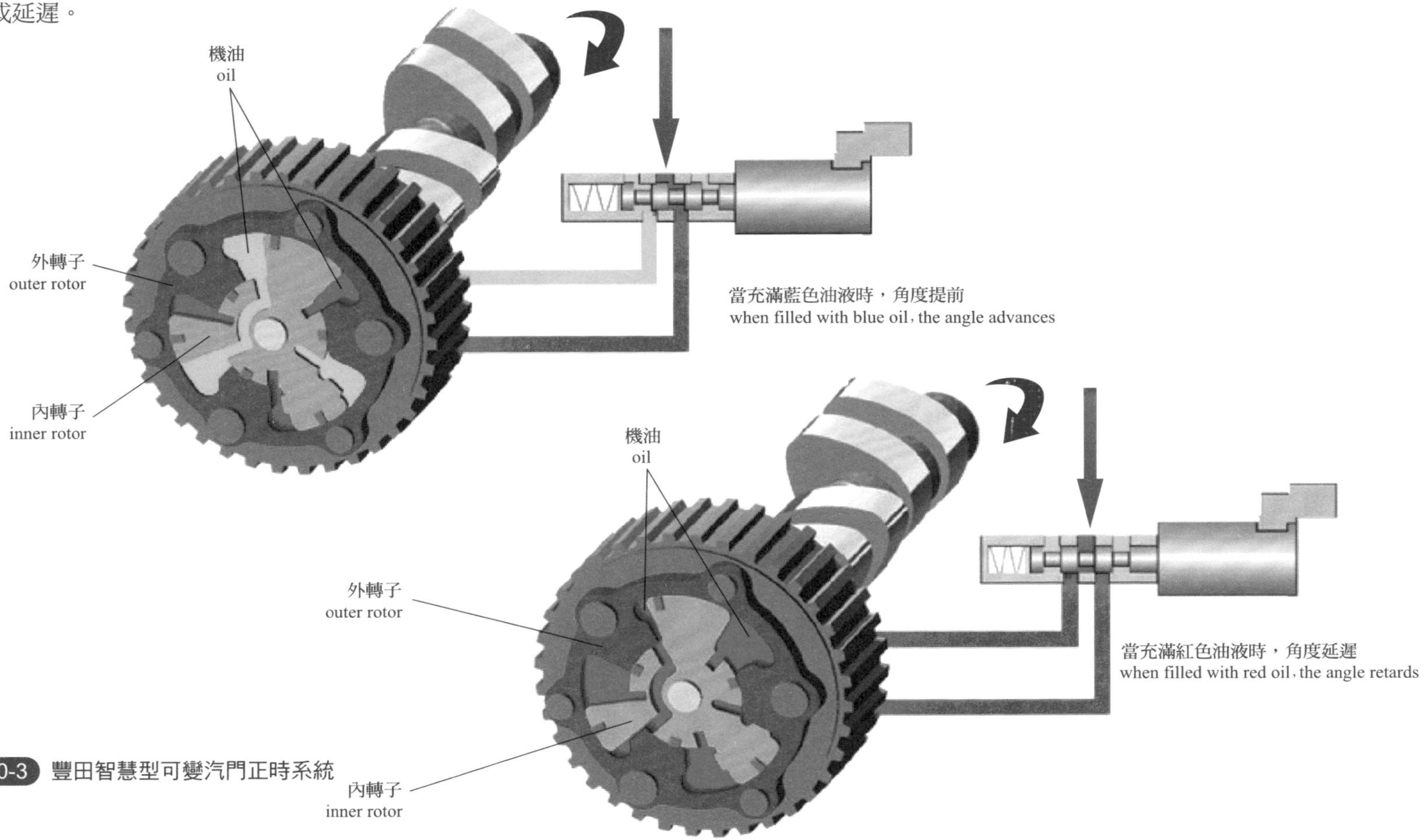
機油
oil
外轉子
outer rotor
內轉子
inner rotor
當充滿藍色油液時，角度提前
when filled with blue oil, the angle advances
機油
oil
外轉子
outer rotor
內轉子
inner rotor
當充滿紅色油液時，角度延遲
when filled with red oil, the angle retards

圖2-10-3 豐田智慧型可變汽門正時系統

10.3 本田智慧型可變汽門正時和揚程電子控制

本田的VTEC可變汽門揚程系統可以看作在原來的基礎上加了第三根搖臂和第三個凸輪軸。通過三根搖臂的分離與結合一體，來實現高低角度凸輪軸的切換，從而改變汽門的揚程（圖2-10-4）。

當引擎處於低負荷時，三根搖臂處於分離狀態，低角度凸輪兩邊的搖臂來控制汽門的開閉，汽門揚程量小；當引擎處於高負荷時，三根搖臂結合為一體，由高角度凸輪驅動中間搖臂，汽門揚程量大。

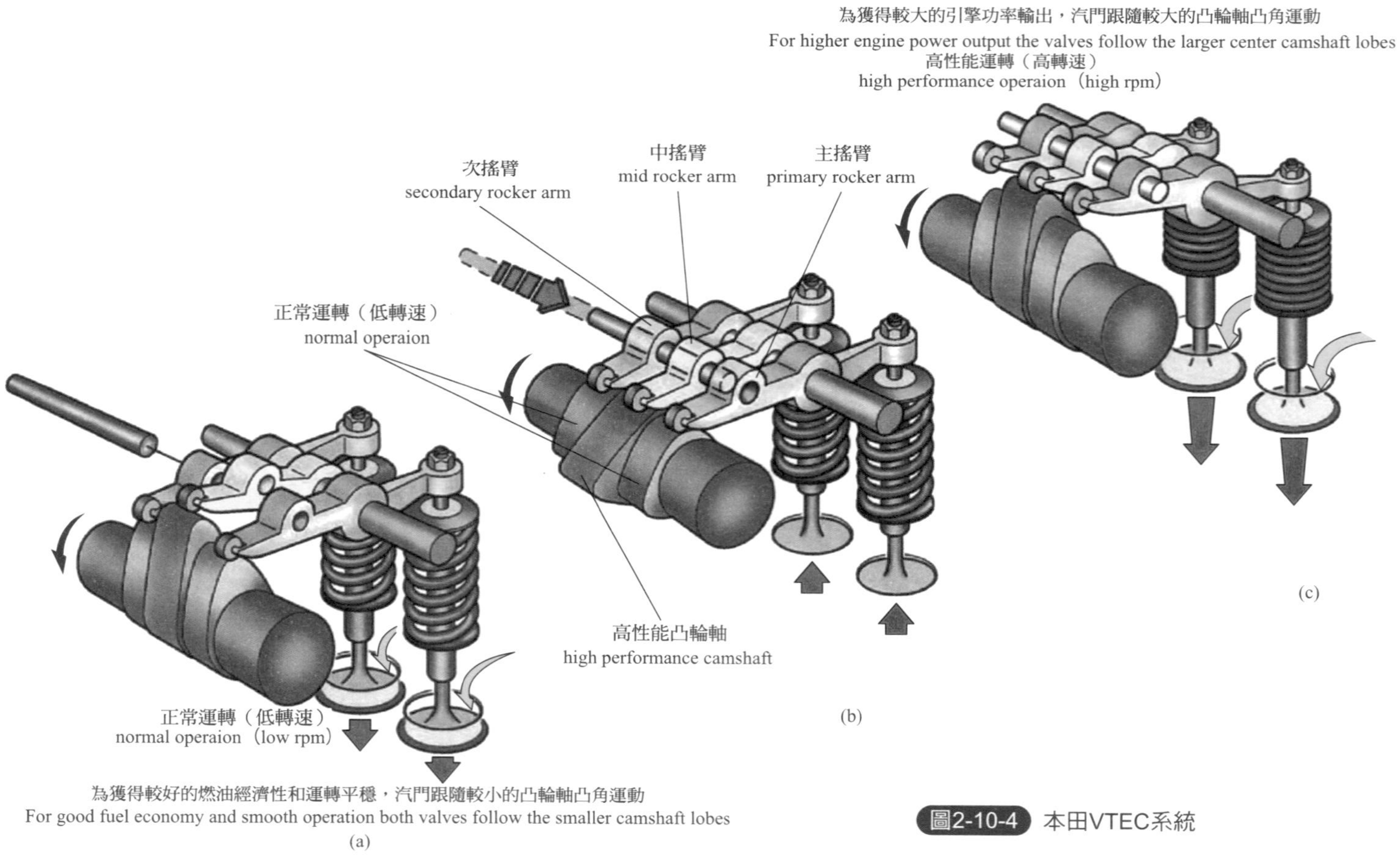
為獲得較大的引擎功率輸出，汽門跟隨較大的凸輪軸凸角運動
For higher engine power output the valves follow the larger center camshaft lobes
高性能運轉（高轉速）
high performance operaion（high rpm）
次搖臂
secondary rocker arm
中搖臂
mid rocker arm
主搖臂
primary rocker arm
正常運轉（低轉速）
normal operaion
高性能凸輪軸
high performance camshaft
正常運轉（低轉速）
normal operaion（low rpm）
為獲得較好的燃油經濟性和運轉平穩，汽門跟隨較小的凸輪軸凸角運動
For good fuel economy and smooth operation both valves follow the smaller camshaft lobes
(a)
(b)
(c)

圖2-10-4 本田VTEC系統

10.4 奧迪汽門揚程系統

奧迪的AVS可變汽門揚程系統，主要通過切換凸輪軸上兩組高度不同的凸輪來實現汽門揚程的改變，其原理與本田的VTEC非常相似，只是AVS系統是通過安裝在凸輪軸上的螺旋溝槽套筒，來實現凸輪軸的左右移動，進而切換凸輪軸上的高低凸輪。在電磁閥作動器的作用下，通過螺旋溝槽可以使凸輪軸向左或向右移動，從而實現不同凸輪間的切換（圖2-10-5）。

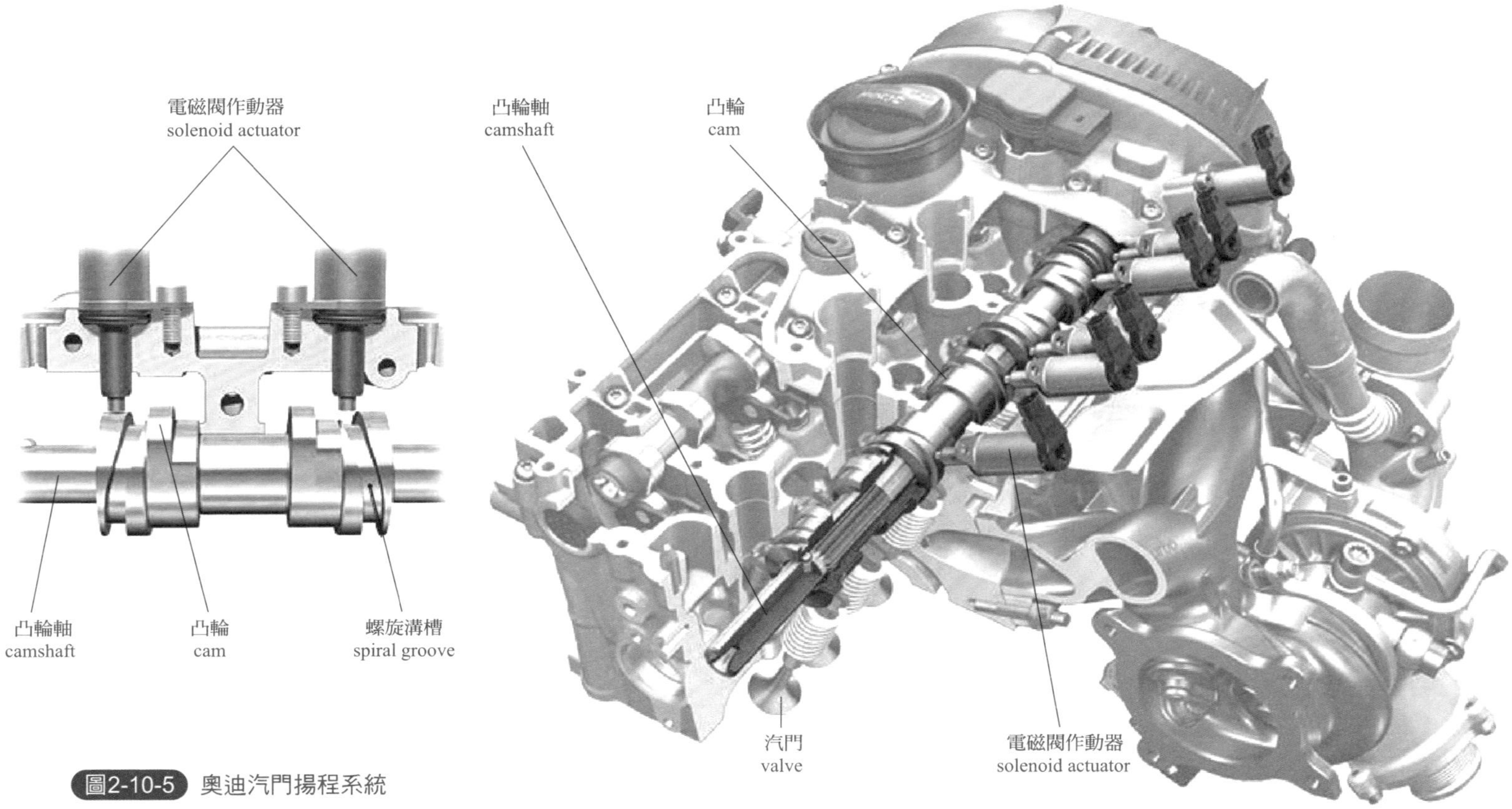
電磁閥作動器
solenoid actuator
凸輪軸
camshaft
凸輪
cam
螺旋溝槽
spiral groove
凸輪軸
camshaft
凸輪
cam
汽門
valve
電磁閥作動器
solenoid actuator

圖2-10-5 奧迪汽門揚程系統

引擎處於高負荷時，電磁閥作動器使凸輪軸向右移動，切換到高角度凸輪，從而增大汽門的揚程（圖2-10-6）。

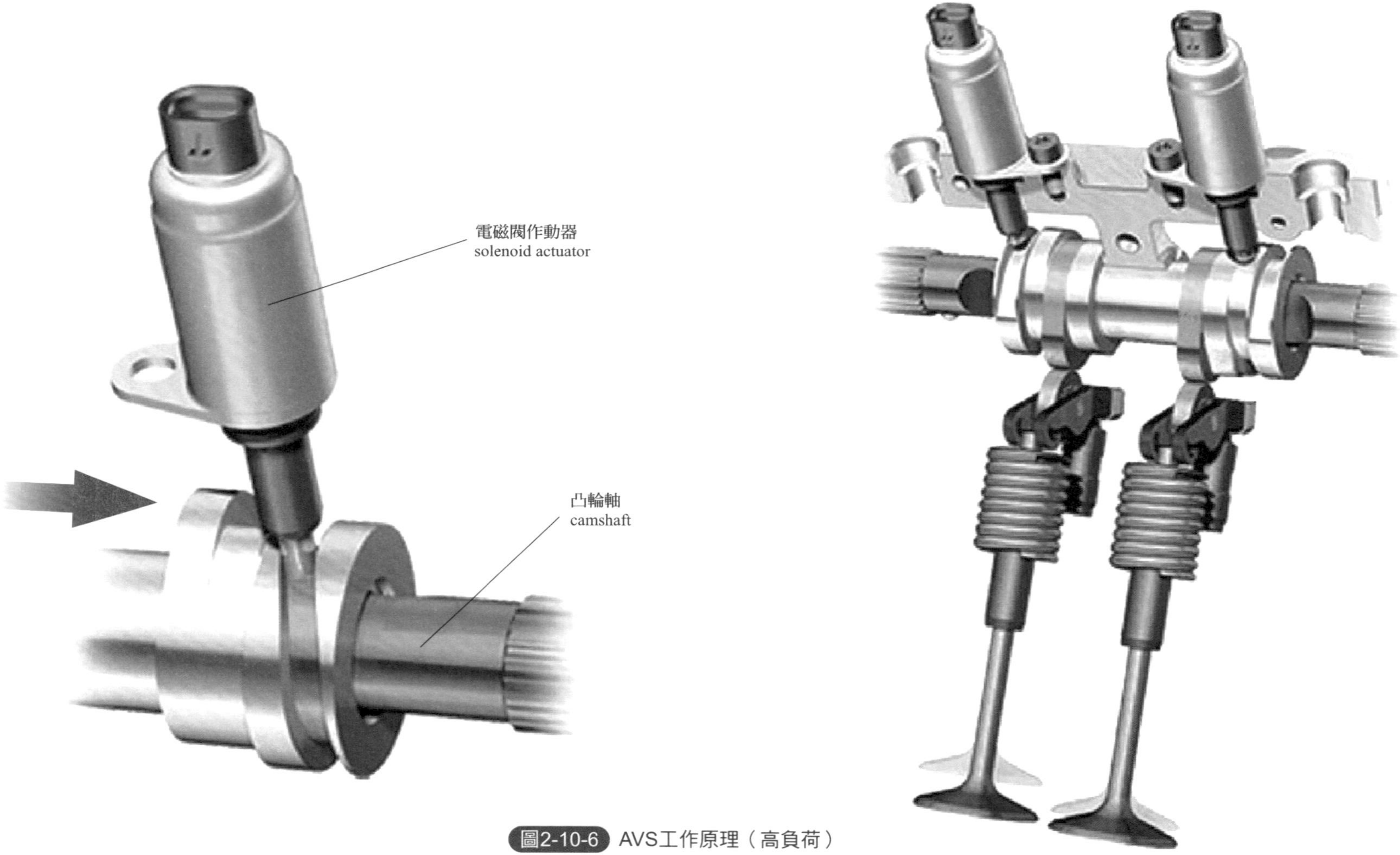
電磁閥作動器
solenoid actuator
凸輪軸
camshaft

圖2-10-6 AVS工作原理（高負荷）

當引擎處於低負荷時，電磁閥作動器使凸輪軸向左移動，切換到低角度凸輪，以減少汽門的揚程（**圖2-10-7**）。

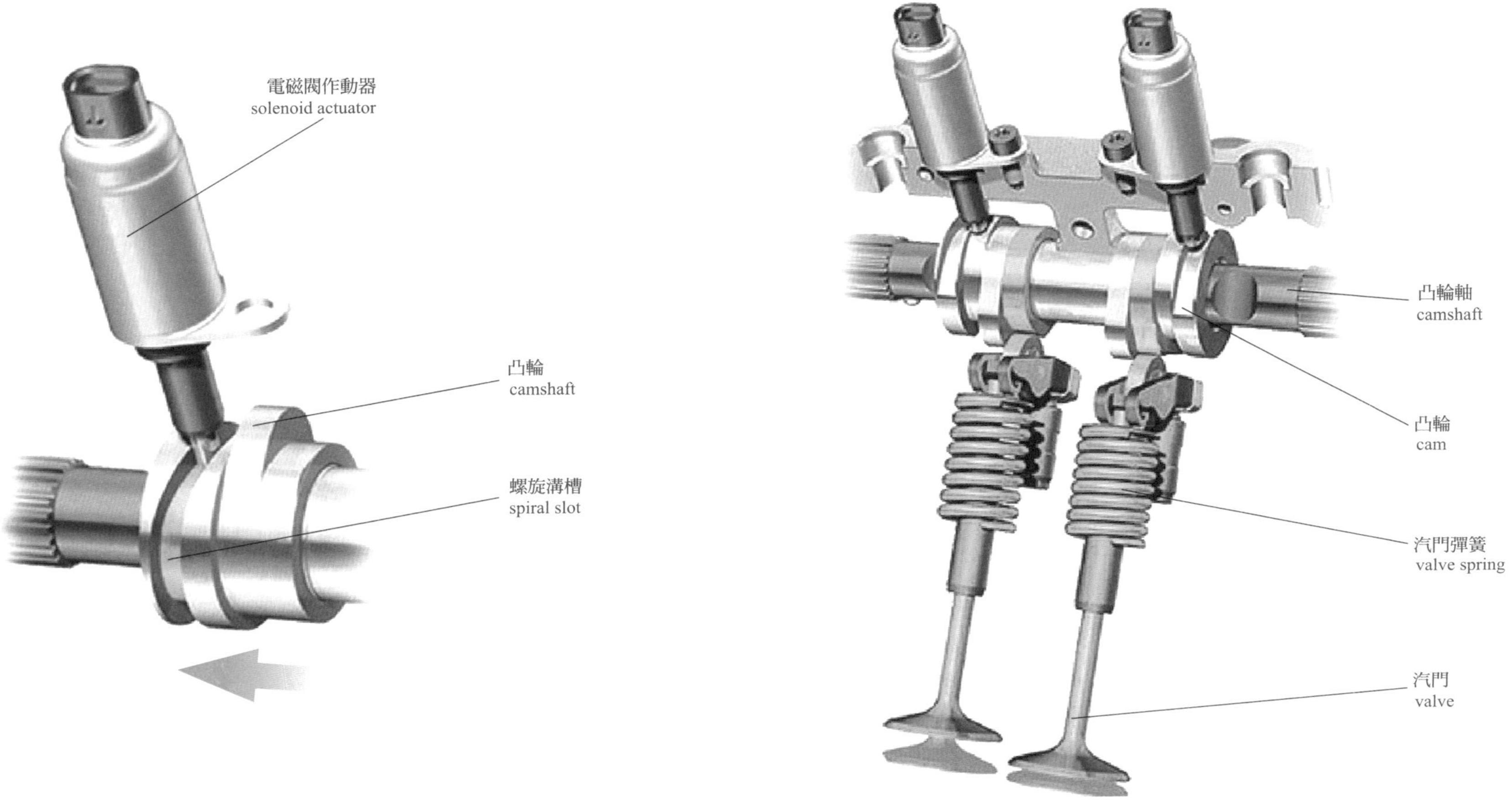
電磁閥作動器
solenoid actuator
凸輪
camshaft
螺旋溝槽
spiral slot
凸輪軸
camshaft
凸輪
cam
汽門彈簧
valve spring
汽門
valve

圖2-10-7 AVS工作原理（低負荷）

第11章 燃料供給系統

11.1 概述

引擎燃料系統的功能是把引擎所需的燃油與空氣按照機器自身的設計方式混合成一定濃度的氣體供給燃燒室，並將燃燒後的廢氣排掉，如圖2-11-1所示。燃料供給系統可分為汽油引擎燃料供給系統和柴油引擎燃料供給系統。

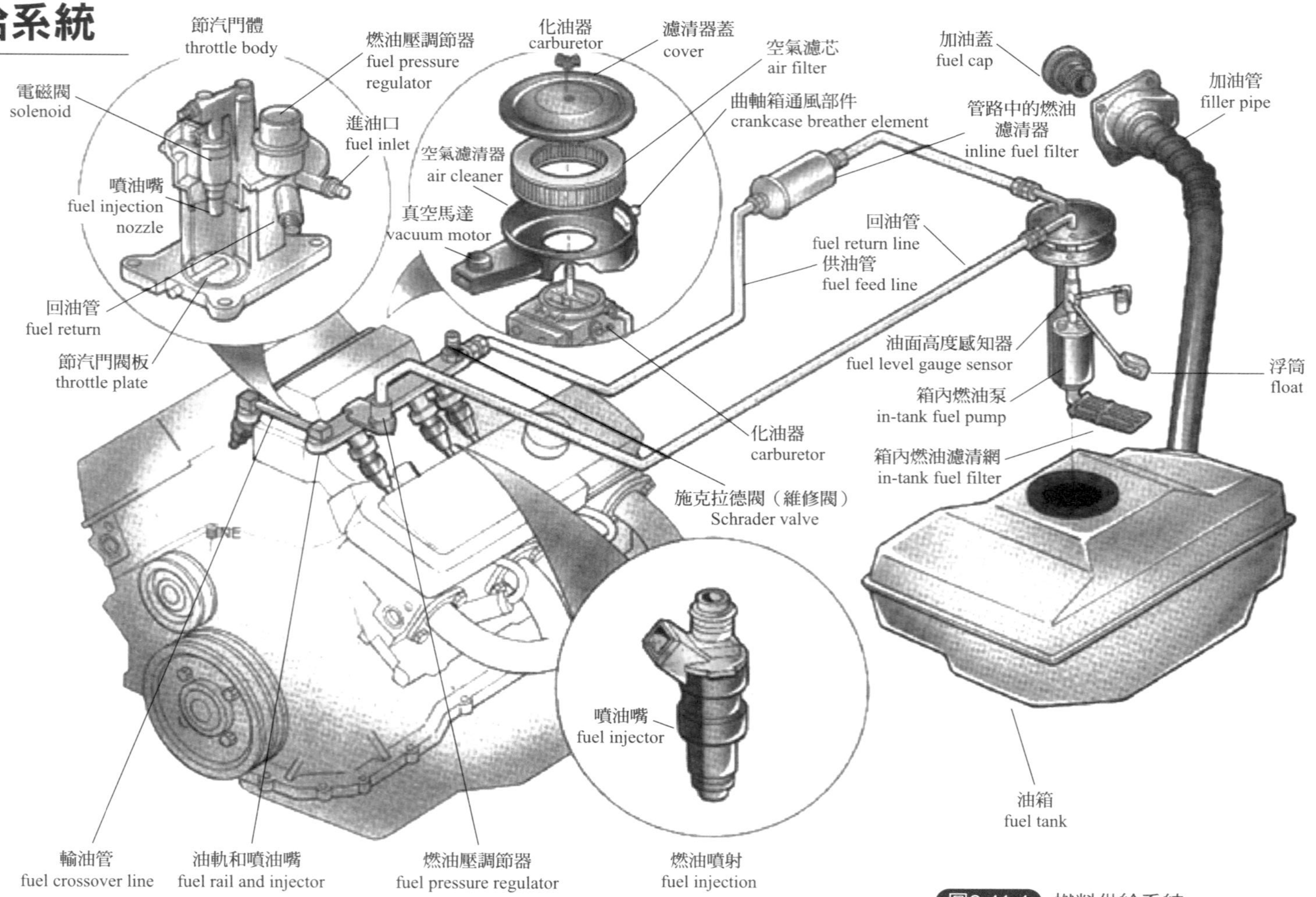
節汽門體
throttle body
電磁閥
solenoid
燃油壓調節器
fuel pressure
regulator
進油口
fuel inlet
噴油嘴
fuel injection
nozzle
回油管
fuel return
節汽門閥板
throttle plate
化油器
carburetor
濾清器蓋
cover
空氣濾芯
air filter
曲軸箱通風部件
crankcase breather element
空氣濾清器
air cleaner
真空馬達
vacuum motor
加油蓋
fuel cap
加油管
filler pipe
管路中的燃油
濾清器
inline fuel filter
回油管
fuel return line
供油管
fuel feed line
油面高度感知器
fuel level gauge sensor
浮筒
float
箱內燃油泵
in-tank fuel pump
箱內燃油濾清網
in-tank fuel filter
化油器
carburetor
施克拉德閥（維修閥）
Schrader valve
噴油嘴
fuel injector
油箱
fuel tank
輸油管
fuel crossover line
油軌和噴油嘴
fuel rail and injector
燃油壓調節器
fuel pressure regulator
燃油噴射
fuel injection

圖2-11-1 燃料供給系統

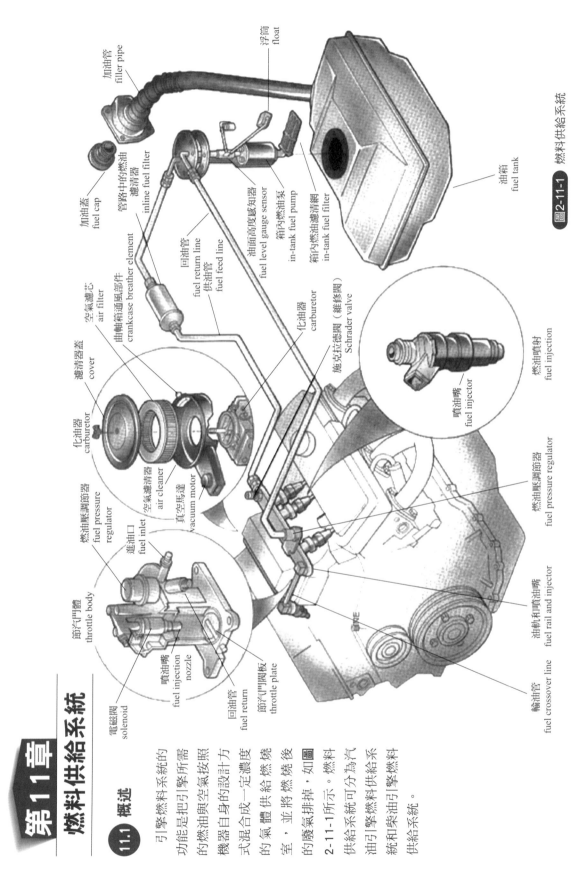

11.2 汽油引擎燃料供給系統

汽油引擎燃料供給系統的任務是根據引擎各種不同負載的要求，混合出一定數量和濃度的可燃混合氣，進入汽缸，使之在臨近壓縮終了時點火燃燒而膨脹動力。供給系統還應將燃燒產物——廢氣排入大氣中（圖2-11-2）。

汽油引擎燃料供給系統分為化油器式燃料供給系統和電子燃油噴射式供給系統。

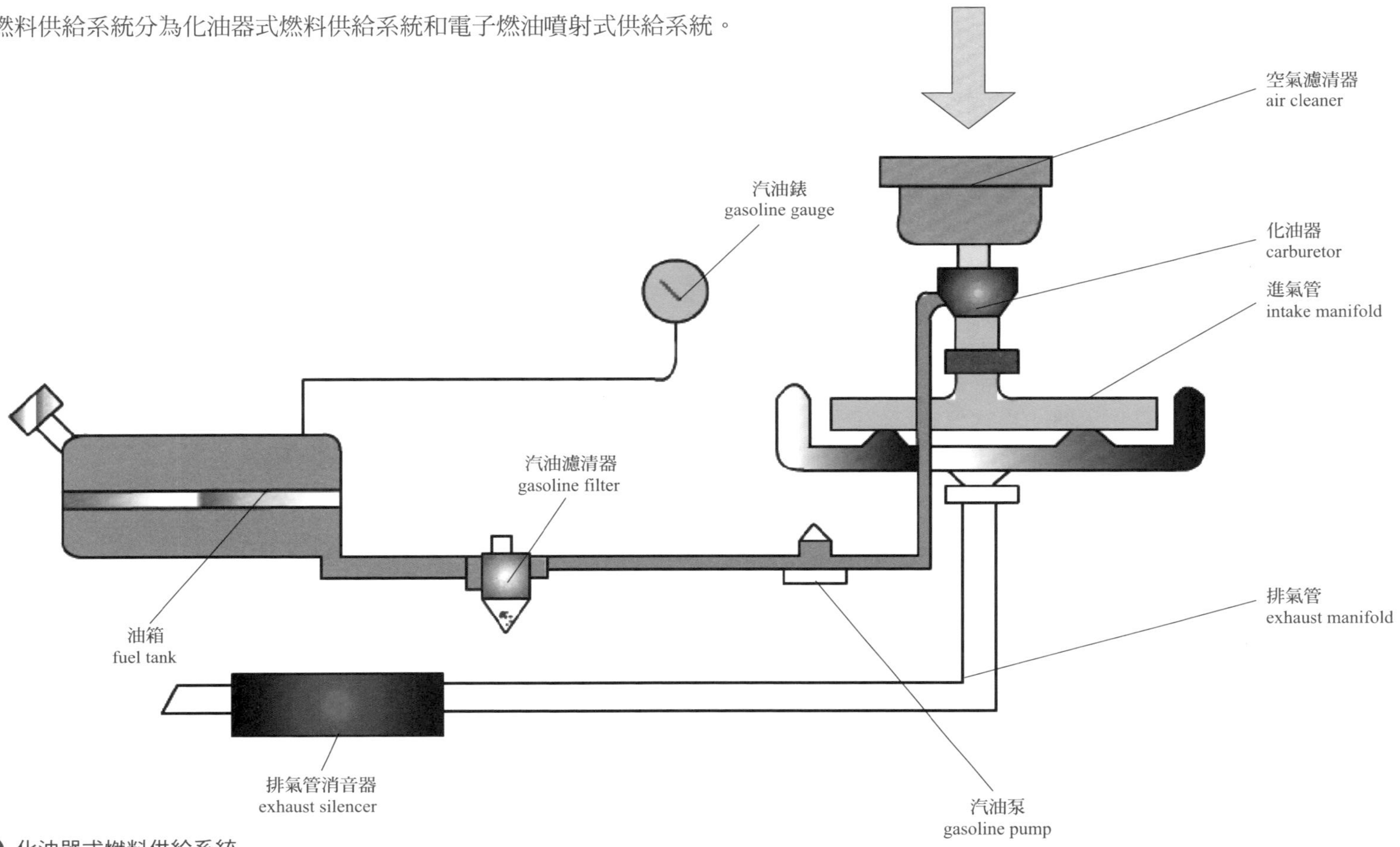
空氣濾清器
air cleaner
汽油錶
gasoline gauge
化油器
carburetor
進氣管
intake manifold
汽油濾清器
gasoline filter
油箱
fuel tank
排氣管
exhaust manifold
排氣管消音器
exhaust silencer
汽油泵
gasoline pump

圖2-11-2 化油器式燃料供給系統

11.3 化油器

化油器是在引擎工作產生的真空作用下，將一定比例的汽油與空氣混合的機械裝置。化油器作為一種精密的機械裝置，它對引擎的重要作用可以被稱為引擎的「心臟」，其完整的裝置應包括阻風門油路、低怠速油路、主油路、強力油路、加速油路。化油器會根據引擎的不同工作狀態需求，自動配比出相應的濃度，輸出相應的量的混合氣，為了使配出的混合氣混合得比較均勻，化油器還具備使燃油霧化的效果，以供機器正常運行（圖2-11-3）。

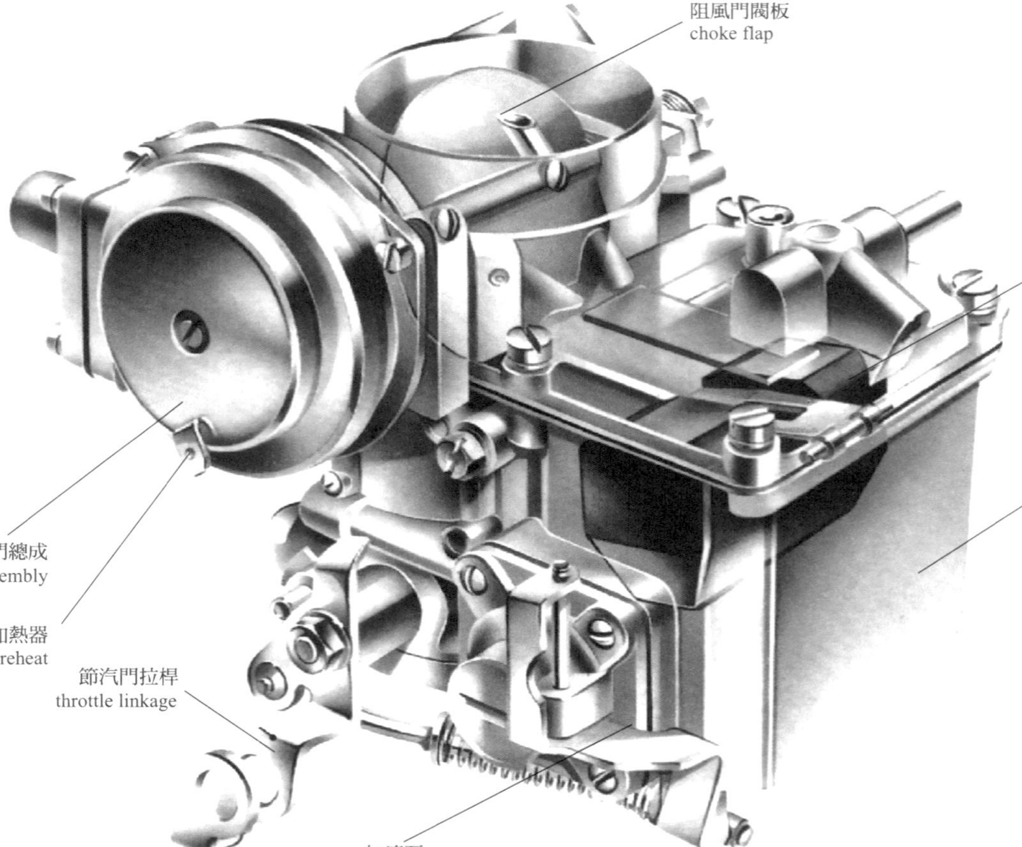
阻風門閥板
choke flap
浮筒
float
浮筒室
float chamber
自動阻風門總成
automatic choke assembly
冷起動電加熱器
cold-start electric preheat
節汽門拉桿
throttle linkage
加速泵
accelerator pump

圖2-11-3 典型化油器

11.4 化油器原理

引擎工作時，吸入的空氣流經喉管時流速增高，使該處產生真空，將浮筒室中的燃油經主量孔和噴口吸出，噴入喉管。燃油被高速空氣流所霧化，並與之混合，混合過程一直延續到汽缸內（圖2-11-4）。

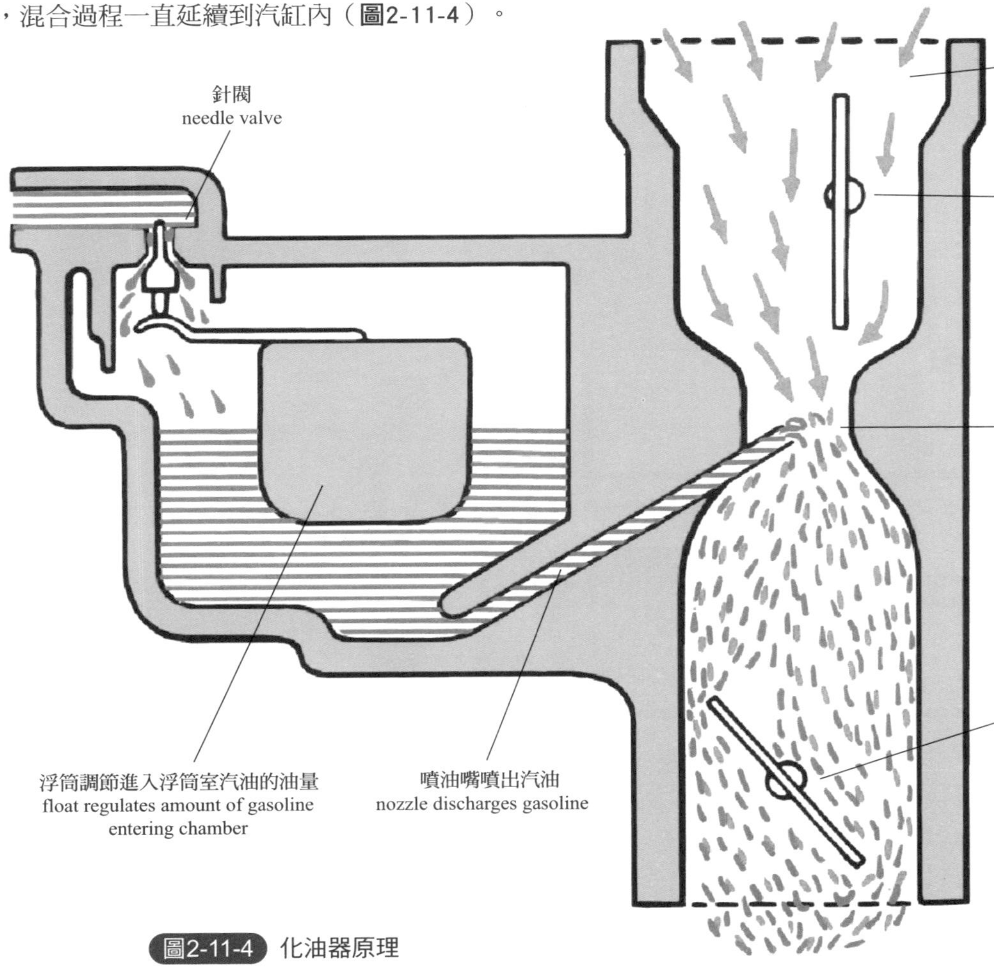
針閥
needle valve
空氣進入空氣喇叭孔
air enters air horn
阻風門
choke valve
空氣和汽油在狹窄通道（文氏管）處混合
air and gasoline mix at narrow passages （Venturi）
節汽門通過控制空燃混合氣形成的數量決定引擎速度
throttle valve determines speed of engine by controlling amount of air-fuel mixture release
浮筒調節進入浮筒室汽油的油量
float regulates amount of gasoline entering chamber
噴油嘴噴出汽油
nozzle discharges gasoline

圖2-11-4 化油器原理

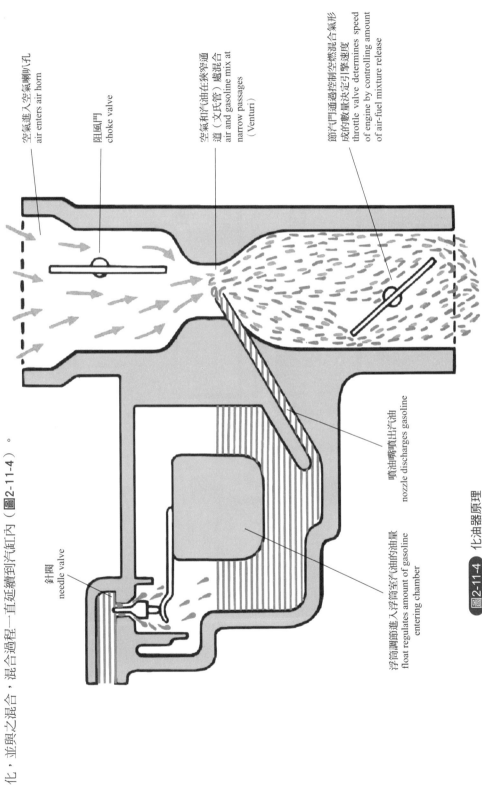

第12章 汽油引擎電子控制燃油噴射系統

12.1 概述

汽油引擎電子控制燃油噴射系統（EFI）簡稱為「電子控制燃油噴射系統」「電噴系統」，是以電控單元為控制中心，並利用安裝在引擎上的各種感知器測出引擎的各種運轉數據，再按照電腦中預存的控制程序精確地控制噴油嘴的噴油量，使引擎在各種負載下都能獲得最佳空燃比的可燃混合氣（圖2-12-1）。

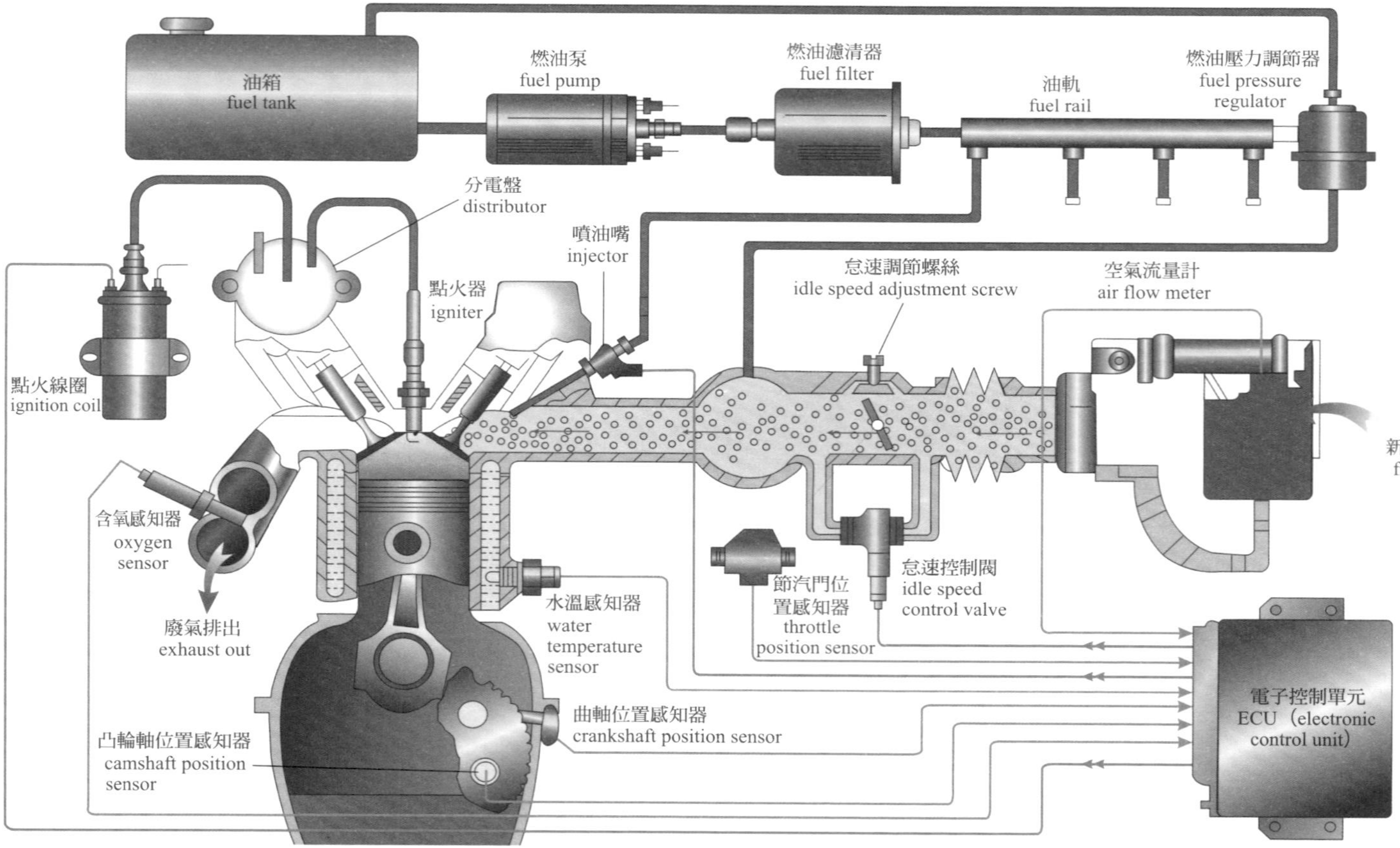
油箱
fuel tank
燃油泵
fuel pump
燃油濾清器
fuel filter
油軌
fuel rail
燃油壓力調節器
fuel pressure regulator
分電盤
distributor
噴油嘴
injector
點火器
igniter
怠速調節螺絲
idle speed adjustment screw
空氣流量計
air flow meter
新鮮空氣
fresh air
點火線圈
ignition coil
含氧感知器
oxygen sensor
廢氣排出
exhaust out
水溫感知器
water temperature sensor
節汽門位置感知器
throttle position sensor
怠速控制閥
idle speed control valve
曲軸位置感知器
crankshaft position sensor
凸輪軸位置感知器
camshaft position sensor
電子控制單元
ECU（electronic control unit）
圖2-12-1 電子控制燃油噴射系統

12.2 電子燃油噴射系統組成（圖2-12-2）

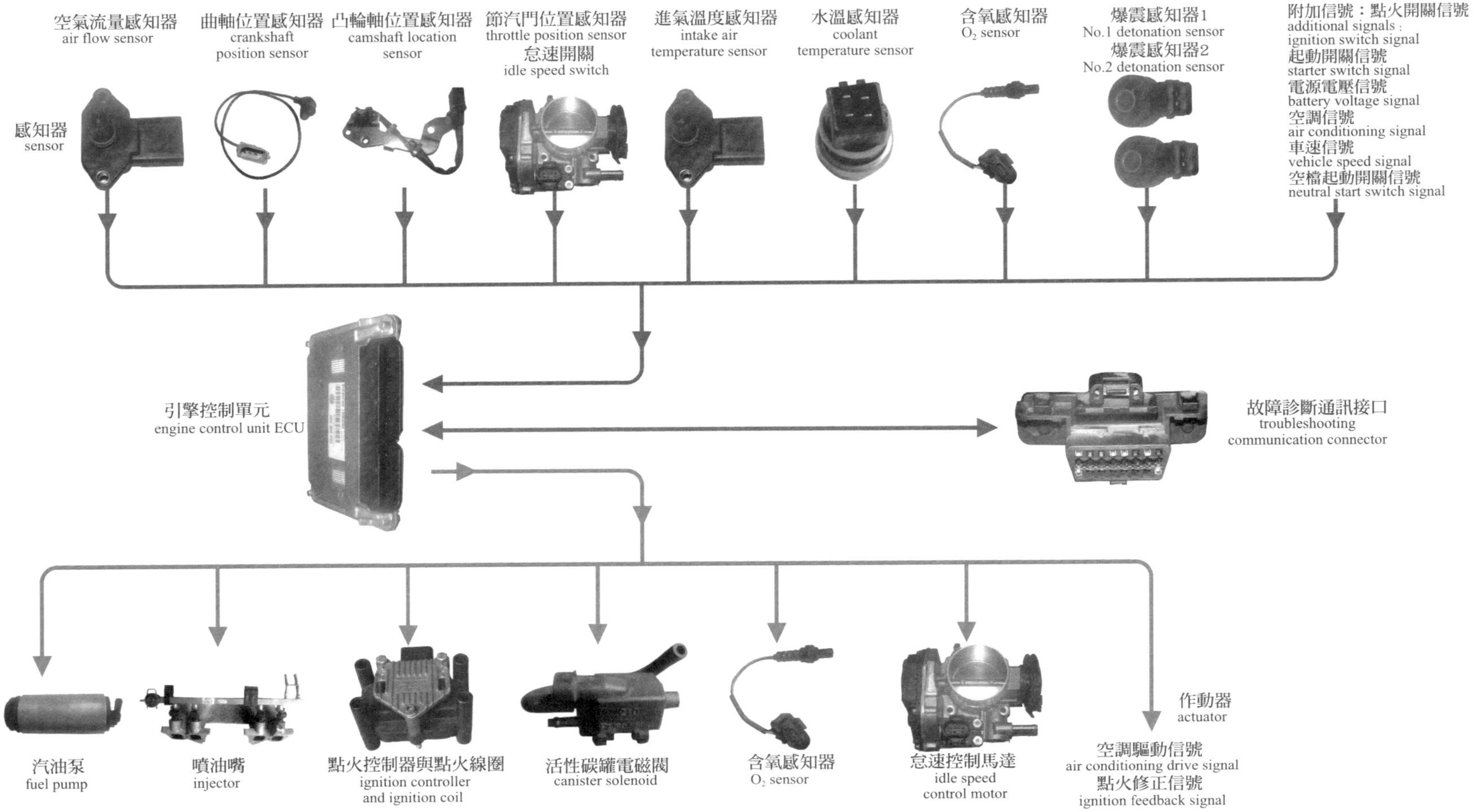
空氣流量感知器
air flow sensor
曲軸位置感知器
crankshaft position sensor
凸輪軸位置感知器
camshaft location sensor
節汽門位置感知器
throttle position sensor
怠速開關
idle speed switch
進氣溫度感知器
intake air temperature sensor
水溫感知器
coolant temperature sensor
含氧感知器
O_2 sensor
爆震感知器1
No.1 detonation sensor
爆震感知器2
No.2 detonation sensor
附加信號：點火開關信號
additional signals : ignition switch signal
起動開關信號
starter switch signal
電源電壓信號
battery voltage signal
空調信號
air conditioning signal
車速信號
vehicle speed signal
空檔起動開關信號
neutral start switch signal
感知器
sensor
引擎控制單元
engine control unit ECU
故障診斷通訊接口
troubleshooting communication connector
汽油泵
fuel pump
噴油嘴
injector
點火控制器與點火線圈
ignition controller and ignition coil
活性碳罐電磁閥
canister solenoid
含氧感知器
O_2 sensor
怠速控制馬達
idle speed control motor
作動器
actuator
空調驅動信號
air conditioning drive signal
點火修正信號
ignition feedback signal

圖2-12-2 電子燃油噴射系統組成

12.3 電子燃油噴射系統結構（圖2-12-3）

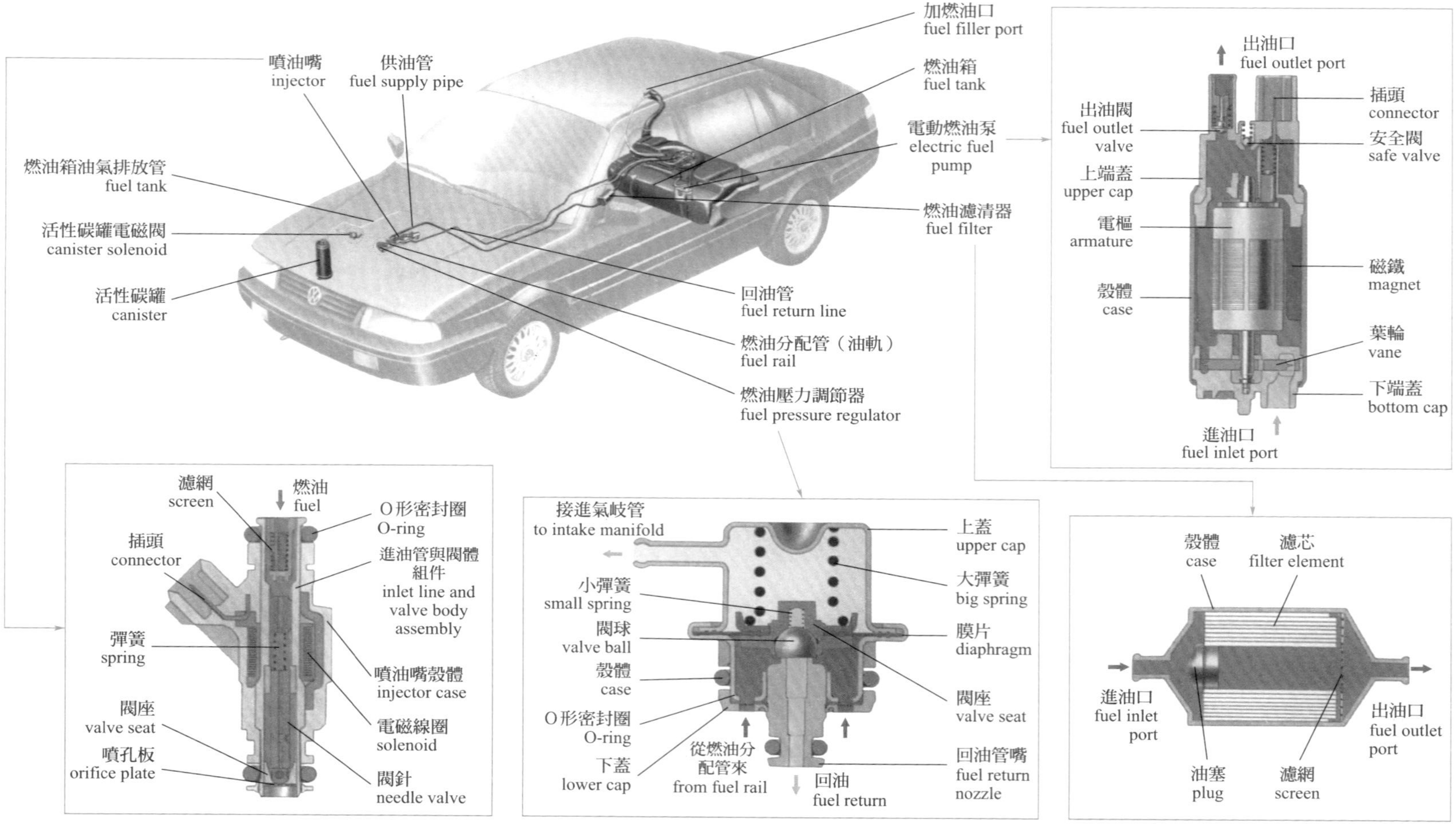
噴油嘴
injector
供油管
fuel supply pipe
燃油箱油氣排放管
fuel tank
活性碳罐電磁閥
canister solenoid
活性碳罐
canister
加燃油口
fuel filler port
燃油箱
fuel tank
電動燃油泵
electric fuel pump
燃油濾清器
fuel filter
回油管
fuel return line
燃油分配管（油軌）
fuel rail
燃油壓力調節器
fuel pressure regulator
出油口
fuel outlet port
出油閥
fuel outlet valve
插頭
connector
安全閥
safe valve
上端蓋
upper cap
電樞
armature
殼體
case
磁鐵
magnet
葉輪
vane
下端蓋
bottom cap
進油口
fuel inlet port
濾網
screen
燃油
fuel
O形密封圈
O-ring
插頭
connector
進油管與閥體組件
inlet line and valve body assembly
彈簧
spring
噴油嘴殼體
injector case
閥座
valve seat
電磁線圈
solenoid
噴孔板
orifice plate
閥針
needle valve
接進氣岐管
to intake manifold
上蓋
upper cap
小彈簧
small spring
大彈簧
big spring
閥球
valve ball
膜片
diaphragm
殼體
case
閥座
valve seat
O形密封圈
O-ring
從燃油分配管來
from fuel rail
下蓋
lower cap
回油
fuel return
回油管嘴
fuel return nozzle
殼體
case
濾芯
filter element
進油口
fuel inlet port
出油口
fuel outlet port
油塞
plug
濾網
screen

圖2-12-3 電子燃油噴射系統結構

12.4 EFI主要部件

12.4.1　噴油嘴

多點噴射系統的噴油嘴位於進氣口處，見圖2-12-4。

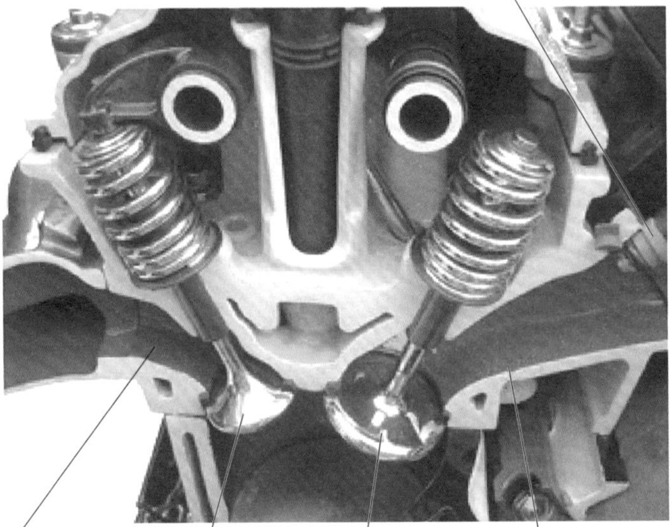
噴油嘴
fuel injector
排氣口
exhaust port
排汽門
exhaust valve
進汽門
intake valve
進氣口
intake port

圖2-12-4　進氣口噴射引擎

噴油嘴的作用是接受ECU送來的噴油脈衝信號，精確地控制燃油噴射量（圖2-12-5）。

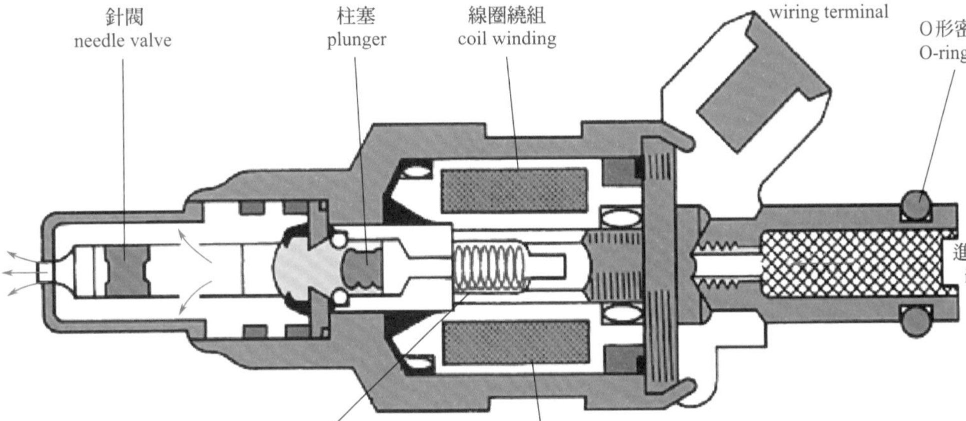
針閥
needle valve
柱塞
plunger
線圈繞組
coil winding
接線端子
wiring terminal
O形密封圈
O-ring seal
噴油
injection
進油口
inlet
柱塞彈簧（關閉針閥）
plunger spring(closes needle valve)
線圈繞組
coil winding

圖2-12-5　噴油嘴結構

12.4.2　空氣流量計

空氣流量計將吸入的空氣流量轉換成電信號送至電控單元（ECU），作為決定噴油的基本信號之一，是用來測定吸入引擎的空氣流量的感知器（圖2-12-6）。

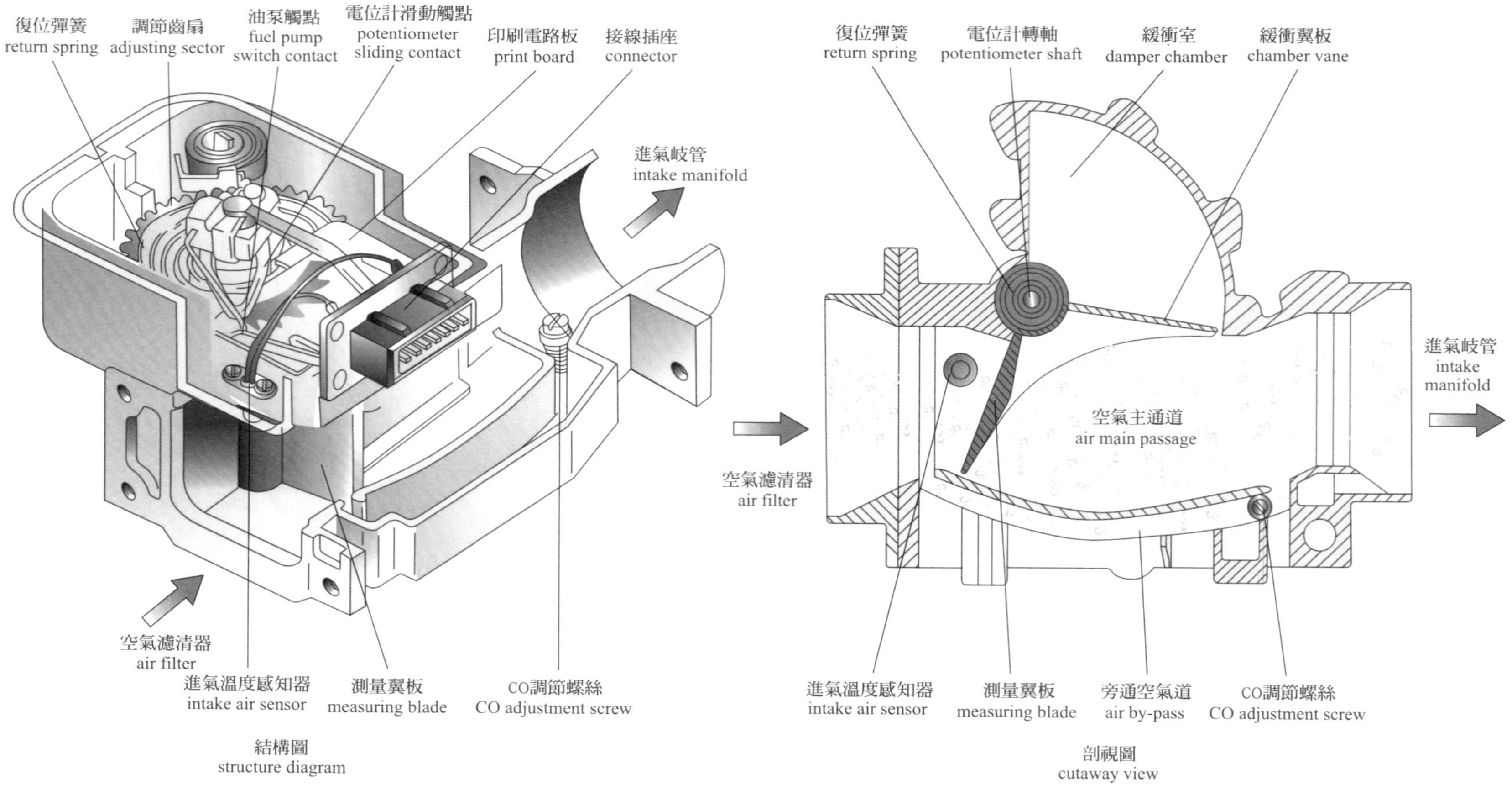

圖2-12-6 翼板式空氣流量計

12.5 汽油缸內直噴系統

汽油缸內直噴是將噴油嘴安裝在燃燒室內，將汽油直接噴注在汽缸燃燒室內，空氣則通過進汽門進入燃燒室與汽油混合成混合氣被點燃動力，這種形式與直噴式柴油引擎相似（圖2-12-7）。

目前一般汽油引擎上所用的汽油電控噴射系統，是將汽油噴入進氣歧管或進氣管道中，與空氣混合成混合氣後再通過進汽門進入汽缸燃燒室內被點燃動力。

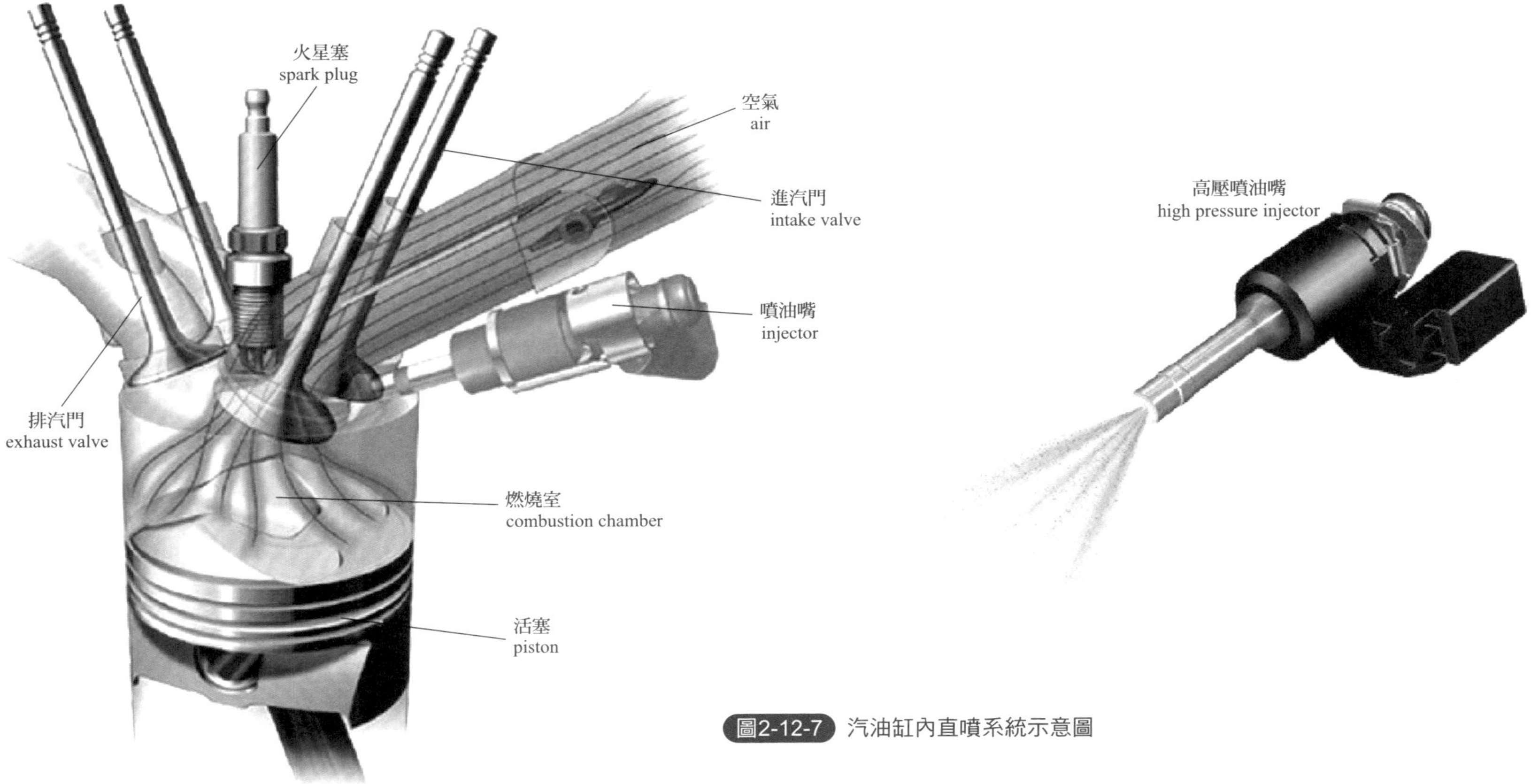
火星塞
spark plug
空氣
air
進汽門
intake valve
噴油嘴
injector
排汽門
exhaust valve
燃燒室
combustion chamber
活塞
piston
高壓噴油嘴
high pressure injector

圖2-12-7 汽油缸內直噴系統示意圖

12.5.1　典型汽油缸內直噴系統原理

圖2-12-8所示為汽油缸內直噴系統採用兩個油泵，油箱內的低壓電動泵和由凸輪軸驅動的高壓噴射泵。

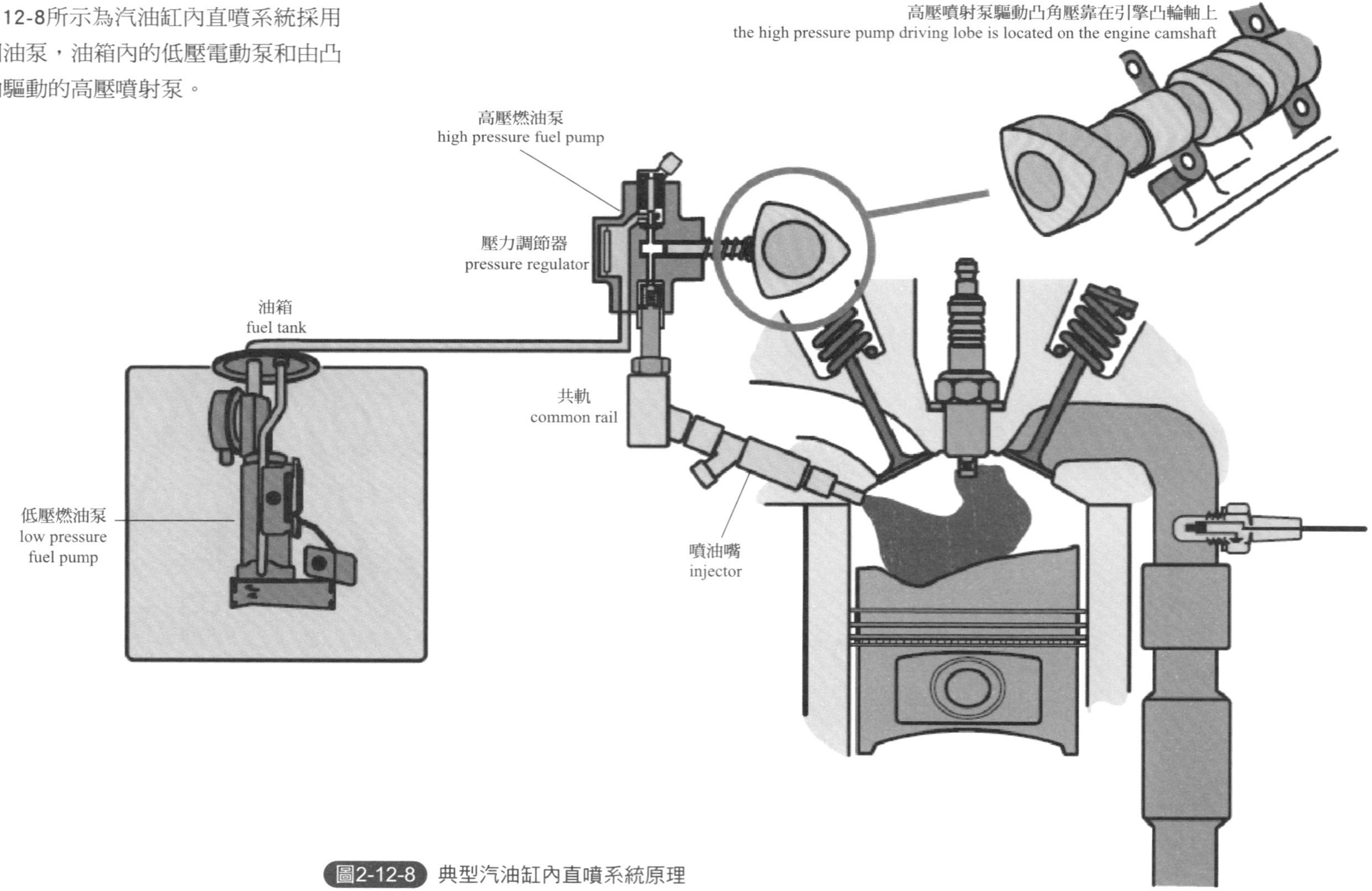
高壓噴射泵驅動凸角壓靠在引擎凸輪軸上
the high pressure pump driving lobe is located on the engine camshaft
高壓燃油泵
high pressure fuel pump
壓力調節器
pressure regulator
油箱
fuel tank
共軌
common rail
低壓燃油泵
low pressure
fuel pump
噴油嘴
injector

圖2-12-8 典型汽油缸內直噴系統原理

12.5.2　汽油缸內直噴系統結構主要部件（圖2-12-9）

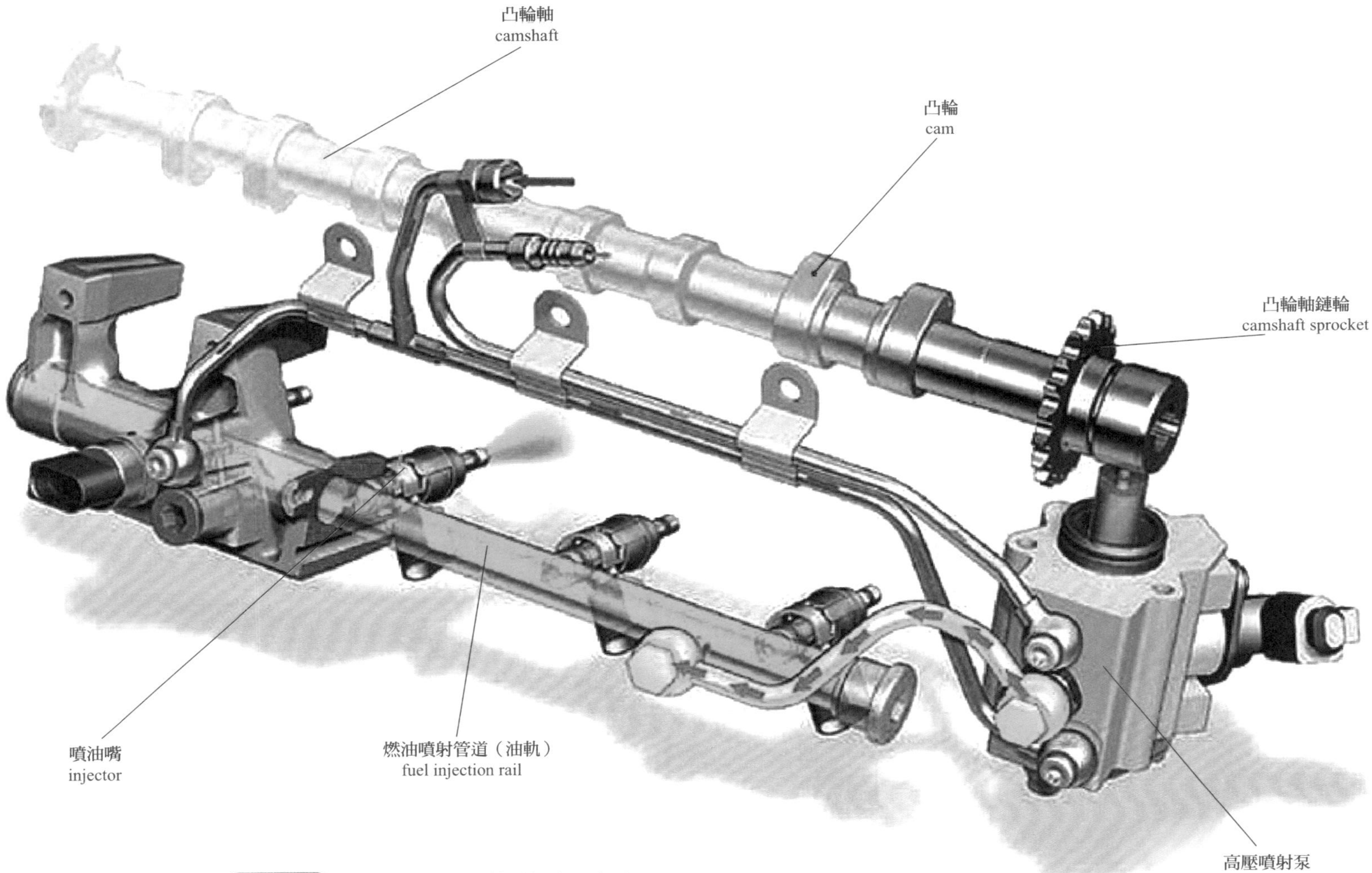
凸輪軸
camshaft
凸輪
cam
凸輪軸鏈輪
camshaft sprocket
噴油嘴
injector
燃油噴射管道（油軌）
fuel injection rail
高壓噴射泵
injection pump

圖2-12-9　汽油缸內直噴系統結構主要部件

第13章 柴油引擎燃料供給系統

13.1 概述

柴油引擎燃料供給系統的功用是不斷供給引擎經過濾清的清潔燃料和空氣，根據柴油引擎不同負載的要求，將一定量的柴油以一定壓力噴入燃燒室，使其與空氣迅速混合並燃燒，動力後將燃燒廢氣排出汽缸（圖2-13-1）。

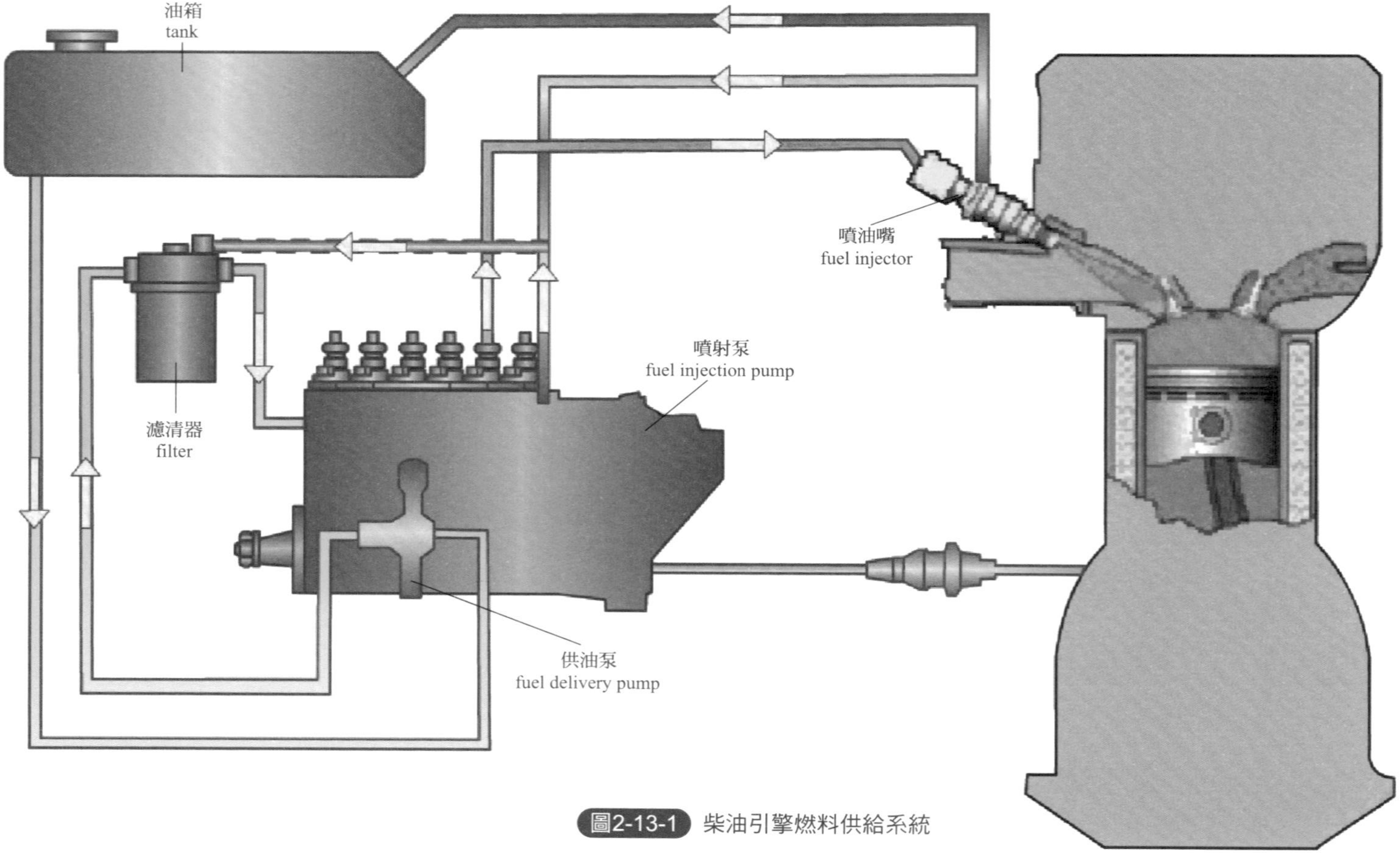
油箱
tank
噴油嘴
fuel injector
噴射泵
fuel injection pump
濾清器
filter
供油泵
fuel delivery pump

圖2-13-1 柴油引擎燃料供給系統

13.2 高壓噴射泵

在汽車柴油引擎上得到廣泛應用的有直列柱塞式噴射泵和轉子分油式噴射泵。

13.2.1 柱塞式噴射泵

柱塞式噴射泵由泵油機構、供油量調節機構、驅動機構和噴射泵體等部分組成（圖2-13-2）。

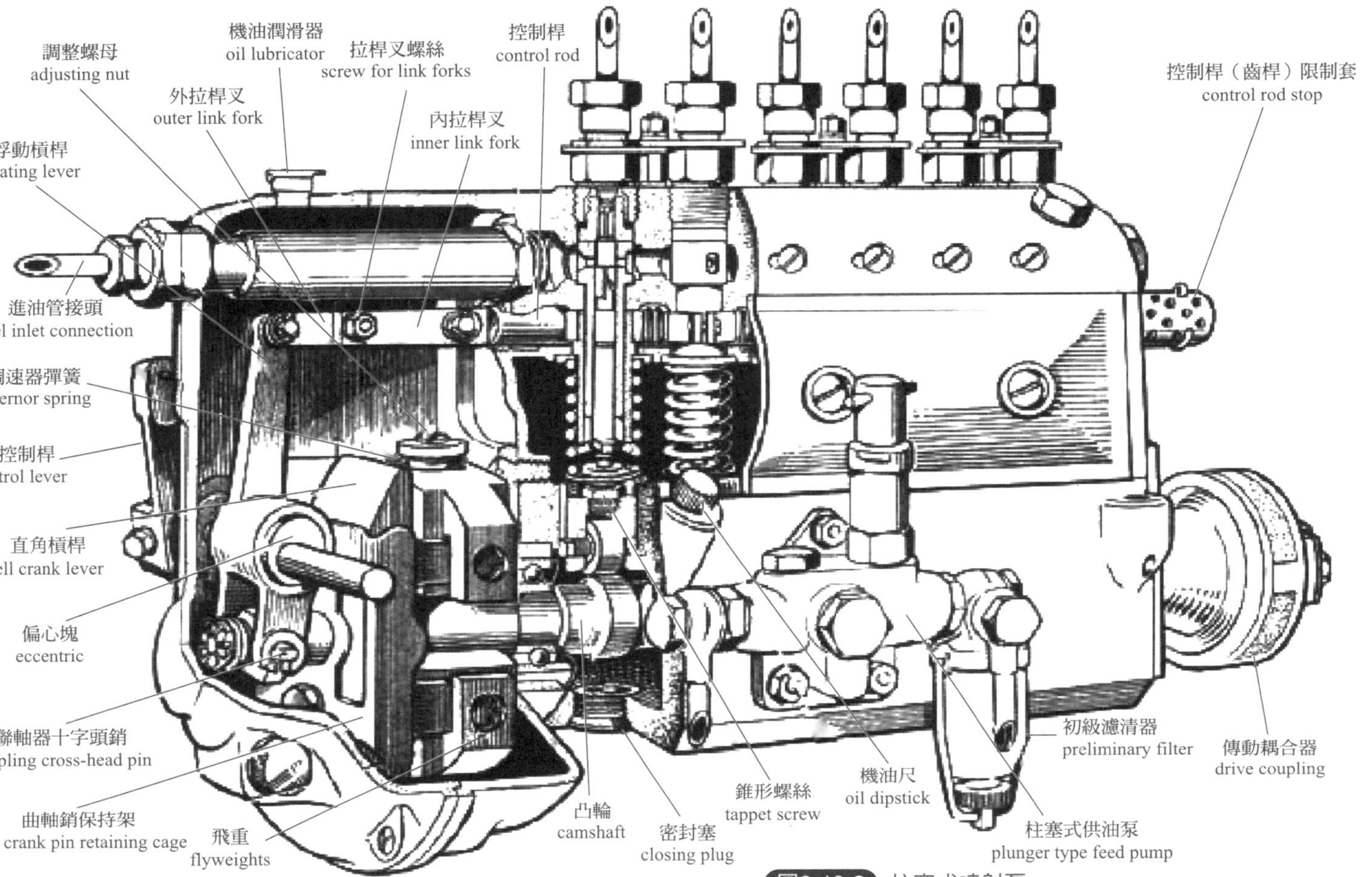
機油潤滑器
oil lubricator
調整螺母
adjusting nut
拉桿叉螺絲
screw for link forks
控制桿
control rod
外拉桿叉
outer link fork
內拉桿叉
inner link fork
浮動槓桿
floating lever
控制桿（齒桿）限制套
control rod stop
進油管接頭
fuel inlet connection
調速器彈簧
governor spring
加速控制桿
control lever
直角槓桿
bell crank lever
偏心塊
eccentric
聯軸器十字頭銷
coupling cross-head pin
初級濾清器
preliminary filter
傳動耦合器
drive coupling
曲軸銷保持架
bell crank pin retaining cage
飛重
flyweights
凸輪
camshaft
密封塞
closing plug
錐形螺絲
tappet screw
機油尺
oil dipstick
柱塞式供油泵
plunger type feed pump

圖2-13-2 柱塞式噴射泵

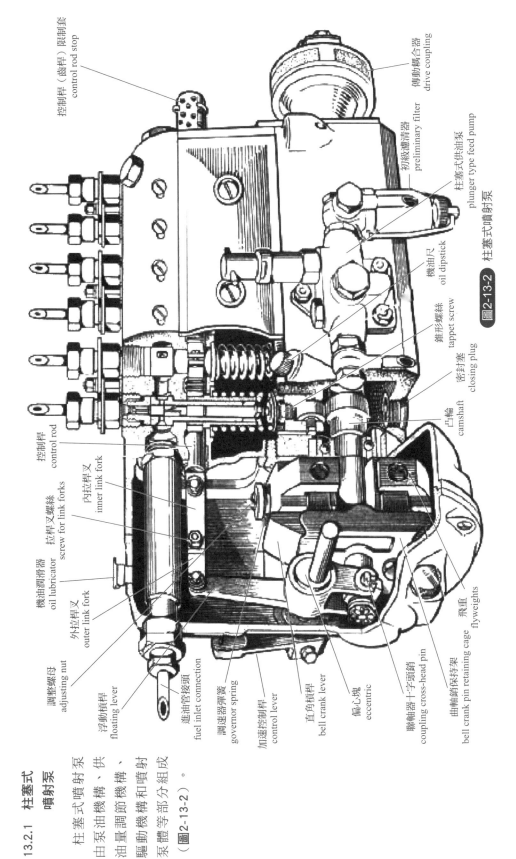

13.2.2　柱塞式噴射泵油量控制

當供油量調節機構的調節齒桿拉動柱塞轉動時，柱塞上的螺旋槽與柱塞套油孔之間的相對位置發生變化，從而改變了柱塞的有效行程。當柱塞上的直槽對正柱塞套油孔時，柱塞有效行程為零，這時噴射泵不供油，如圖2-13-3所示。

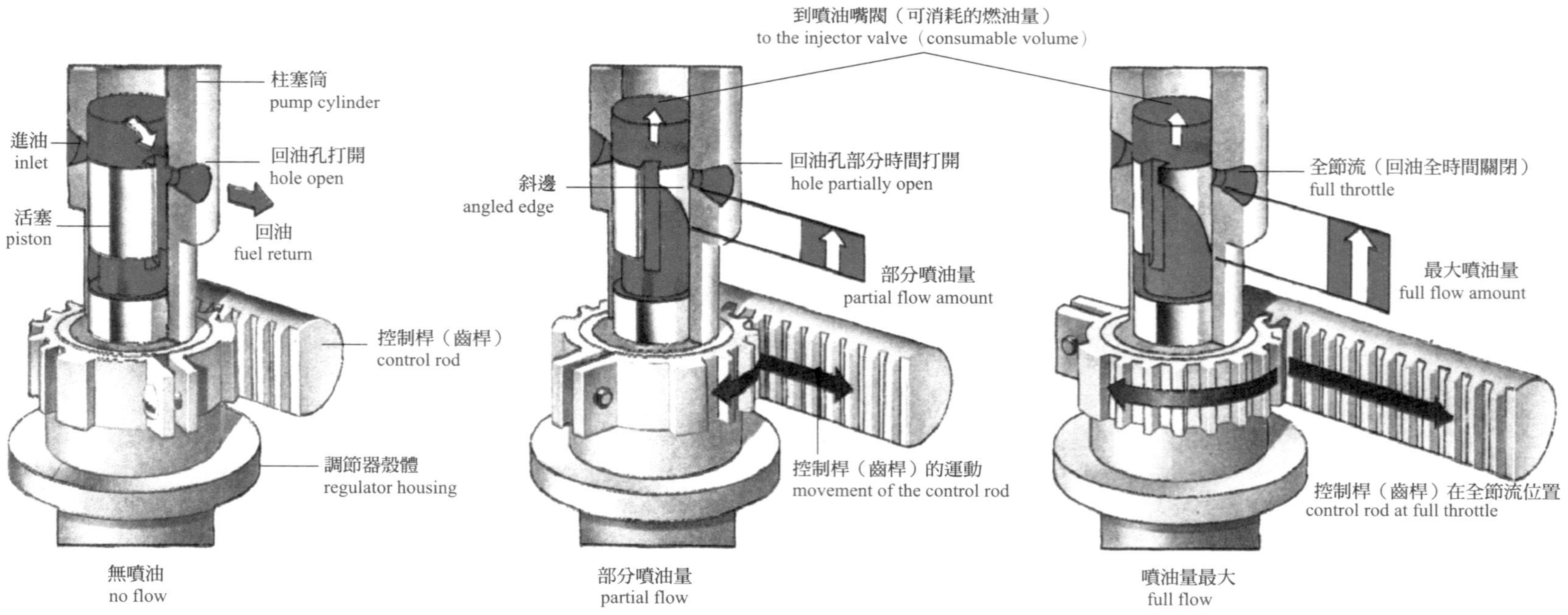
到噴油嘴閥（可消耗的燃油量）
to the injector valve（consumable volume）
柱塞筒
pump cylinder
進油
inlet
回油孔打開
hole open
活塞
piston
回油
fuel return
控制桿（齒桿）
control rod
調節器殼體
regulator housing
無噴油
no flow
斜邊
angled edge
回油孔部分時間打開
hole partially open
部分噴油量
partial flow amount
控制桿（齒桿）的運動
movement of the control rod
部分噴油量
partial flow
全節流（回油全時間關閉）
full throttle
最大噴油量
full flow amount
控制桿（齒桿）在全節流位置
control rod at full throttle
噴油量最大
full flow

圖2-13-3 柱塞式噴射泵油量控制

13.2.3　分油式噴射泵

分油式噴射泵簡稱分配泵，有轉子式和單柱塞式兩大類。按壓縮方式分有徑向壓縮式和軸向壓縮式。分配泵主要由驅動機構、供油泵、高壓分配泵頭和油量控制閥等部分組成（圖 2-13-4）。

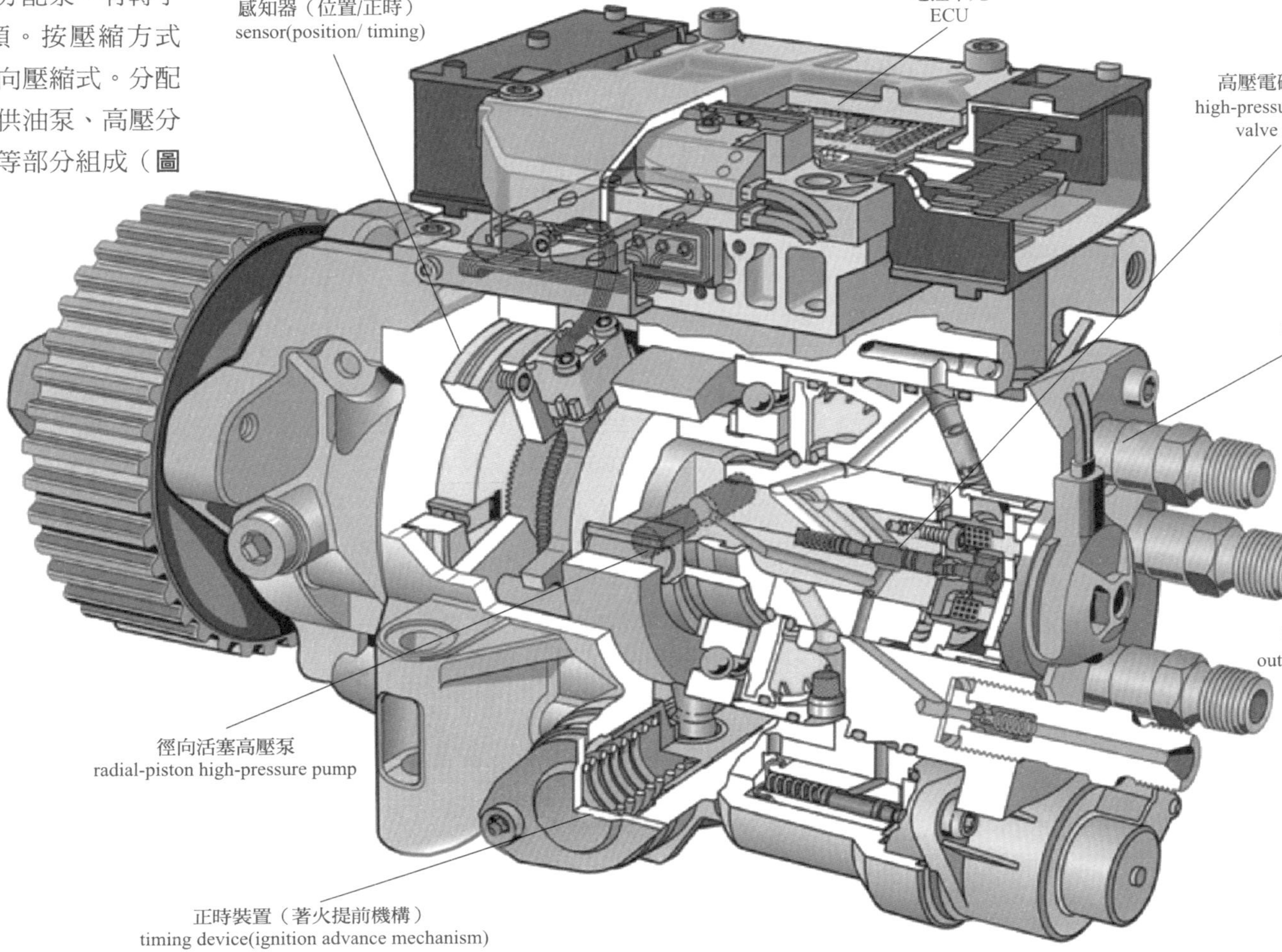
感知器（位置/正時）
sensor(position/ timing)
電控單元
ECU
高壓電磁閥針閥
high-pressure solenoid valve needle
電磁閥
solenoid
噴油嘴出口
outlets to injectors
徑向活塞高壓泵
radial-piston high-pressure pump
正時裝置（著火提前機構）
timing device(ignition advance mechanism)

圖2-13-4　電磁閥控制的徑向活塞分油式噴射泵

13.3 柴油引擎電控高壓共軌系統

高壓共軌電噴技術是指在高壓噴射泵、壓力感知器和電子控制單元（ECU）組成的閉迴路系統中，將噴射壓力的產生和噴射過程彼此完全分開的一種供油方式（圖2-13-5）。它是由高壓噴射泵將高壓燃油輸送到公共供油管（油軌），通過公共供油管內的油壓實現精確控制，使高壓油管壓力大小與引擎的轉速無關，可以大幅度減小柴油引擎供油壓力隨引擎轉速變化的程度。

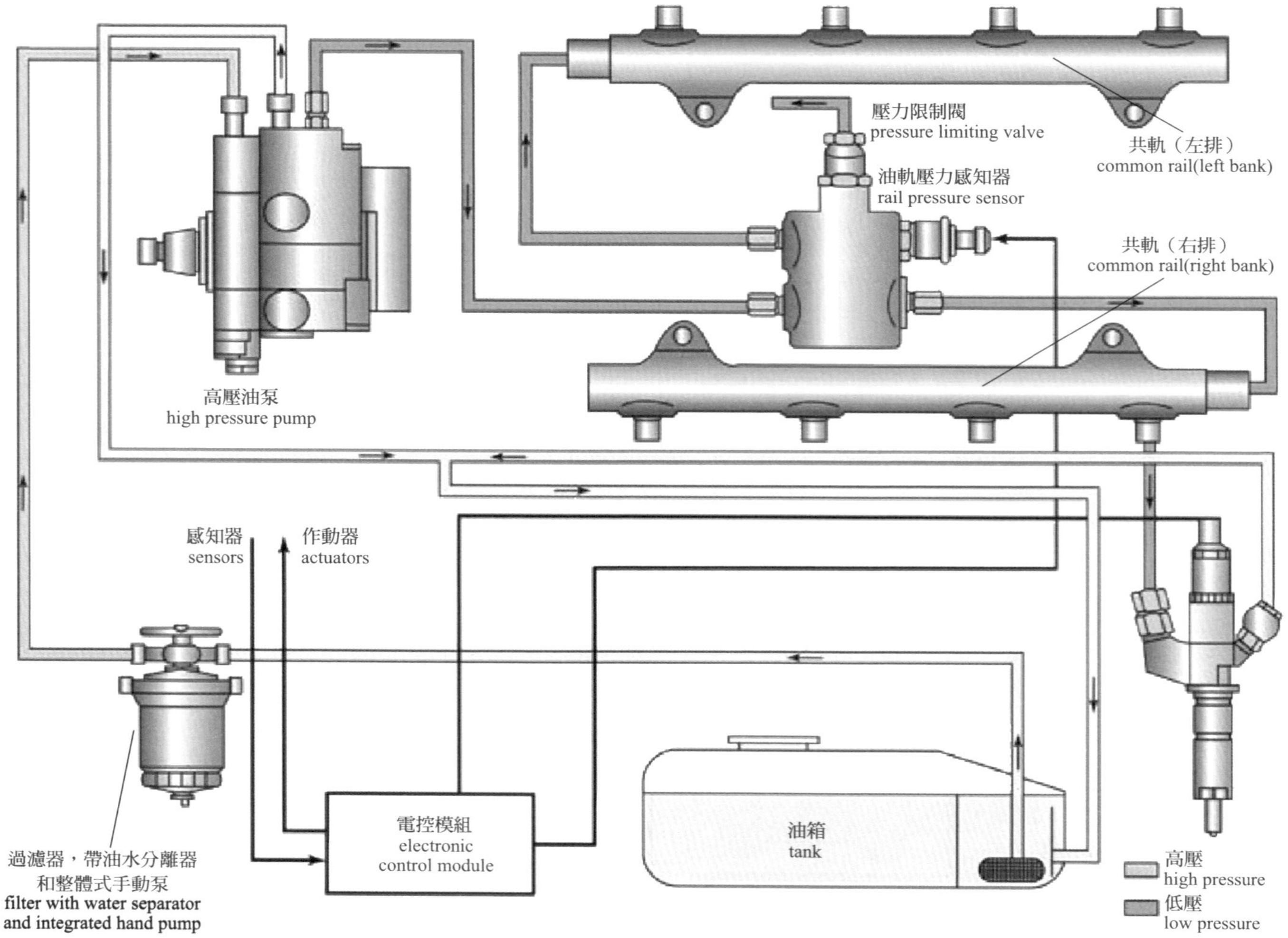
壓力限制閥
pressure limiting valve
共軌（左排）
common rail(left bank)
油軌壓力感知器
rail pressure sensor
共軌（右排）
common rail(right bank)
高壓油泵
high pressure pump
感知器
sensors
作動器
actuators
過濾器，帶油水分離器和整體式手動泵
filter with water separator and integrated hand pump
電控模組
electronic control module
油箱
tank
高壓
high pressure
低壓
low pressure

圖2-13-5 高壓共軌系統組成

13.4 高壓共軌系統原理

高壓共軌系統利用較大容積的共軌室將油泵輸出的高壓燃油蓄積起來，並消除燃油中的壓力波動，然後再輸送給每個噴油嘴，通過控制噴油嘴上的電磁閥實現噴射的開始和終止（圖2-13-6）。

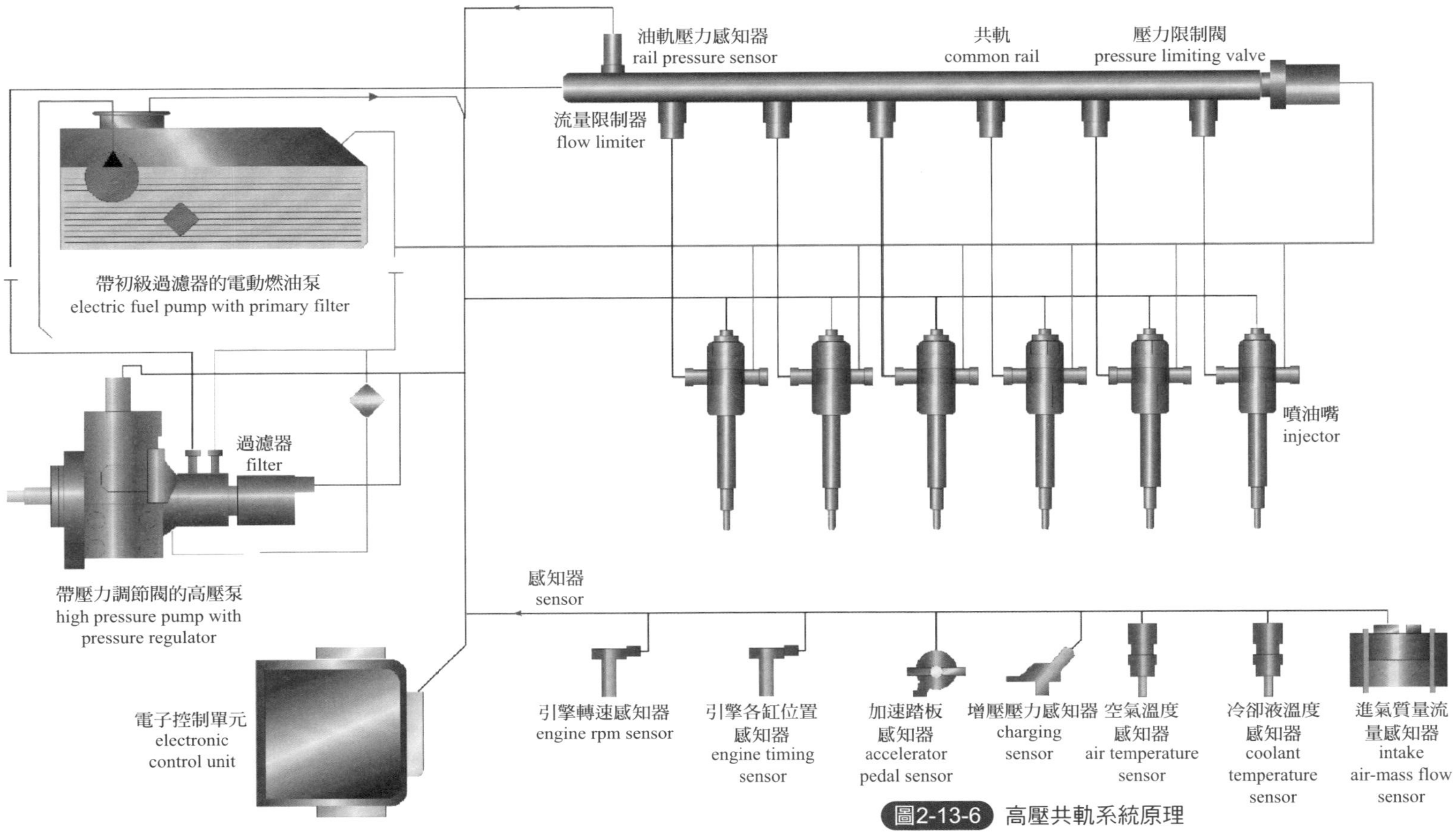

圖2-13-6 高壓共軌系統原理

第14章 排氣系統

14.1 概述

汽車的排氣系統主要包括排氣歧管、三元觸媒轉換器、消音器和排氣管道等，主要的作用就是將汽缸內燃燒的廢氣收集並且排出到大氣中（圖2-14-1）。

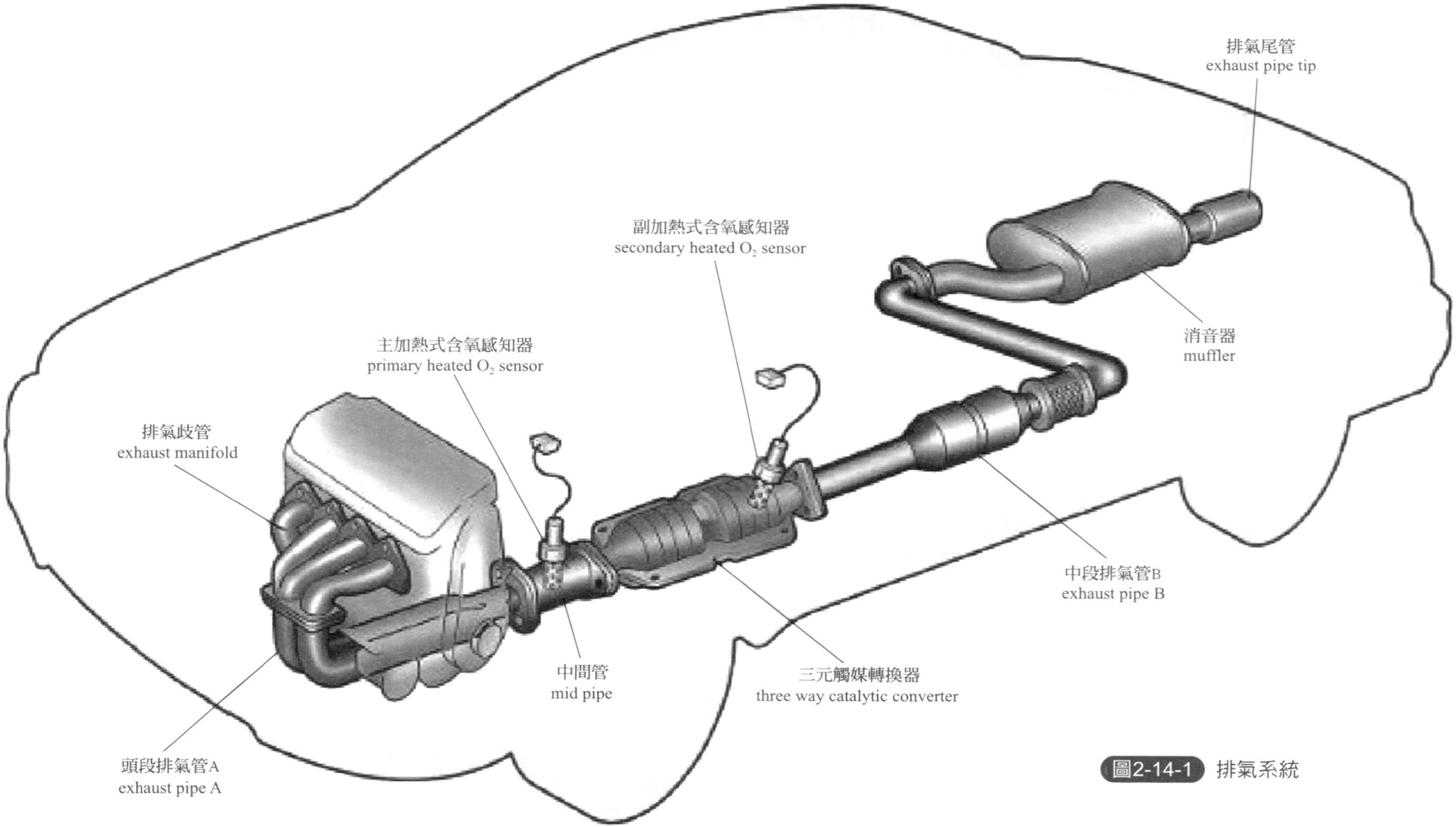
排氣尾管
exhaust pipe tip
副加熱式含氧感知器
secondary heated O_2 sensor
主加熱式含氧感知器
primary heated O_2 sensor
消音器
muffler
排氣歧管
exhaust manifold
中段排氣管B
exhaust pipe B
中間管
mid pipe
三元觸媒轉換器
three way catalytic converter
頭段排氣管A
exhaust pipe A

圖2-14-1 排氣系統

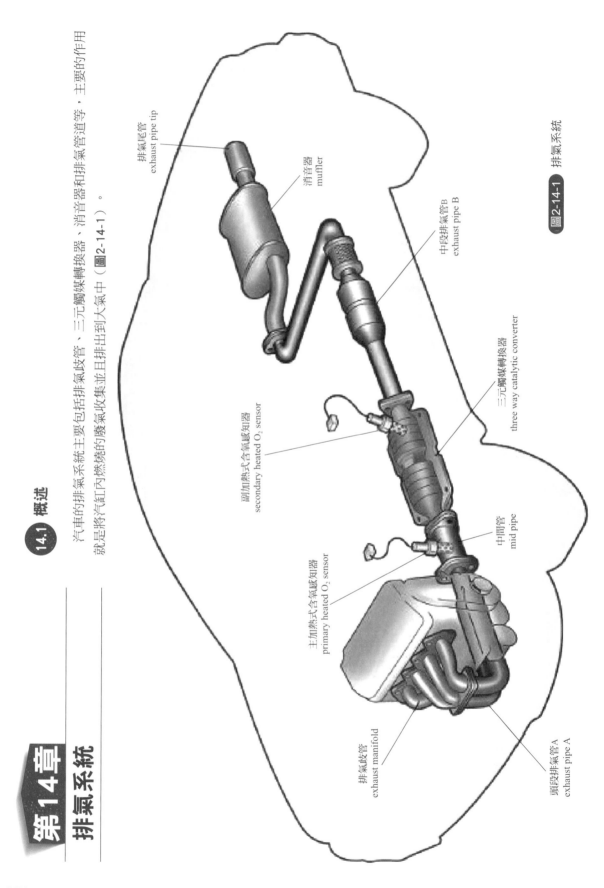

14.2 排氣歧管

排氣歧管是與引擎汽缸體相連的，將各缸的排氣集中起來導入排氣總管的，帶有分歧的管路。為了防止排氣口間的廢氣產生相互干涉或回流的現象，排氣歧管設計得很「怪異」，但也是有原則的，以防止出現紊流，如各缸排氣歧管盡可能獨立，長度盡可能長且相等，管內表面盡可能光滑（圖2-14-2）。

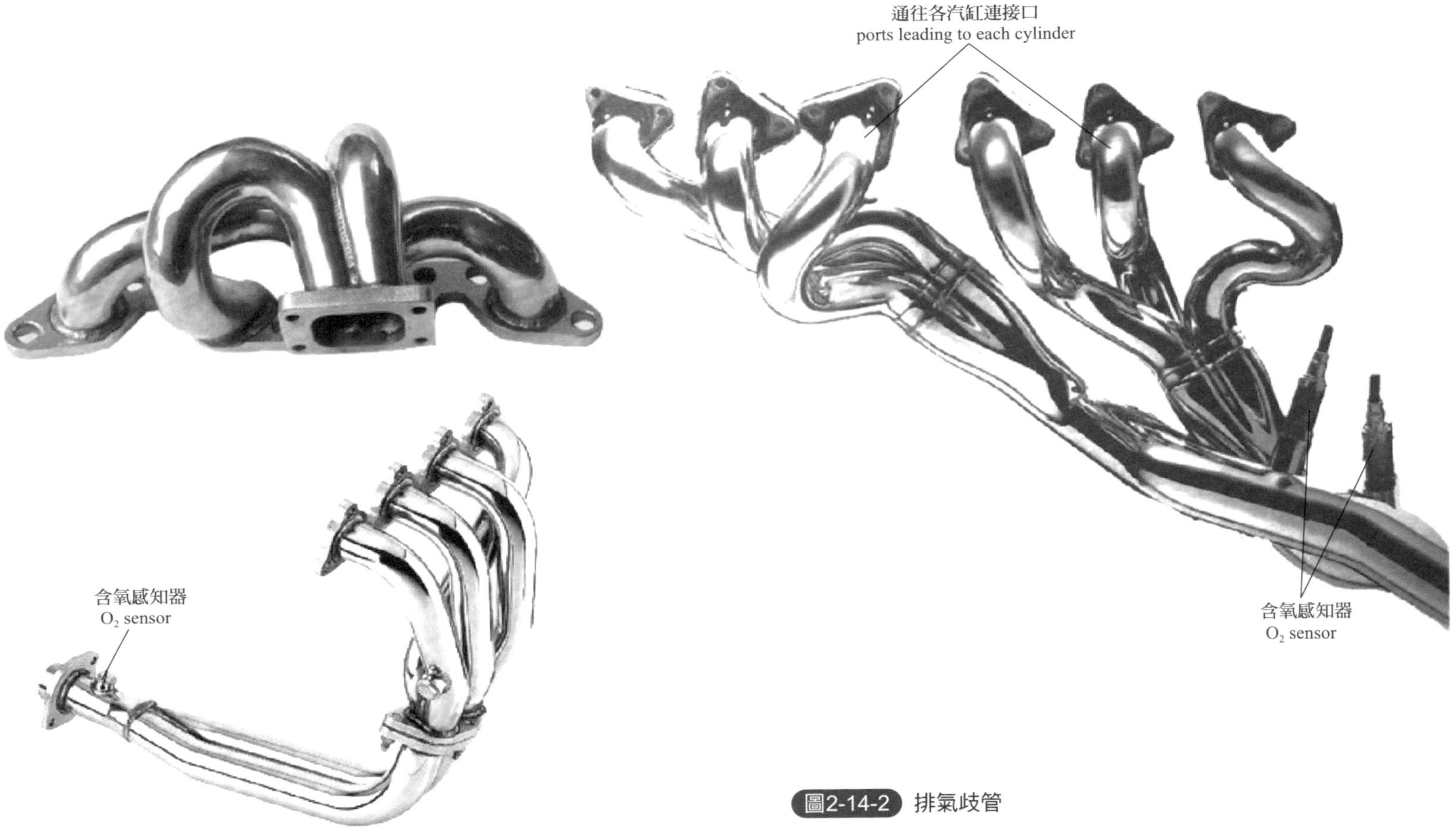
通往各汽缸連接口
ports leading to each cylinder
含氧感知器
O_2 sensor
含氧感知器
O_2 sensor

圖2-14-2 排氣歧管

14.3 廢氣再循環

廢氣再循環系統用於降低廢氣中的氧化氮（NOx）的排出量。氮和氧只有在高溫高壓條件下才會發生化學反應，引擎燃燒室內的溫度和壓力滿足了上述條件，在強制加速期間更是如此。

當引擎在負荷下運轉時，EGR閥開啟，使少量的廢氣進入進氣歧管，與可燃混合氣一起進入燃燒室。怠速時EGR閥關閉，幾乎沒有廢氣再循環至引擎。汽車廢氣是一種不可燃氣體（不含燃料和氧化劑），在燃燒室內不參與燃燒。它通過吸收燃燒產生的部分熱量來降低燃燒溫度和壓力，以減少氧化氮的生成量。進入燃燒室的廢氣量隨著引擎轉速和負荷的增加而增加（圖2-14-3）。

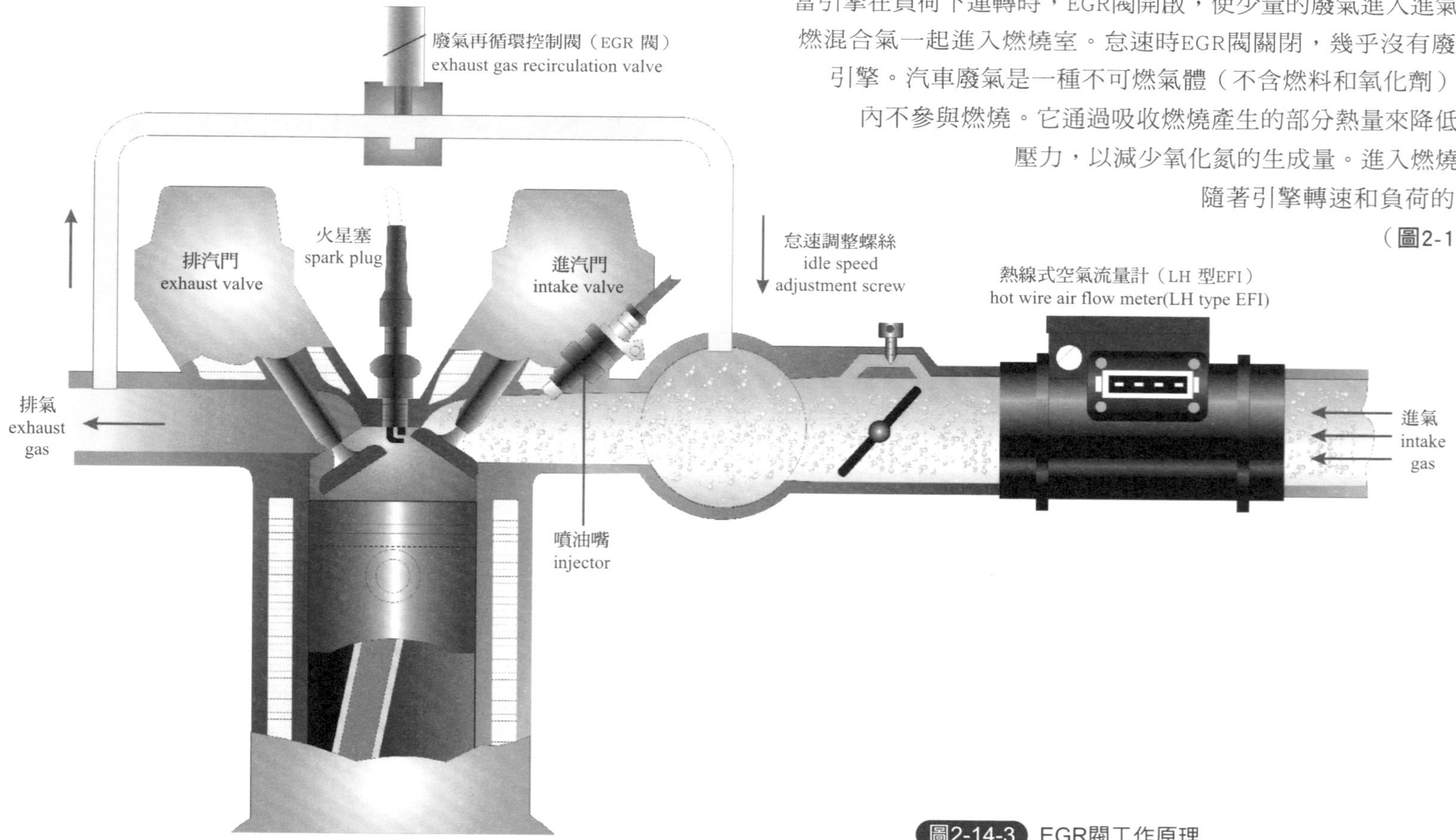
廢氣再循環控制閥（EGR 閥）
exhaust gas recirculation valve
火星塞
spark plug
排汽門
exhaust valve
進汽門
intake valve
怠速調整螺絲
idle speed
adjustment screw
熱線式空氣流量計（LH 型EFI）
hot wire air flow meter(LH type EFI)
排氣
exhaust
gas
進氣
intake
gas
噴油嘴
injector

圖2-14-3 EGR閥工作原理

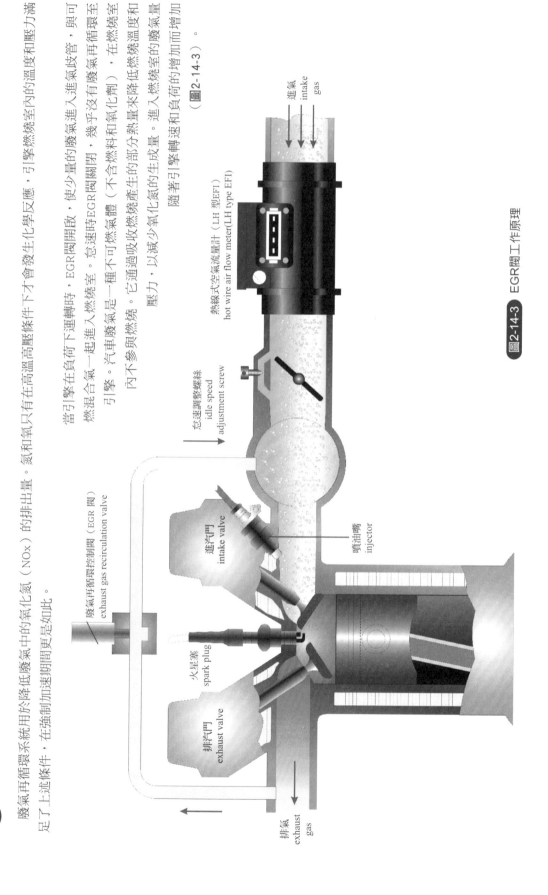

14.3.1　EGR閥

當EGR閥打開時，廢氣通過閥門，進入進氣歧管內的通道（**圖2-14-4**）。

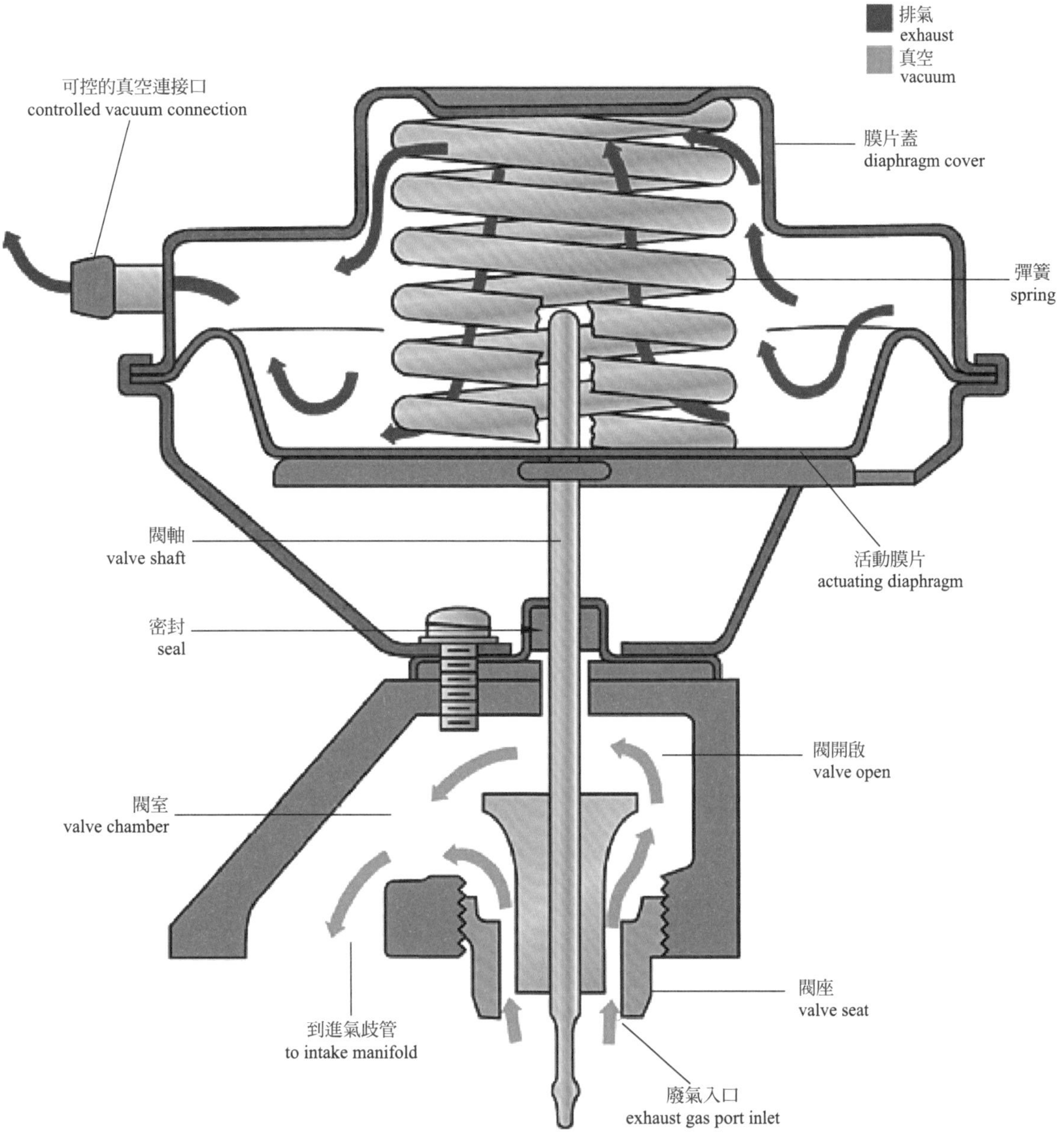
排氣
exhaust
真空
vacuum
可控的真空連接口
controlled vacuum connection
膜片蓋
diaphragm cover
彈簧
spring
閥軸
valve shaft
活動膜片
actuating diaphragm
密封
seal
閥開啟
valve open
閥室
valve chamber
閥座
valve seat
到進氣歧管
to intake manifold
廢氣入口
exhaust gas port inlet

圖2-14-4 EGR閥

14.3.2　引擎廢氣再循環控制系統

引擎廢氣再循環控制系統中，EGR閥工作時，ECU根據存儲器內存儲的不同工作條件下理想的EGR閥開度控制EGR閥。EGR閥開度感知器檢測EGR閥的開度並將信號傳遞至ECU，然後ECU將此開度與根據輸入信號計算出的理想開度進行對比，如果它們之間不同，ECU將減小EGR閥控制電磁閥的電流，因此減小施加到EGR閥的真空，結果使EGR閥再循環的廢氣量改變（**圖2-14-5**）。

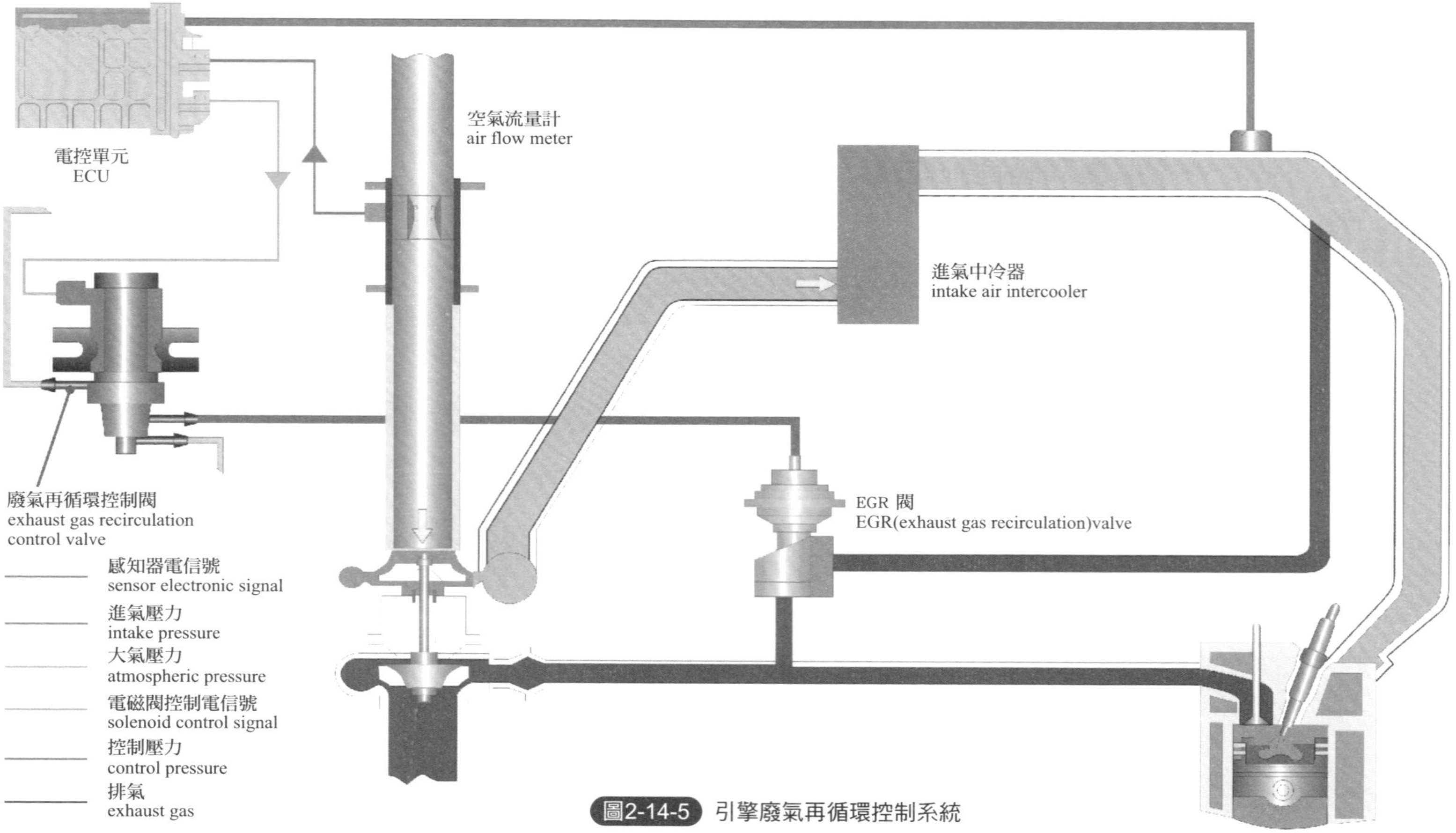
電控單元
ECU
空氣流量計
air flow meter
進氣中冷器
intake air intercooler
EGR 閥
EGR(exhaust gas recirculation)valve
廢氣再循環控制閥
exhaust gas recirculation
control valve
感知器電信號
sensor electronic signal
進氣壓力
intake pressure
大氣壓力
atmospheric pressure
電磁閥控制電信號
solenoid control signal
控制壓力
control pressure
排氣
exhaust gas

圖2-14-5　引擎廢氣再循環控制系統

14.4 汽油蒸發控制系統

汽油箱和化油器浮筒室中的汽油隨時都在蒸發氣化，若不加以控制或回收，則當引擎停機時，汽油蒸氣將逸入大氣，造成對環境的汙染。汽油蒸發控制系統的功用便是將這些汽油蒸氣收集和儲存在碳罐內，在引擎工作時再將其送入汽缸進行燃燒（圖2-14-6）。

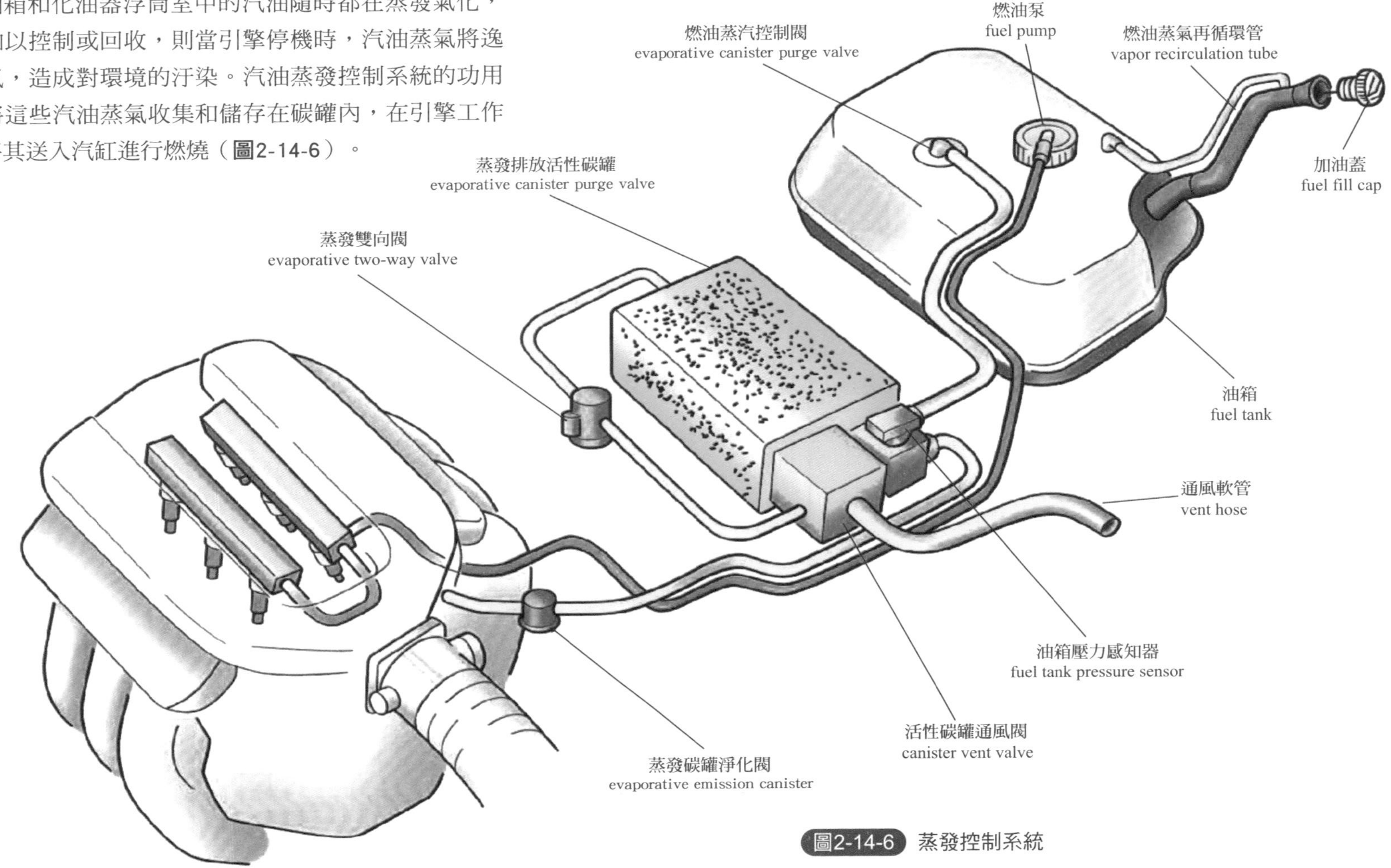
燃油泵
fuel pump
燃油蒸汽控制閥
evaporative canister purge valve
燃油蒸氣再循環管
vapor recirculation tube
加油蓋
fuel fill cap
蒸發排放活性碳罐
evaporative canister purge valve
蒸發雙向閥
evaporative two-way valve
油箱
fuel tank
通風軟管
vent hose
油箱壓力感知器
fuel tank pressure sensor
活性碳罐通風閥
canister vent valve
蒸發碳罐淨化閥
evaporative emission canister

圖2-14-6 蒸發控制系統

蒸發控制系統（EVAP system）原理：當計算機將碳罐淨化電磁閥打開時，歧管真空將存儲在碳罐的蒸氣吸入引擎。歧管真空也作用到壓力控制閥，當該閥打開，油箱中的汽油蒸氣也被吸入到碳罐，最終進入到引擎。當電磁閥關閉（或引擎停轉，沒有真空），壓力控制閥在彈簧作用下關閉，油箱內的蒸氣無法進入大氣中（圖2-14-7）。

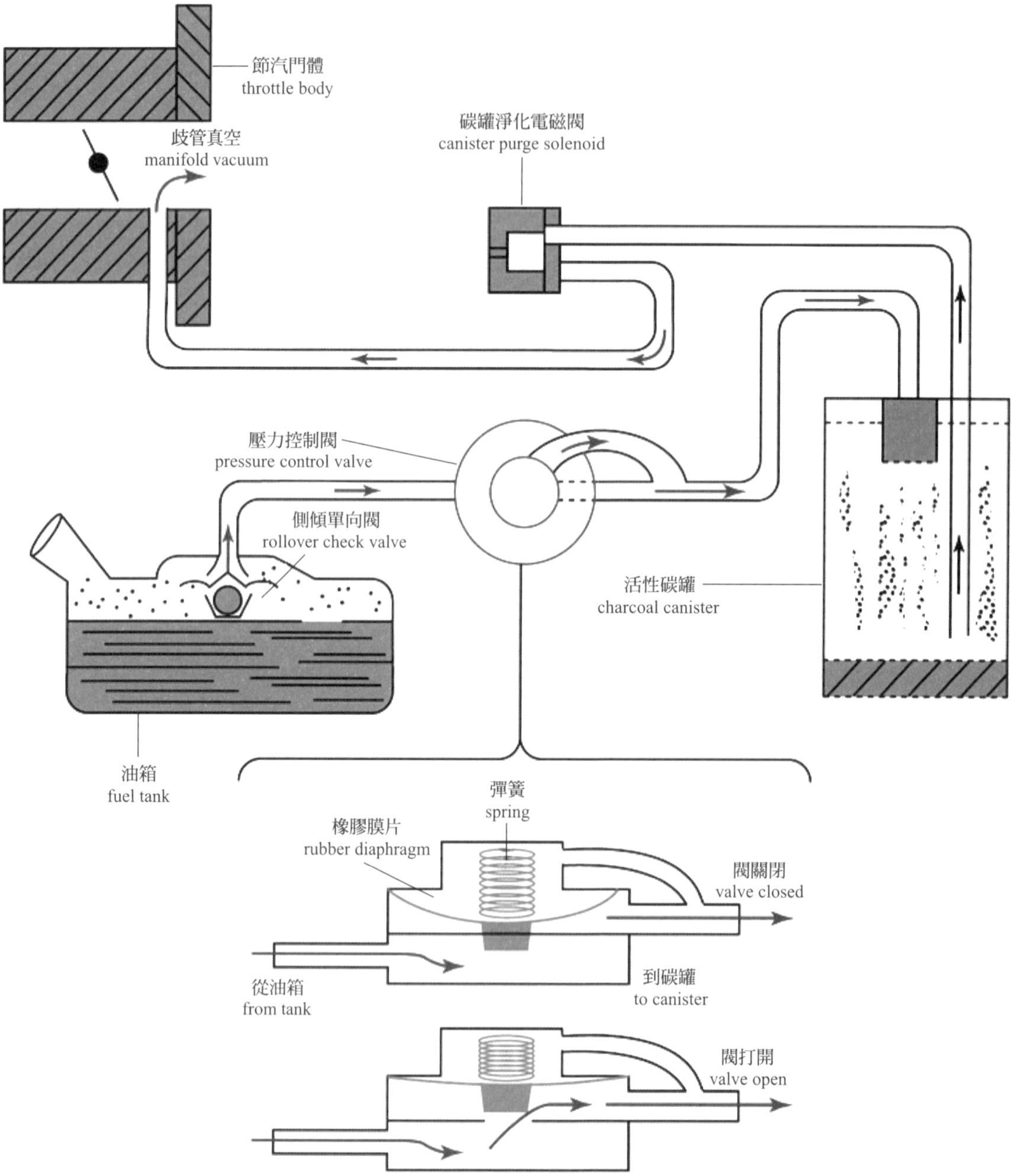

圖2-14-7 蒸發控制系統原理

14.5 三元觸媒轉換器

三元觸媒轉換器，是安裝在汽車排氣系統中最重要的機外淨化裝置，也稱作觸媒淨化轉換器。利用觸媒的作用將排氣中的CO、HC和NOx轉換為對人體無害的氣體，可同時減少CO、HC和NOx的排放，它以排氣中的CO和HC作為還原劑，把NOx還原為氮（N_2）和氧（O_2），而CO和HC在還原反應中被氧化為CO_2和H_2O（圖2-14-8）。

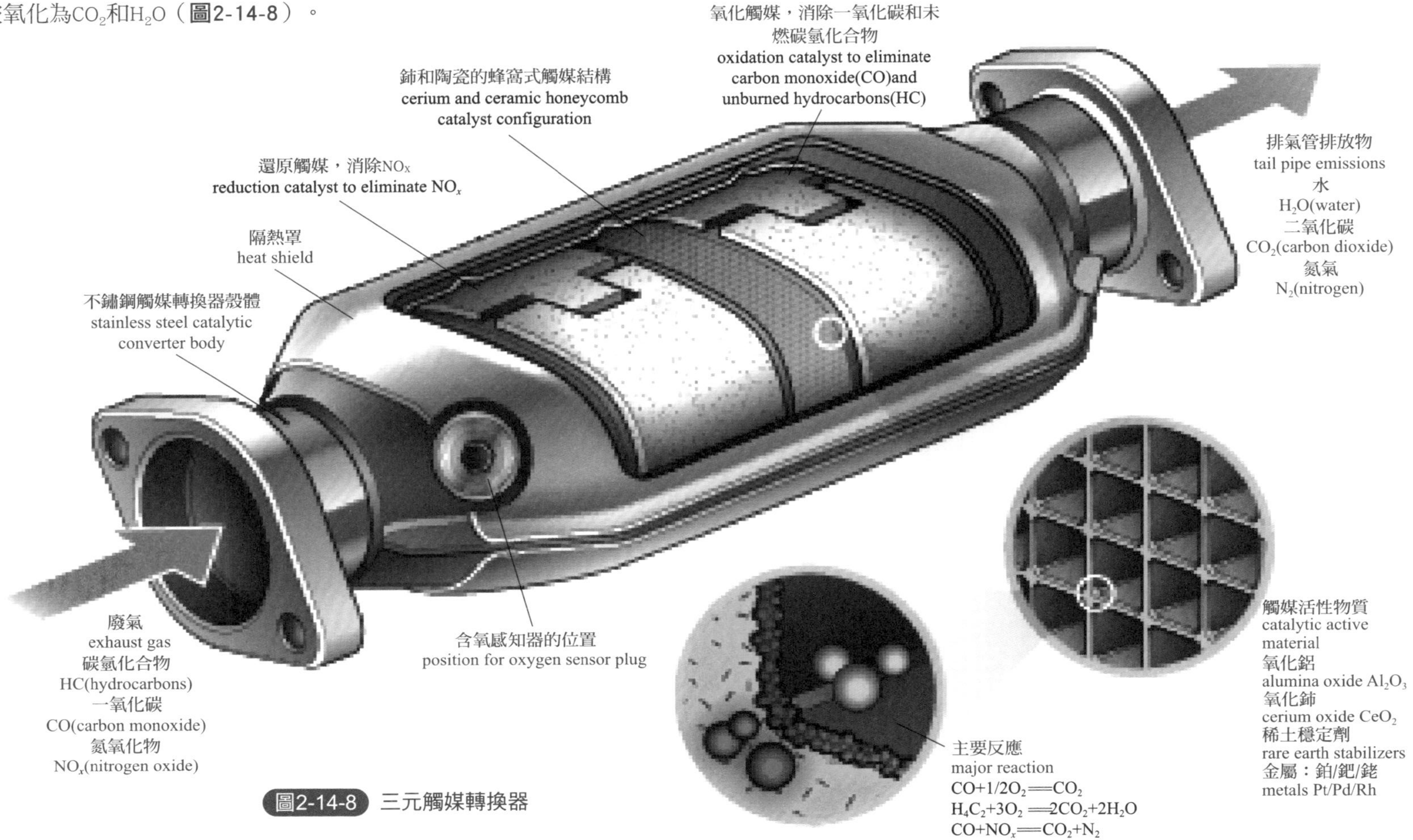
氧化觸媒，消除一氧化碳和未燃碳氫化合物
oxidation catalyst to eliminate carbon monoxide(CO)and unburned hydrocarbons(HC)
鈰和陶瓷的蜂窩式觸媒結構
cerium and ceramic honeycomb catalyst configuration
還原觸媒，消除NOx
reduction catalyst to eliminate NO_x
隔熱罩
heat shield
不鏽鋼觸媒轉換器殼體
stainless steel catalytic converter body
排氣管排放物
tail pipe emissions
水
H_2O(water)
二氧化碳
CO_2(carbon dioxide)
氮氣
N_2(nitrogen)
廢氣
exhaust gas
碳氫化合物
HC(hydrocarbons)
一氧化碳
CO(carbon monoxide)
氮氧化物
NO_x(nitrogen oxide)
含氧感知器的位置
position for oxygen sensor plug
主要反應
major reaction
$CO+1/2O_2 = CO_2$
$H_4C_2+3O_2 = 2CO_2+2H_2O$
$CO+NO_x = CO_2+N_2$
觸媒活性物質
catalytic active material
氧化鋁
alumina oxide Al_2O_3
氧化鈰
cerium oxide CeO_2
稀土穩定劑
rare earth stabilizers
金屬：鉑/鈀/銠
metals Pt/Pd/Rh

圖2-14-8 三元觸媒轉換器

第15章
增壓器

增壓器是引擎藉以增加汽缸進氣壓力的裝置。進入引擎汽缸前的空氣先經增壓器壓縮以提高空氣的密度，使更多的空氣充填到汽缸裡，從而增大引擎功率。裝有增壓器的引擎除能輸出較大的功率外，還可改善引擎的高密度特性。

汽車引擎進氣增壓器主要包括三種形式：廢氣渦輪增壓器、機械渦輪增壓器、雙渦輪增壓器。

15.1 渦輪增壓器

渦輪增壓大家並不陌生，平時在車的尾部都可以看到諸如1.4T、2.0T等字樣，這說明了這輛車的引擎是帶渦輪增壓的。渦輪增壓（turbocharger，縮寫Turbo或T）是利用引擎的廢氣帶動渦輪來壓縮進氣，從而提高引擎的功率和扭矩，使車更有勁（**圖2-15-1**）。

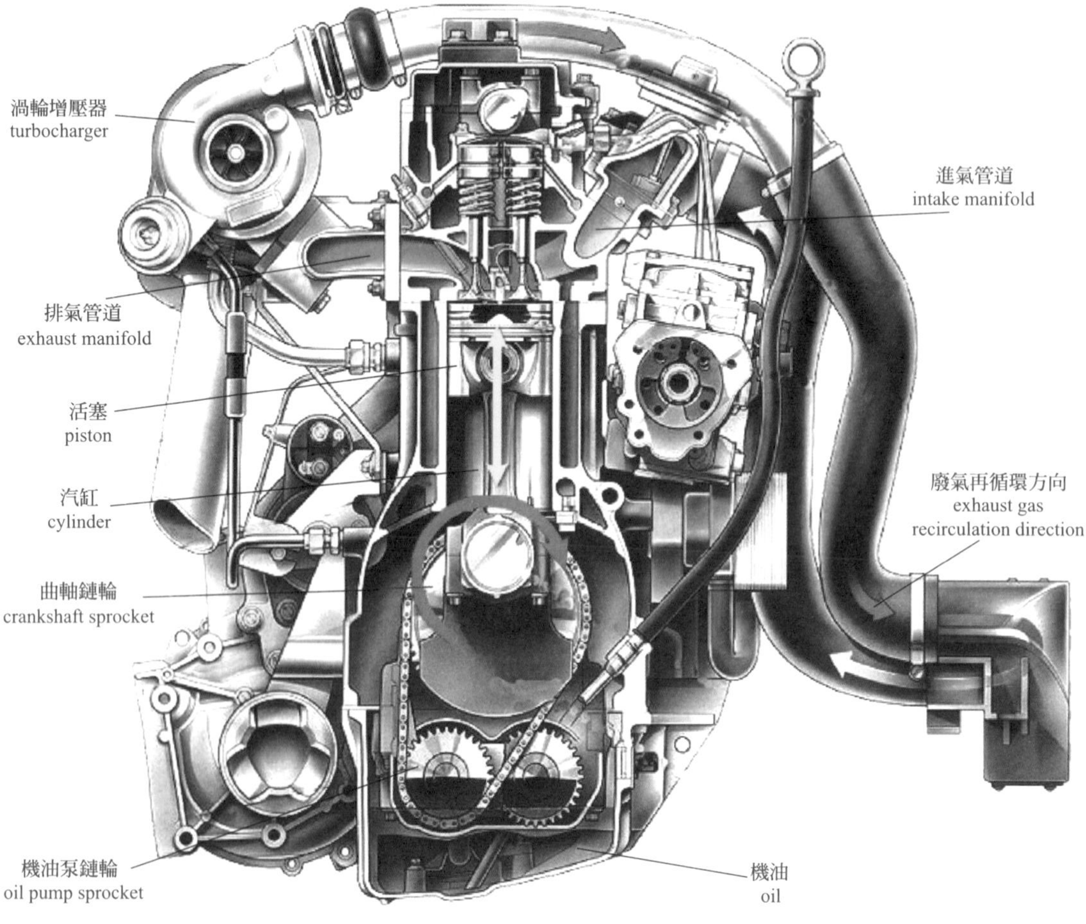
渦輪增壓器
turbocharger
進氣管道
intake manifold
排氣管道
exhaust manifold
活塞
piston
汽缸
cylinder
廢氣再循環方向
exhaust gas
recirculation direction
曲軸鏈輪
crankshaft sprocket
機油泵鏈輪
oil pump sprocket
機油
oil

圖2-15-1　渦輪增壓器的位置

15.1.1 渦輪增壓原理

渦輪增壓器主要由渦輪機和壓縮機兩部分組成，它們之間通過一根傳動軸連接。渦輪的進氣口與引擎排氣歧管相連，排氣口與排氣管相連；壓縮機的進氣口與進氣管相連，排氣口則接在進氣歧管上。到底是怎樣實現增壓的呢？主要是通過引擎排出的廢氣衝擊渦輪高速運轉，從而帶動同軸的壓縮機高速轉動，強制地將增壓後的空氣壓送到汽缸中，提高引擎的功率（圖2-15-2）。

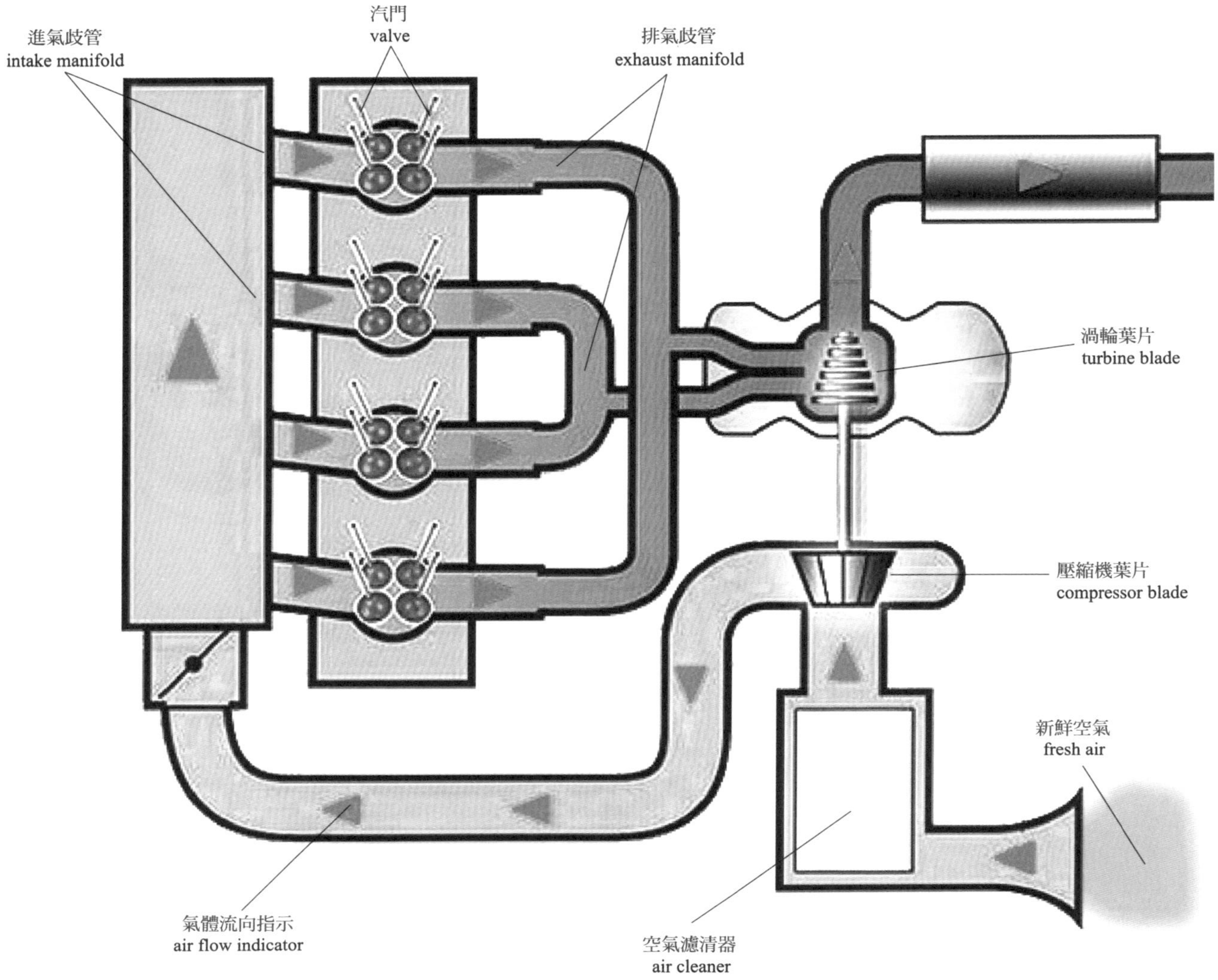

進氣歧管
intake manifold
汽門
valve
排氣歧管
exhaust manifold
渦輪葉片
turbine blade
壓縮機葉片
compressor blade
新鮮空氣
fresh air
氣體流向指示
air flow indicator
空氣濾清器
air cleaner

圖2-15-2 渦輪增壓原理

15.1.2　渦輪增壓空氣流動

渦輪增壓主要是利用引擎廢氣的能量帶動壓縮機來實現對進氣的增壓，整個過程中基本不會消耗引擎的動力，擁有良好的加速持續性，但是在低速時渦輪不能及時介入，帶有一定的滯後性。空氣經空氣濾清器後，被渦輪增壓器加壓到中冷器，進入進氣歧管、進汽門、汽缸、排汽門、排氣歧管（圖2-15-3）。

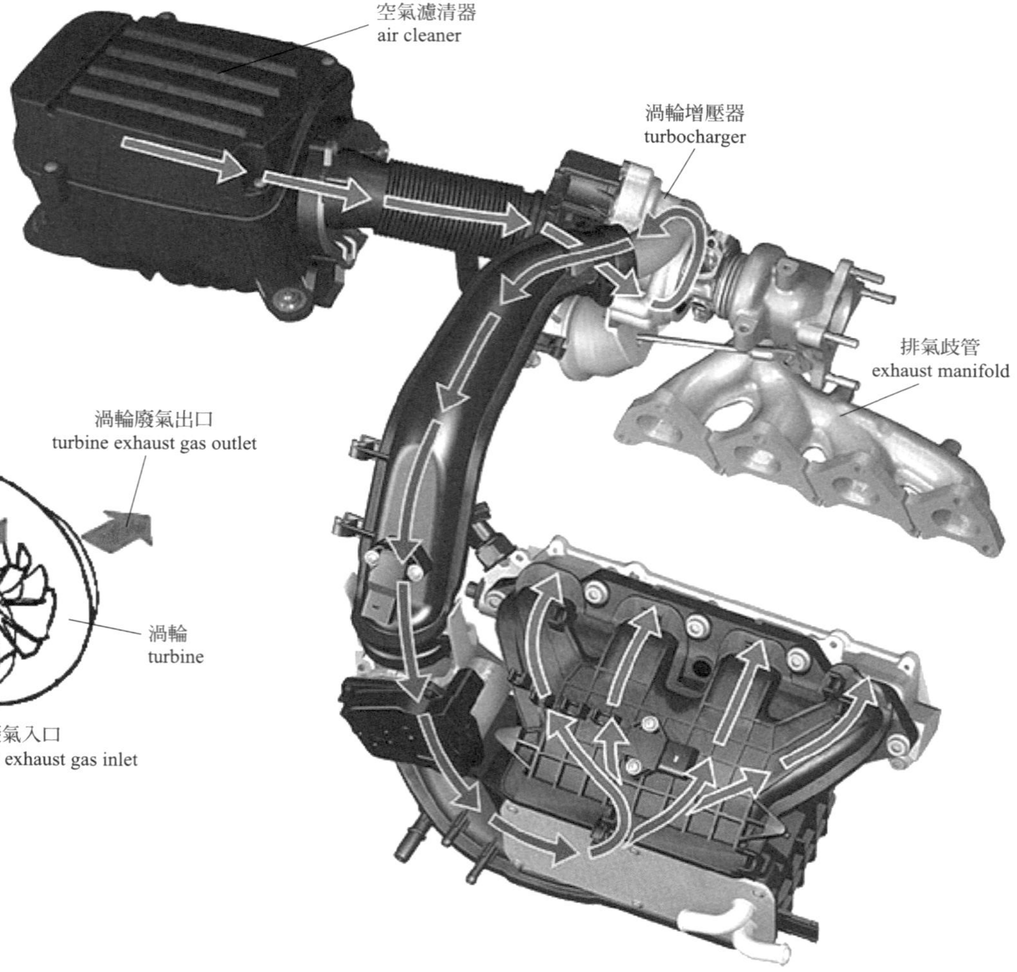
空氣濾清器
air cleaner
渦輪增壓器
turbocharger
排氣歧管
exhaust manifold

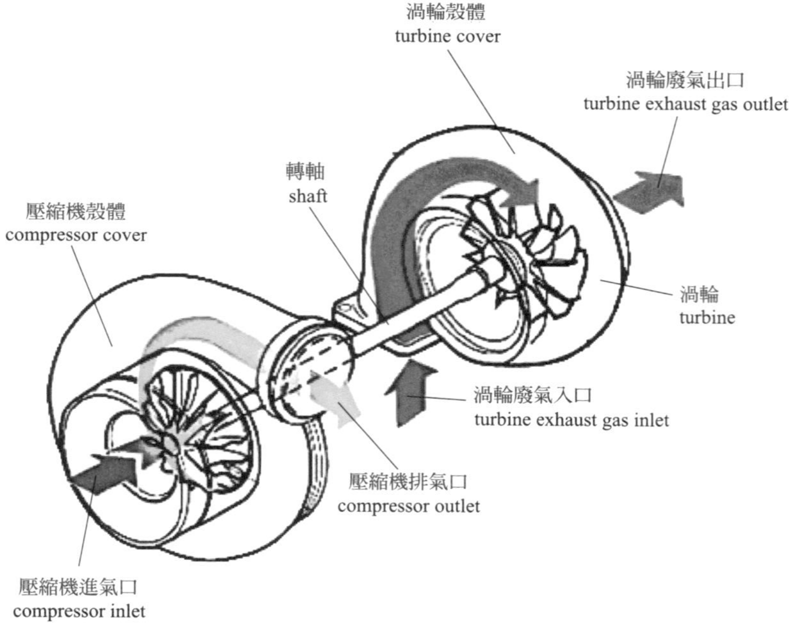
渦輪殼體
turbine cover
渦輪廢氣出口
turbine exhaust gas outlet
轉軸
shaft
壓縮機殼體
compressor cover
渦輪
turbine
渦輪廢氣入口
turbine exhaust gas inlet
壓縮機排氣口
compressor outlet
壓縮機進氣口
compressor inlet

圖2-15-3　渦輪增壓空氣流動

15.2 機械增壓器

相對於渦輪增壓，機械增壓的原理則有所不同。機械增壓主要是通過曲軸的動力帶動一個機械式的空氣壓縮機旋轉來壓縮空氣的。與渦輪增壓不同的是，機械增壓工作過程中會對引擎輸出的動力造成一定程度的損耗（圖2-15-4）。

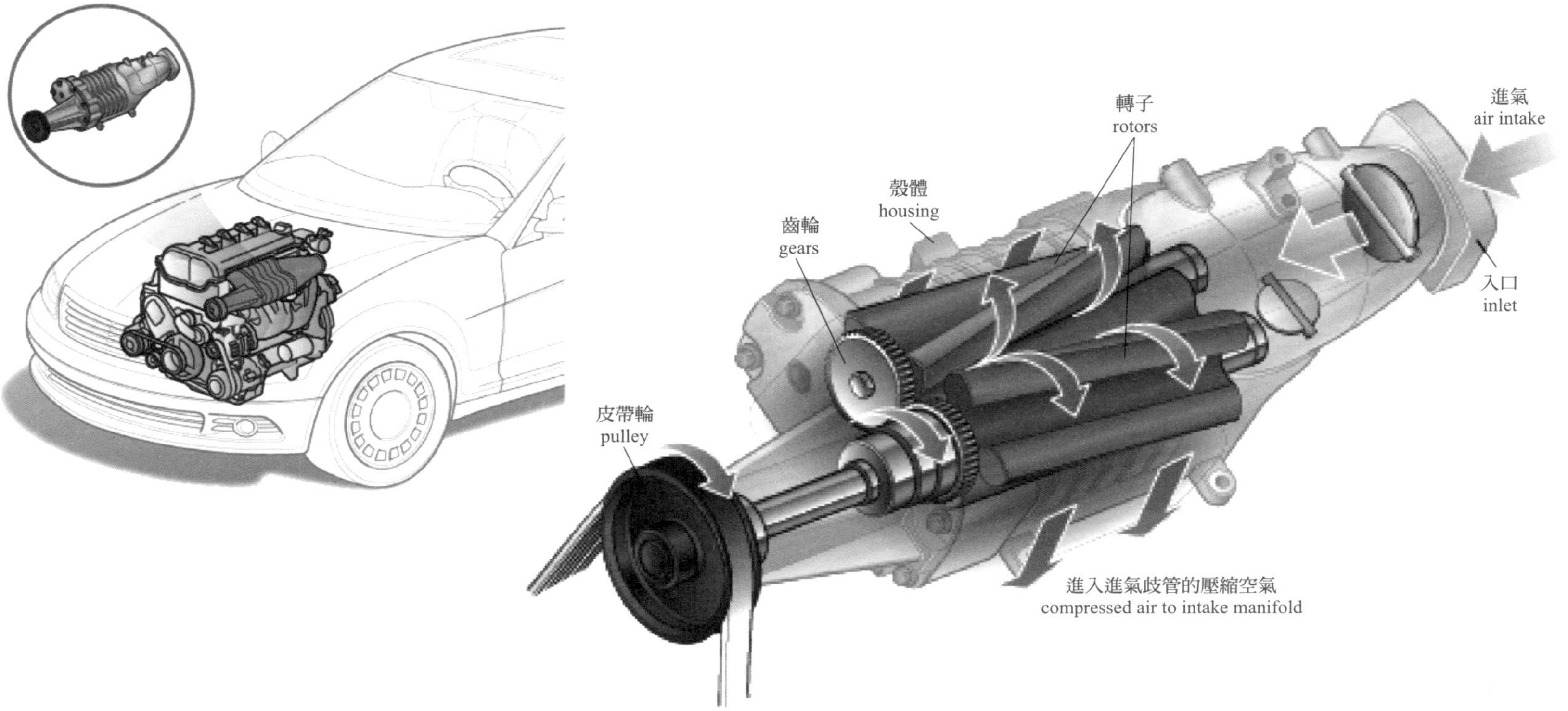
進氣
air intake
轉子
rotors
殼體
housing
齒輪
gears
入口
inlet
皮帶輪
pulley
進入進氣歧管的壓縮空氣
compressed air to intake manifold

圖2-15-4 機械增壓器引擎

由於機械增壓器是直接由曲軸帶動的，引擎運轉時，增壓器也就開始工作了，所以在低轉速時，引擎的扭矩輸出表現也十分出色，而且空氣壓縮量是按照引擎轉速線性上升的，沒有渦輪增壓引擎介入那一刻的唐突，也沒有渦輪增壓引擎的低速遲滯。但是在引擎高速運轉時，機械增壓器對引擎動力的損耗也是很大的，動力提升不太明顯（**圖2-15-5**）。

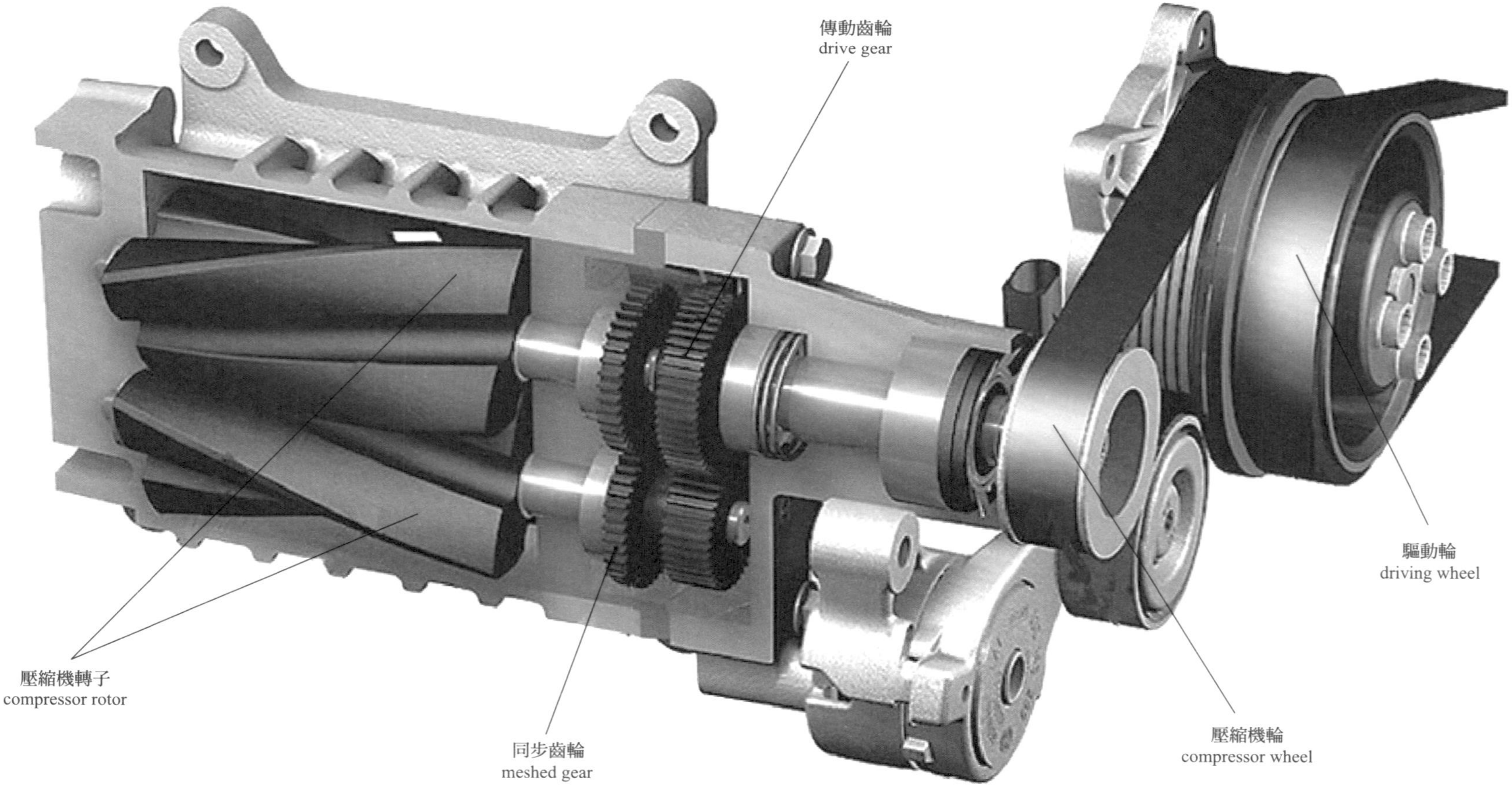
傳動齒輪
drive gear
驅動輪
driving wheel
壓縮機轉子
compressor rotor
同步齒輪
meshed gear
壓縮機輪
compressor wheel

圖2-15-5 機械增壓器

圖2-15-6為帶有中冷器的機械增壓器。

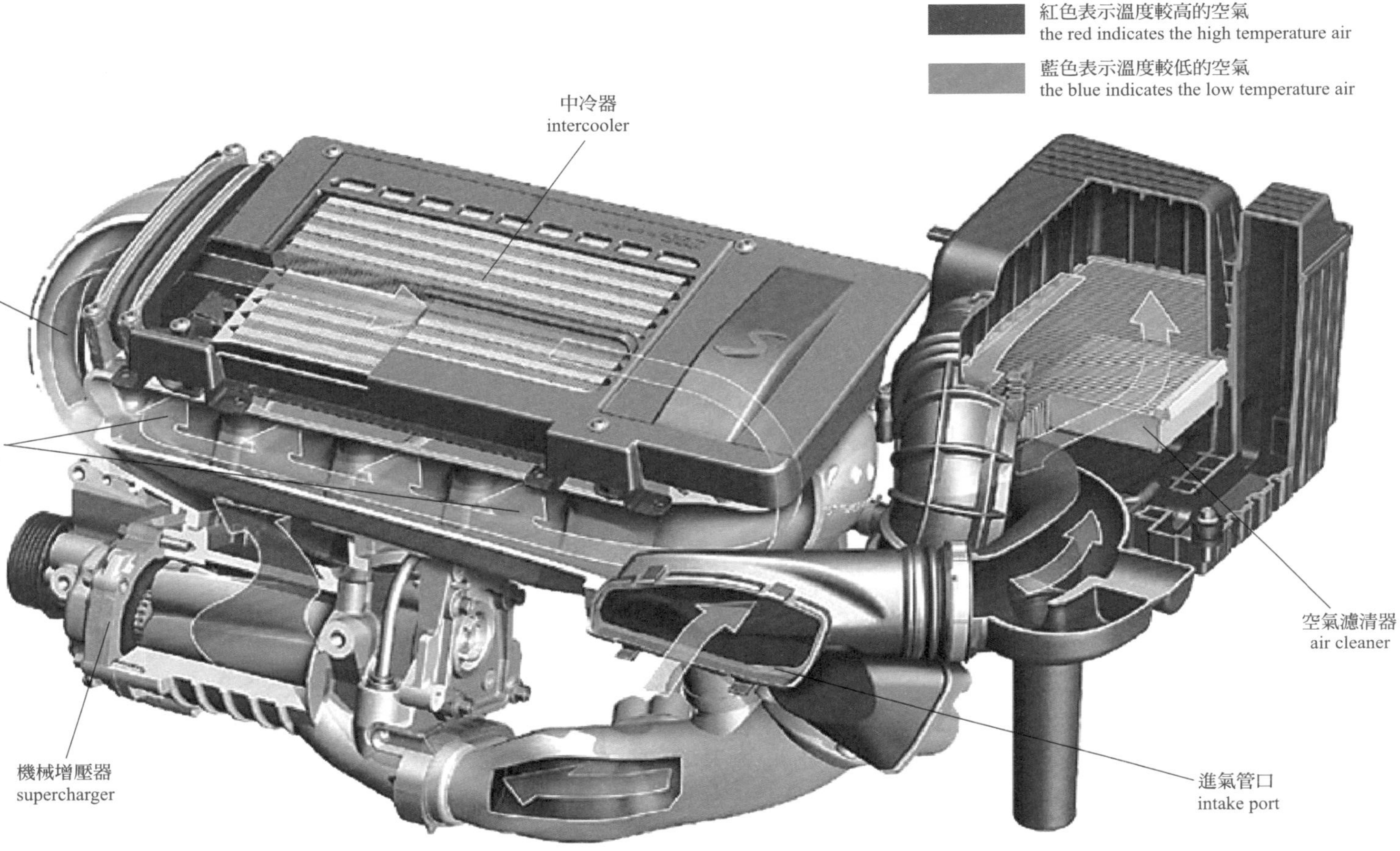
紅色表示溫度較高的空氣
the red indicates the high temperature air
藍色表示溫度較低的空氣
the blue indicates the low temperature air
中冷器
intercooler
壓縮後的空氣進入中冷器進行冷卻
the compressed air is cooled by the intercooler
進入汽缸
to cylinder
空氣濾清器
air cleaner
機械增壓器
supercharger
進氣管口
intake port

圖2-15-6 帶有中冷器的機械增壓器

第16章
引擎潤滑系統

16.1 概述

潤滑系統的功用就是在引擎工作時連續不斷地把數量足夠、溫度適當的潔淨機油輸送到全部傳動件的摩擦表面，並在摩擦表面之間形成油膜，實現液體摩擦，從而減小摩擦阻力、降低功率消耗、減輕機件磨損，以達到提高引擎工作可靠性和耐久性的目的（圖2-16-1）。

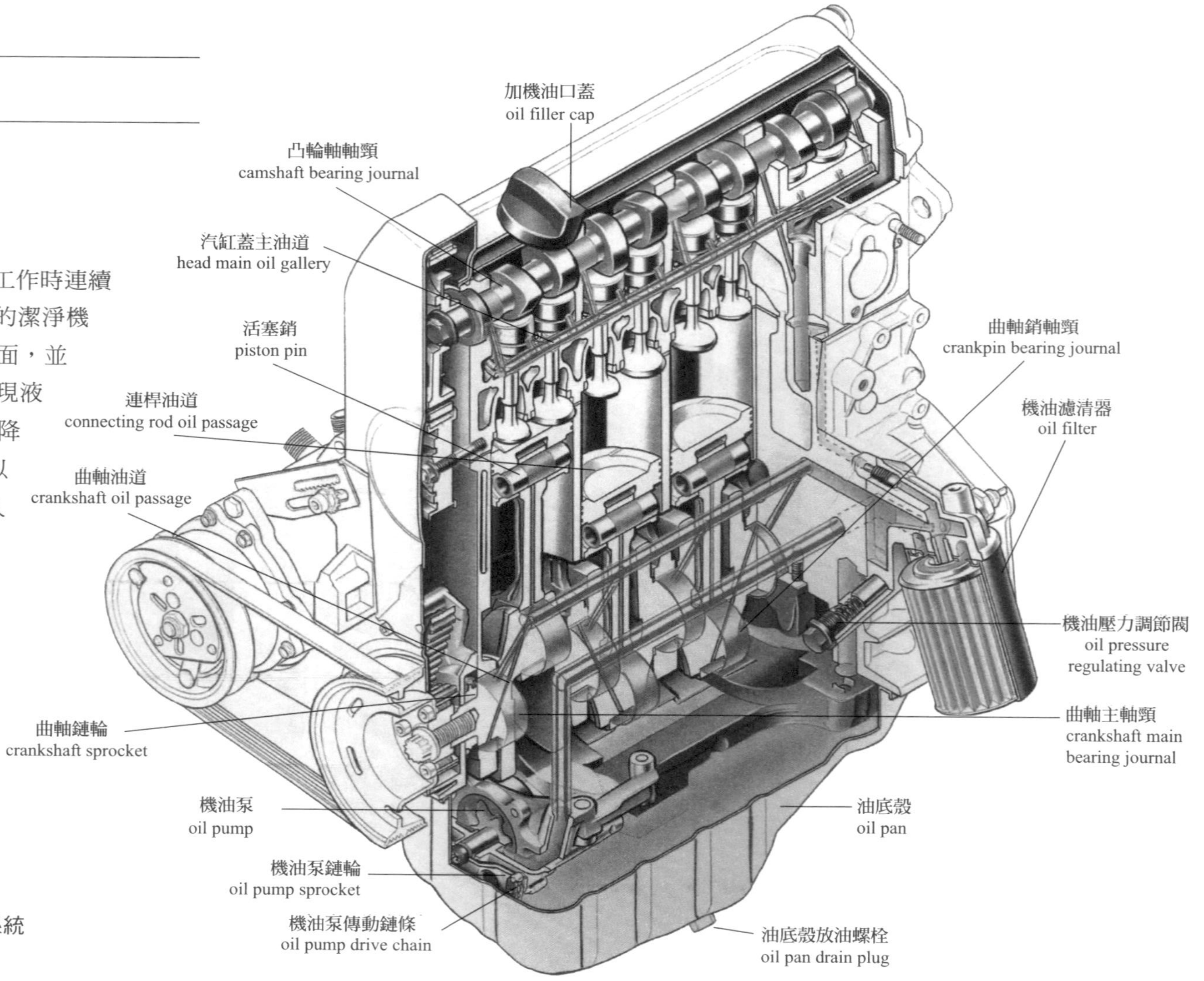

加機油口蓋
oil filler cap
凸輪軸軸頸
camshaft bearing journal
汽缸蓋主油道
head main oil gallery
活塞銷
piston pin
連桿油道
connecting rod oil passage
曲軸油道
crankshaft oil passage
曲軸鏈輪
crankshaft sprocket
機油泵
oil pump
機油泵鏈輪
oil pump sprocket
機油泵傳動鏈條
oil pump drive chain
曲軸銷軸頸
crankpin bearing journal
機油濾清器
oil filter
機油壓力調節閥
oil pressure regulating valve
曲軸主軸頸
crankshaft main bearing journal
油底殼
oil pan
油底殼放油螺栓
oil pan drain plug

圖2-16-1 潤滑系統

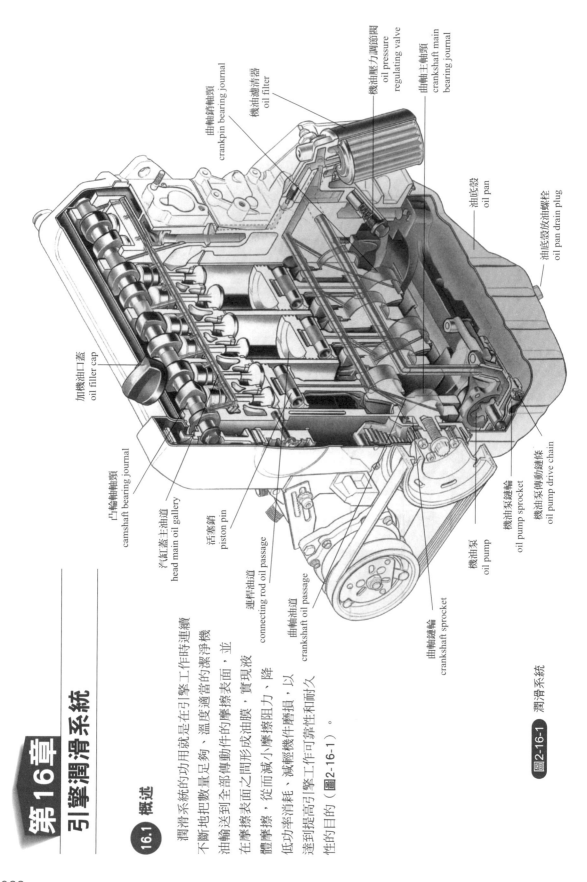

16.2 引擎潤滑系統工作原理

機油主要存儲在油底殼中，當引擎運轉後帶動機油泵，利用泵的壓力將機油壓送至引擎各個部位。潤滑後的機油會沿著缸壁等途徑回到油底殼中，重復循環使用（圖2-16-2）。

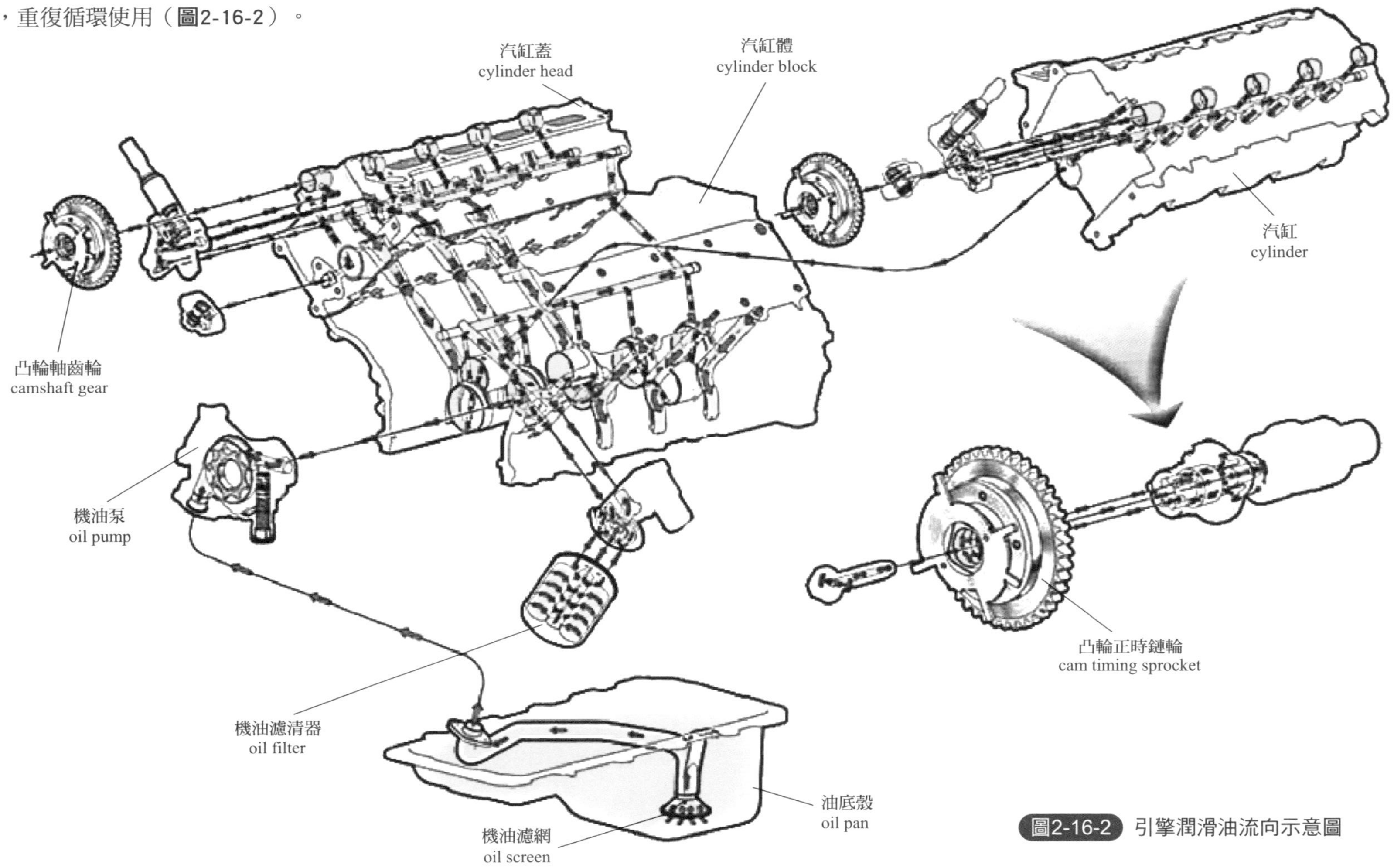
汽缸蓋
cylinder head
汽缸體
cylinder block
汽缸
cylinder
凸輪軸齒輪
camshaft gear
機油泵
oil pump
凸輪正時鏈輪
cam timing sprocket
機油濾清器
oil filter
油底殼
oil pan
機油濾網
oil screen

圖2-16-2 引擎潤滑油流向示意圖

16.3 引擎潤滑油路

如圖2-16-3所示為典型的引擎潤滑系統結構，採用壓力和飛濺潤滑。機油在壓力下經過油道到達引擎頂端，隨後機油流回油底殼，來潤滑其他部件，或飛濺到部件上。

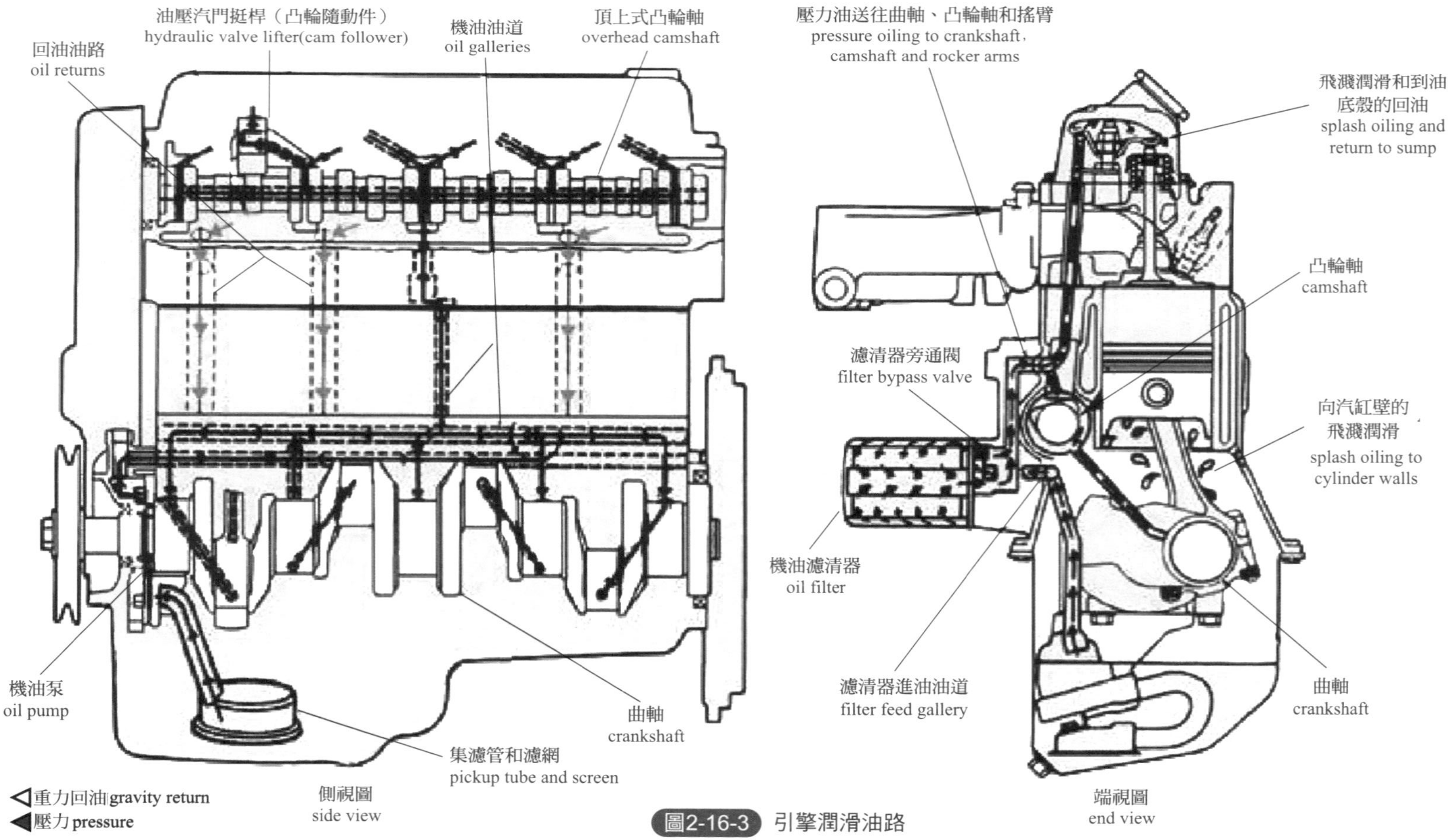
油壓汽門挺桿（凸輪隨動件）
hydraulic valve lifter(cam follower)
機油油道
oil galleries
頂上式凸輪軸
overhead camshaft
回油油路
oil returns
機油泵
oil pump
集濾管和濾網
pickup tube and screen
曲軸
crankshaft
◁重力回油gravity return
◀壓力pressure
側視圖
side view
壓力油送往曲軸、凸輪軸和搖臂
pressure oiling to crankshaft, camshaft and rocker arms
飛濺潤滑和到油底殼的回油
splash oiling and return to sump
凸輪軸
camshaft
濾清器旁通閥
filter bypass valve
向汽缸壁的飛濺潤滑
splash oiling to cylinder walls
機油濾清器
oil filter
濾清器進油油道
filter feed gallery
曲軸
crankshaft
端視圖
end view

圖2-16-3 引擎潤滑油路

16.4 機油泵

機油泵的功用是保證機油在潤滑系統內循環流動，並在引擎任何轉速下都能以足夠高的壓力向潤滑部位輸送足夠數量的機油（圖2-16-4）。

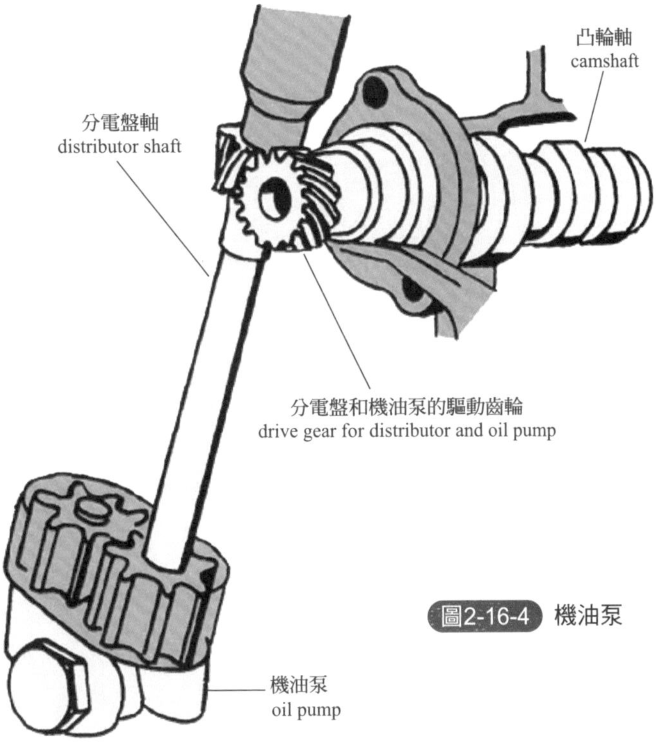

圖2-16-4 機油泵

16.5 乾式油底殼

乾式油底殼取消了在引擎底部安裝容器，而是在外部獨立安裝一個機油箱，採用機油泵對曲軸和連桿系統進行壓力潤滑（圖2-16-5）。

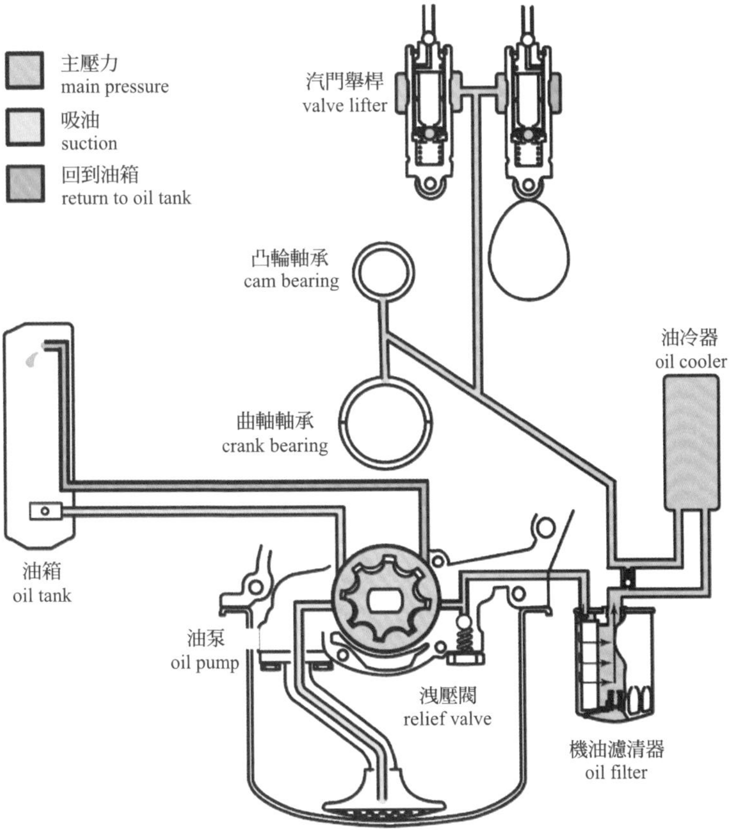

圖2-16-5 雪佛蘭科爾維特的乾式油底殼

第17章 引擎冷卻系統

17.1 概述

冷卻系統的主要功用是把受熱零件吸收的部分熱量及時散發出去，保證引擎在最適宜的溫度狀態下工作。

引擎冷卻方式有水冷和風冷兩種。水冷系統均為強制循環水冷系統，即利用水泵提高冷卻液的壓力，強製冷卻液在引擎中循環流動（圖2-17-1）。

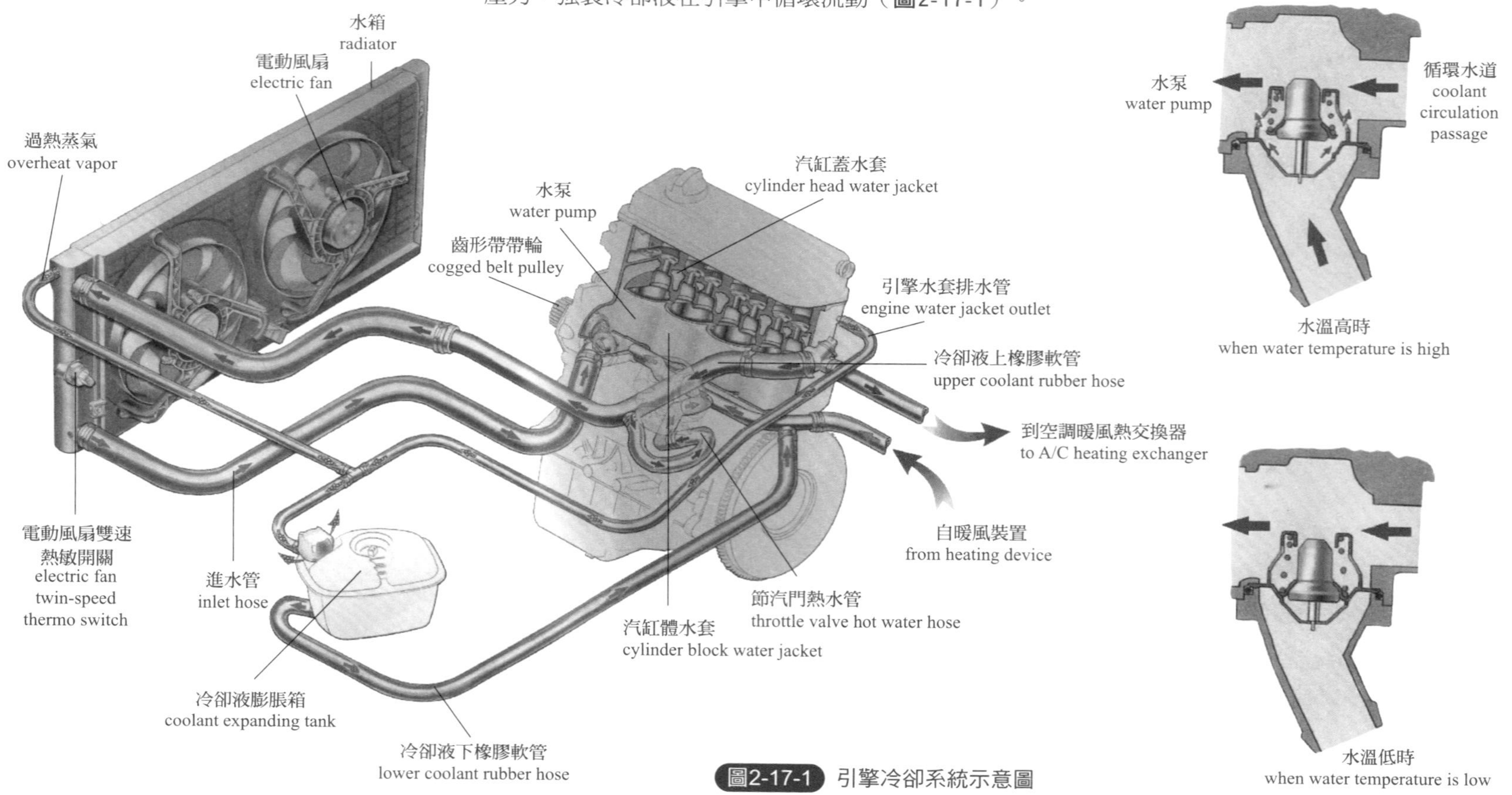

水箱
radiator
電動風扇
electric fan
過熱蒸氣
overheat vapor
水泵
water pump
齒形帶帶輪
cogged belt pulley
汽缸蓋水套
cylinder head water jacket
引擎水套排水管
engine water jacket outlet
冷卻液上橡膠軟管
upper coolant rubber hose
到空調暖風熱交換器
to A/C heating exchanger
自暖風裝置
from heating device
節汽門熱水管
throttle valve hot water hose
汽缸體水套
cylinder block water jacket
電動風扇雙速熱敏開關
electric fan twin-speed thermo switch
進水管
inlet hose
冷卻液膨脹箱
coolant expanding tank
冷卻液下橡膠軟管
lower coolant rubber hose
水泵
water pump
循環水道
coolant circulation passage
水溫高時
when water temperature is high
水溫低時
when water temperature is low

圖2-17-1 引擎冷卻系統示意圖

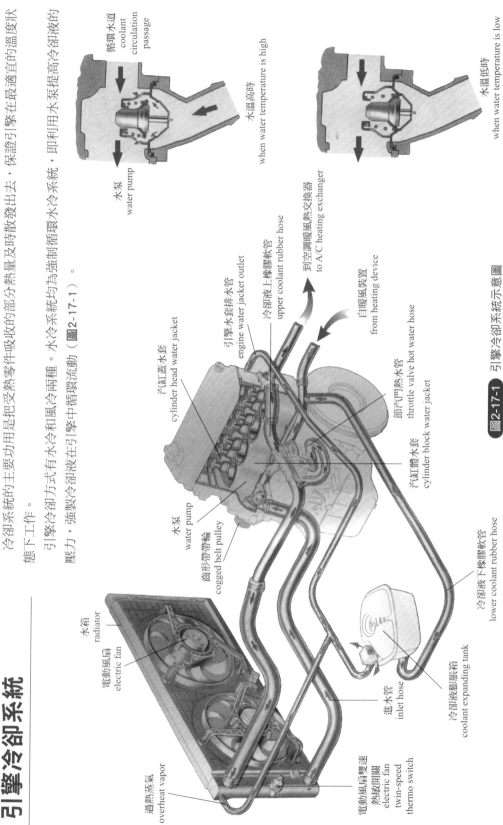

17.2 冷卻系統工作原理

引擎是怎麼進行冷卻的呢？主要通過水泵使環繞在汽缸水套中的冷卻液加快流動，通過行駛中的自然風和電動風扇，使冷卻液在水箱中進行冷卻，冷卻後的冷卻液再次引入到水套中，周而復始，實現對引擎的冷卻。

冷卻系統除了對引擎有冷卻作用外，還有「保溫」的作用，因為「過冷」或「過熱」，都會影響引擎的正常工作。這個過程主要是通過節溫器實現引擎冷卻系統「大小循環」的切換。什麼是冷卻系統的大小循環？可以簡單理解為，小循環的冷卻液是不通過水箱的，而大循環的冷卻液是通過水箱的（**圖2-17-2**、**圖2-17-3**）。

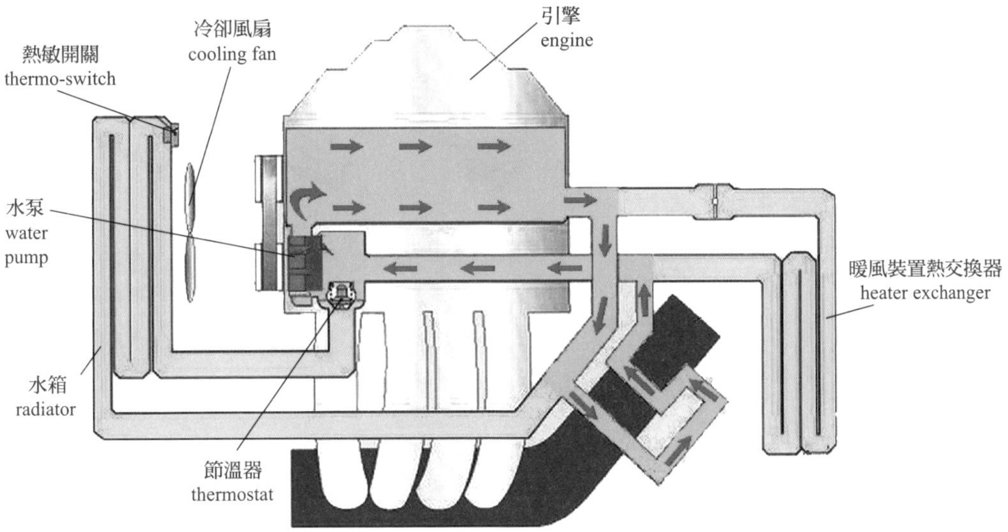

圖2-17-2 冷卻系統小循環

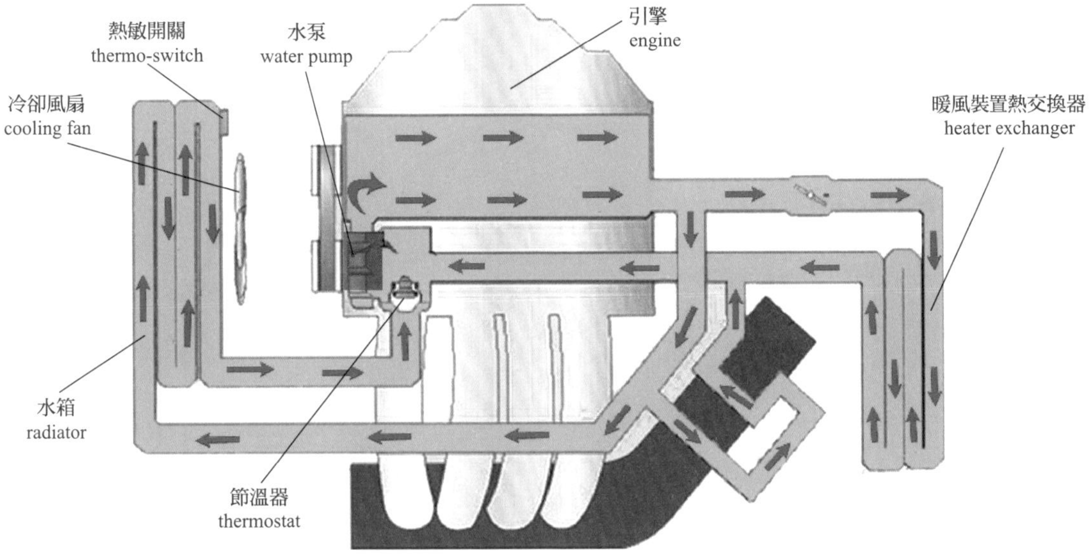

圖2-17-3 冷卻系統大循環

17.3 節溫器

當冷卻液溫度低於規定值時，節溫器感溫體內的石蠟呈固態，節溫器閥在彈簧的作用下關閉引擎與水箱間的通道，進行小循環。當冷卻液溫度達到規定值後，石蠟開始熔化逐漸變成液體，體積隨之增大並壓迫橡膠管使其收縮，在橡膠管收縮的同時對推桿作用以向上的推力。由於推桿上端固定，推桿對橡膠管和感溫體產生向下的反推力使閥門開啟，這時冷卻液經由水箱和節溫器閥，再經水泵流回引擎，進行大循環（圖2-17-4）。

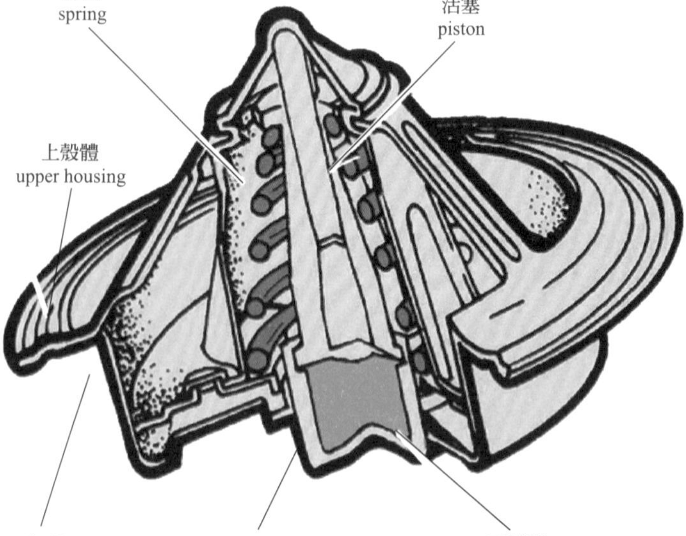
彈簧
spring
活塞
piston
上殼體
upper housing
下殼體
lower housing
銅杯
copper cup
石蠟體
wax pellet

圖2-17-4 蠟式節溫器剖面圖

17.4 水箱

引擎水冷系統中的水箱由上水箱、下水箱及水箱芯等三部分構成。冷卻液在水箱芯內流動，空氣在水箱芯外通過。熱的冷卻液由於向空氣散熱而變冷，冷空氣則因為吸收冷卻液散出的熱量而升溫，所以水箱是一個熱交換器（圖2-17-5）。

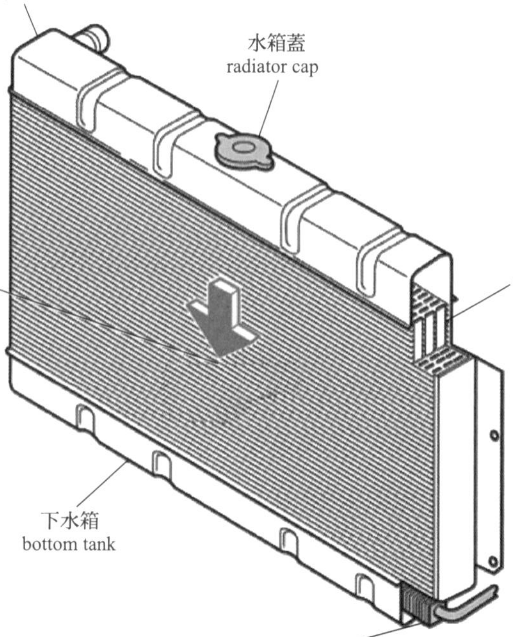
上水箱
top tank
水箱蓋
radiator cap
冷卻液流動方向
coolant flow
冷卻管
tubes
下水箱
bottom tank
變速箱油冷器
transmission oil cooler

圖2-17-5 水箱

17.5 水箱蓋

水箱蓋的作用是密封水冷系統並調節系統的工作壓力。當引擎工作時，冷卻液的溫度逐漸升高。由於冷卻液容積膨脹使冷卻系統內的壓力增高，當壓力超過預定值時，壓力閥開啟，一部分冷卻液經溢流管流入副水箱，以防止冷卻液脹裂水箱。當引擎停機後，冷卻液的溫度下降，冷卻系統內的壓力也隨之降低。當壓力降到大氣壓力以下出現真空時，真空閥開啟，副水箱內的冷卻液部分地流回水箱，可以避免水箱被大氣壓力壓壞（圖2-17-6）。

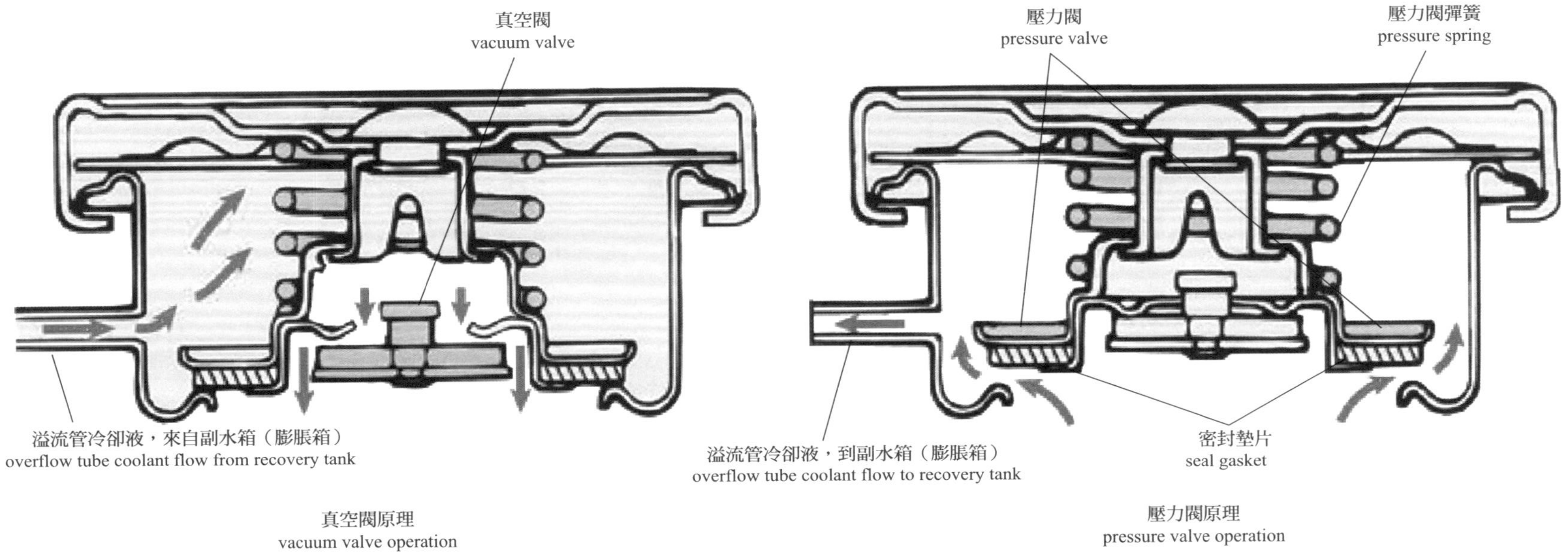
真空閥
vacuum valve
溢流管冷卻液，來自副水箱（膨脹箱）
overflow tube coolant flow from recovery tank
真空閥原理
vacuum valve operation
壓力閥
pressure valve
壓力閥彈簧
pressure spring
溢流管冷卻液，到副水箱（膨脹箱）
overflow tube coolant flow to recovery tank
密封墊片
seal gasket
壓力閥原理
pressure valve operation

圖2-17-6　水箱蓋

第18章 電動汽車

電動汽車是指以車載電源為動力，用馬達驅動車輪行駛，符合道路交通、安全法規各項要求的車輛。電動汽車包括純電動汽車（BEV）、混合動力汽車（HEV）、燃料電池汽車（FCEV）。

18.1 純電動汽車

圖2-18-1為一種電動汽車的驅動系統，馬達被安放在車頭前部，動力電池組布置在車身底部，稍靠後的位置。

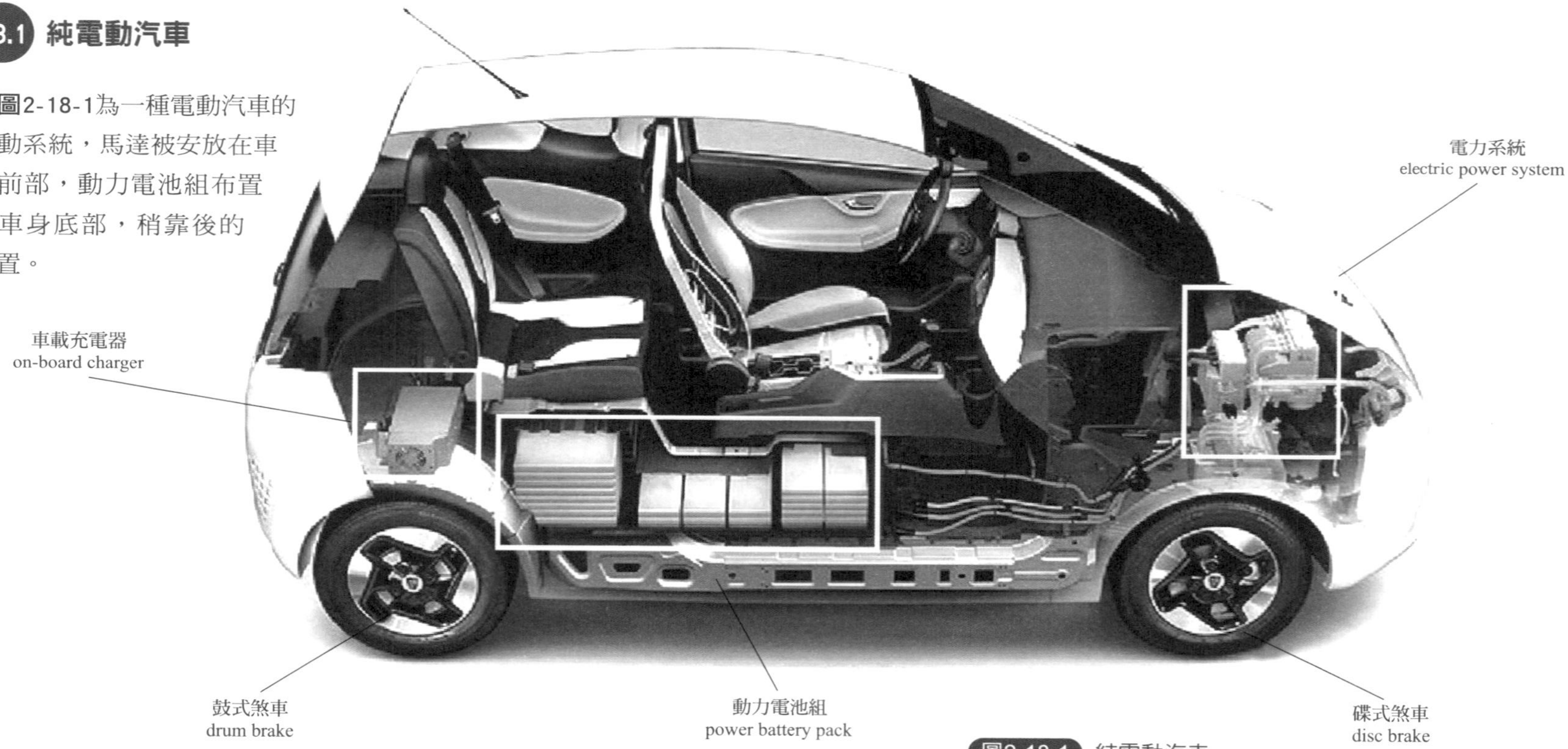
電力系統
electric power system
車載充電器
on-board charger
鼓式煞車
drum brake
動力電池組
power battery pack
碟式煞車
disc brake

圖2-18-1 純電動汽車

通用電動汽車的部件如圖2-18-2所示。

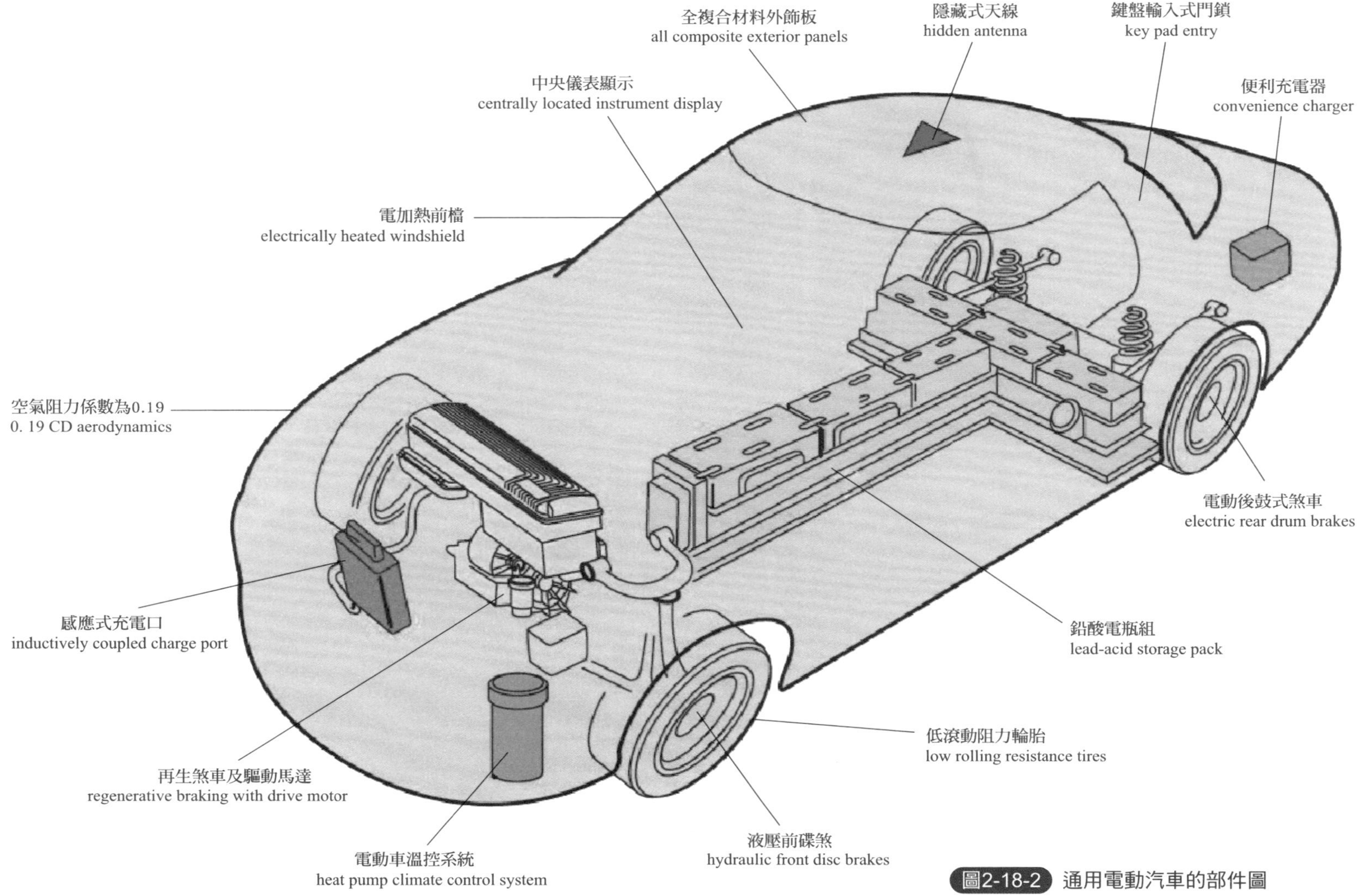
全複合材料外飾板
all composite exterior panels
隱藏式天線
hidden antenna
鍵盤輸入式門鎖
key pad entry
便利充電器
convenience charger
中央儀表顯示
centrally located instrument display
電加熱前檔
electrically heated windshield
空氣阻力係數為0.19
0. 19 CD aerodynamics
感應式充電口
inductively coupled charge port
再生煞車及驅動馬達
regenerative braking with drive motor
電動車溫控系統
heat pump climate control system
液壓前碟煞
hydraulic front disc brakes
低滾動阻力輪胎
low rolling resistance tires
鉛酸電瓶組
lead-acid storage pack
電動後鼓式煞車
electric rear drum brakes

圖2-18-2 通用電動汽車的部件圖

18.2 混合動力電動汽車

現在的混合動力電動汽車一般為油電混合，就是利用燃油引擎和馬達共同為汽車提供動力。混合動力車上的裝置可以在車輛減速、煞車、下坡時回收能量，並通過馬達為汽車提供動力，因此它的油耗比較低，但汽車價格相對較高（圖2-18-3）。

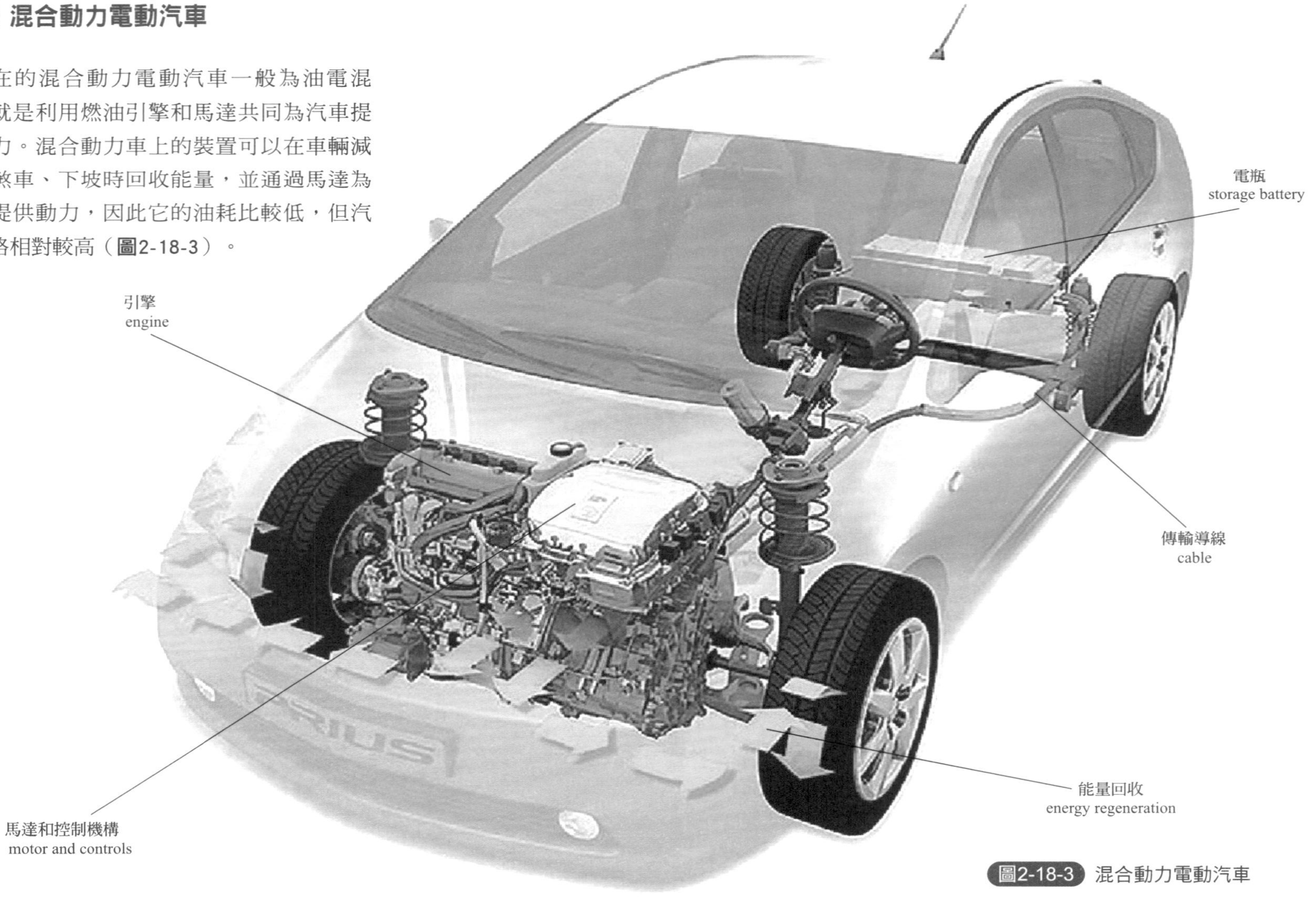
引擎
engine
電瓶
storage battery
傳輸導線
cable
能量回收
energy regeneration
馬達和控制機構
motor and controls

圖2-18-3 混合動力電動汽車

根據混合動力驅動的聯結方式，混合動力系統主要分為三類：串聯式混合動力系統、並聯式混合動力系統和混聯式混合動力系統。

串聯式混合動力系統：由引擎直接帶動發電機發電，產生的電能通過控制單元傳到電池，再由電池傳輸給馬達轉化為動能，最後通過變速機構來驅動汽車（圖2-18-4）。

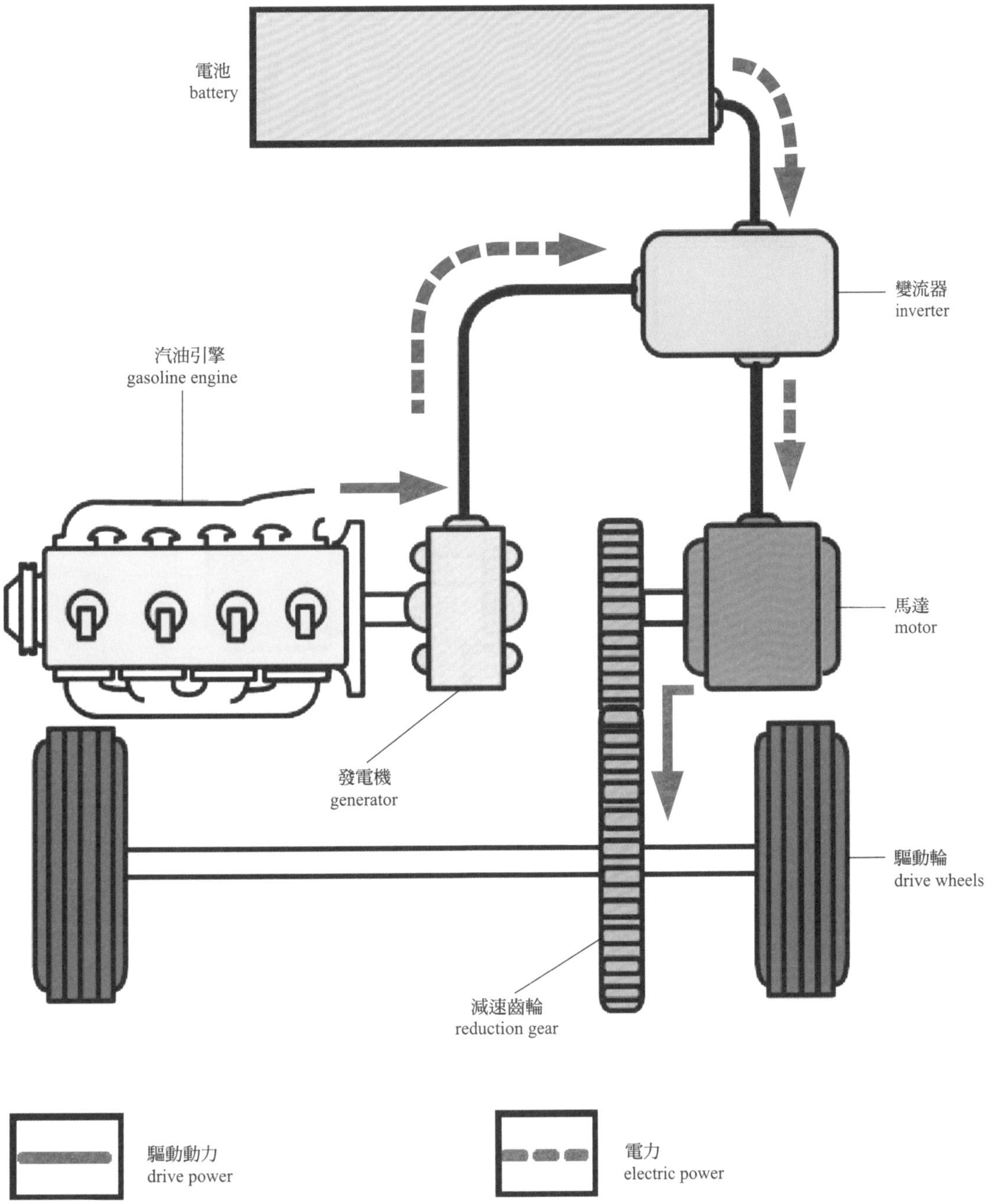

圖2-18-4 典型串聯式混合動力汽車動力流程圖

並聯式混合動力系統：並聯式混合動力系統有兩套驅動系統，傳統的引擎系統和馬達驅動系統，兩個系統既可以同時協調工作，也可以各自單獨工作驅動汽車（圖2-18-5）。

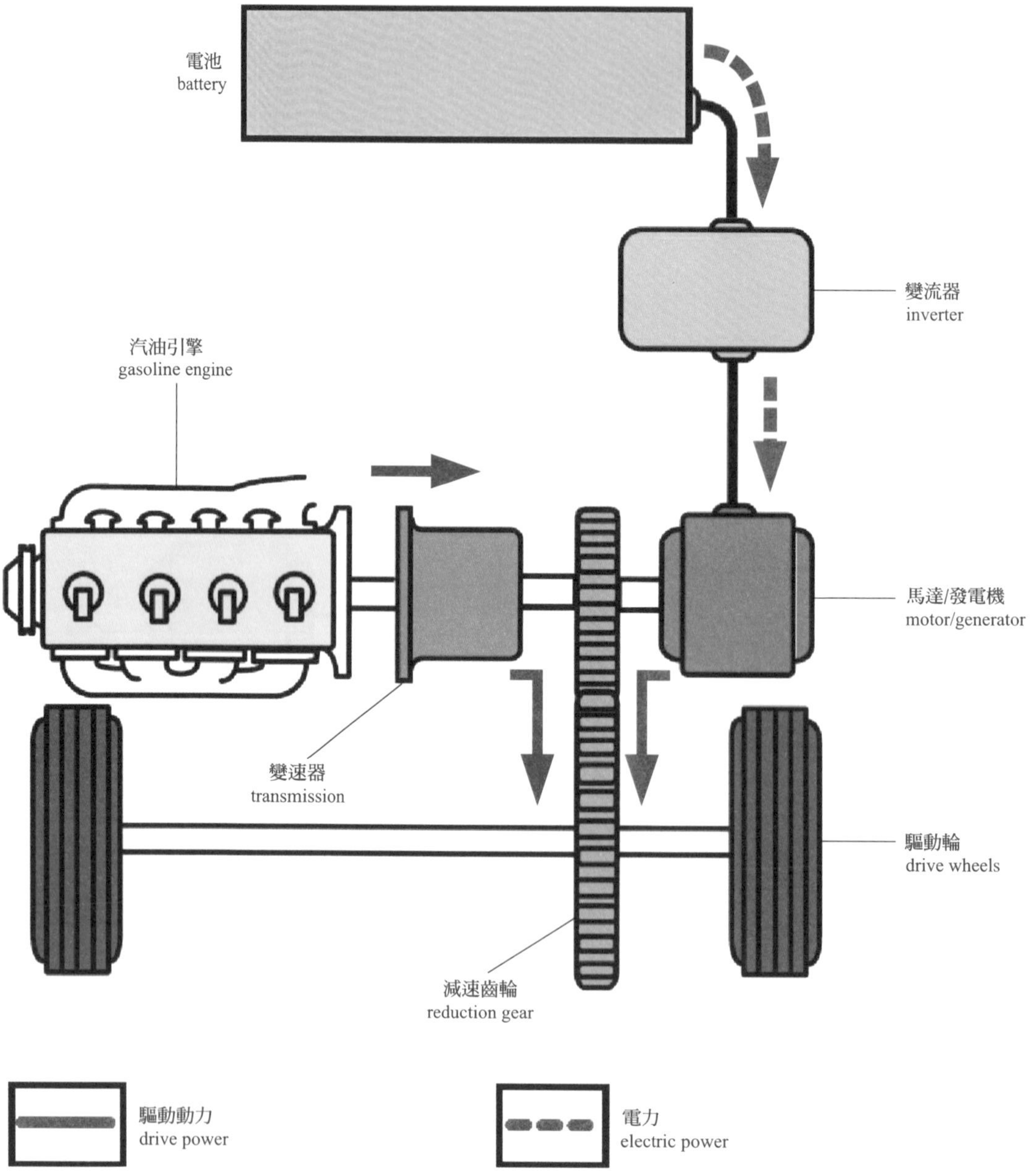
電池
battery
變流器
inverter
汽油引擎
gasoline engine
馬達/發電機
motor/generator
變速器
transmission
驅動輪
drive wheels
減速齒輪
reduction gear
驅動動力
drive power
電力
electric power

圖2-18-5 典型並聯式混合動力汽車動力流程

串並聯（混聯）式混合動力系統：引擎系統和馬達驅動系統各有一套機械變速機構，兩套機構或通過齒輪系，或採用行星輪式結構結合在一起，從而綜合調節引擎與馬達之間的轉速關係（圖 2-18-6）。

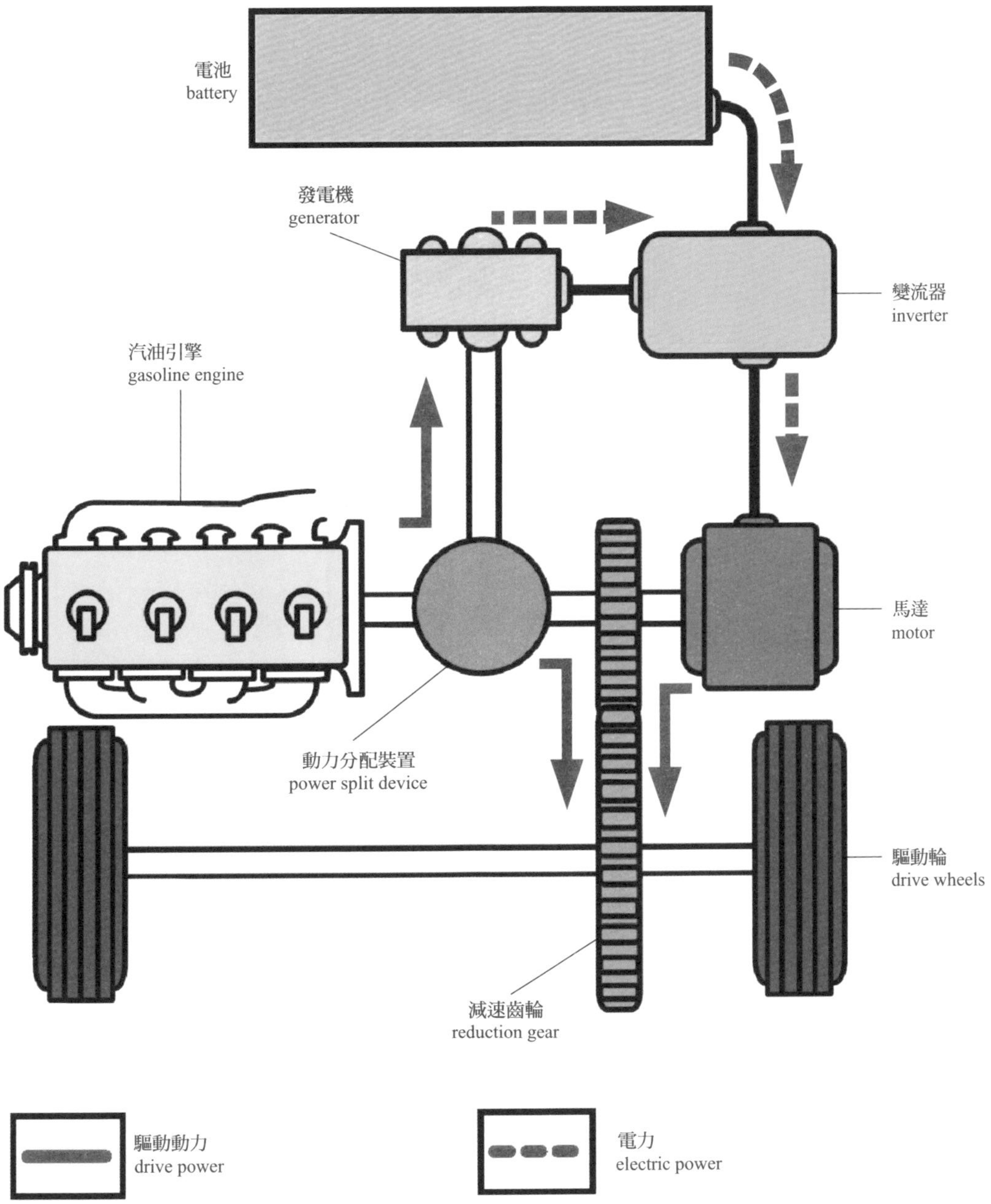

圖2-18-6 串並聯（混聯）式混合動力結構設計

18.3 燃料電池汽車

燃料電池汽車是電動車的一種，其電池的能量是通過氫氣和氧氣的化學作用直接變成電能的，而不是經過燃燒。燃料電池的化學反應過程不會產生有害產物，因此燃料電池車輛是無汙染汽車（圖2-18-7）。

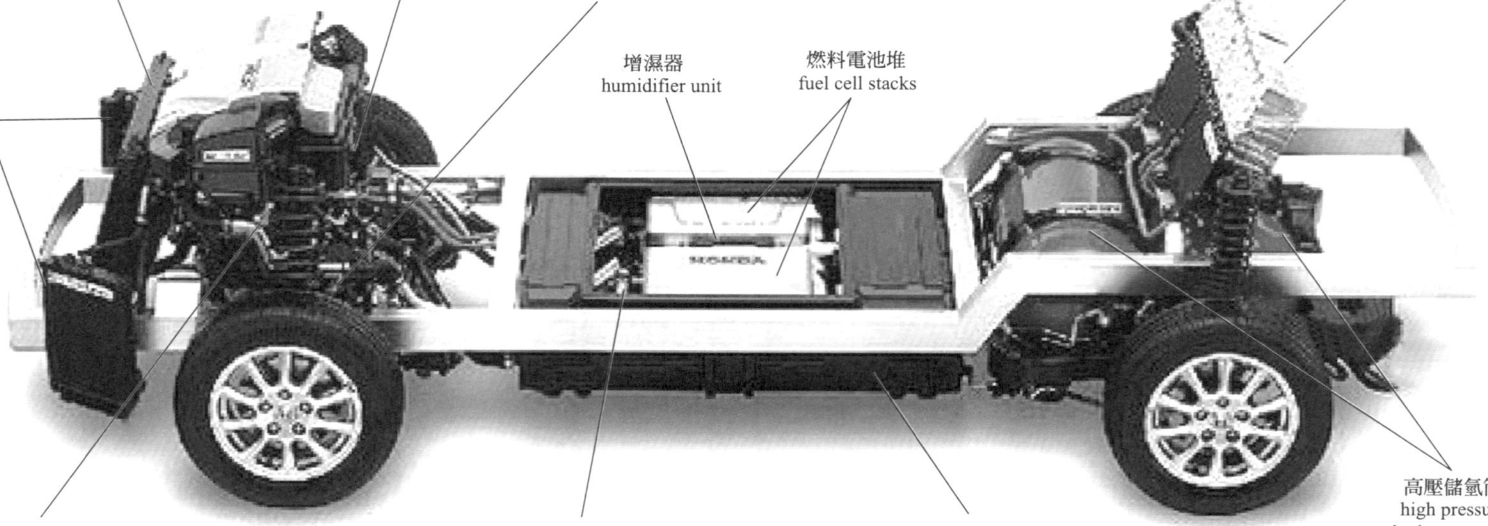
電力控制單元
PCU(Power Control Unit)
燃料電池系統水箱
fuel cell system
radiator(large)×1
直流無刷馬達和變速箱
DC brushless motor and transmission
超級電容
ultra-capacitor
增濕器
humidifier unit
燃料電池堆
fuel cell stacks
傳動系水箱
drive train
radiator(small)×2
空氣泵
air pump
燃料電池冷卻泵
fuel cell cooling pump
燃料電池系統箱
fuel cell system box
高壓儲氫筒
high pressure
hydrogen tanks

圖2-18-7 本田燃料電池汽車

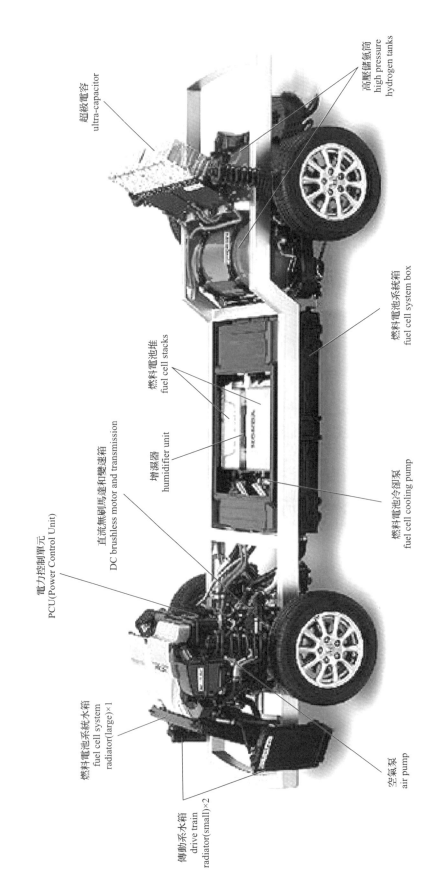

燃料電池原理：在質子交換膜燃料電池中，電解質和質子能夠在薄的聚合物膜之間滲透但不導電，而電極基本由碳組成。氫流入燃料電池到達陽極，裂解成氫離子（質子）和電子。氫離子通過電解質滲透到陰極，而電子通過外部網路流動，提供電力。以空氣形式存在的氧供應到陰極，與電子和氫離子結合形成水（**圖2-18-8**）。

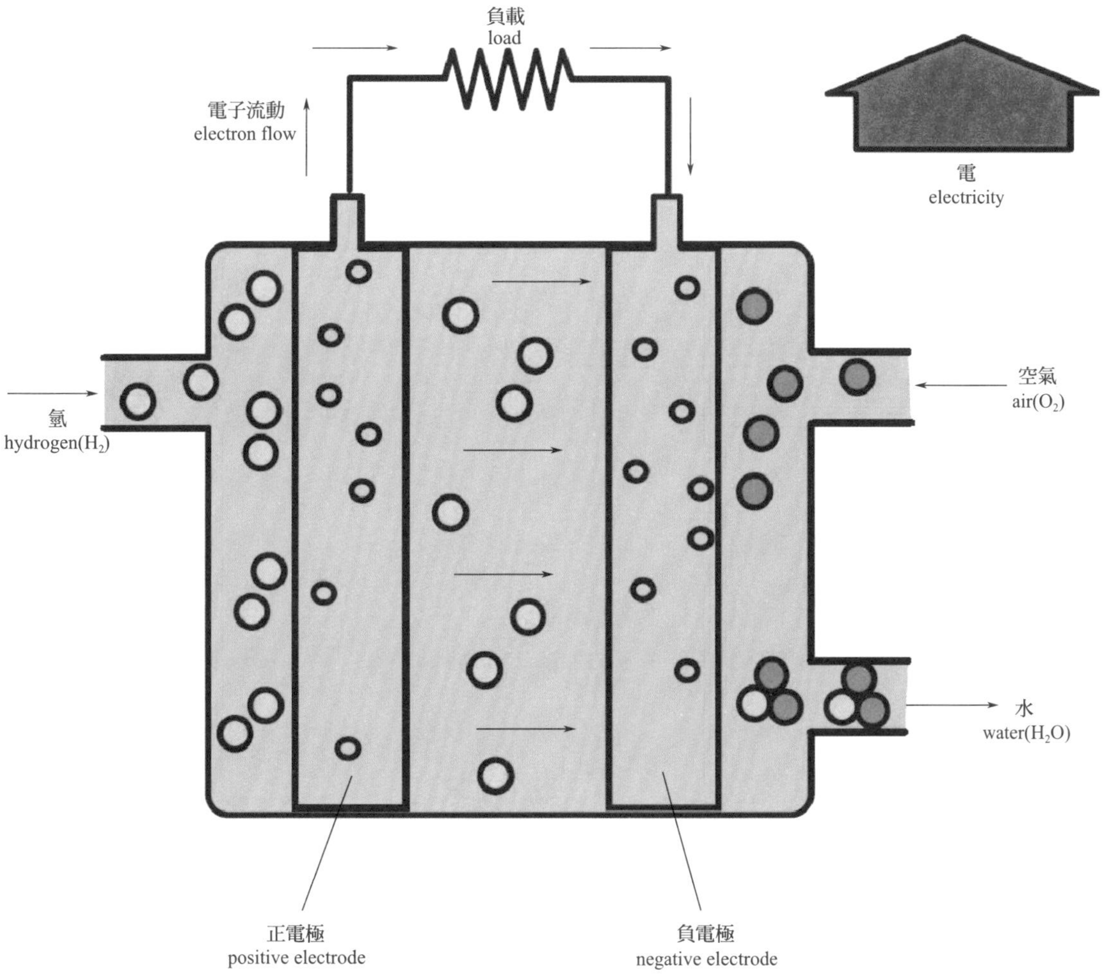

圖2-18-8 燃料電池原理

PART 3

第3部分 底盤

第1章

底盤概述

底盤由傳動系統、懸吊系統、轉向系統和煞車系統四部分組成，用以支撐、安裝汽車引擎及其各部件的總成，形成汽車的整體造型，並接受引擎的動力，使汽車產生運動，保證正常行駛（圖3-1-1）。

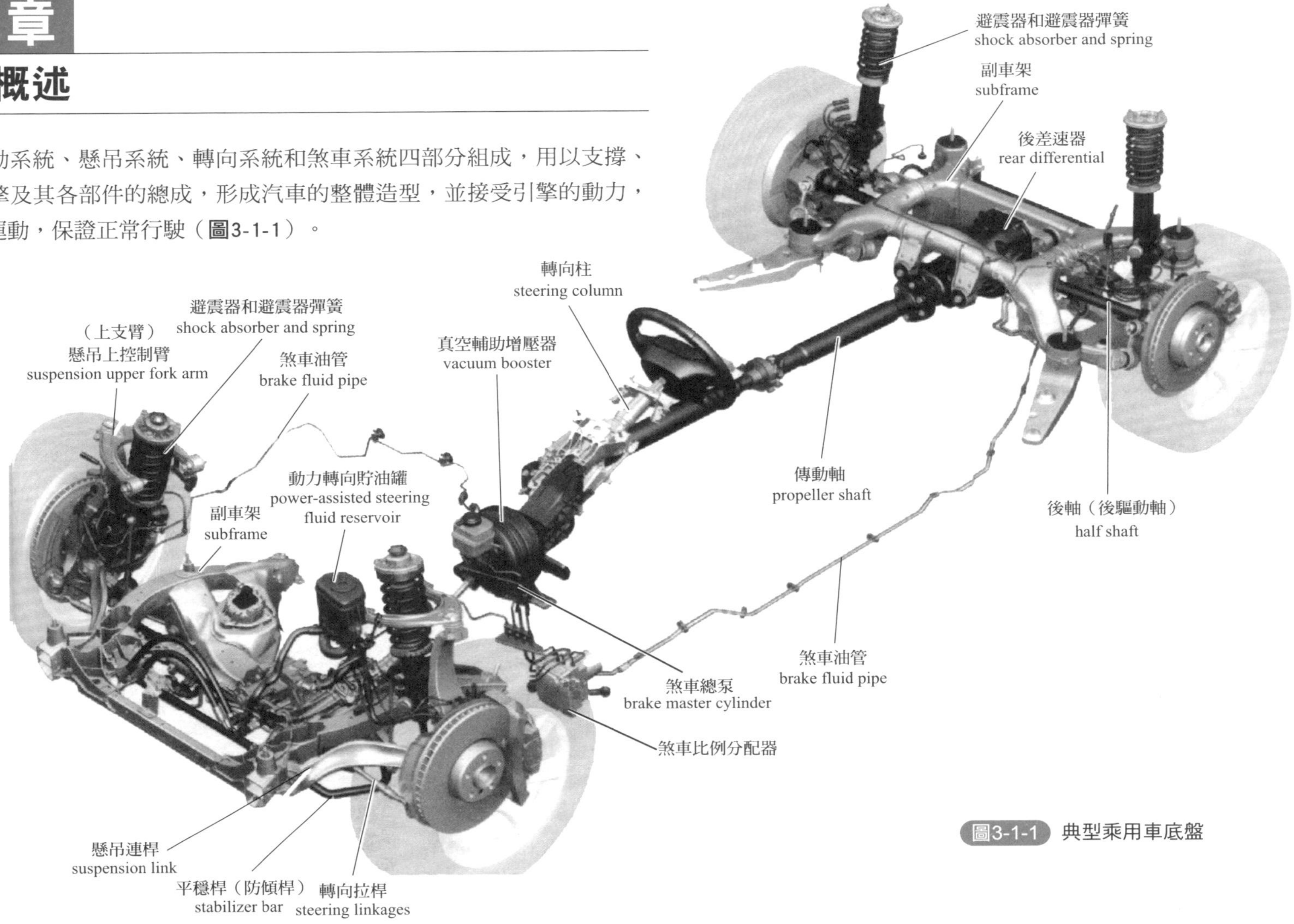
避震器和避震器彈簧
shock absorber and spring
副車架
subframe
後差速器
rear differential
轉向柱
steering column
避震器和避震器彈簧
shock absorber and spring
（上支臂）
懸吊上控制臂
suspension upper fork arm
煞車油管
brake fluid pipe
真空輔助增壓器
vacuum booster
動力轉向貯油罐
power-assisted steering
fluid reservoir
副車架
subframe
傳動軸
propeller shaft
後軸（後驅動軸）
half shaft
煞車油管
brake fluid pipe
煞車總泵
brake master cylinder
煞車比例分配器
懸吊連桿
suspension link
平穩桿（防傾桿）
stabilizer bar
轉向拉桿
steering linkages

圖3-1-1 典型乘用車底盤

典型貨車底盤如圖3-1-2所示。

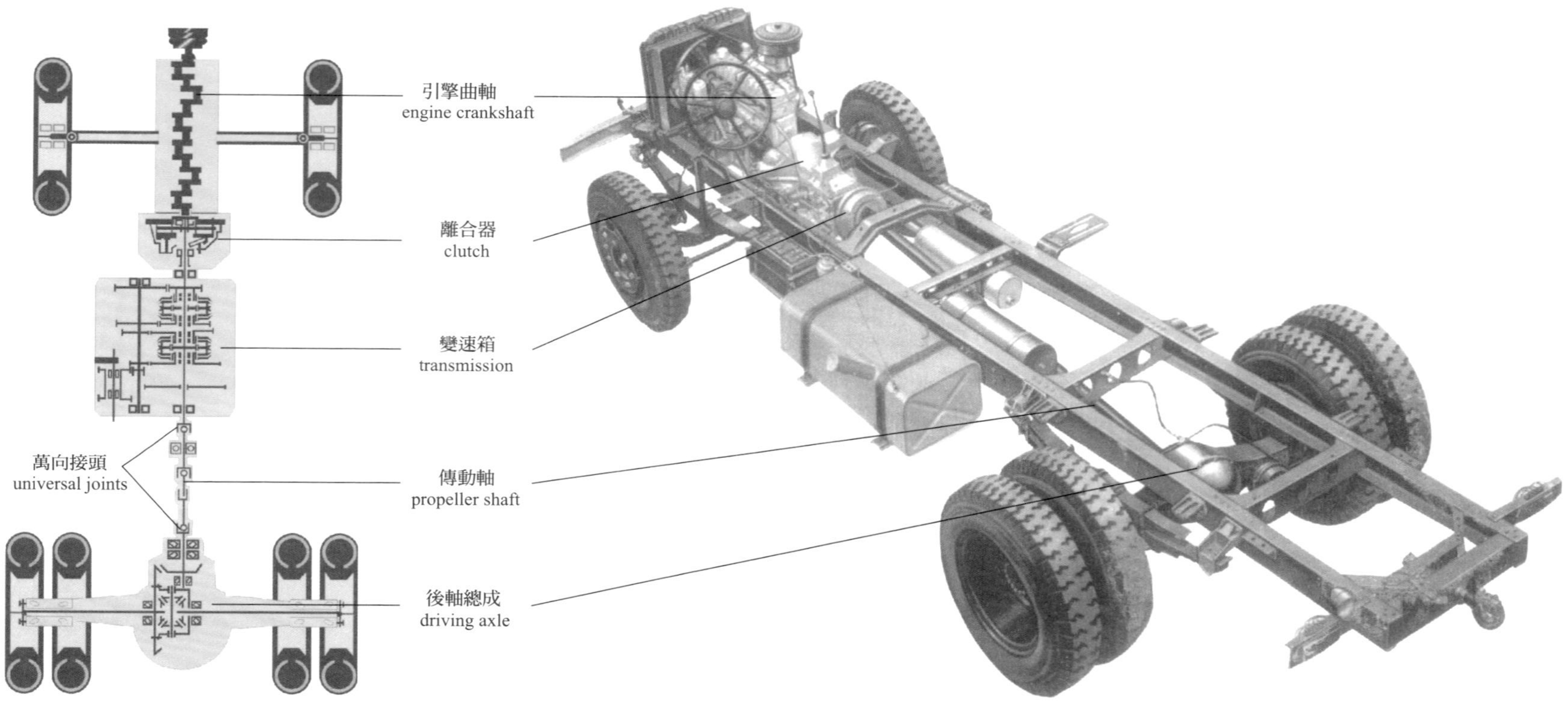
引擎曲軸
engine crankshaft
離合器
clutch
變速箱
transmission
萬向接頭
universal joints
傳動軸
propeller shaft
後軸總成
driving axle

圖3-1-2 典型貨車底盤

1.1 傳動系統

汽車傳動系統是指從引擎到驅動車輪之間所有動力傳遞裝置的總稱，其功用是將引擎的動力傳給驅動車輪（圖3-1-3）。

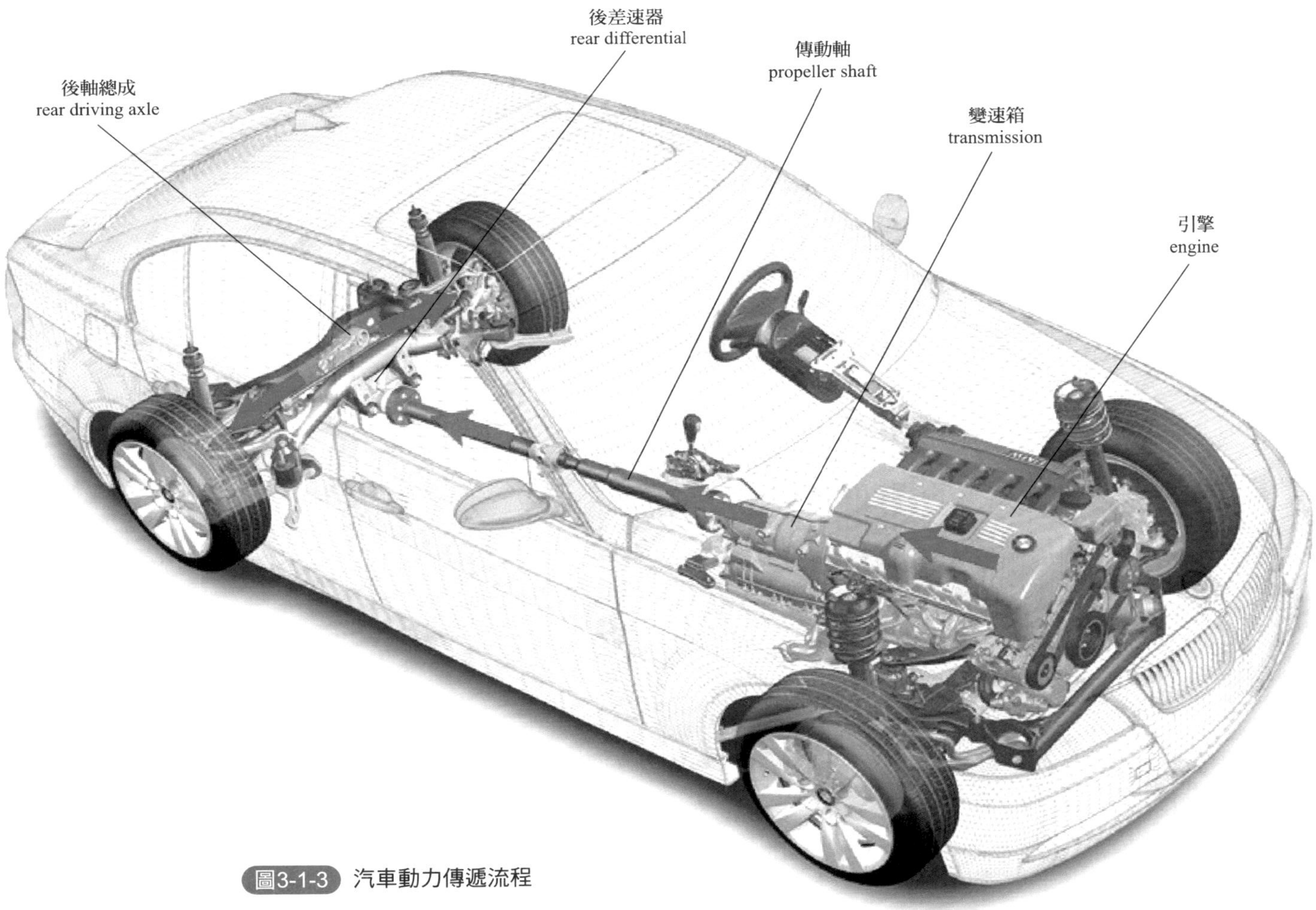
後差速器
rear differential
傳動軸
propeller shaft
後軸總成
rear driving axle
變速箱
transmission
引擎
engine

圖3-1-3 汽車動力傳遞流程

1.2 懸吊系統

汽車懸吊系統一般由車架、懸吊、車軸總成和車輪等組成。汽車懸吊系統的作用是將汽車構成一個整體，支承汽車的總質量；將傳動系統傳來的扭矩轉化為汽車行駛的驅動力；承受並傳遞路面對車輪的各種反力及力矩；避震緩衝，保證汽車平順行駛；與轉向系統配合，正確控制汽車的行駛方向（圖3-1-4）。

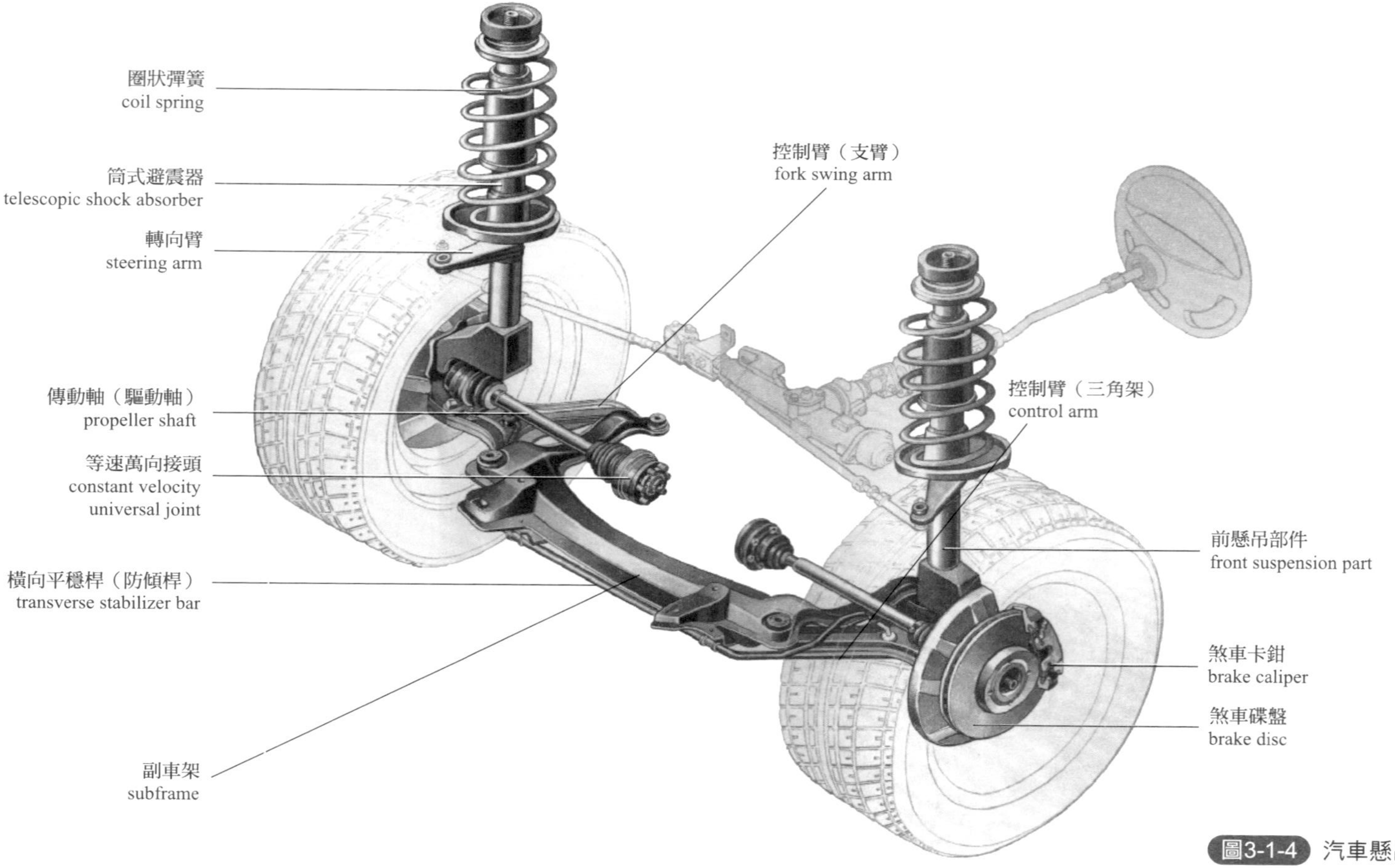
圈狀彈簧
coil spring
筒式避震器
telescopic shock absorber
轉向臂
steering arm
傳動軸（驅動軸）
propeller shaft
等速萬向接頭
constant velocity
universal joint
橫向平穩桿（防傾桿）
transverse stabilizer bar
副車架
subframe
控制臂（支臂）
fork swing arm
控制臂（三角架）
control arm
前懸吊部件
front suspension part
煞車卡鉗
brake caliper
煞車碟盤
brake disc

圖3-1-4 汽車懸吊系統

1.3 轉向系統

轉向系統的功用是保證汽車能夠按照駕駛員選定的方向行駛，主要由轉向操縱機構、轉向機、轉向傳動機構組成。現在的汽車普遍採用動力轉向裝置（**圖3-1-5**）。

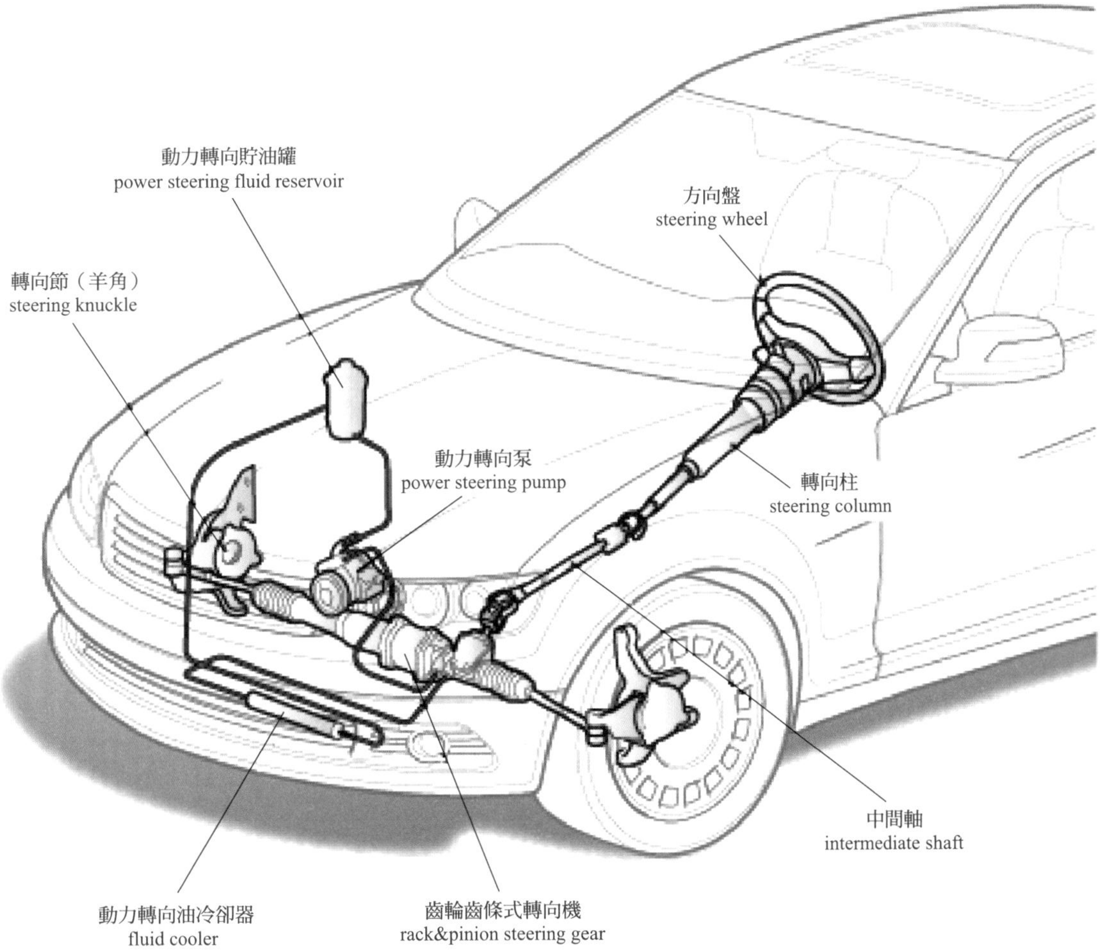

圖3-1-5 轉向系統

1.4 煞車系統

煞車系統的功用是使汽車減速、停車並能保證可靠地駐停。汽車煞車系統一般包括行車煞車系統和駐車煞車系統兩套相互獨立的煞車系統，每套煞車系統都包括煞車元件和煞車作動機構（圖3-1-6）。現在汽車的行車煞車系統一般都裝配有煞車防鎖死系統（ABS）。

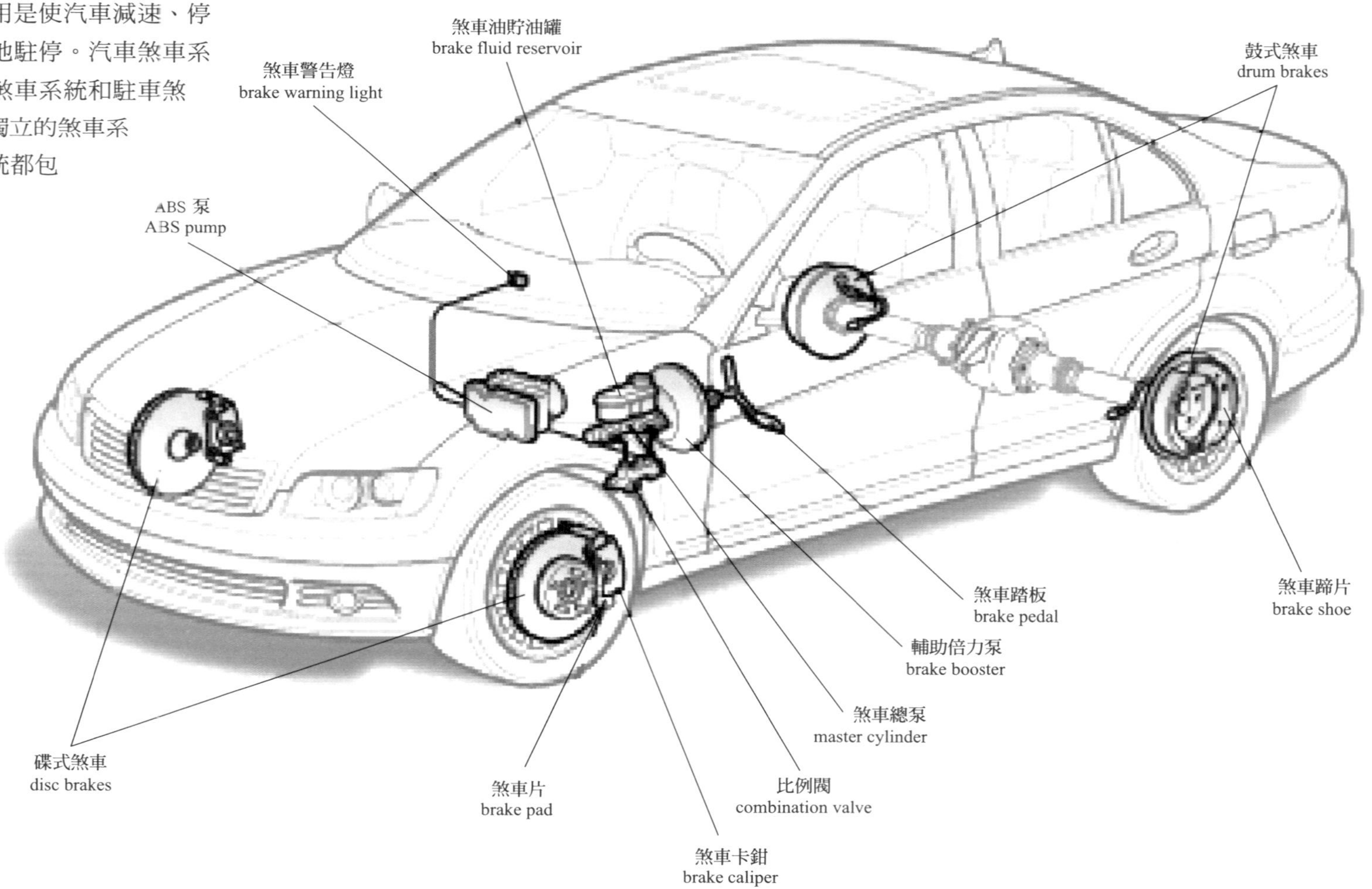
煞車油貯油罐
brake fluid reservoir
煞車警告燈
brake warning light
鼓式煞車
drum brakes
ABS 泵
ABS pump
煞車踏板
brake pedal
煞車蹄片
brake shoe
輔助倍力泵
brake booster
煞車總泵
master cylinder
碟式煞車
disc brakes
煞車片
brake pad
比例閥
combination valve
煞車卡鉗
brake caliper

圖3-1-6 煞車系統

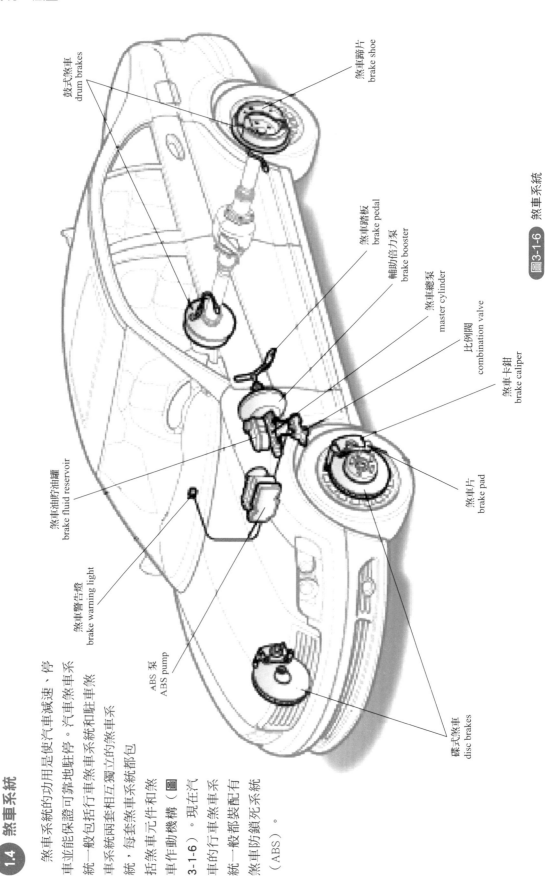

第2章 傳動系統

2.1 概述

引擎輸出的動力，先經過離合器，由變速箱變扭和變速後，經傳動軸把動力傳遞到最終傳動，最後通過差速器和驅動軸把動力傳遞到驅動輪上（圖3-2-1）。

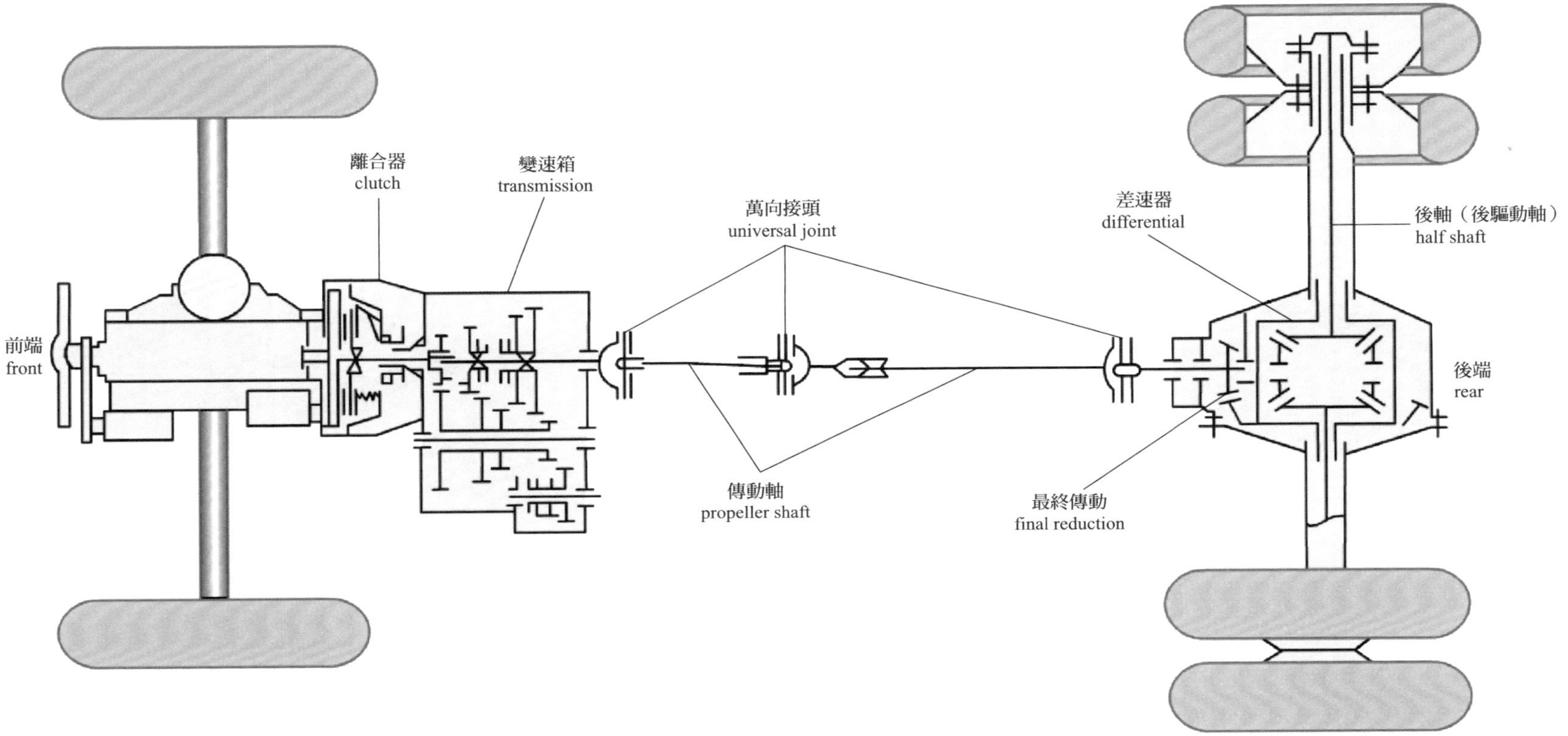
前端
front
離合器
clutch
變速箱
transmission
萬向接頭
universal joint
傳動軸
propeller shaft
差速器
differential
最終傳動
final reduction
後軸（後驅動軸）
half shaft
後端
rear

圖3-2-1 貨車傳動系統

2.2 離合器

離合器是汽車傳動系統中直接與引擎相連接的部件，它負責動力與傳動系統之間的切斷和結合，所以能夠保證汽車起步時平穩起步，也能保證換檔時的平順，也防止了傳動系統過載（圖3-2-2）。

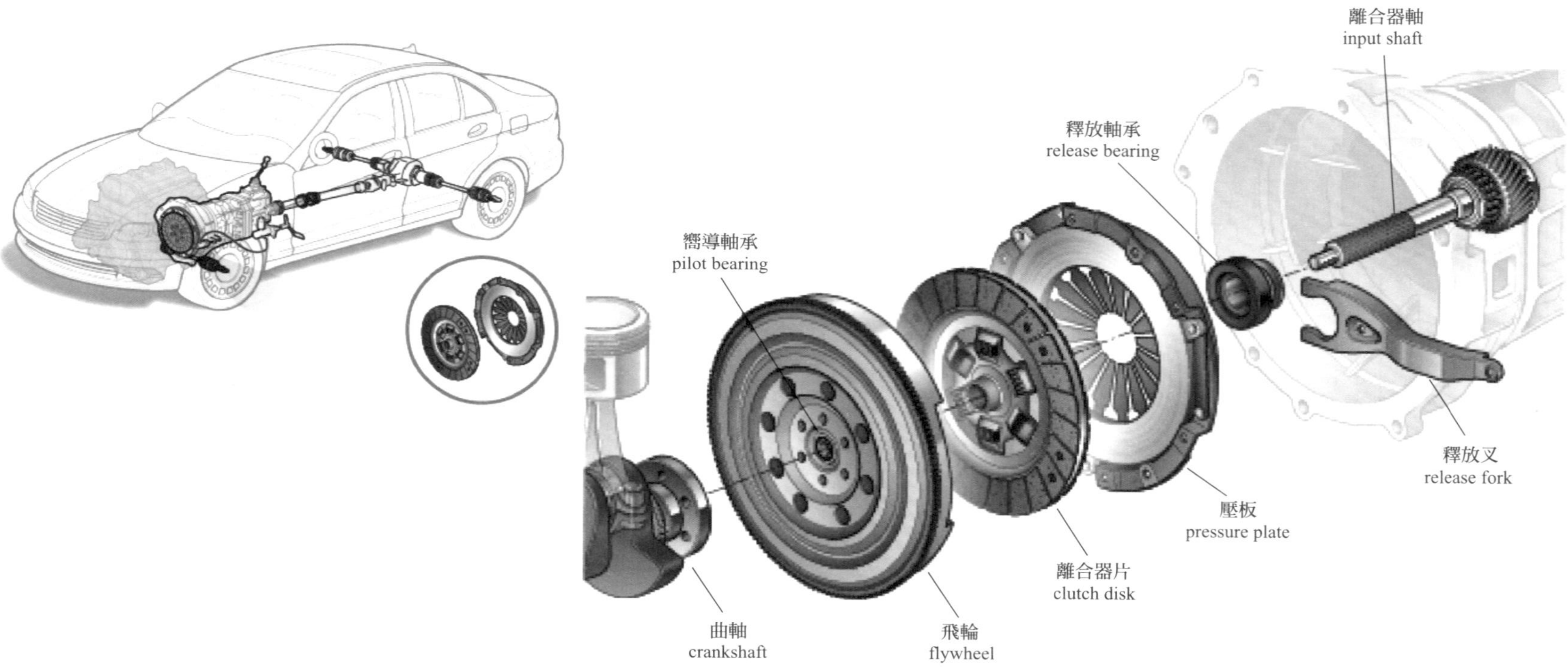
離合器軸
input shaft
釋放軸承
release bearing
嚮導軸承
pilot bearing
釋放叉
release fork
壓板
pressure plate
離合器片
clutch disk
曲軸
crankshaft
飛輪
flywheel

圖3-2-2 離合器

2.3 變速箱

汽車變速箱是一套用來協調引擎的轉速和車輪的實際行駛速度的變速裝置，用於發揮引擎的最佳性能。變速箱可以在汽車行駛過程中，在引擎和車輪之間產生不同的減速比，通過換檔可以使引擎在其最佳的動力性能狀態下工作（圖3-2-3）。

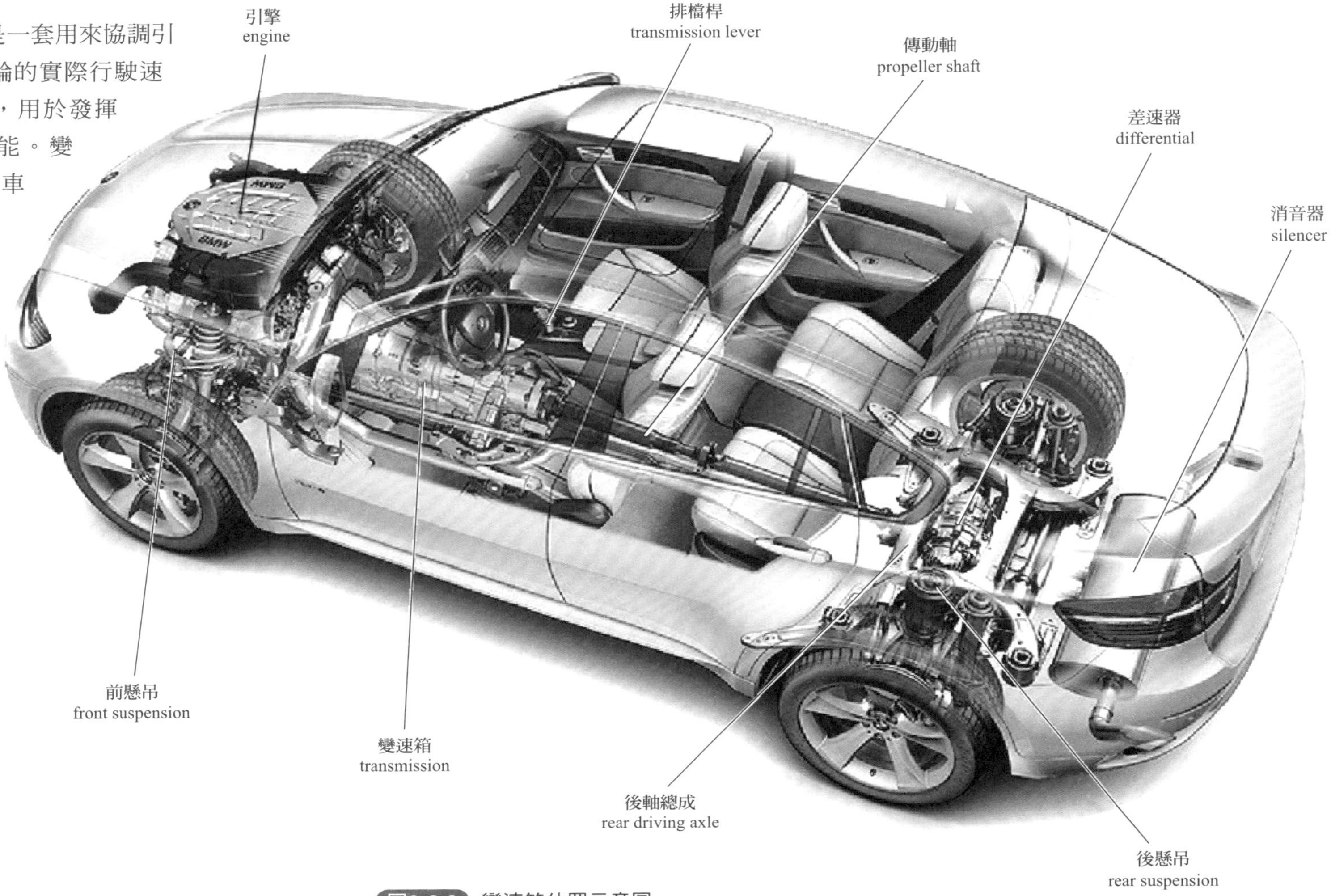
引擎
engine
排檔桿
transmission lever
傳動軸
propeller shaft
差速器
differential
消音器
silencer
前懸吊
front suspension
變速箱
transmission
後軸總成
rear driving axle
後懸吊
rear suspension

圖3-2-3 變速箱位置示意圖

2.3.1　手動變速箱

手動變速箱又稱機械式變速箱，即必須用手撥動排檔桿才能改變變速箱內的齒輪嚙合位置，改變減速比，從而達到變速的目的（圖3-2-4）。

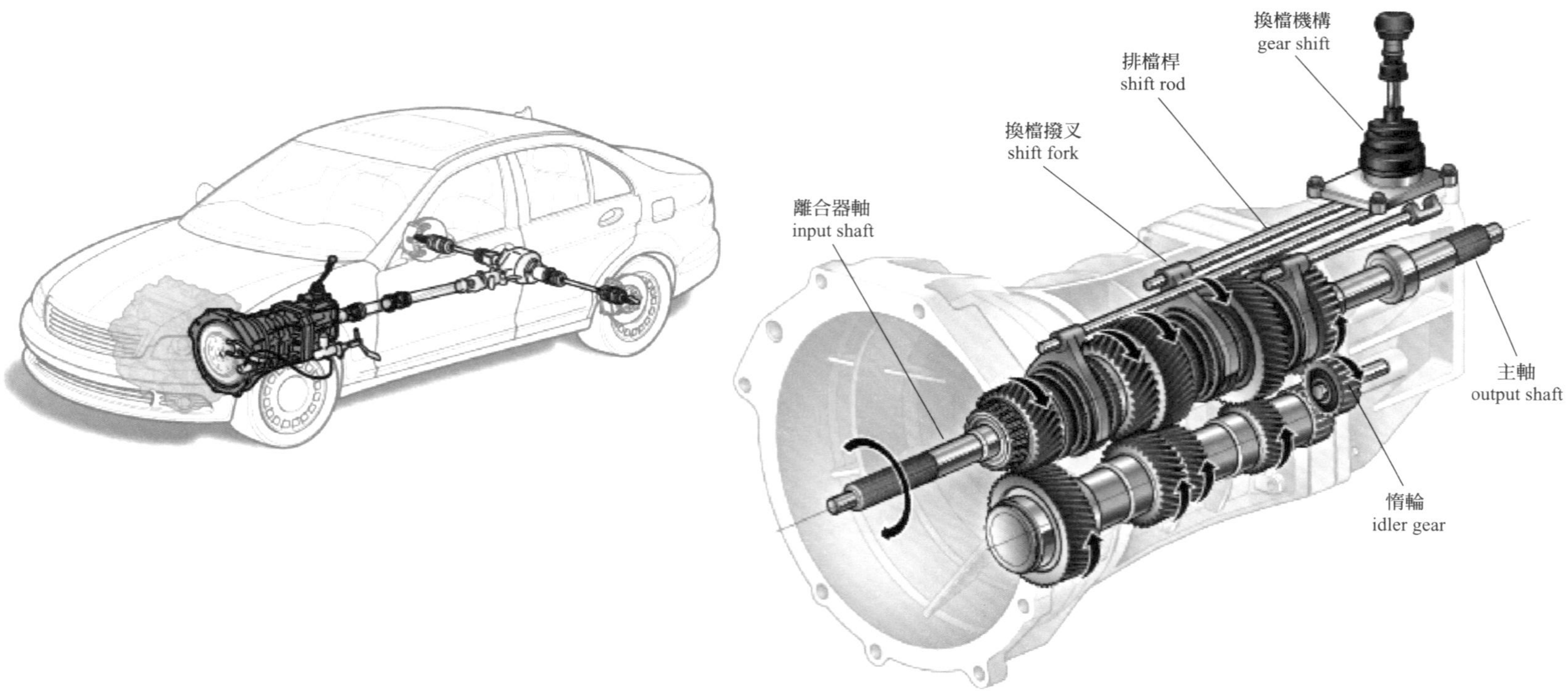
換檔機構
gear shift
排檔桿
shift rod
換檔撥叉
shift fork
離合器軸
input shaft
主軸
output shaft
惰輪
idler gear

圖3-2-4　手動變速箱

2.3.2 自動變速箱

自動變速箱，通常來說是一種可以在車輛行駛過程中自動改變齒輪減速比的汽車變速箱，從而使駕駛員不必手動換檔（圖3-2-5）。

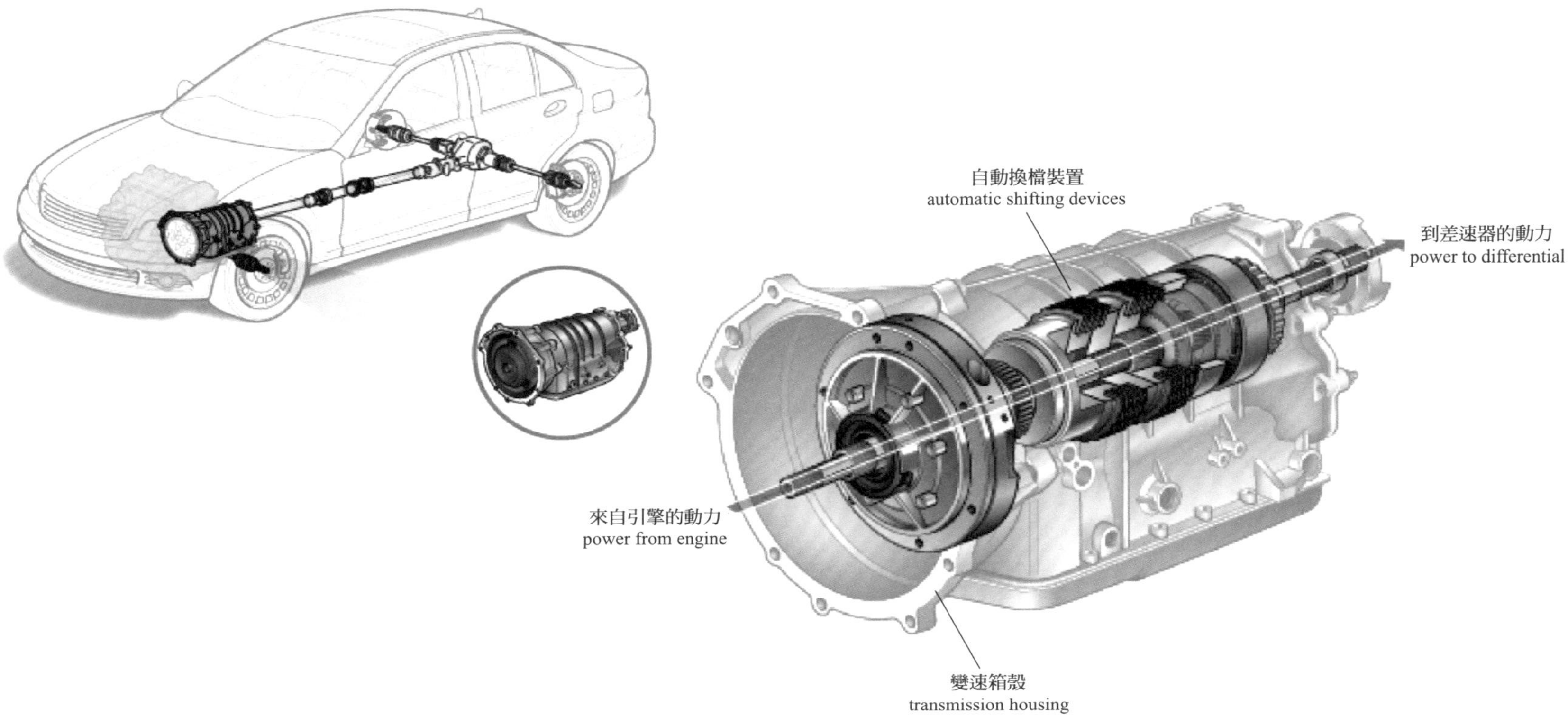
自動換檔裝置
automatic shifting devices
到差速器的動力
power to differential
來自引擎的動力
power from engine
變速箱殼
transmission housing

圖3-2-5 自動變速箱

2.4 傳動軸和萬向接頭

傳動軸是由軸管、滑動接頭和萬向接頭組成。滑動接頭能自動調節變速箱與後軸總成之間距離的變化。萬向接頭是保證變速箱主軸與後軸總成輸入軸兩軸線夾角的變化，並實現兩軸的等角速傳動（圖3-2-6）。

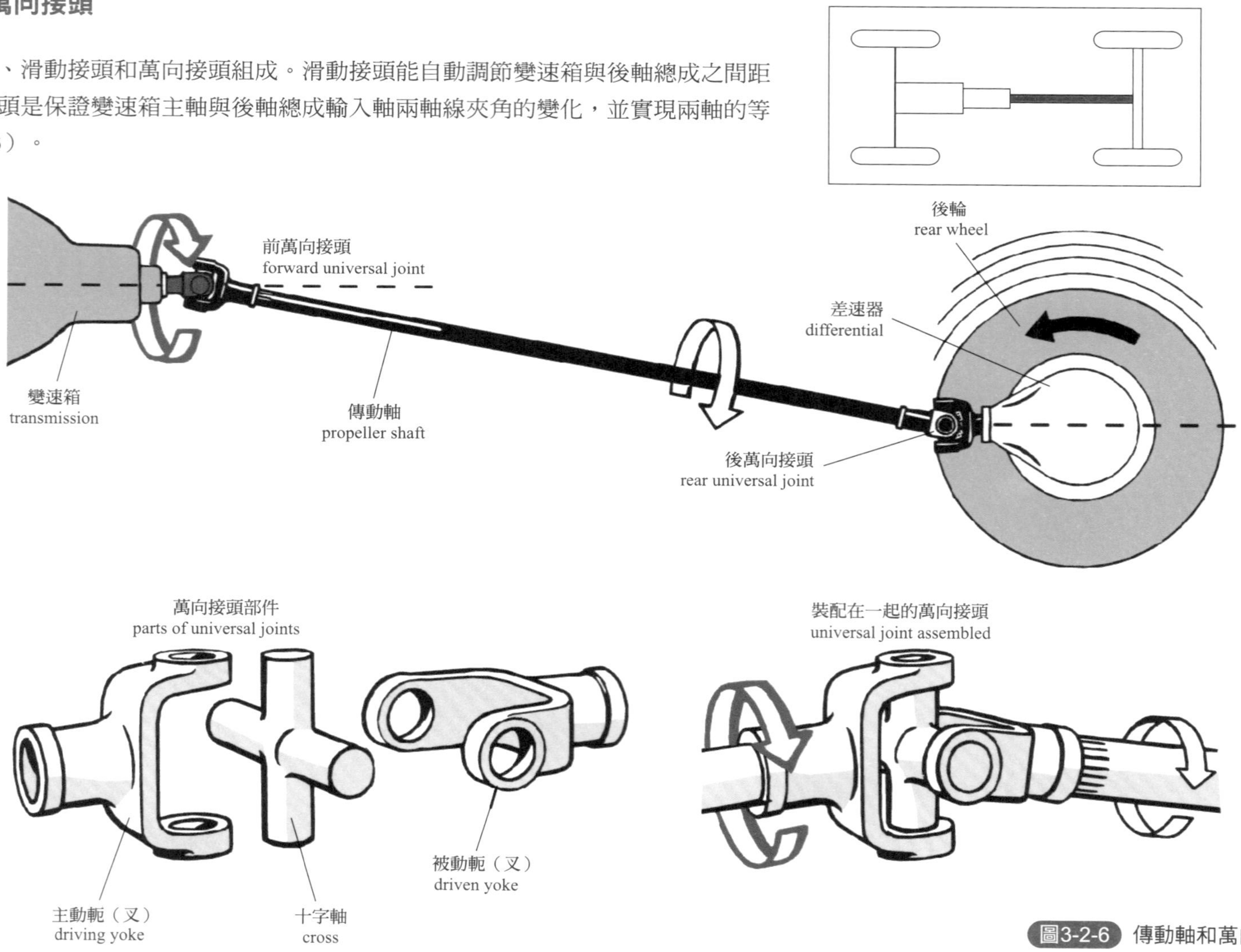
後輪
rear wheel
差速器
differential
前萬向接頭
forward universal joint
變速箱
transmission
傳動軸
propeller shaft
後萬向接頭
rear universal joint
萬向接頭部件
parts of universal joints
裝配在一起的萬向接頭
universal joint assembled
被動軛（叉）
driven yoke
主動軛（叉）
driving yoke
十字軸
cross

圖3-2-6 傳動軸和萬向接頭

2.5 最終傳動

最終傳動在汽車傳動系統中將動力傳給差速器，並實現降速增矩作用，從而得到較大的驅動力。對引擎縱置的汽車來說，最終傳動還利用錐齒輪傳動以改變動力方向（圖3-2-7）。

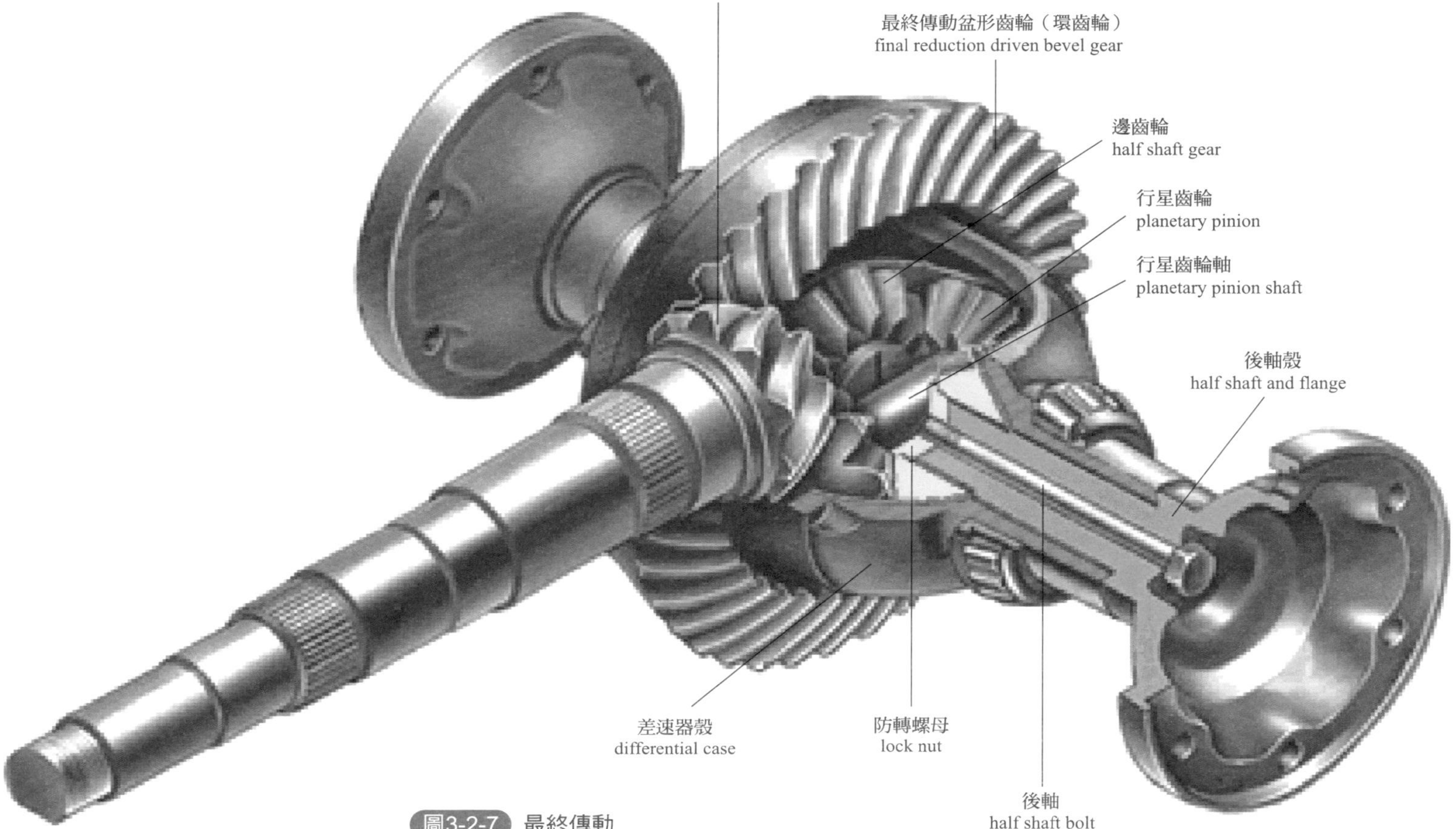
最終傳動角尺齒輪
final reduction driving bevel gear
最終傳動盆形齒輪（環齒輪）
final reduction driven bevel gear
邊齒輪
half shaft gear
行星齒輪
planetary pinion
行星齒輪軸
planetary pinion shaft
後軸殼
half shaft and flange
差速器殼
differential case
防轉螺母
lock nut
後軸
half shaft bolt

圖3-2-7 最終傳動

2.6 差速器

汽車差速器的作用就是在向兩邊後軸（後驅動軸）傳遞動力的同時，允許兩邊後軸以不同的轉速旋轉，滿足兩邊車輪盡可能以純滾動的形式做不等距行駛，減少輪胎與地面的摩擦。後軸將差速器的動力傳給驅動車輪（圖3-2-8）。差速器由行星齒輪、行星輪架（差速器殼）、邊齒輪等零件組成。

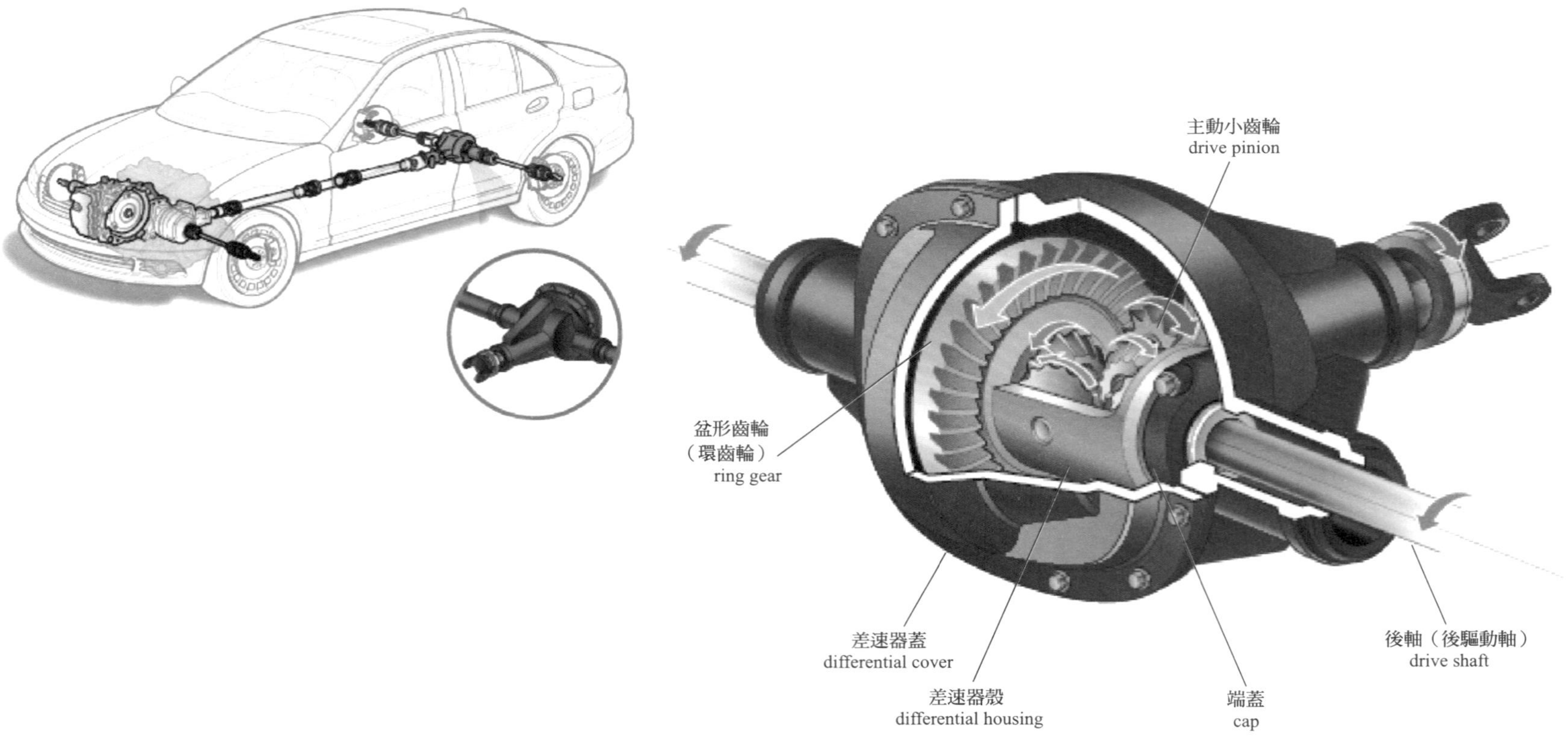
主動小齒輪
drive pinion
盆形齒輪
（環齒輪）
ring gear
差速器蓋
differential cover
差速器殼
differential housing
端蓋
cap
後軸（後驅動軸）
drive shaft

圖3-2-8 差速器

第3章
傳動系統的布置形式

汽車傳動系統的布置形式與引擎的位置及驅動形式有關，一般可分為前置前驅、前置後驅、後置後驅、中置後驅四種形式。

3.1 前置前驅

前置前驅是指引擎放置在車的前部，並採用前輪作為驅動輪。現在大部分轎車都採取這種布置方式。由於引擎布置在車的前部，所以整車的重心集中在車身前段，會有點「頭重尾輕」，但由於車體會被前輪拉著走的，所以前置前驅汽車的直線行駛穩定性非常好（圖3-3-1）。

後軸總成
rear axle
排氣管
exhaust pipe
前軸（前驅動軸）
half shaft
變速箱
transmission
引擎
engine
前橫梁
front cross member

圖3-3-1 前置前驅汽車

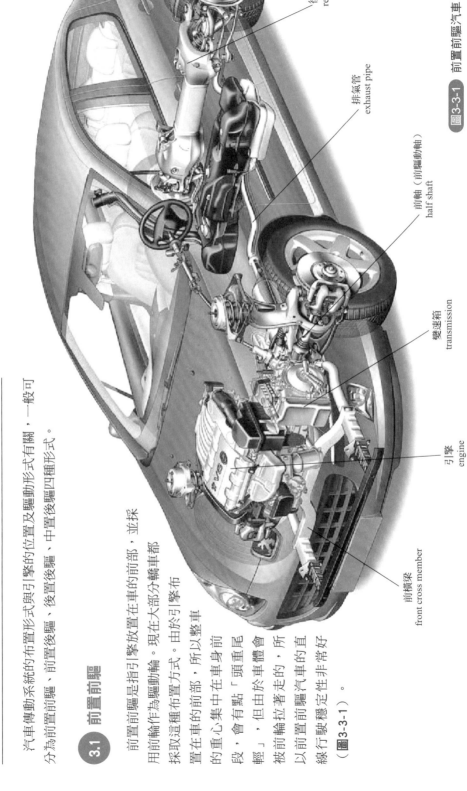

3.2 前置後驅

前置後驅是指引擎放置在車前部，並採用後輪作為驅動輪。FR整車的前後重量比較均衡，擁有較好的操控性能和行駛穩定性，不過傳動部件多、傳動系統質量大，貫穿乘客室的傳動軸佔據了室內的地台空間（圖3-3-2）。

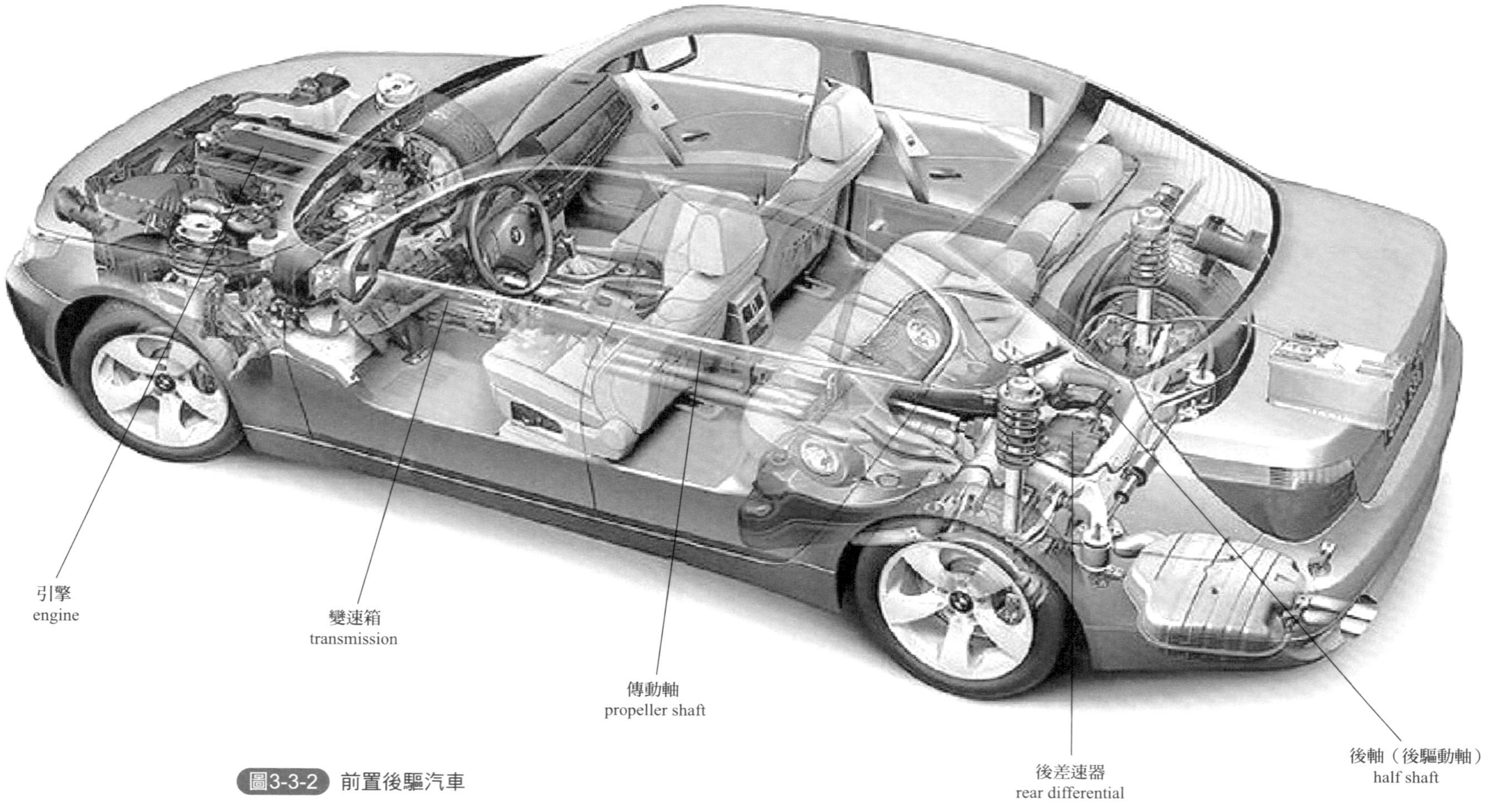
引擎
engine
變速箱
transmission
傳動軸
propeller shaft
後差速器
rear differential
後軸（後驅動軸）
half shaft

圖3-3-2 前置後驅汽車

3.3 後置後驅

後置後驅是指將引擎放置在後軸的後部，並採用後輪作為驅動輪。由於全車的重量大部分集中在後方，且又是後輪驅動，所以起步、加速性能都非常好，因此超級跑車一般都採用RR方式（**圖3-3-3**）。

RR車的轉彎性能比FF和FR更加敏銳，不過當後輪的抓地力達到極限時，會有打滑甩尾現象，不容易操控。

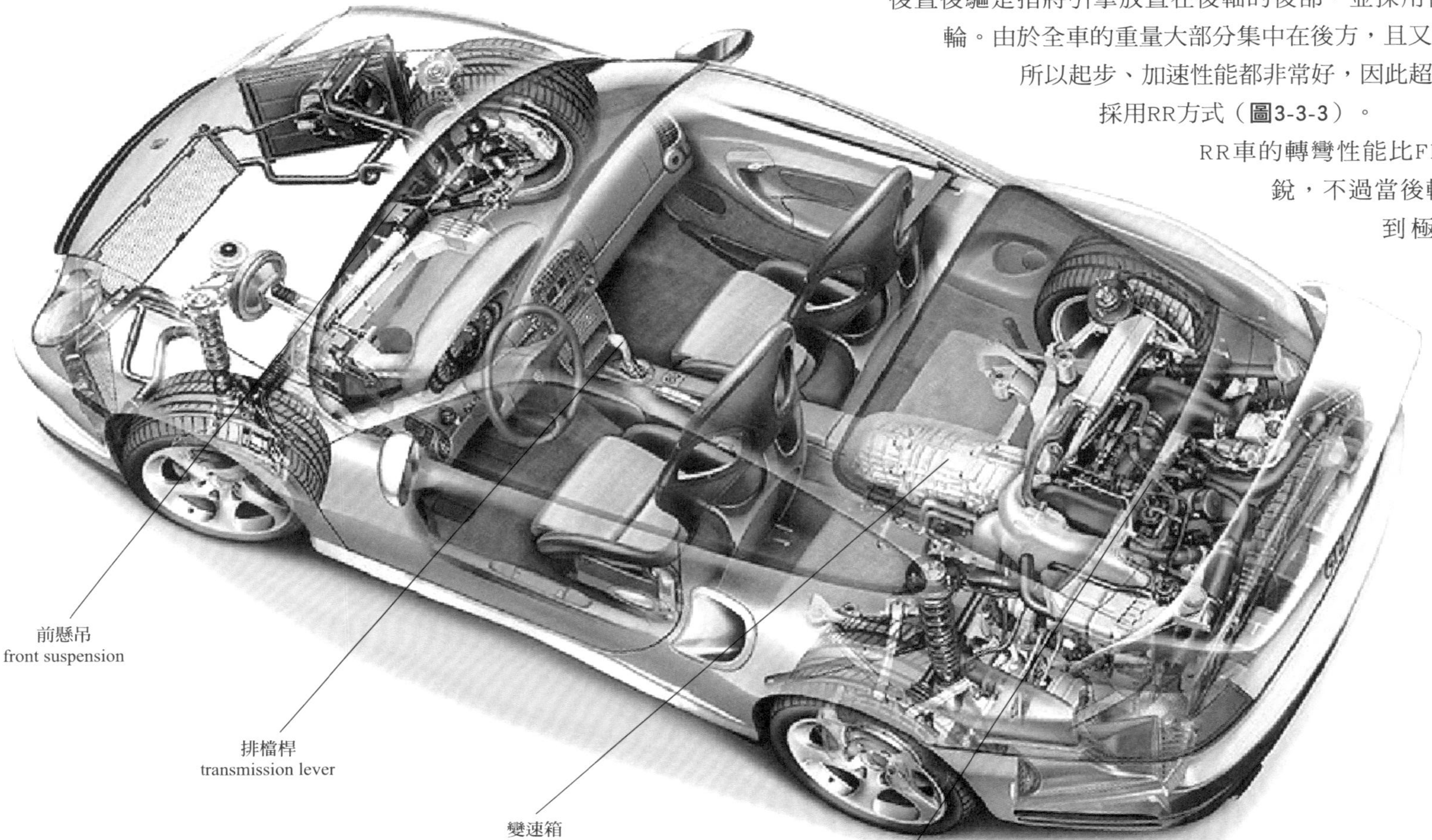
前懸吊
front suspension
排檔桿
transmission lever
變速箱
transmission
引擎
engine

圖3-3-3 後置後驅汽車

3.4 中置後驅

中置後驅是指將引擎放置在駕乘室與後軸之間，並採用後輪作為驅動輪。MR這種設計已是高級跑車的主流驅動方式。由於將車中運動慣量最大的引擎置於車體中央，整車重量分布接近理想平衡，使得MR車獲得最佳運動性能的保障（**圖3-3-4**）。

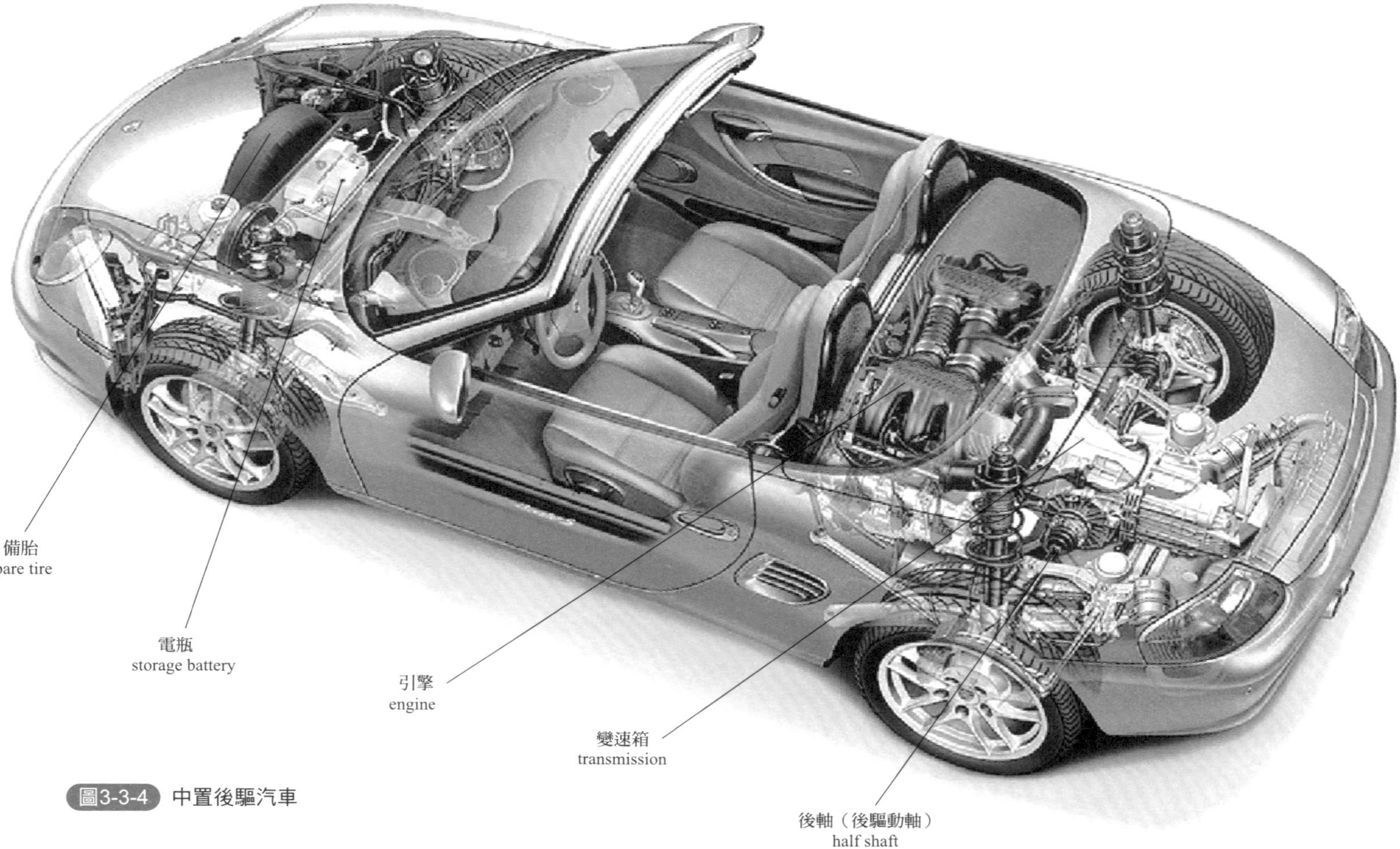
備胎
spare tire
電瓶
storage battery
引擎
engine
變速箱
transmission
後軸（後驅動軸）
half shaft

圖3-3-4 中置後驅汽車

第4章
離合器

4.1 概述

離合器位於引擎與變速箱之間的飛輪殼內，被固定在飛輪的後平面上，另一端連接變速箱的離合器軸。離合器相當於一個動力開關，可以傳遞或切斷引擎向變速箱輸入的動力，主要是為了使汽車平穩起步，適時中斷到傳動系統的動力以配合換檔，還可以防止傳動系統過載（**圖3-4-1**）。

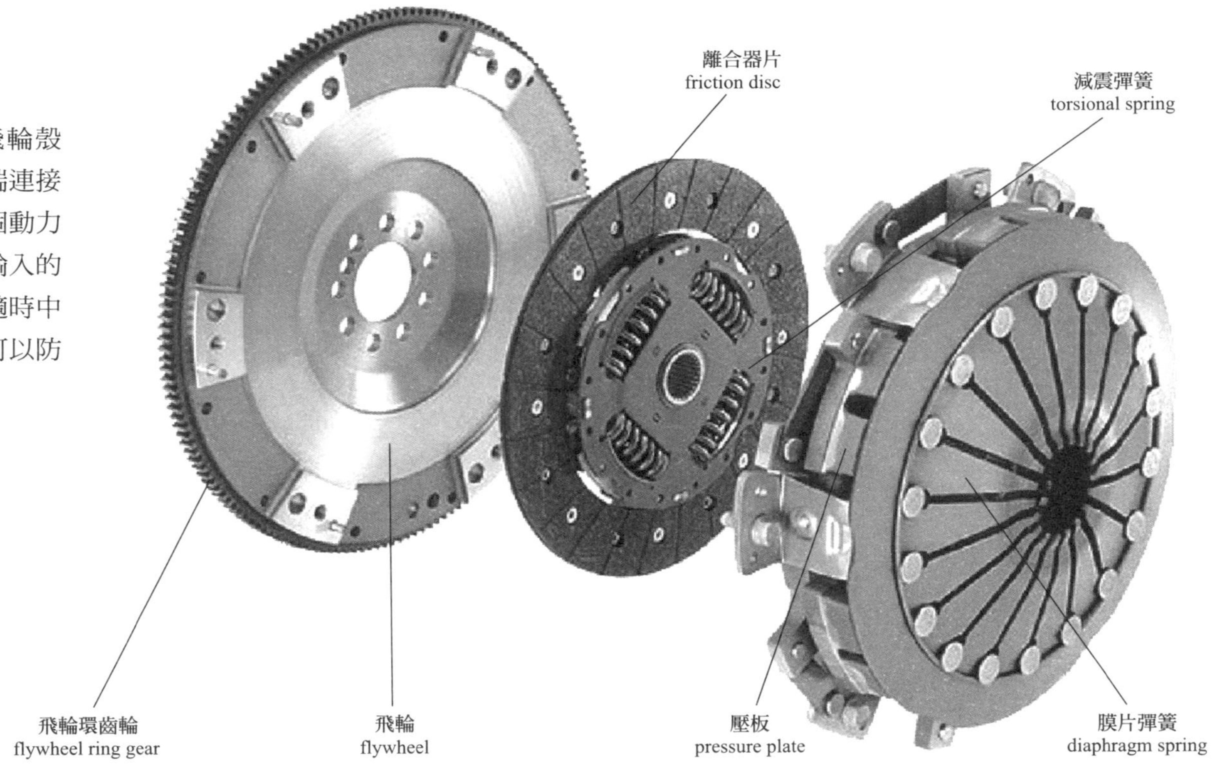
離合器片
friction disc
減震彈簧
torsional spring
飛輪環齒輪
flywheel ring gear
飛輪
flywheel
壓板
pressure plate
膜片彈簧
diaphragm spring

圖3-4-1 離合器

4.2 離合器組成

離合器主要由四部分組成，具體如下。

（1）主動部分：飛輪、離合器蓋、離合器主動盤（壓板）。

（2）被動部分：離合器被動盤（俗稱離合器片）。

（3）壓緊機構：膜片彈簧或螺旋彈簧。

（4）操縱機構：離合器踏板、離合器總泵、離合器分泵、離合器釋放撥叉、釋放軸承、軸承座等組成（圖3-4-2）。

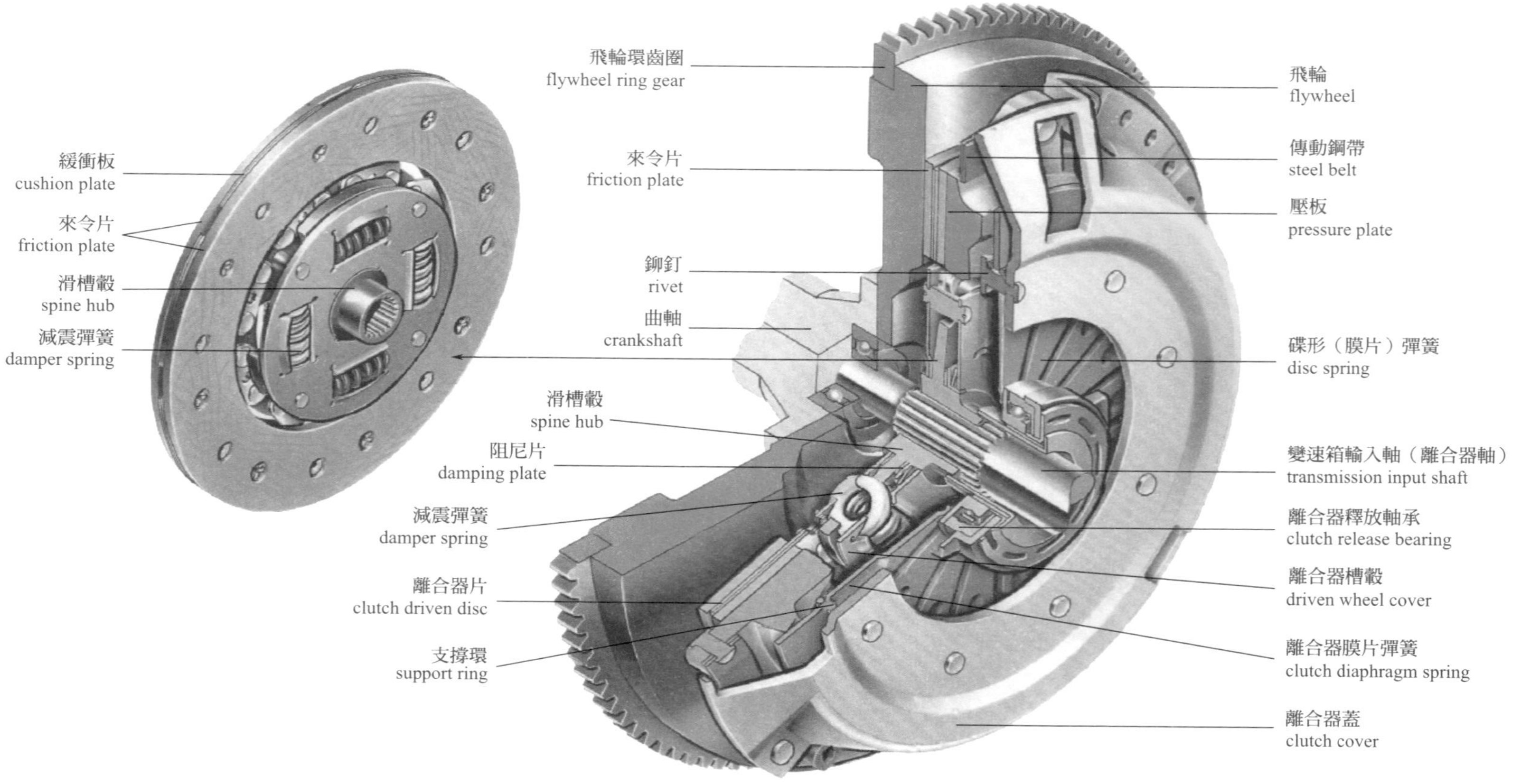
緩衝板
cushion plate
來令片
friction plate
滑槽轂
spine hub
減震彈簧
damper spring
飛輪環齒圈
flywheel ring gear
來令片
friction plate
鉚釘
rivet
曲軸
crankshaft
滑槽轂
spine hub
阻尼片
damping plate
減震彈簧
damper spring
離合器片
clutch driven disc
支撐環
support ring
飛輪
flywheel
傳動鋼帶
steel belt
壓板
pressure plate
碟形（膜片）彈簧
disc spring
變速箱輸入軸（離合器軸）
transmission input shaft
離合器釋放軸承
clutch release bearing
離合器槽轂
driven wheel cover
離合器膜片彈簧
clutch diaphragm spring
離合器蓋
clutch cover

圖3-4-2 離合器部件

離合器片也可以叫後壓板，就是從後面給離合器片一個力，讓來令片輕微前移和主動盤（前壓板、飛輪）壓緊，以傳遞動力。離合器控制的就是離合器片，通過其前後移動來壓緊和放開離合器來令片，達到動力的切斷和接合（**圖3-4-3**）。

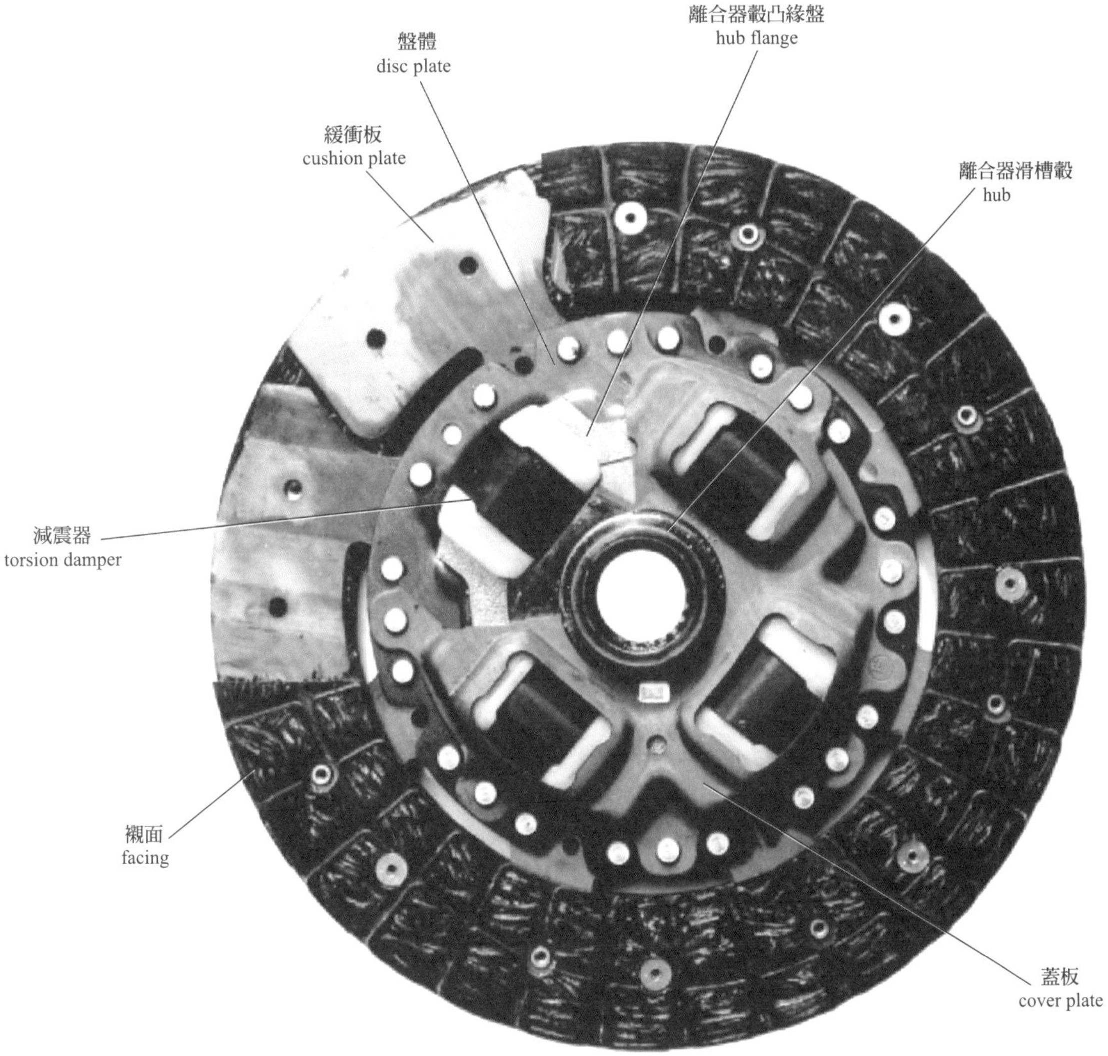
離合器轂凸緣盤
hub flange
盤體
disc plate
緩衝板
cushion plate
離合器滑槽轂
hub
減震器
torsion damper
襯面
facing
蓋板
cover plate

圖3-4-3 離合器片

4.3 離合器原理

離合器蓋通過螺絲固定在飛輪的後端面上，離合器內的來令片在彈簧的作用力下被壓板壓緊在飛輪面上，而離合器片是與變速箱的離合器軸相連。通過飛輪及壓板與離合器片接觸面的摩擦作用，將引擎發出的扭矩傳遞給變速箱（圖3-4-4）。

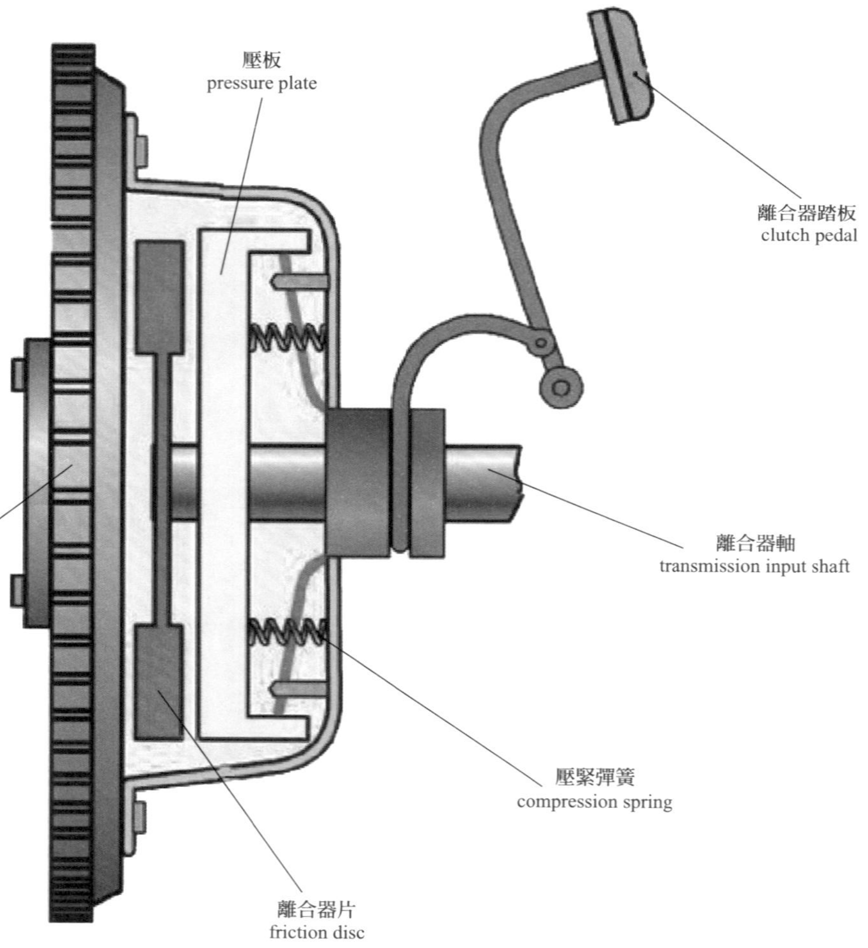
壓板
pressure plate
離合器踏板
clutch pedal
離合器軸
transmission input shaft
飛輪
flywheel
壓緊彈簧
compression spring
離合器片
friction disc

圖3-4-4 摩擦式離合器

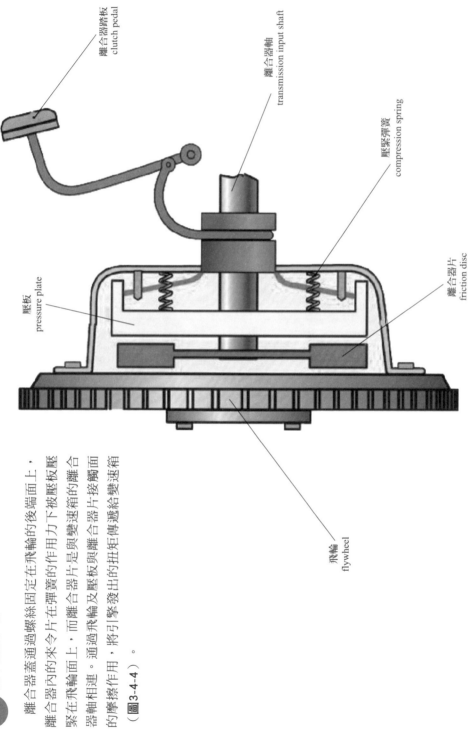

如圖3-4-5所示，踩下離合器前，離合器片（紅色）在壓板（黃色）的作用下，迫使離合器片與飛輪一起轉動，傳遞動力。踩下離合器後，在分離機構的作用下，離合器片與飛輪分離，中斷傳遞動力。

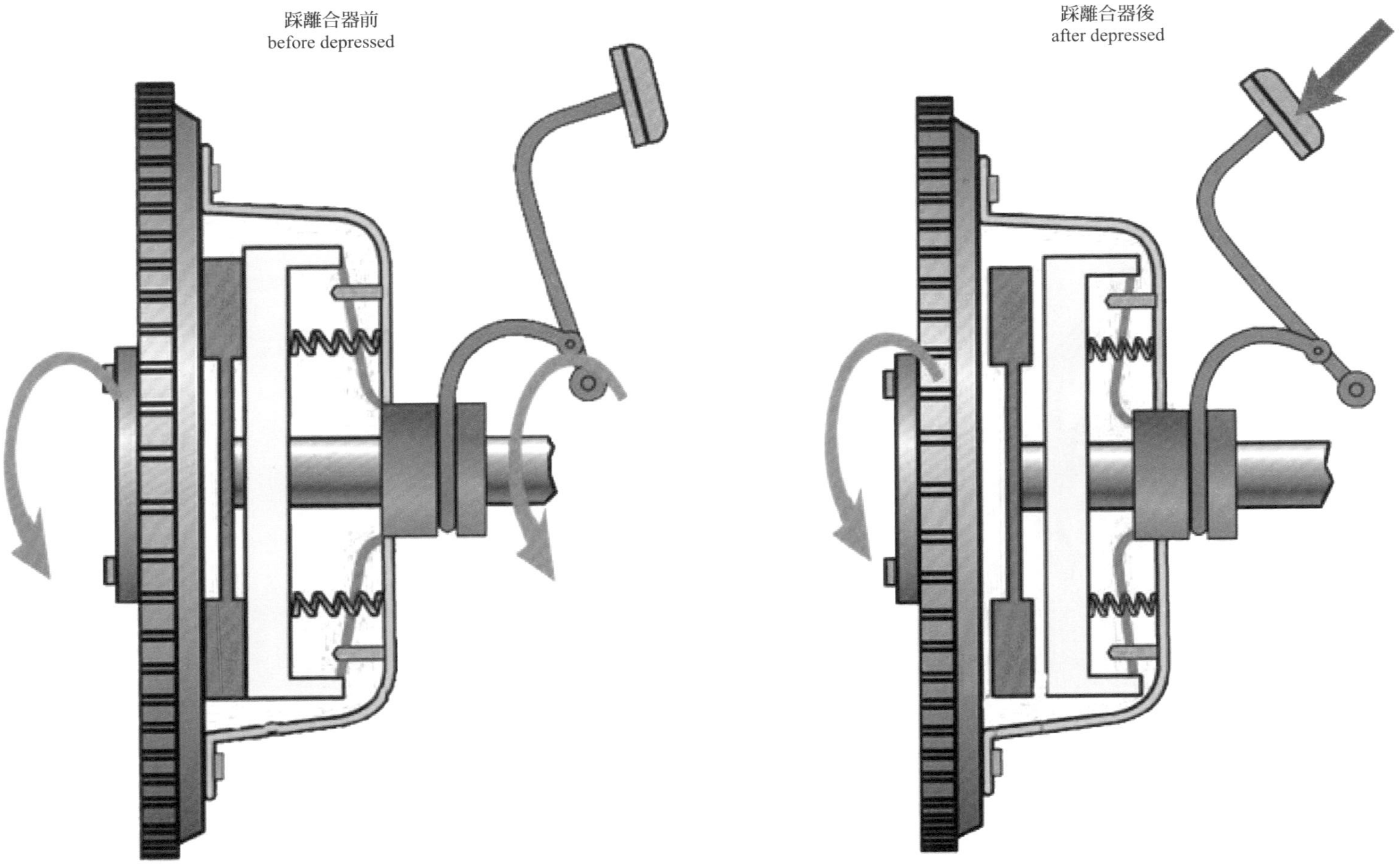
踩離合器前
before depressed
踩離合器後
after depressed

圖3-4-5 摩擦式離合器工作原理

4.4 離合器操縱機構

離合器操縱機構始於駕駛室內的離合器踏板，終於離合器內的釋放軸承，作用是將踏板上的人力變為推動分離套筒的推力（圖3-4-6）。

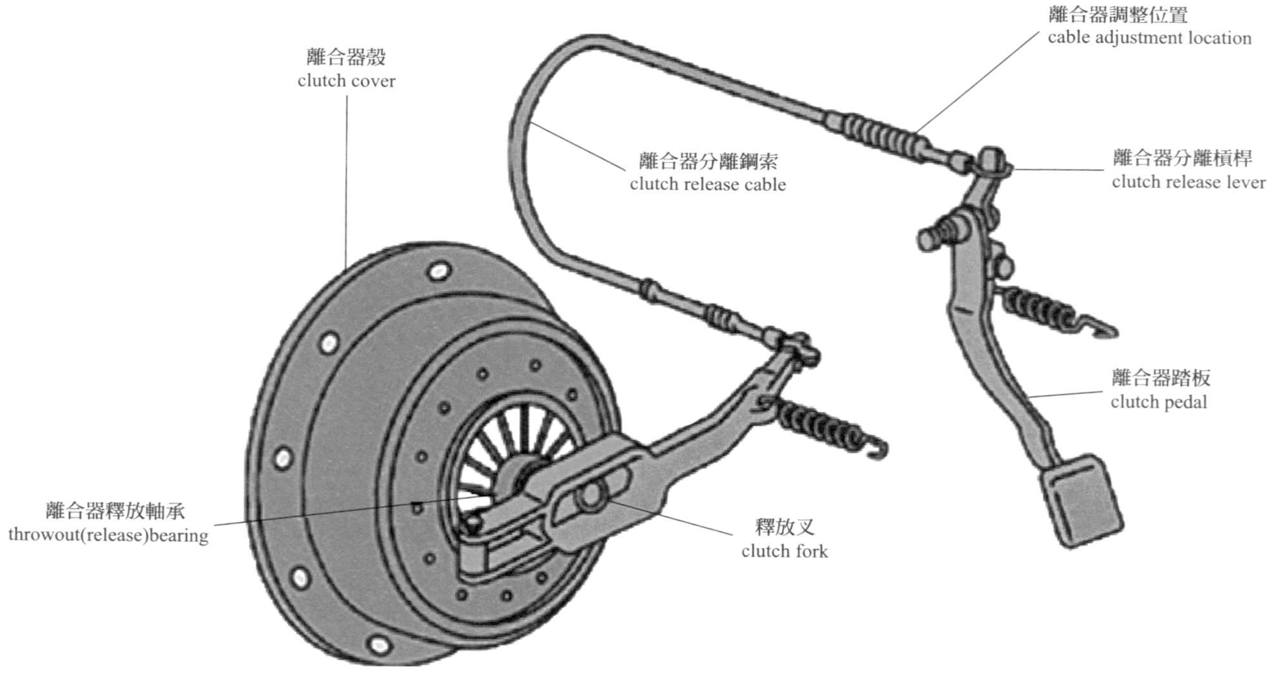
離合器調整位置
cable adjustment location
離合器殼
clutch cover
離合器分離鋼索
clutch release cable
離合器分離槓桿
clutch release lever
離合器踏板
clutch pedal
離合器釋放軸承
throwout(release)bearing
釋放叉
clutch fork

圖3-4-6 離合器操縱機構

第5章
手動變速箱

5.1 概述

手動變速箱就是必須用手撥動變速箱桿，才能改變減速比的變速箱。手動變速箱主要由殼體、傳動組件（輸入輸出軸、齒輪、同步器等）、操縱組件（換檔滑軌、撥叉等）所組成（圖3-5-1）。

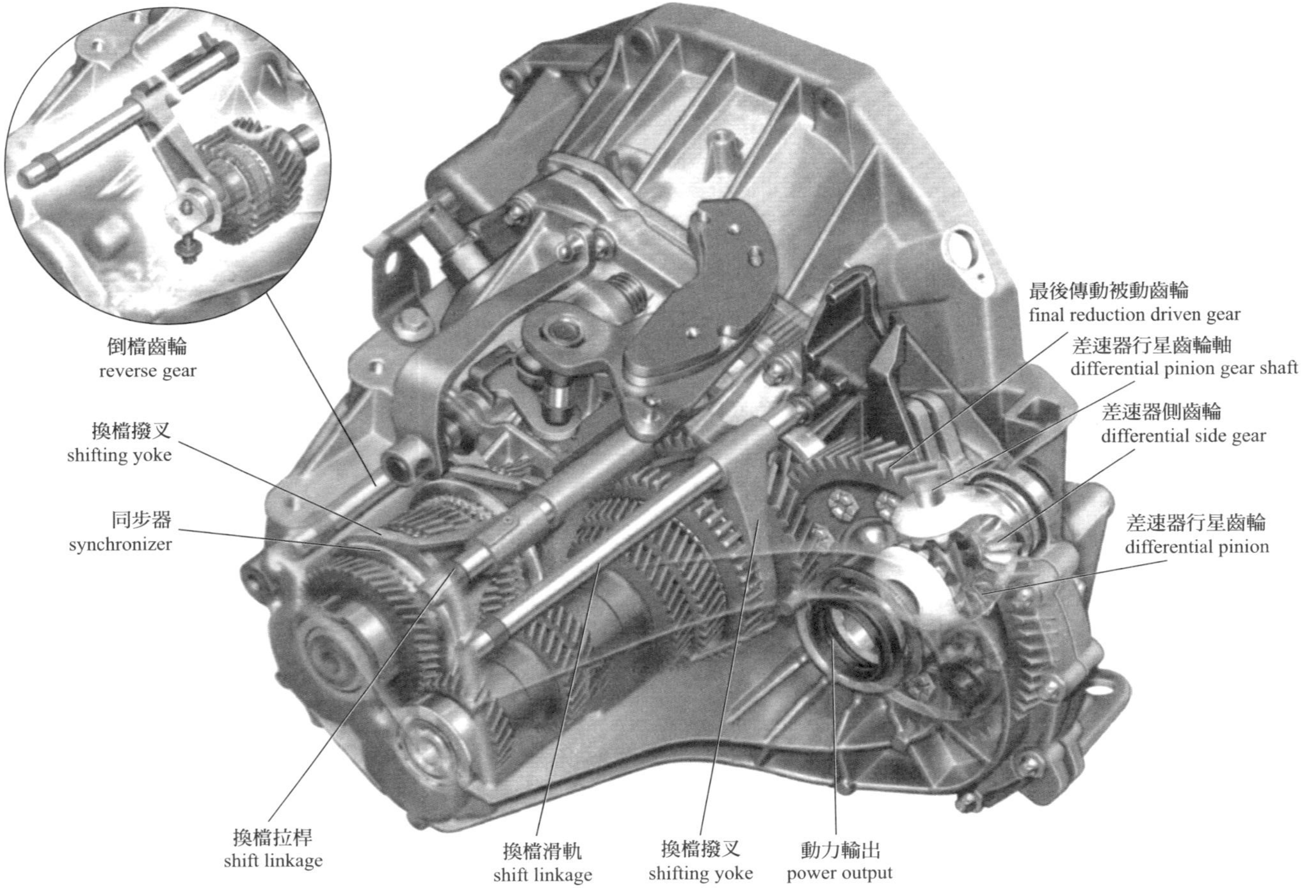
倒檔齒輪
reverse gear
換檔撥叉
shifting yoke
同步器
synchronizer
換檔拉桿
shift linkage
換檔滑軌
shift linkage
換檔撥叉
shifting yoke
動力輸出
power output
最後傳動被動齒輪
final reduction driven gear
差速器行星齒輪軸
differential pinion gear shaft
差速器側齒輪
differential side gear
差速器行星齒輪
differential pinion

圖3-5-1 手動變速箱構造

5.2 變速箱原理

變速箱為什麼可以調整引擎輸出的扭矩和轉速呢？其實這裡蘊含了齒輪和槓桿的原理。變速箱內有多個不同的齒輪，通過不同大小的齒輪組合在一起，就能實現對引擎扭矩和轉速的調整。用低扭矩可以換來高轉速，用低轉速則可以換來高扭矩（圖3-5-2）。

變速箱的作用主要表現在三方面：第一，改變減速比，擴大驅動輪的扭矩和轉速的變化範圍；第二，在引擎轉向不變的情況下，實現汽車倒退行駛；第三，利用空檔，可以中斷引擎動力傳遞，使得引擎可以啟動、怠速。

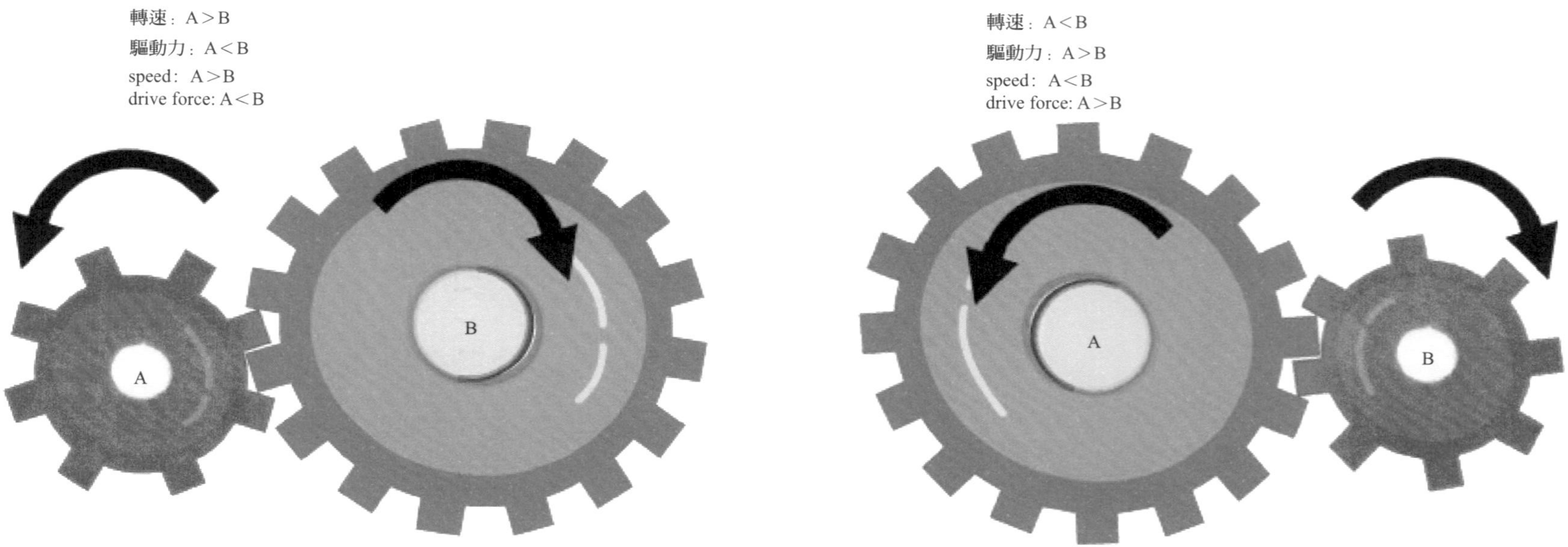
轉速：A>B
驅動力：A<B
speed: A>B
drive force: A<B
A
B
轉速：A<B
驅動力：A>B
speed: A<B
drive force: A>B
A
B

圖3-5-2 變速箱原理

5.3 手動變速箱原理

手動變速箱的工作原理，就是通過撥動排檔，切換副軸上的主動齒輪，通過大小不同的齒輪組合與主軸結合，從而改變驅動輪的扭力和轉速。

引擎的離合器軸是通過一根副軸，間接與主軸連接的。如**圖3-5-3**所示，副軸的兩個齒輪（紅色）與主軸上的兩個齒輪（藍色）是隨著引擎輸出一起轉動的。但是如果沒有同步器（紫色）的接合，兩個齒輪（藍色）只能在主軸上空轉（即不會帶動主軸轉動）。圖中同步器位於中間狀態，相當於變速箱掛了空檔。

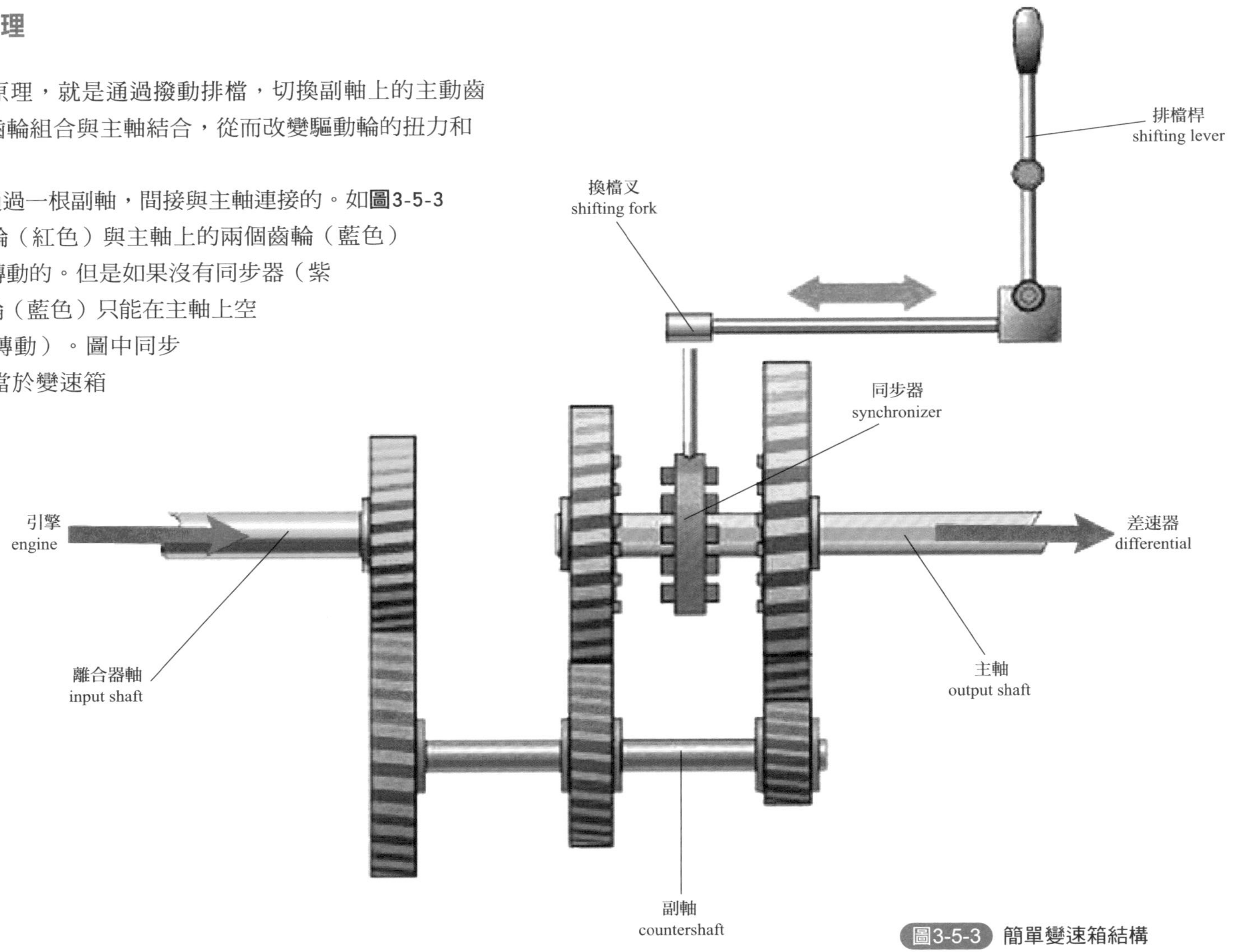
排檔桿
shifting lever
換檔叉
shifting fork
同步器
synchronizer
引擎
engine
差速器
differential
離合器軸
input shaft
主軸
output shaft
副軸
countershaft

圖3-5-3 簡單變速箱結構

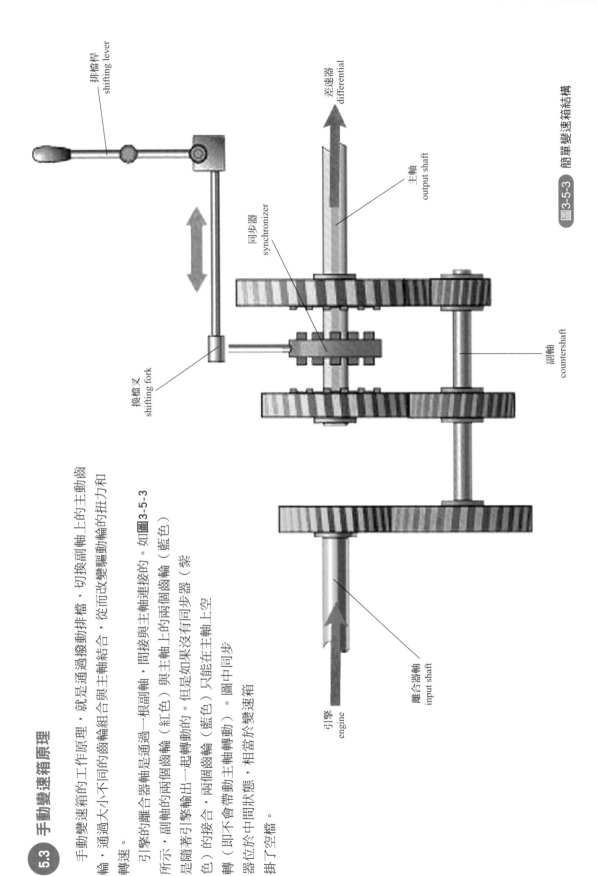

5.4 5檔手動變速箱

5.4.1 5檔手動變速箱原理（圖3-5-4）

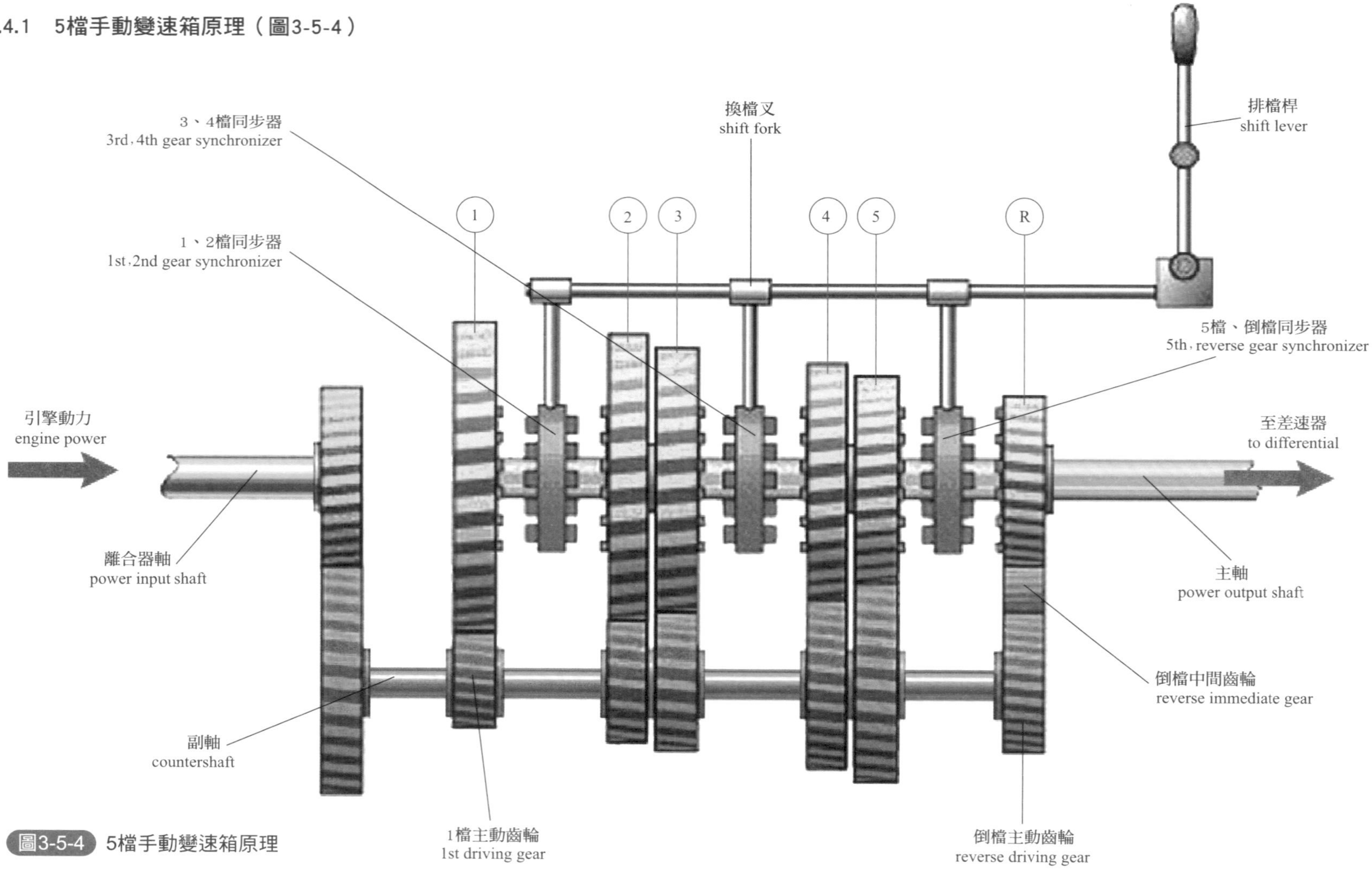
3、4檔同步器
3rd, 4th gear synchronizer
1、2檔同步器
1st, 2nd gear synchronizer
換檔叉
shift fork
排檔桿
shift lever
1
2
3
4
5
R
5檔、倒檔同步器
5th, reverse gear synchronizer
引擎動力
engine power
至差速器
to differential
離合器軸
power input shaft
主軸
power output shaft
倒檔中間齒輪
reverse immediate gear
副軸
countershaft
1檔主動齒輪
1st driving gear
倒檔主動齒輪
reverse driving gear

圖3-5-4 5檔手動變速箱原理

5檔手動變速箱剖面圖顯示出變速箱的主要部件（**圖3-5-5**）。

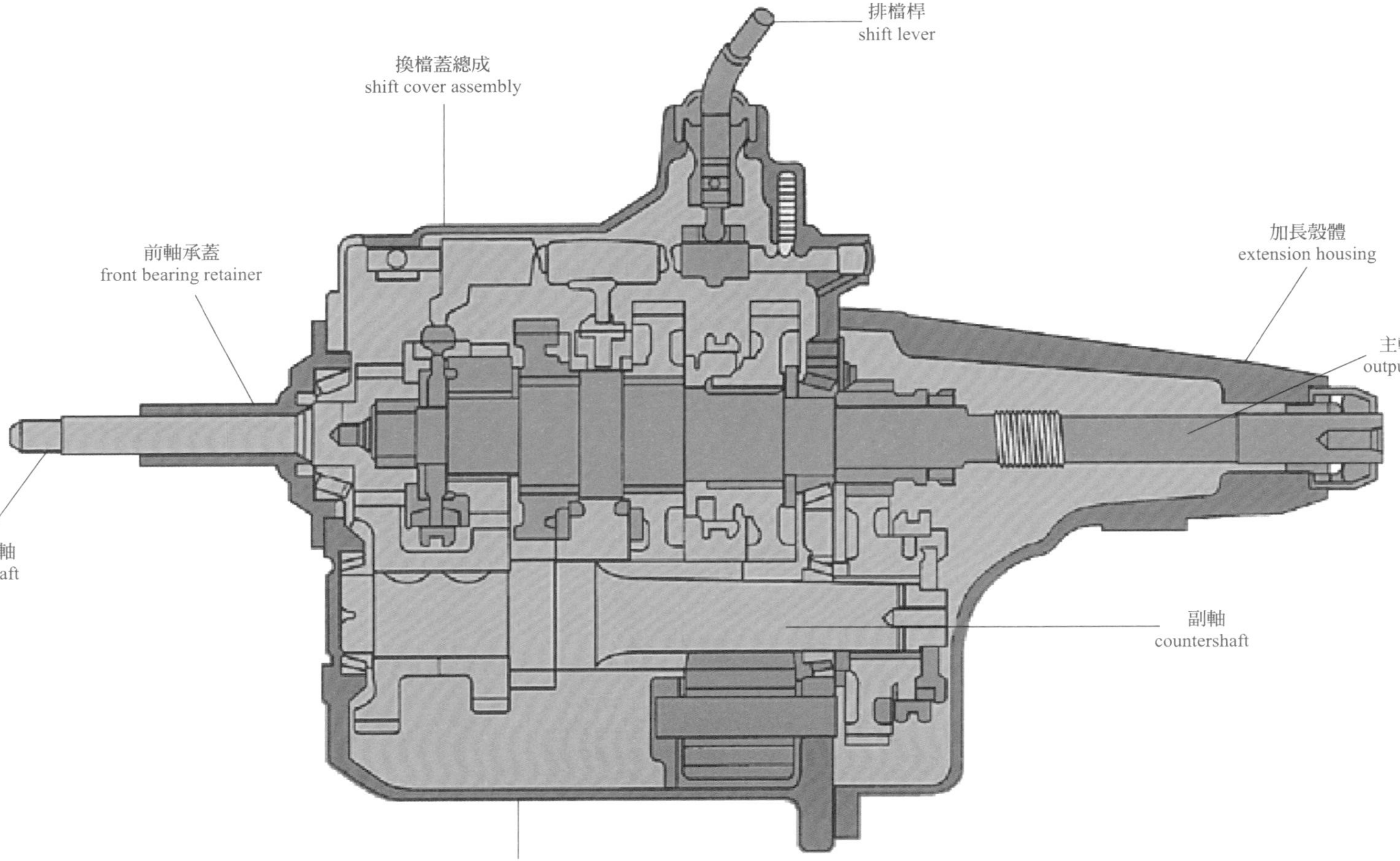
排檔桿
shift lever
換檔蓋總成
shift cover assembly
前軸承蓋
front bearing retainer
加長殼體
extension housing
主軸
output shaft
離合器軸
input shaft
副軸
countershaft
變速箱殼
transmission case

圖3-5-5 5檔手動變速箱剖面圖

5檔手動變速箱組成如圖3-5-6所示。

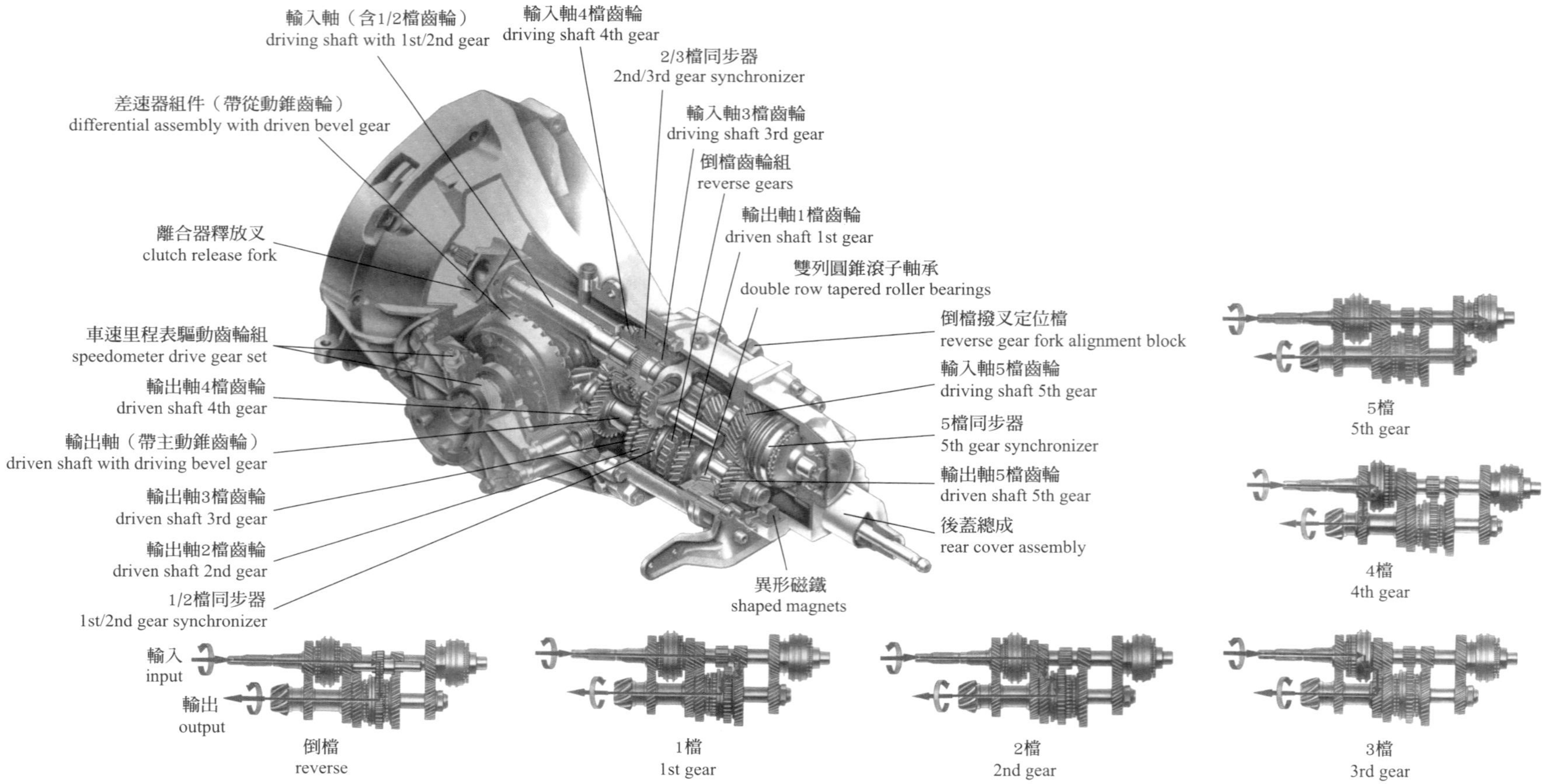

圖3-5-6　5檔手動變速箱組成

5.4.2　換檔機構

換檔機構不僅增強駕駛員換檔感覺，而且可以防止同時掛入兩個檔位（圖3-5-7）。

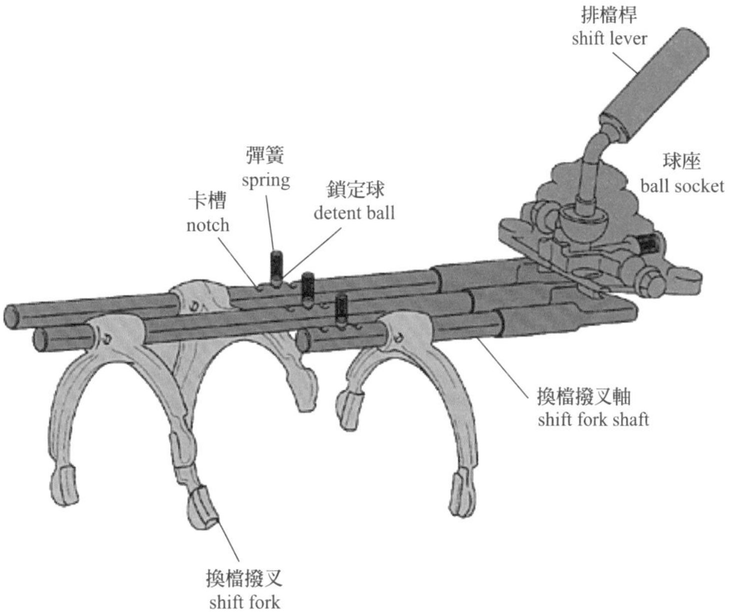

圖3-5-7　換檔機構

5.5 同步器

變速箱在進行換檔操作時，尤其是從高檔向低檔的換檔很容易產生輪齒或花鍵齒間的衝擊。為了避免齒間衝擊，在換檔裝置中都設置同步器。同步器有常壓式和慣性式兩種，目前大部分同步式變速箱上採用的是慣性同步器，它主要由接合套、調速錐環等組成，主要是依靠摩擦作用實現同步（圖3-5-8）。

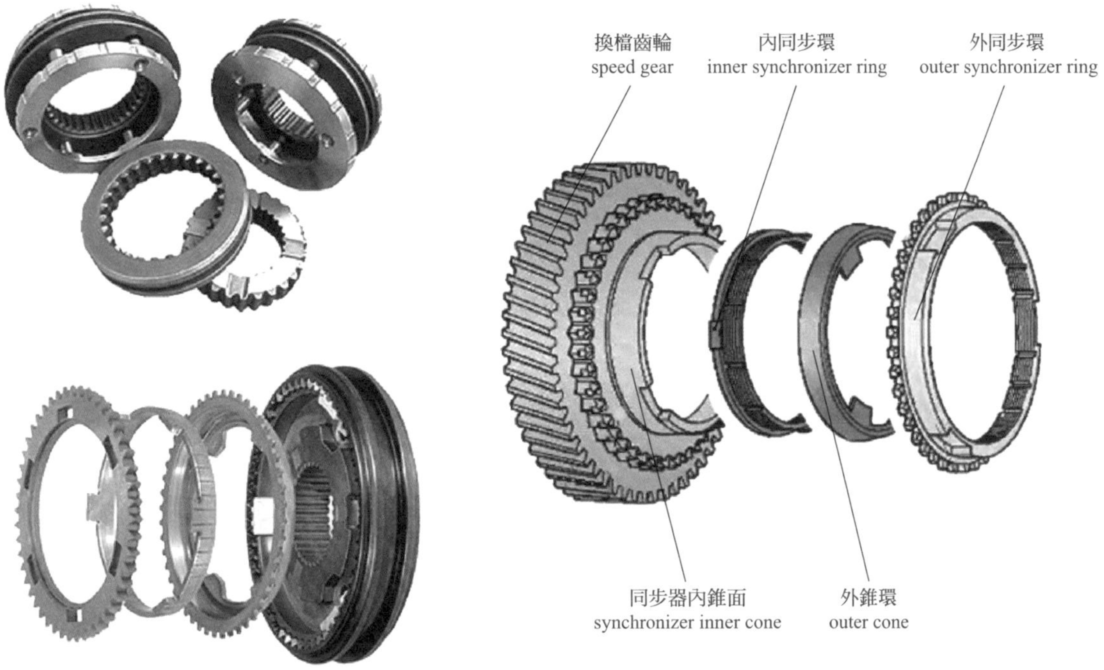

圖3-5-8　同步器結構

5.5.1　同步器工作原理

當調速錐環內錐面與待接合齒輪齒圈外錐面接觸後，在摩擦力矩的作用下齒輪轉速迅速降低（或升高）到與調速錐環轉速相等，兩者同步旋轉，齒輪相對於調速錐環的轉速為零，因而慣性力矩也同時消失，這時在作用力的推動下，同步器齒套不受阻礙地與調速錐環齒圈接合，並進一步與待接合齒輪的齒圈接合而完成換檔過程（**圖3-5-9**）。

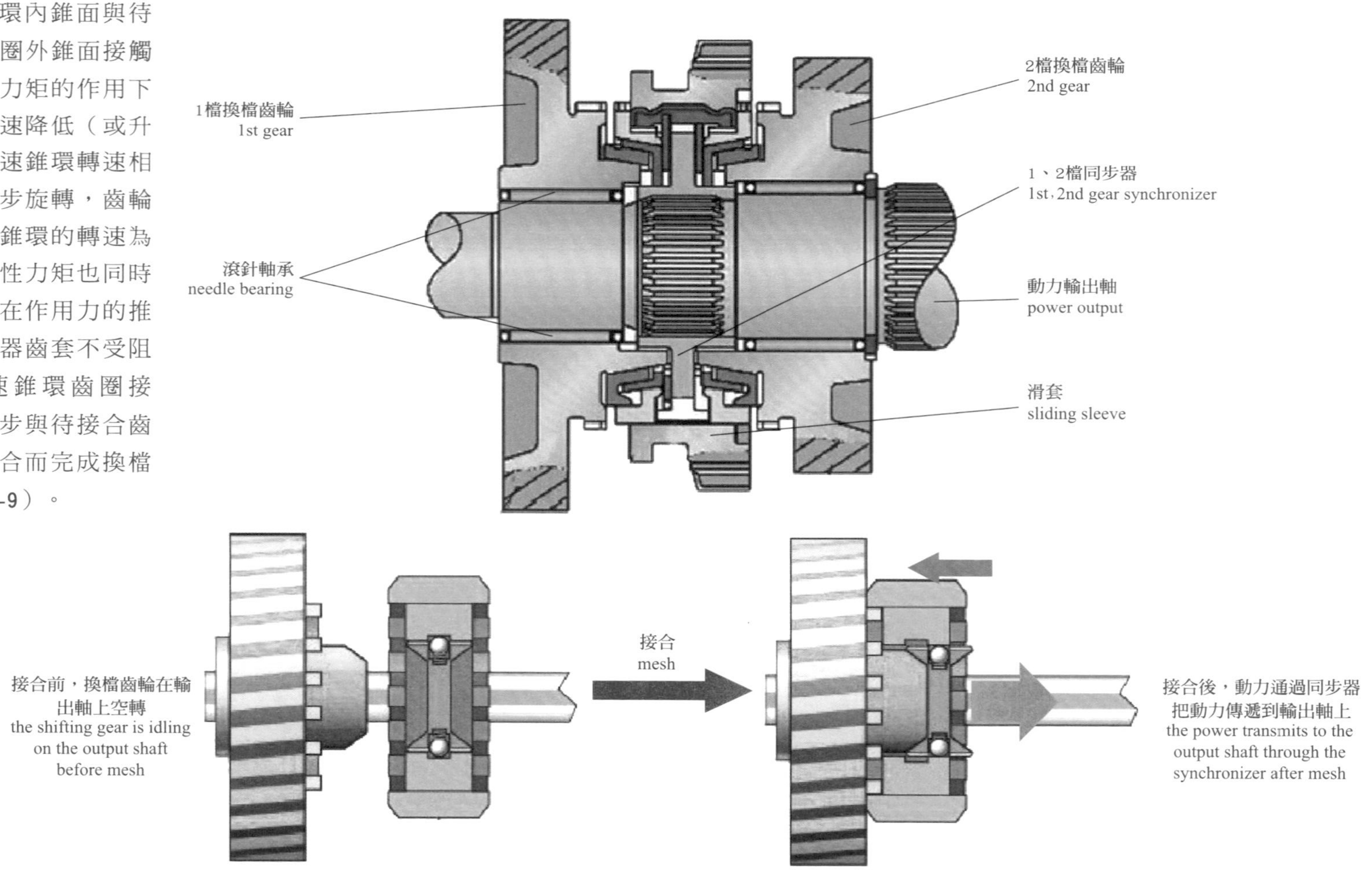
1檔換檔齒輪
1st gear
2檔換檔齒輪
2nd gear
1、2檔同步器
1st, 2nd gear synchronizer
滾針軸承
needle bearing
動力輸出軸
power output
滑套
sliding sleeve
接合前，換檔齒輪在輸出軸上空轉
the shifting gear is idling on the output shaft before mesh
接合
mesh
接合後，動力通過同步器把動力傳遞到輸出軸上
the power transmits to the output shaft through the synchronizer after mesh

圖3-5-9 同步器工作原理

5.5.2 同步器部件（圖3-5-10）

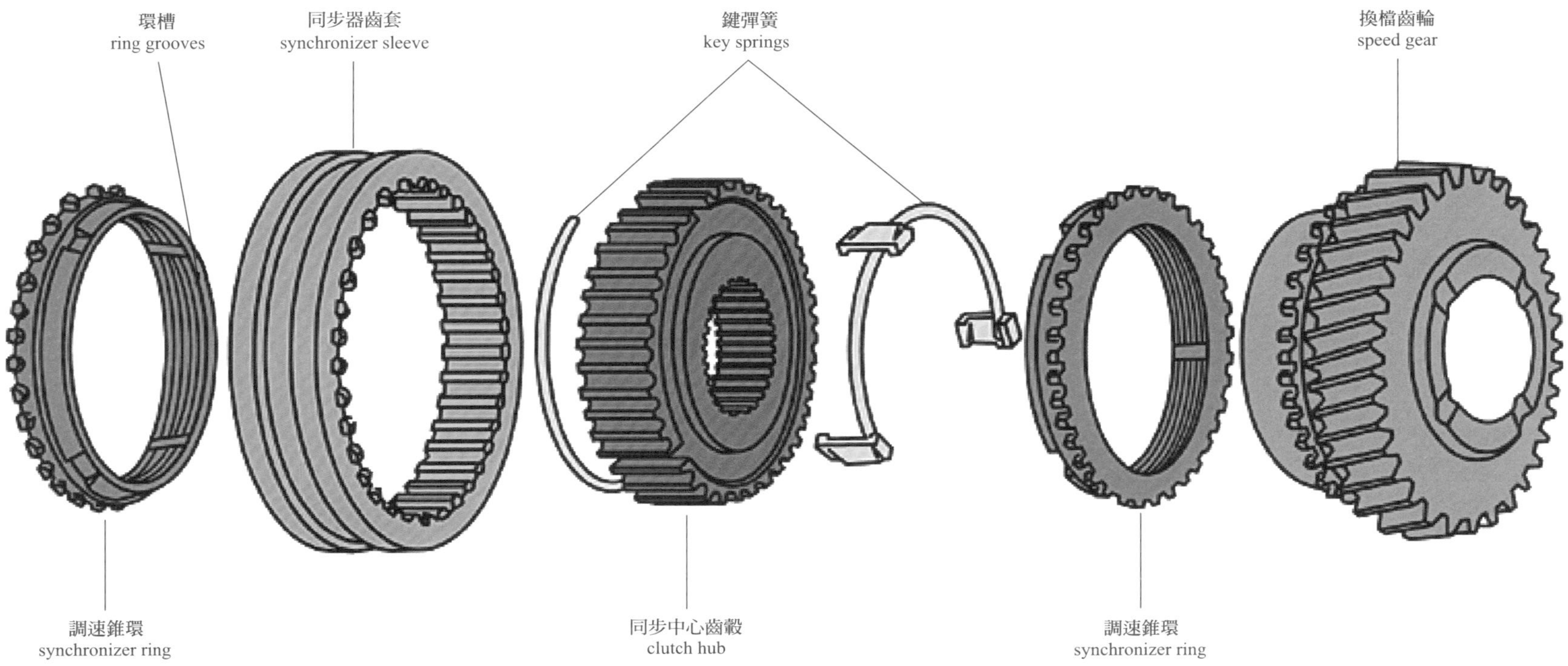
環槽
ring grooves
同步器齒套
synchronizer sleeve
鍵彈簧
key springs
換檔齒輪
speed gear
調速錐環
synchronizer ring
同步中心齒轂
clutch hub
調速錐環
synchronizer ring

圖3-5-10 同步器部件

第6章 自動變速箱

6.1 概述

汽車自動變速箱常見的有四種形式，分別是全油壓自動變速箱（hydraulic automatic transmissions，AT）、無段變速箱（continuously variable transmission，CVT）、電控機械式自動變速箱（automated mechanical transmission，AMT）、雙離合自動變速箱（dual clutch transmission，DCT）。

轎車普遍使用的是油壓自動變速箱，本章中的自動變速箱指的也是油壓自動變速箱（AT）。自動變速箱主要由液體扭力變換接合器、行星齒輪組和液壓操縱系統組成，通過液壓傳遞和齒輪組合的方式來達到變速變矩（**圖3-6-1**）。

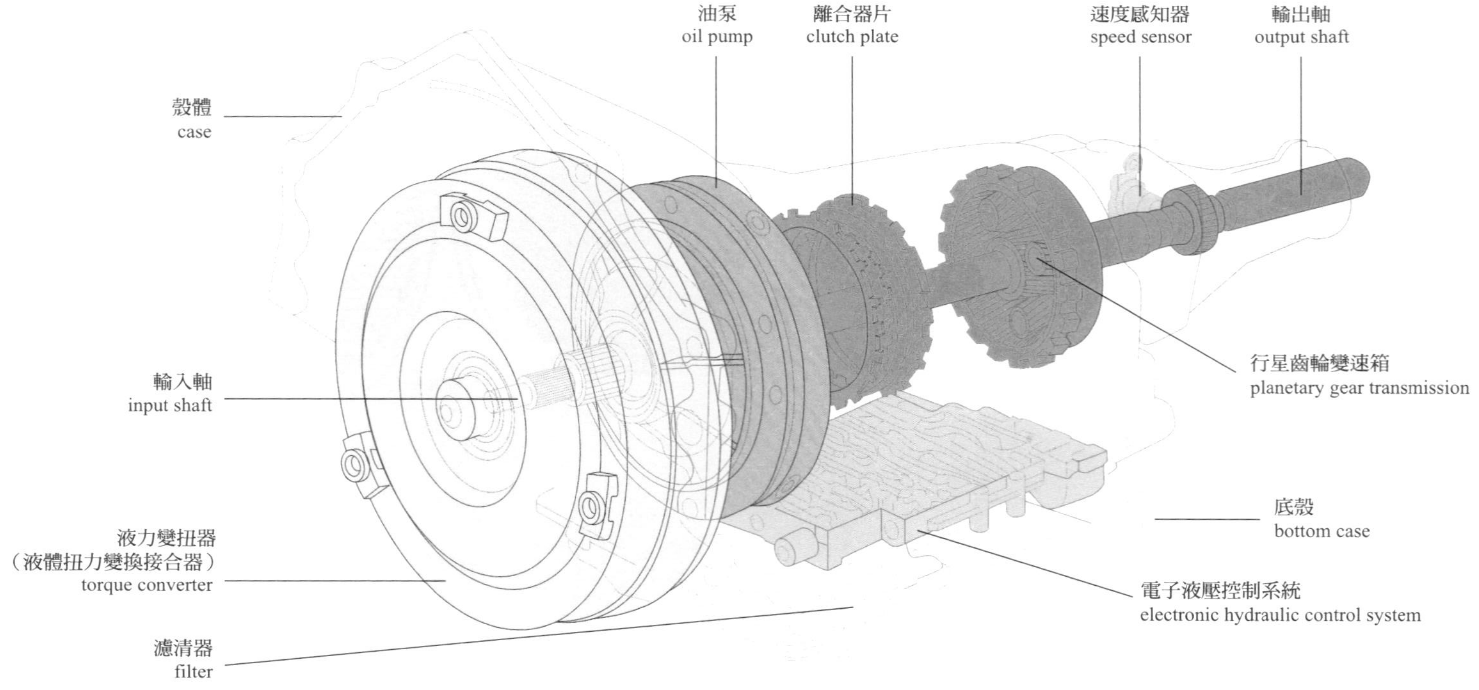
殼體
case
輸入軸
input shaft
液力變扭器
（液體扭力變換接合器）
torque converter
濾清器
filter
油泵
oil pump
離合器片
clutch plate
速度感知器
speed sensor
輸出軸
output shaft
行星齒輪變速箱
planetary gear transmission
底殼
bottom case
電子液壓控制系統
electronic hydraulic control system

圖3-6-1 自動變速箱主要部件

6.2 液體扭力變換接合器（扭力變換器）

扭力變換器一般是由泵輪、導輪、渦輪以及單向離合器組成（圖3-6-2）。動力傳遞路徑：殼體→泵輪→渦輪→變速箱。

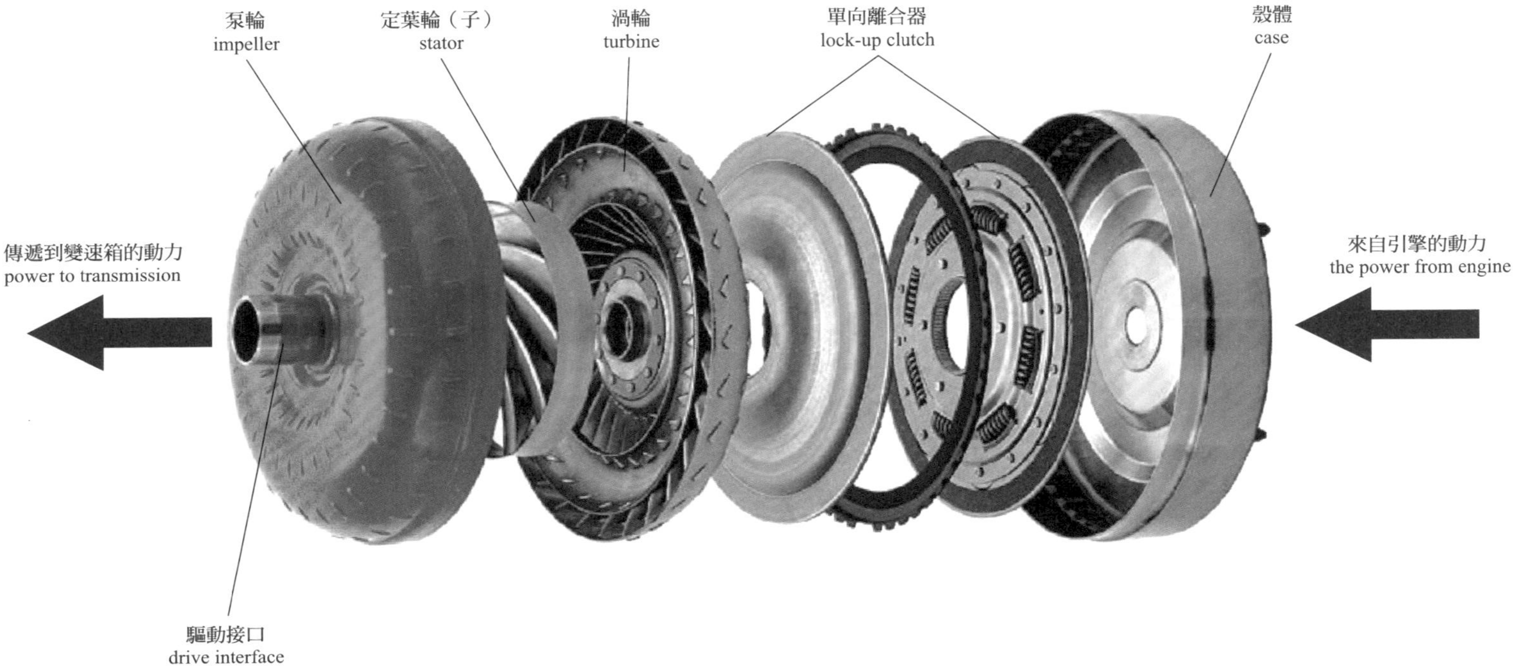
泵輪
impeller
定葉輪（子）
stator
渦輪
turbine
單向離合器
lock-up clutch
殼體
case
傳遞到變速箱的動力
power to transmission
來自引擎的動力
the power from engine
驅動接口
drive interface

圖3-6-2 液體扭力變換接合器的結構

6.2.1　液體扭力變換接合器的工作原理

扭力變換器接合器的作用是將引擎的動力輸出傳遞到變速機構，它裡面充滿了自動變速箱油，當與動力輸入軸相連接的泵輪轉動時，它會通過自動變速箱帶動與輸出軸相連的渦輪一起轉動，從而將引擎動力傳遞出去，其原理就像一把插電的風扇能夠帶動一把不插電的風扇的葉片轉動一樣（圖3-6-3）。

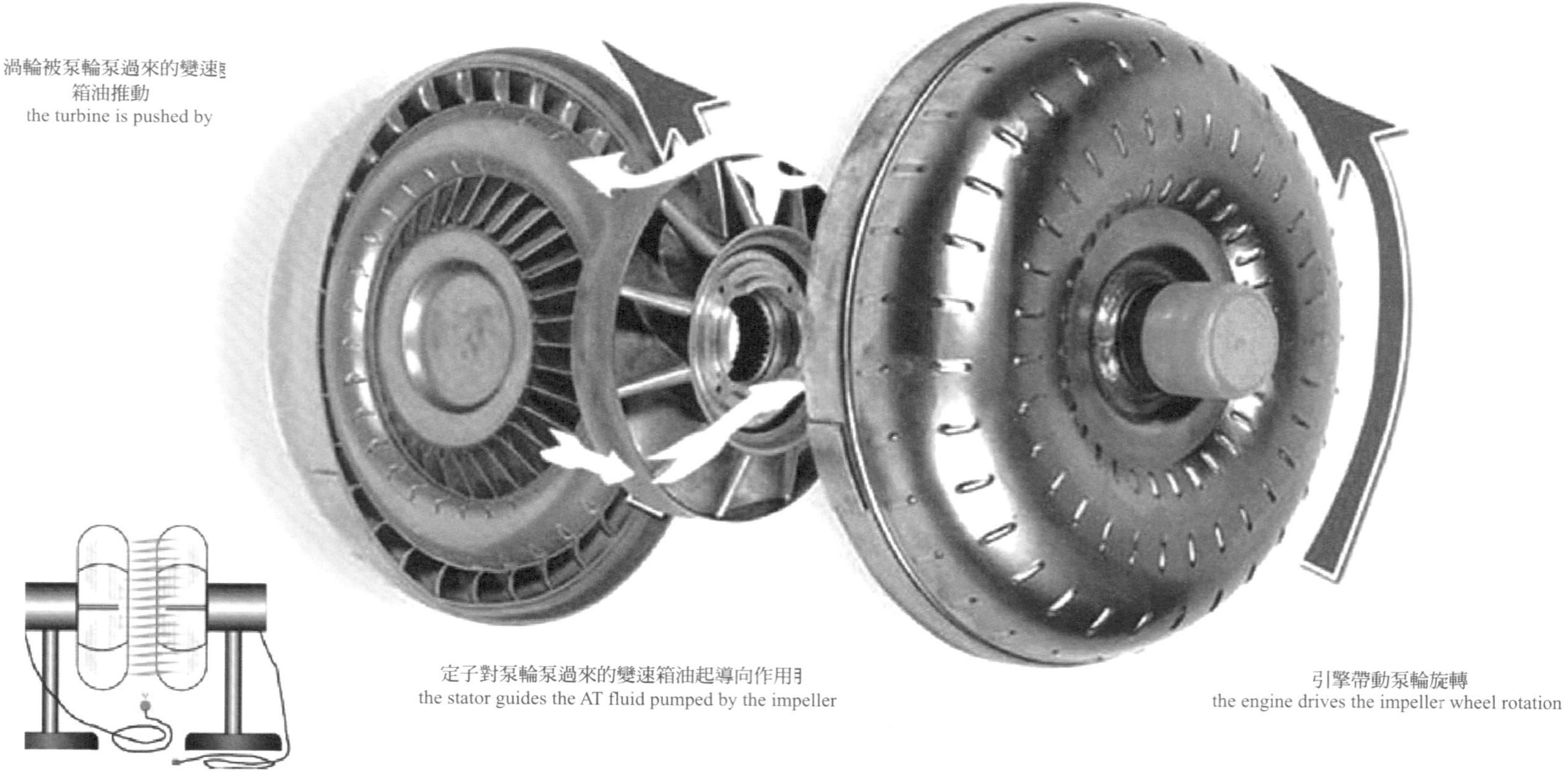
渦輪被泵輪泵過來的變速
箱油推動
the turbine is pushed by
定子對泵輪泵過來的變速箱油起導向作用
the stator guides the AT fluid pumped by the impeller
引擎帶動泵輪旋轉
the engine drives the impeller wheel rotation

圖3-6-3　液體扭力變換接合器的工作原理

6.2.2　液體扭力變換接合器組成部件（圖3-6-4）

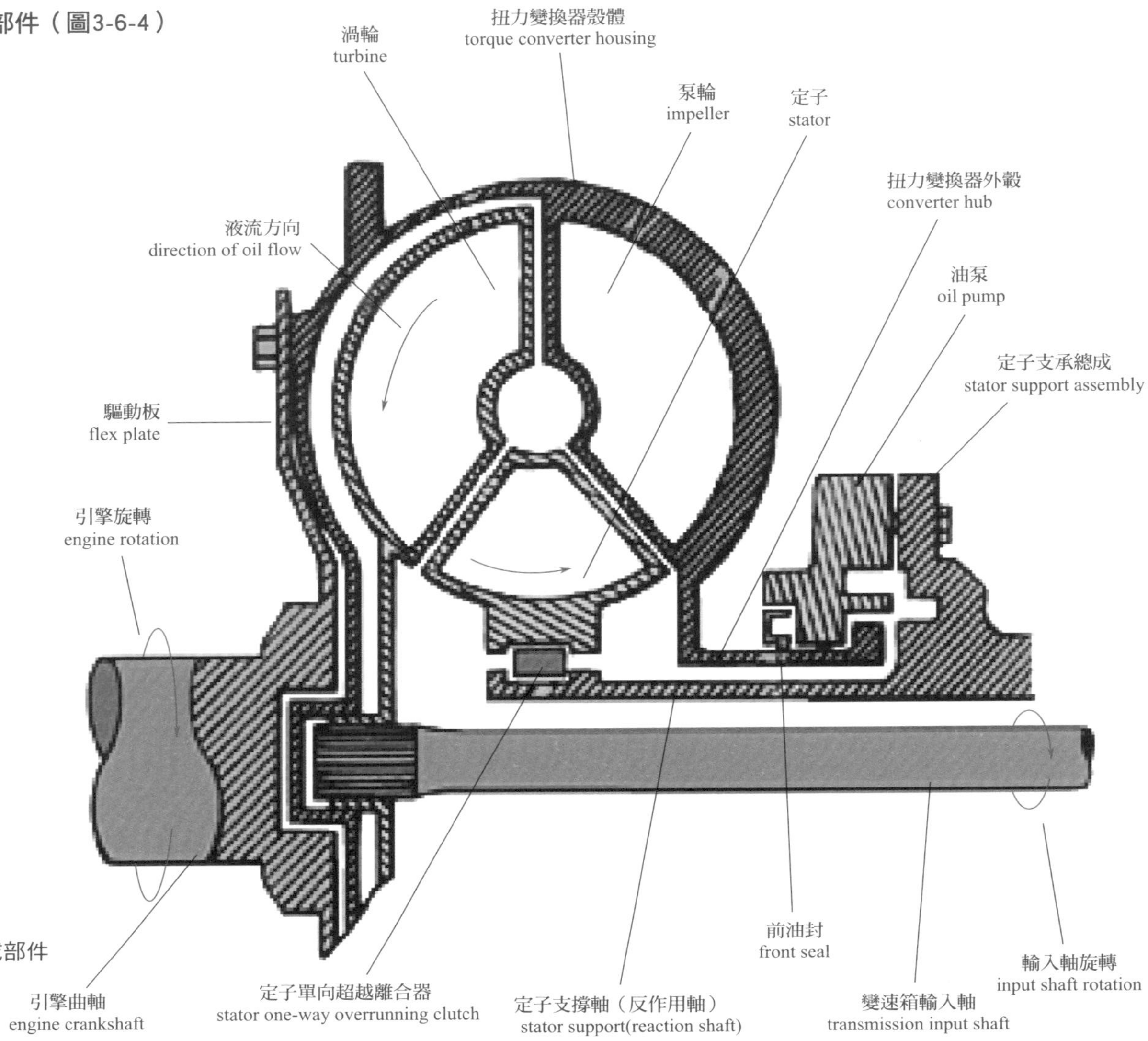

渦輪
turbine
扭力變換器殼體
torque converter housing
泵輪
impeller
定子
stator
扭力變換器外轂
converter hub
液流方向
direction of oil flow
油泵
oil pump
定子支承總成
stator support assembly
驅動板
flex plate
引擎旋轉
engine rotation
前油封
front seal
輸入軸旋轉
input shaft rotation
引擎曲軸
engine crankshaft
定子單向超越離合器
stator one-way overrunning clutch
定子支撐軸（反作用軸）
stator support(reaction shaft)
變速箱輸入軸
transmission input shaft

圖3-6-4 液體扭力變換接合器組成部件

6.3 行星齒輪傳動

行星齒輪組包括行星架、環齒輪以及太陽輪，當這三個部件中的一個被固定後，動力便會在其他兩個部件之間傳遞（圖3-6-5）。

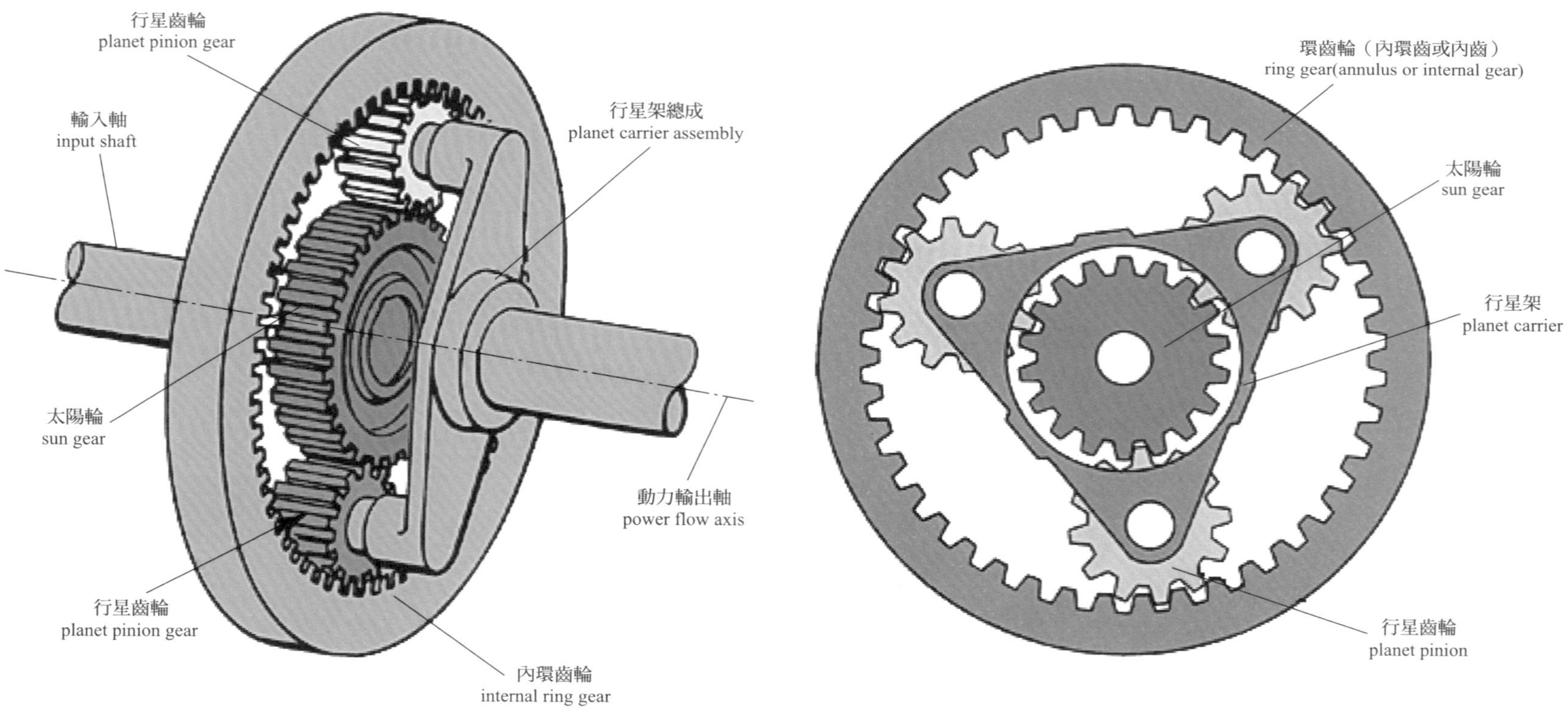
行星齒輪
planet pinion gear
輸入軸
input shaft
行星架總成
planet carrier assembly
太陽輪
sun gear
動力輸出軸
power flow axis
行星齒輪
planet pinion gear
內環齒輪
internal ring gear
環齒輪（內環齒或內齒）
ring gear(annulus or internal gear)
太陽輪
sun gear
行星架
planet carrier
行星齒輪
planet pinion

圖3-6-5 行星齒輪傳動

行星齒輪變速箱原理如圖3-6-6所示。

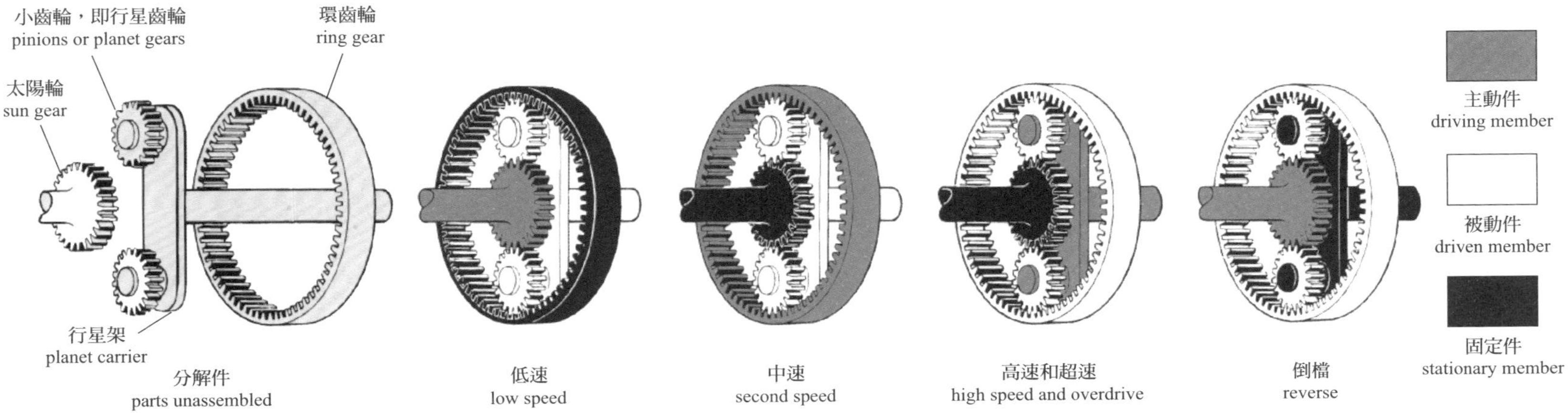
小齒輪，即行星齒輪
pinions or planet gears
環齒輪
ring gear
太陽輪
sun gear
行星架
planet carrier
分解件
parts unassembled
低速
low speed
中速
second speed
高速和超速
high speed and overdrive
倒檔
reverse
主動件
driving member
被動件
driven member
固定件
stationary member

圖3-6-6 行星齒輪變速箱原理

6.4 自動變速箱換檔執行機構

換檔執行機構主要是用來改變行星齒輪中的主動元件或限制某個元件的運動，改變動力傳遞的方向和減速比，主要由離合器、煞車器和單向離合器等組成。

離合器的作用是把動力傳給行星齒輪機構的某個元件使之成為主動件（圖3-6-7）。

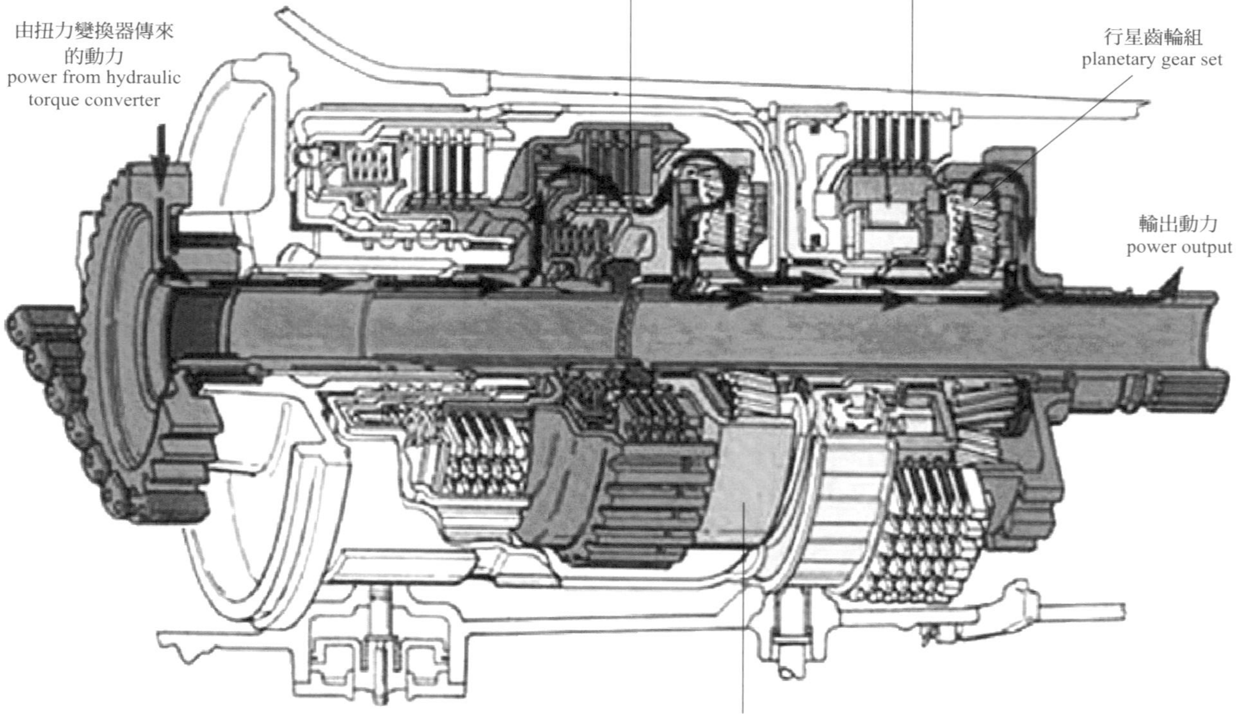
前進離合器接合
forward clutch mesh
單向離合器接合
one-way clutch mesh
由扭力變換器傳來的動力
power from hydraulic torque converter
行星齒輪組
planetary gear set
輸出動力
power output
行星齒輪組
planetary gear set

圖3-6-7 離合器原理

6.4.1　多片離合器

離合器的來令片是在變速箱油中工作，且用油壓推動活塞進行工作。如圖3-6-8所示，壓力油進入離合器殼體，對離合器活塞施加作用力。離合器活塞迫使鋼片和來令片擠壓在一起，完成換檔。

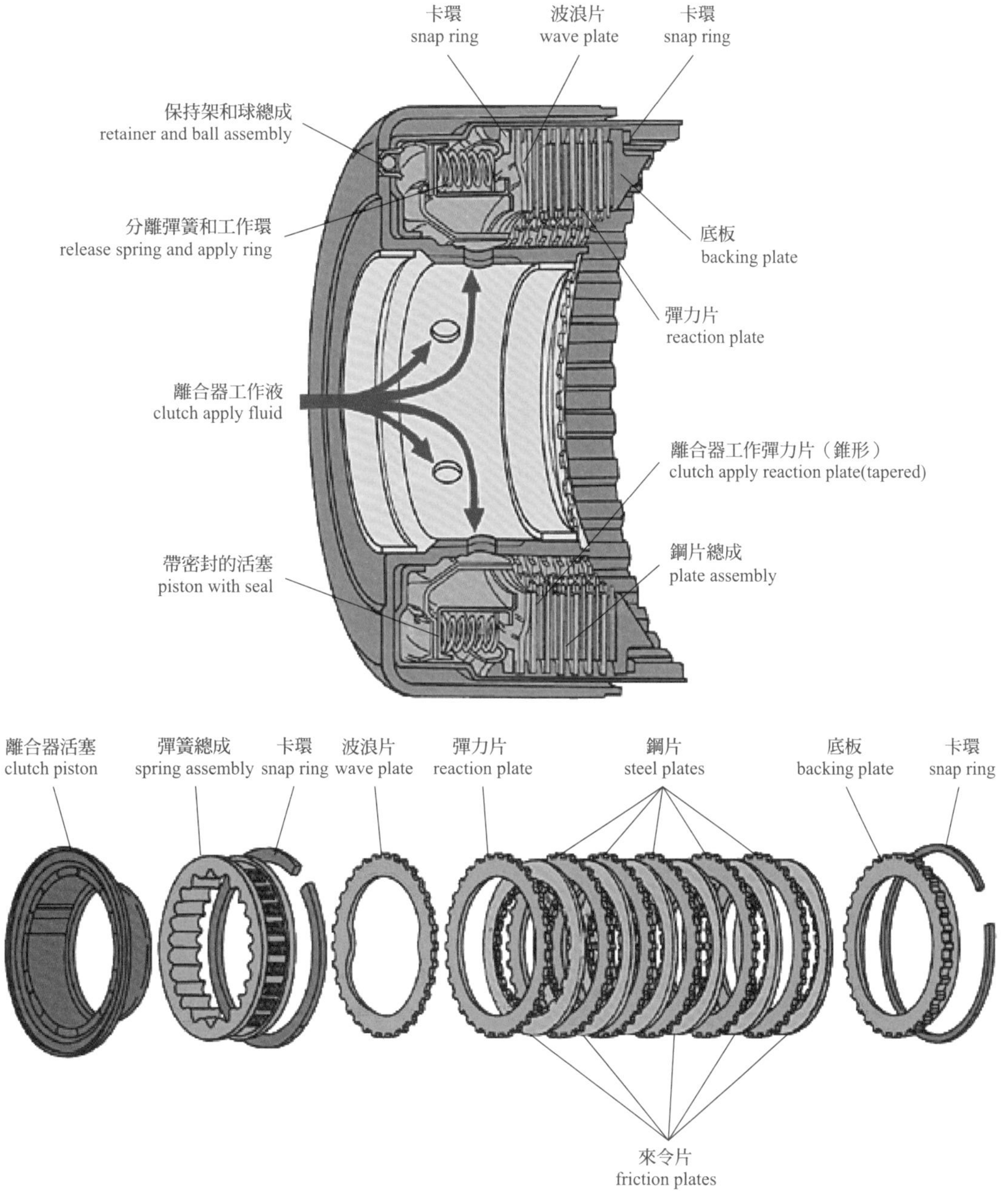

圖3-6-8　多片離合器

6.4.2　煞車帶

煞車帶的作用是將行星齒輪機構中的某個元件抱住，使之不動（圖3-6-9）。

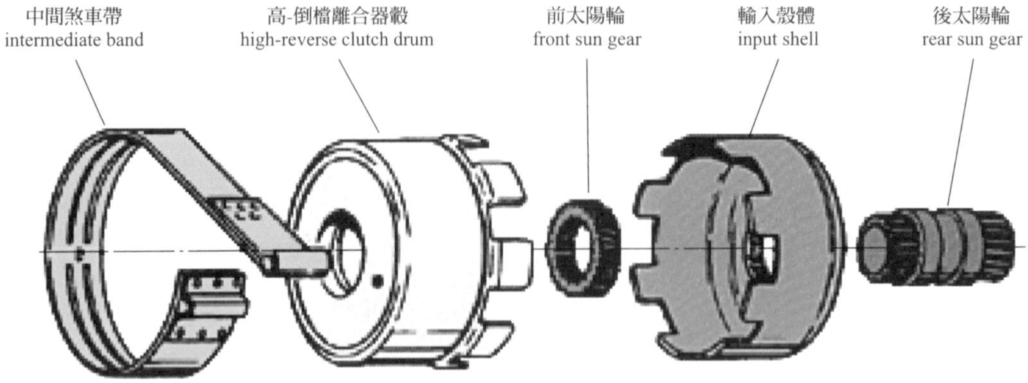
中間煞車帶
intermediate band
高-倒檔離合器轂
high-reverse clutch drum
前太陽輪
front sun gear
輸入殼體
input shell
後太陽輪
rear sun gear

圖3-6-9　煞車帶

6.5 自動變速箱換檔控制

自動變速箱的換檔控制方式如圖3-6-10所示。變速箱控制電腦通過電信號控制電磁閥的動作，從而改變變速箱油在閥體油道的走向。當作用在多片式離合片上的油壓達到煞車壓力時，多片式離合片接合從而促使相應的行星齒輪組輸出動力。

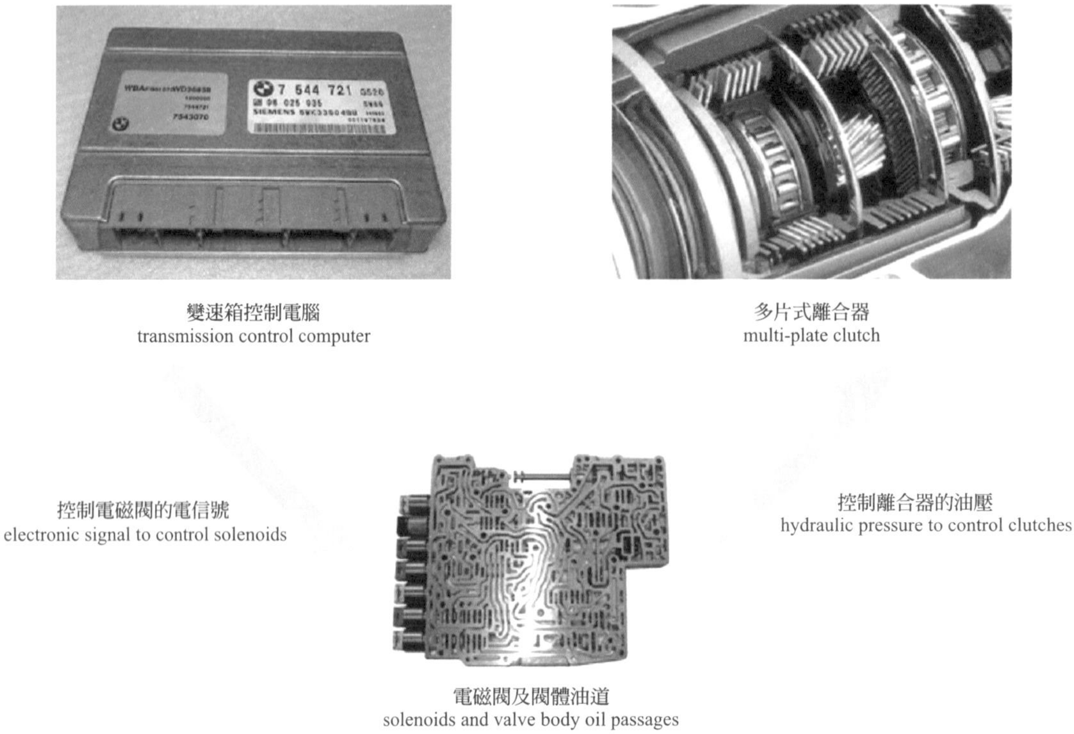
7 544 721
SIEMENS
變速箱控制電腦
transmission control computer
多片式離合器
multi-plate clutch
控制電磁閥的電信號
electronic signal to control solenoids
控制離合器的油壓
hydraulic pressure to control clutches
電磁閥及閥體油道
solenoids and valve body oil passages

圖3-6-10　變速箱換檔控制

液壓自動操縱系統通常由供油、手動選檔、參數調節、換檔時刻控制、換檔品質控制等部分組成。供油部分根據節汽門開度和選檔桿位置的變化，將油泵輸出油壓調節至規定值，形成穩定的工作液壓。

在液控液動自動變速箱中，參數調節部分主要有節汽門壓力調節閥（簡稱節汽門閥）和速控調壓閥（又稱調速器）。節汽門壓力調節閥使輸出液壓的大小能夠反映節汽門開度；速控調壓閥使輸出液壓的大小能夠反映車速的大小。換檔時刻控制部分用於轉換通向各換檔執行機構（離合器和煞車器）的油路，從而實現換檔控制。鎖定信號閥受電磁閥的控制，使扭力變換器內的單向離合器適時地接合與分離。

自動變速箱採用閥體內的各種電子閥來控制管路壓力，開啟和關閉閥體內的油道，實現換檔（**圖3-6-11**）。

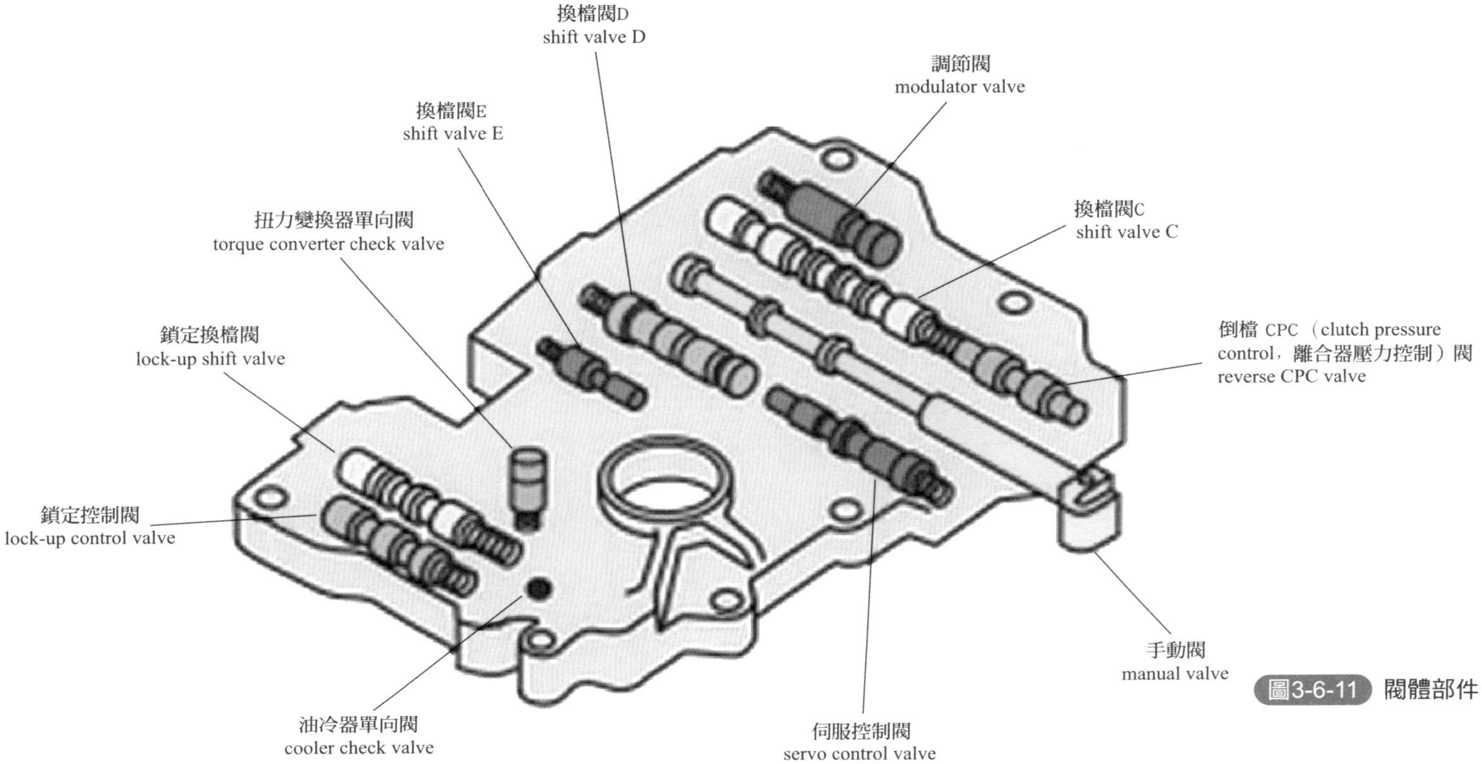
換檔閥D
shift valve D
調節閥
modulator valve
換檔閥E
shift valve E
扭力變換器單向閥
torque converter check valve
換檔閥C
shift valve C
鎖定換檔閥
lock-up shift valve
倒檔 CPC（clutch pressure control，離合器壓力控制）閥
reverse CPC valve
鎖定控制閥
lock-up control valve
手動閥
manual valve
油冷器單向閥
cooler check valve
伺服控制閥
servo control valve

圖3-6-11 閥體部件

第7章 無段變速箱

7.1 概述

CVT（continuously variable transmission），直接翻譯就是連續可變傳動，也就是我們常說的無段變速箱，顧名思義就是沒有明確具體的檔位，操作上類似自動變速箱，但是減速比的變化卻不同於自動變速箱的跳檔過程，而是連續的，因此動力傳輸持續而順暢，如圖3-7-1所示。

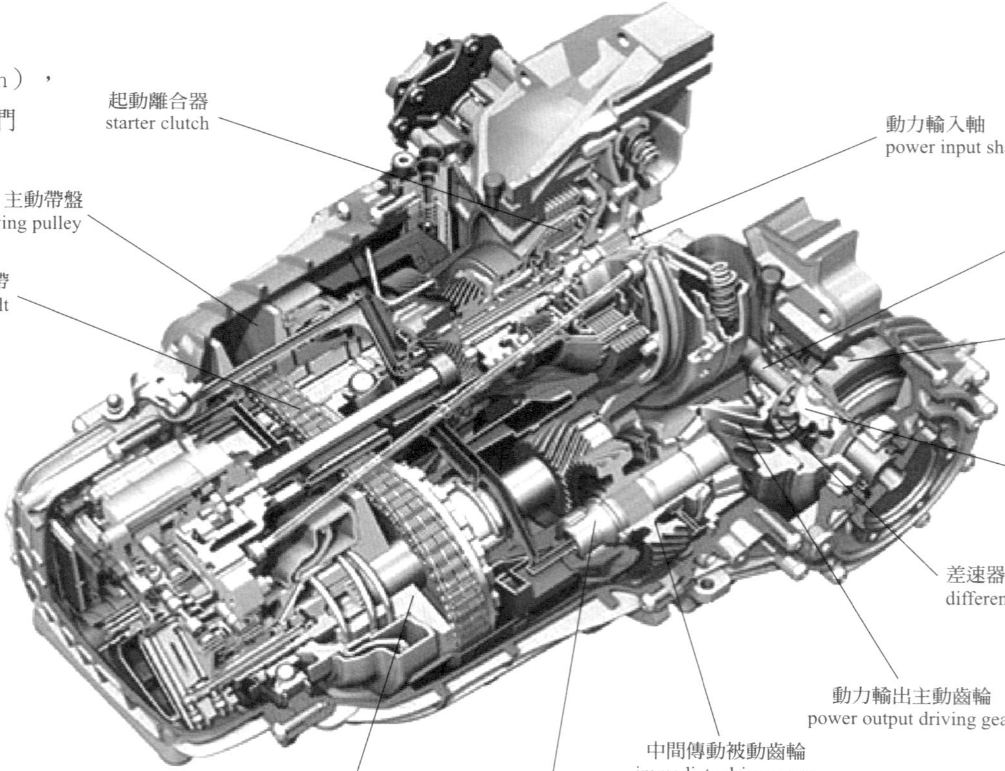
起動離合器
starter clutch
主動帶盤
driving pulley
鋼帶
metal belt
動力輸入軸
power input shaft
驅動軸
half shaft
動力輸出被動齒輪
power output driven gear
差速器行星齒輪
differential pinion
差速器側齒輪
differential side gear
動力輸出主動齒輪
power output driving gear
中間傳動被動齒輪
immediate driven gear
輸出軸
driven shaft
被動帶盤
driven pulley

圖3-7-1 無段變速箱

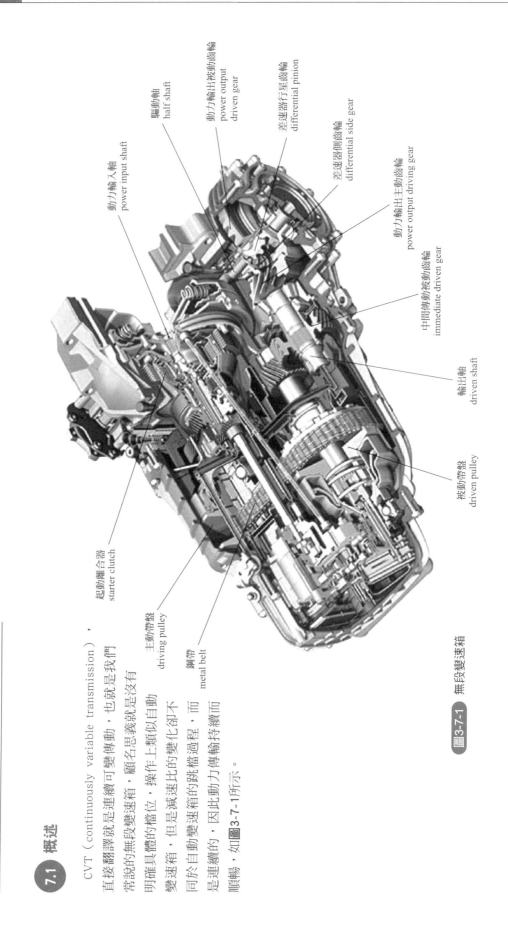

7.2 CVT原理

CVT傳動系統裡，傳統的齒輪被一對帶盤和一條鋼製皮帶所取代，每個帶盤其實是由兩個錐形盤組成的V形結構，引擎軸連接小帶盤，透過鋼製皮帶帶動大帶盤。CVT的傳動帶盤構造比較奇怪，帶盤的一個錐形盤固定在軸上，另一個錐形盤可在軸上來回移動，改變兩錐形盤間距離，進而調整帶盤直徑大小。錐形盤可在液壓的推力作用下收緊或張開，擠壓鋼片鏈條以此來調節V形槽的寬度。當錐形盤向內側移動收緊時，鋼片鏈條在錐盤的擠壓下向圓心以外的方向（離心方向）運動，相反會向圓心以內運動。這樣，鋼片鏈條帶動的圓盤直徑增大，減速比也就發生了變化（**圖3-7-2**）。

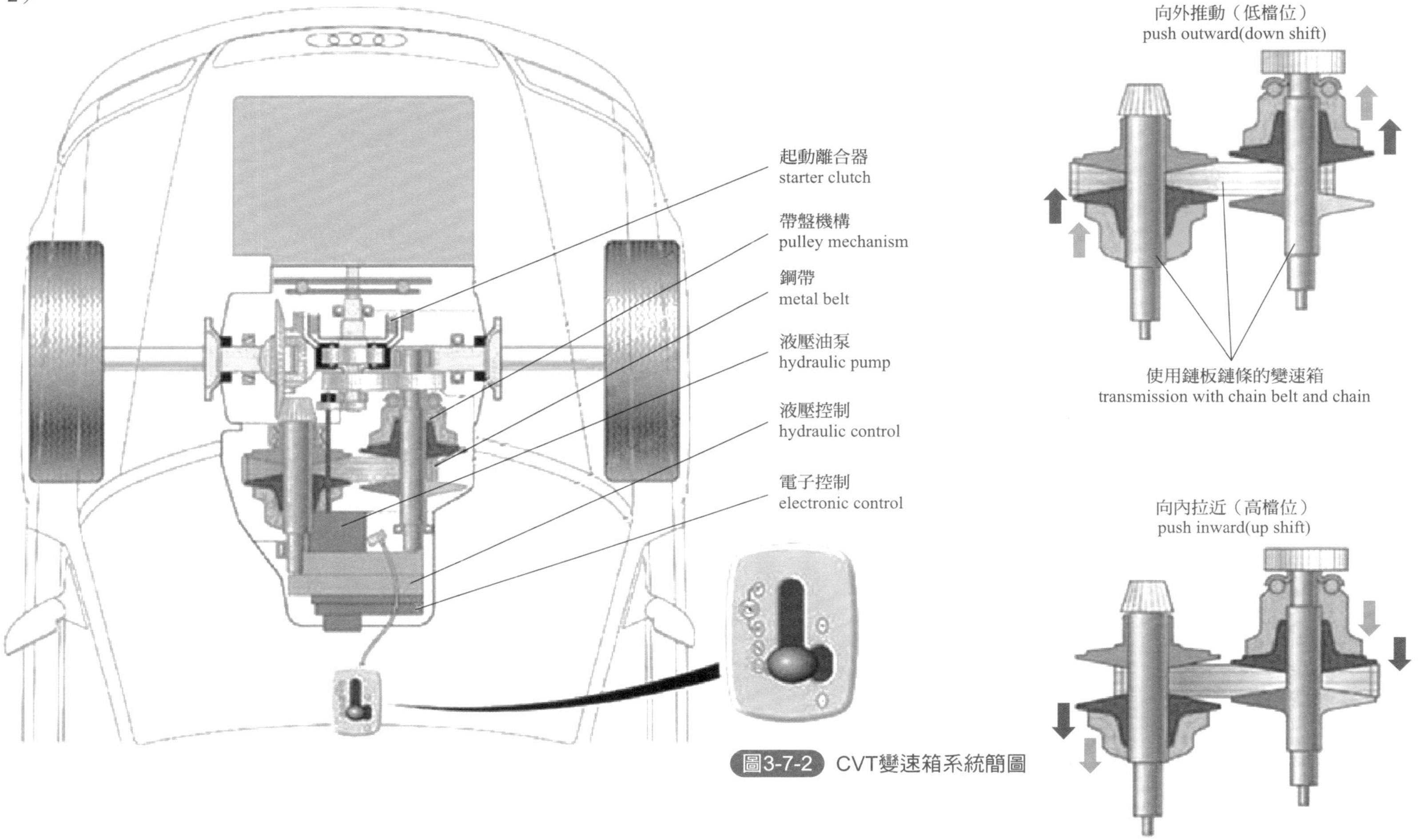
起動離合器
starter clutch
帶盤機構
pulley mechanism
鋼帶
metal belt
液壓油泵
hydraulic pump
液壓控制
hydraulic control
電子控制
electronic control
向外推動（低檔位）
push outward(down shift)
使用鏈板鏈條的變速箱
transmission with chain belt and chain
向內拉近（高檔位）
push inward(up shift)

圖3-7-2　CVT變速箱系統簡圖

7.3 CVT帶盤控制機構

汽車開始起步時，主動帶盤的工作半徑較小，變速箱可以獲得較大的減速比，從而使驅動軸總成能夠有足夠的扭力來保證汽車有較高的加速度。隨著車速的增加，主動帶盤的工作半徑逐漸增大，被動帶盤的工作半徑相應減小，CVT的減速比下降，使得汽車能夠以更高的速度行駛（**圖3-7-3**）。

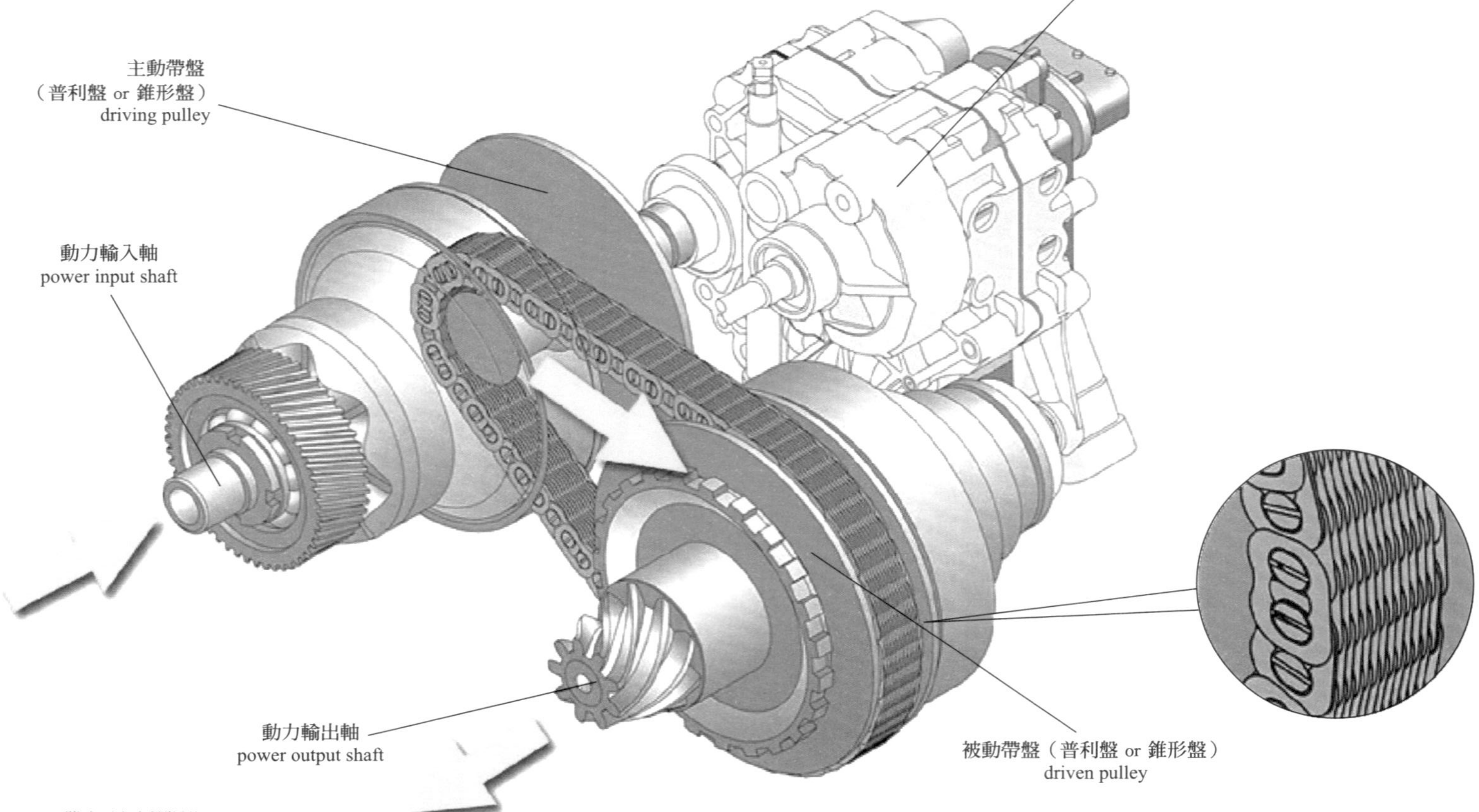
帶盤控制模組
pulley control module
主動帶盤
（普利盤 or 錐形盤）
driving pulley
動力輸入軸
power input shaft
動力輸出軸
power output shaft
被動帶盤（普利盤 or 錐形盤）
driven pulley

圖3-7-3 CVT帶盤控制機構

第8章 雙離合器變速箱

8.1 雙離合器變速箱原理

8.1.1 雙離合器變速箱基本結構

雙離合器變速箱有兩組離合器，分別由電子控制並由液壓系統推動，而兩組離合器分別對應兩組齒輪，這樣傳動軸也相應複雜地被分為兩部分，實心傳動軸負責一組齒輪，而空心傳動軸負責另一組（**圖3-8-1**）。

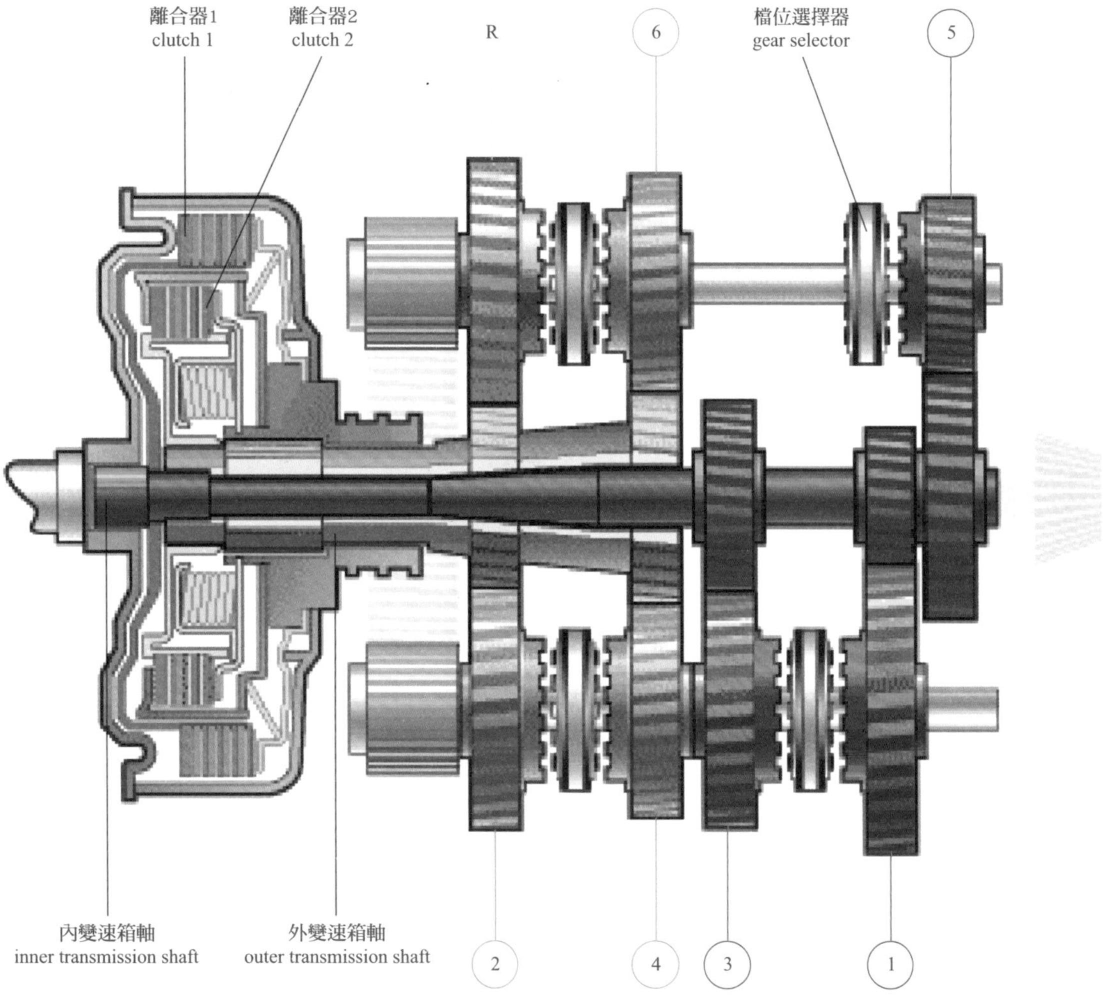
離合器1
clutch 1
離合器2
clutch 2
R
6
檔位選擇器
gear selector
5
內變速箱軸
inner transmission shaft
外變速箱軸
outer transmission shaft
2
4
3
1

圖3-8-1 6速變速箱結構

8.1.2 雙離合器變速箱布置形式

如圖3-8-2所示，離合器1負責2檔、4檔，離合器2負責1檔、3檔和5檔；掛上奇數檔時，離合器2結合，內輸入軸工作，離合器1分離，外輸入軸不工作，即在變速箱的工作過程中總是有2個檔位是結合的，一個正在工作，另一個則為下一步做好準備。

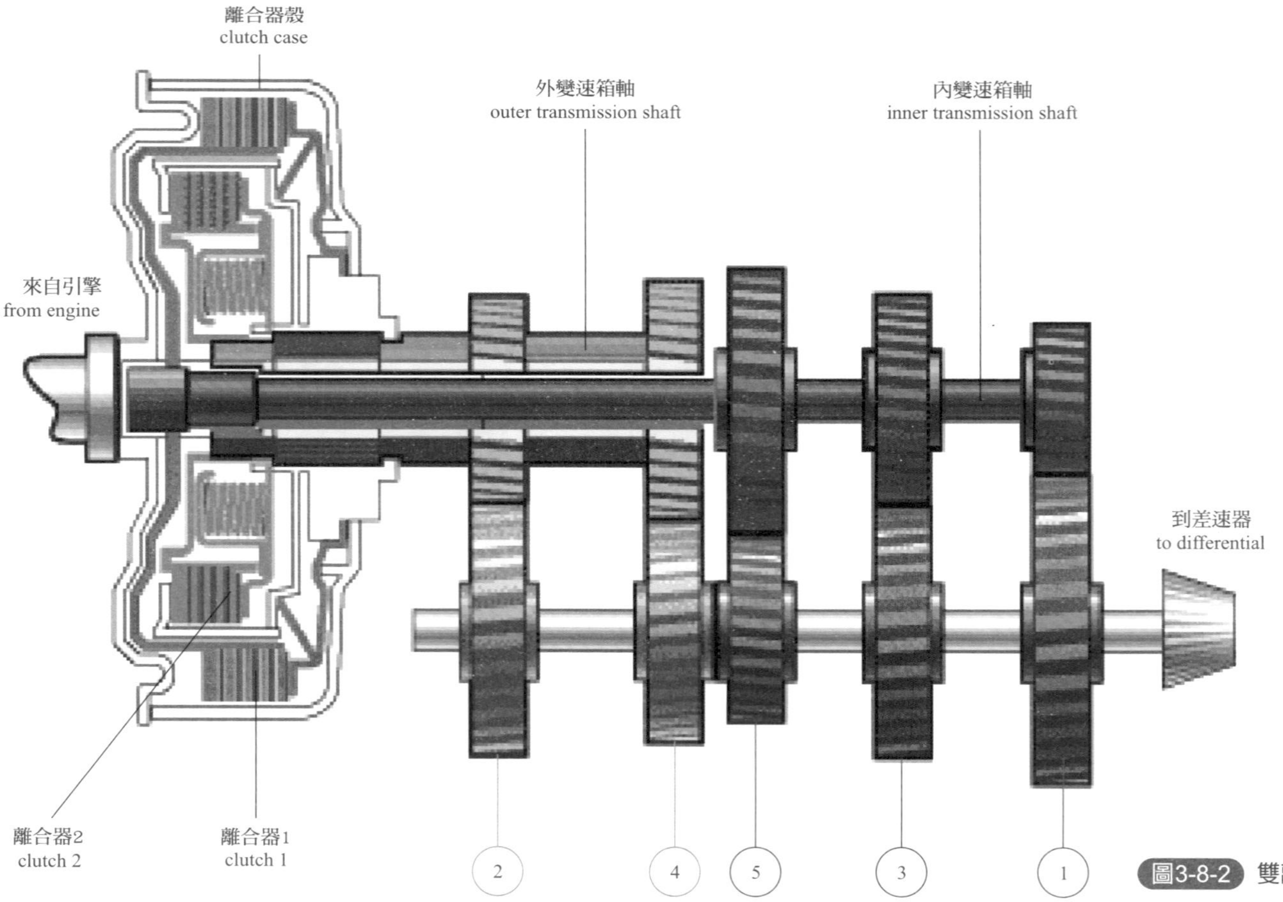
離合器殼
clutch case
外變速箱軸
outer transmission shaft
內變速箱軸
inner transmission shaft
來自引擎
from engine
到差速器
to differential
離合器2
clutch 2
離合器1
clutch 1
2
4
5
3
1

圖3-8-2 雙離合器變速箱布置形式

8.1.3 多片濕式離合器

離合器有乾式和濕式兩種，乾式離合器內是空氣，濕式離合器內是液壓油，如**圖3-8-3**所示。濕式多片離合器和扭力變換器一樣，都是使用液壓來驅動齒輪。

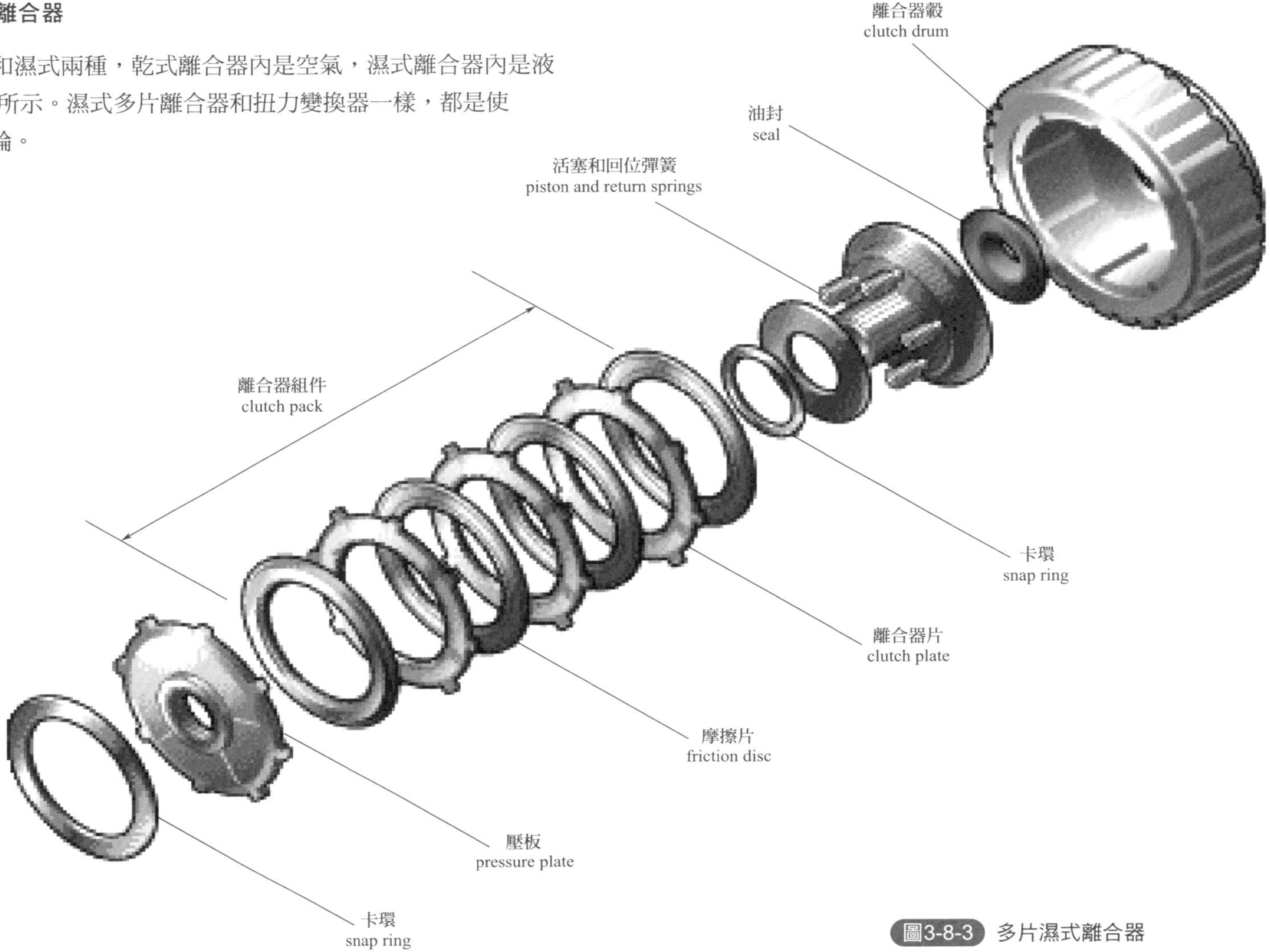
離合器轂
clutch drum
油封
seal
活塞和回位彈簧
piston and return springs
離合器組件
clutch pack
卡環
snap ring
離合器片
clutch plate
摩擦片
friction disc
壓板
pressure plate
卡環
snap ring

圖3-8-3 多片濕式離合器

8.2 大眾DSG變速箱

8.2.1 大眾6速DSG變速箱原理

DSG（direct shift gearbox）中文字面意思為「直接換檔變速箱」，DSG只是大眾對自己買斷的雙離合技術專有的稱謂而已。兩個離合器與變速箱裝配在同一機構內，其中離合器1負責掛1、3、5檔和倒檔，離合器2負責掛2、4、6檔。當駕駛員掛上1檔起步時，換檔撥叉同時掛上1檔和2檔，但離合器1結合，離合器2分離，動力通過1檔的齒輪輸出動力，2檔齒輪空轉。當駕駛員換到2檔時，換檔撥叉同時掛上2檔和3檔，離合器1分離的同時離合器2結合，動力通過2檔齒輪輸出，3檔齒輪空轉。其餘各檔位的切換方式均與此類似。這樣就解決了換檔過程中動力傳輸中斷的問題（圖3-8-4）。

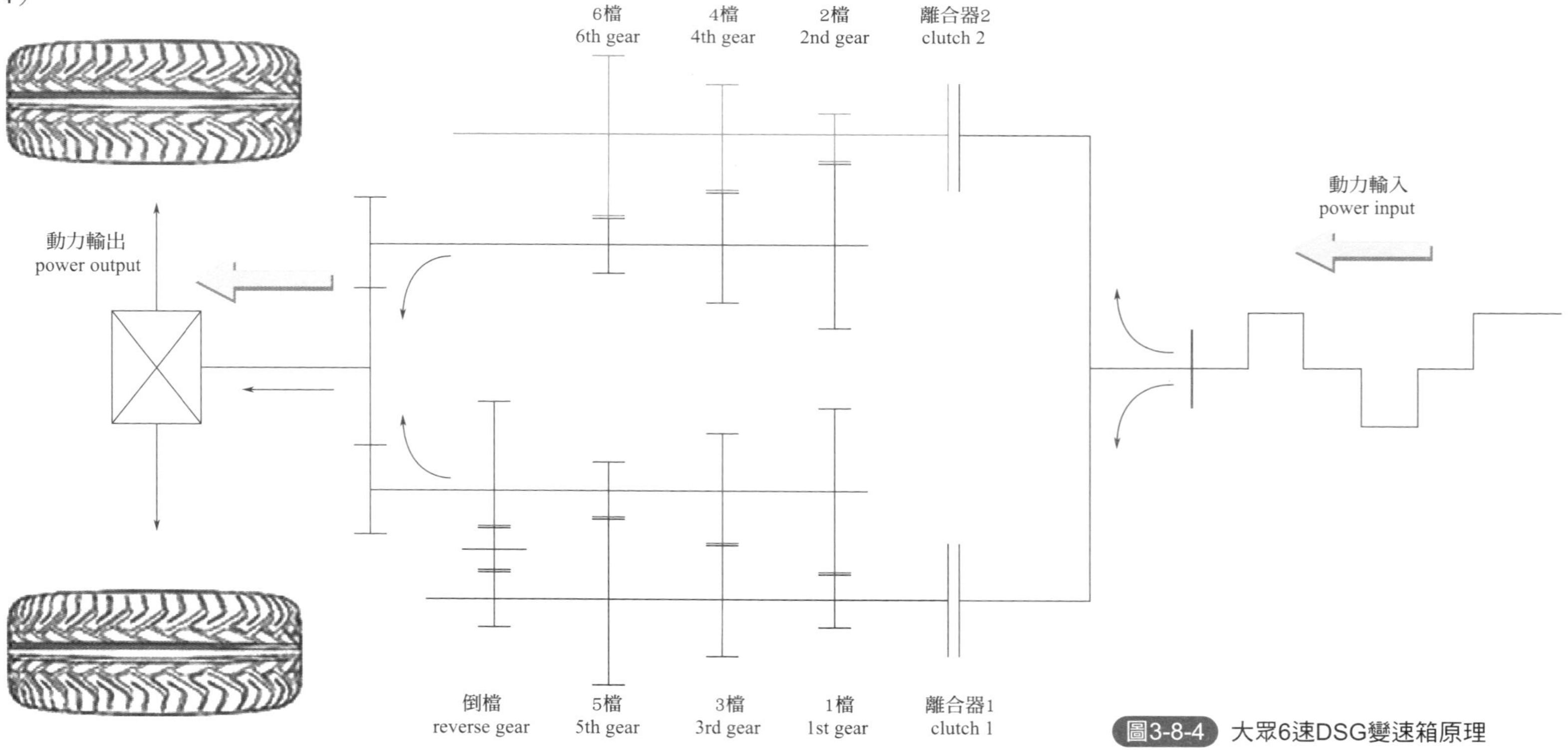
6檔
6th gear
4檔
4th gear
2檔
2nd gear
離合器2
clutch 2
動力輸入
power input
動力輸出
power output
倒檔
reverse gear
5檔
5th gear
3檔
3rd gear
1檔
1st gear
離合器1
clutch 1

圖3-8-4 大眾6速DSG變速箱原理

8.2.2　大眾6速DSG變速箱結構（圖3-8-5）

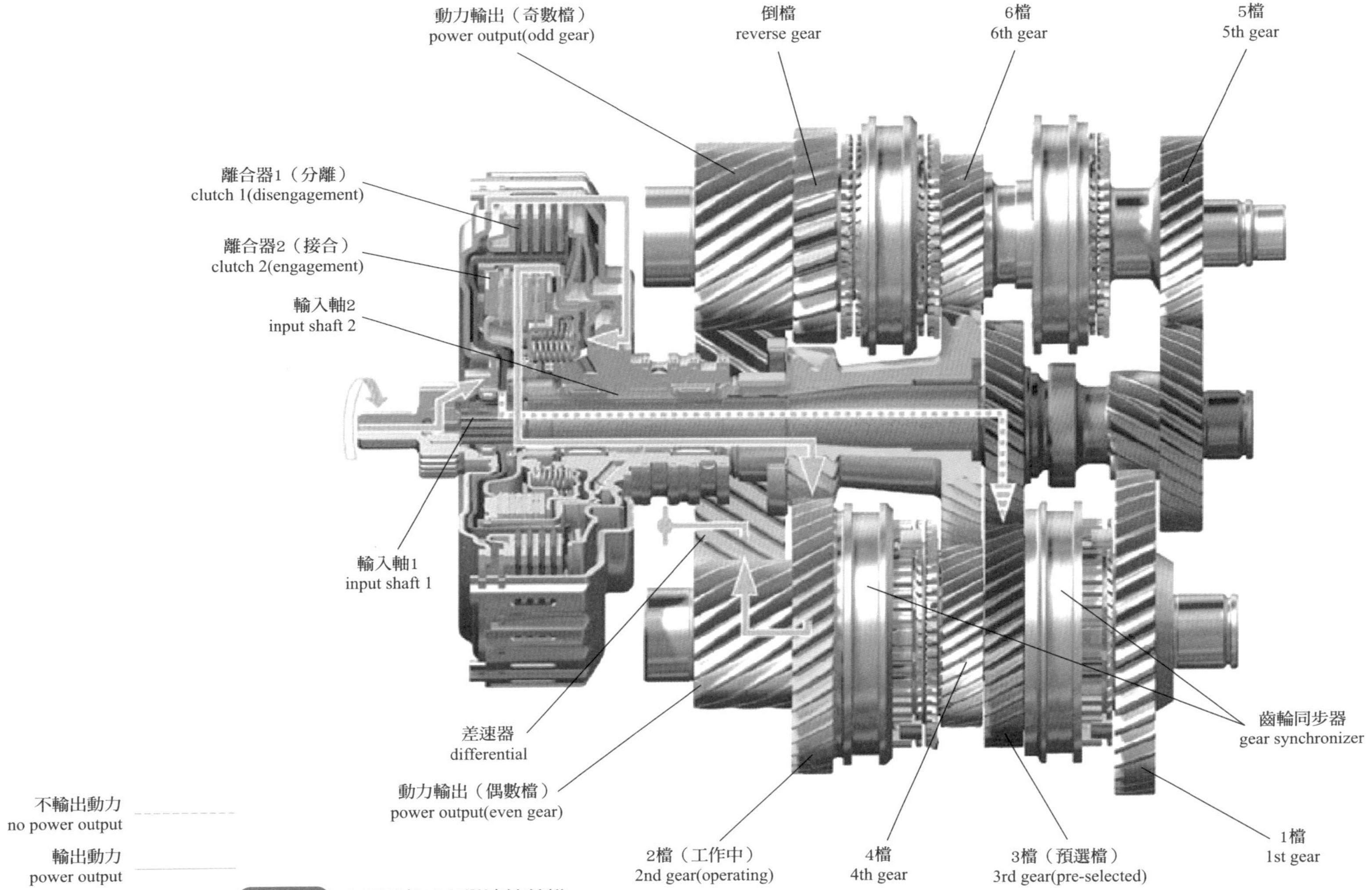
動力輸出（奇數檔）
power output(odd gear)
倒檔
reverse gear
6檔
6th gear
5檔
5th gear
離合器1（分離）
clutch 1(disengagement)
離合器2（接合）
clutch 2(engagement)
輸入軸2
input shaft 2
輸入軸1
input shaft 1
差速器
differential
動力輸出（偶數檔）
power output(even gear)
齒輪同步器
gear synchronizer
2檔（工作中）
2nd gear(operating)
4檔
4th gear
3檔（預選檔）
3rd gear(pre-selected)
1檔
1st gear
不輸出動力
no power output
輸出動力
power output

圖3-8-5　大眾6速DSG變速箱結構

8.2.3　大眾7速DSG變速箱

大眾7速DSG雙離合變速箱的工作原理與6速類似。離合器1負責控制1檔、3檔、5檔、7檔，離合器2負責控制2檔、4檔、6檔和倒檔（圖3-8-6）。

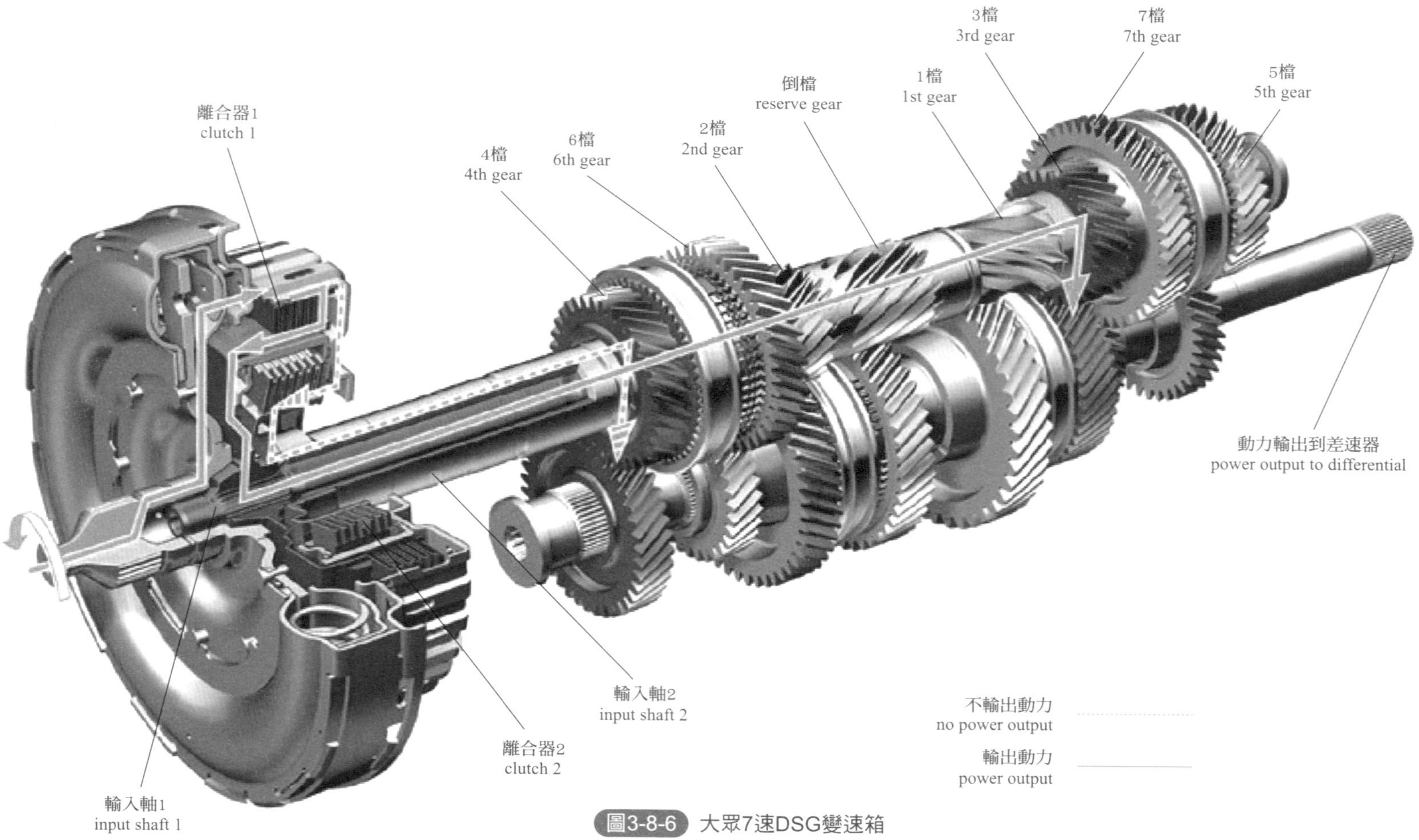
3檔
3rd gear
7檔
7th gear
5檔
5th gear
倒檔
reserve gear
1檔
1st gear
離合器1
clutch 1
2檔
2nd gear
6檔
6th gear
4檔
4th gear
動力輸出到差速器
power output to differential
輸入軸2
input shaft 2
不輸出動力
no power output
輸出動力
power output
離合器2
clutch 2
輸入軸1
input shaft 1

圖3-8-6　大眾7速DSG變速箱

第9章 四輪驅動

9.1 概述

四輪驅動，顧名思義就是採用四個車輪作為驅動輪。如果在一些複雜路段出現前輪或後輪打滑時，另外兩個輪子還可以繼續驅動汽車行駛，不至於無法動彈。特別是在冰雪或濕滑路面行駛時，更不容易出現打滑現象，比一般的兩驅車更穩定（圖3-9-1）。

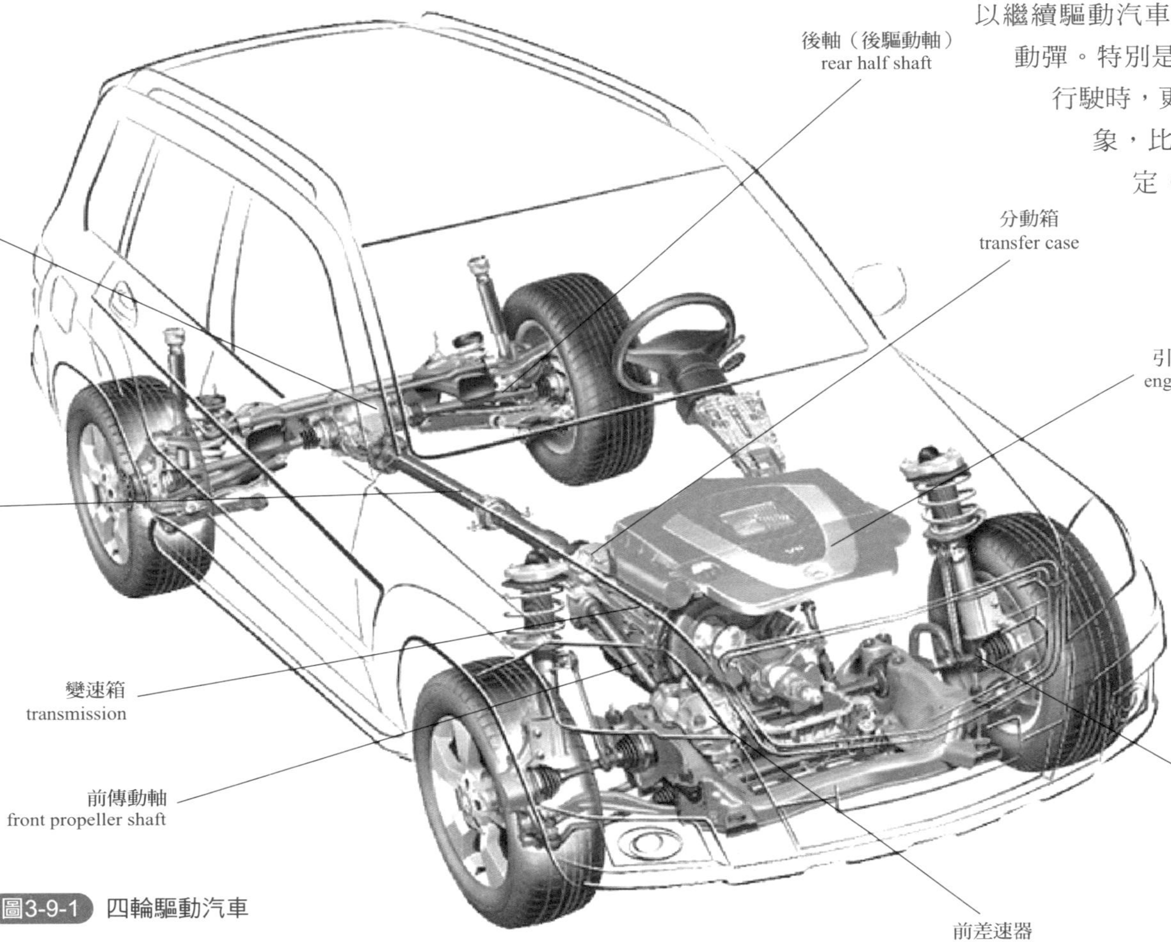
後軸（後驅動軸）
rear half shaft
分動箱
transfer case
引擎
engine
後差速器
rear differential
後傳動軸
rear propeller shaft
變速箱
transmission
前傳動軸
front propeller shaft
前軸（前驅動軸）
front half shaft
前差速器
front differential

圖3-9-1 四輪驅動汽車

9.2 分時四驅

分時四驅可以簡單理解為根據不同路況駕駛員可以手動切換兩驅或四驅模式。如在濕滑草地、泥濘、沙漠等複雜路況行駛時，可切換至四驅模式，提高車輛通過性；如在公路上行駛，可切換至兩驅模式，避免轉向時車輛發生干涉現象、降低油耗等（圖3-9-2）。

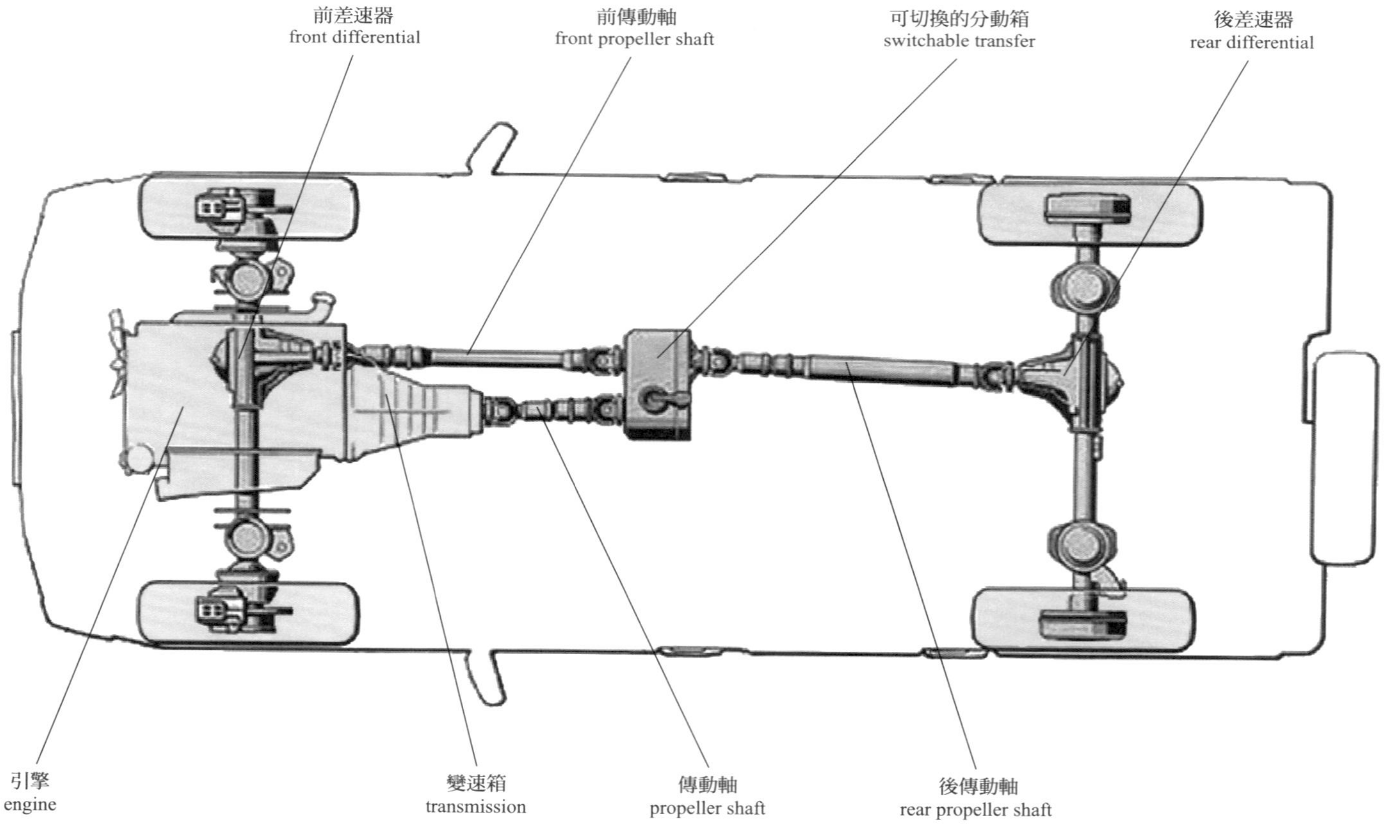
前差速器
front differential
前傳動軸
front propeller shaft
可切換的分動箱
switchable transfer
後差速器
rear differential
引擎
engine
變速箱
transmission
傳動軸
propeller shaft
後傳動軸
rear propeller shaft

圖3-9-2 分時四驅汽車

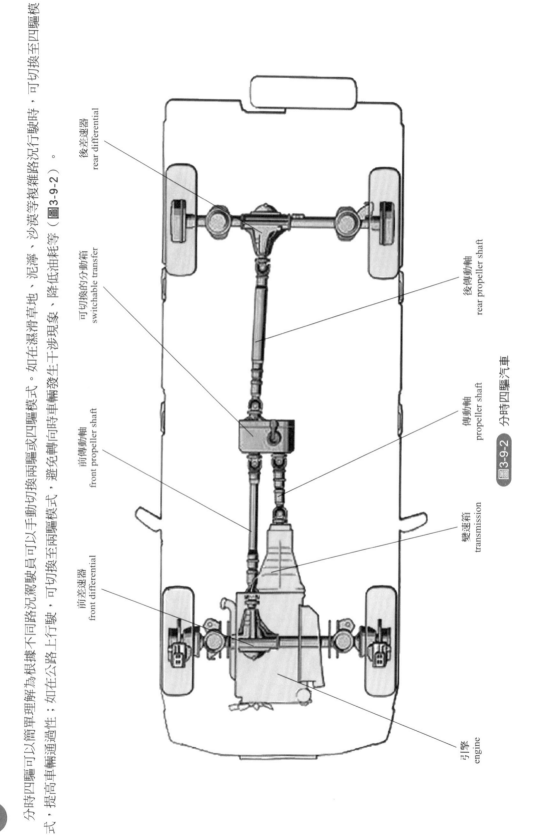

9.3 適時四驅

適時四驅，又稱為實時四驅，只有在適當的時候才會轉換為四輪驅動，而在其他情況下仍然是兩輪驅動的驅動系統。系統會根據車輛的行駛路況自動切換為兩驅或四驅模式，不需要人為操作（**圖3-9-3**）。

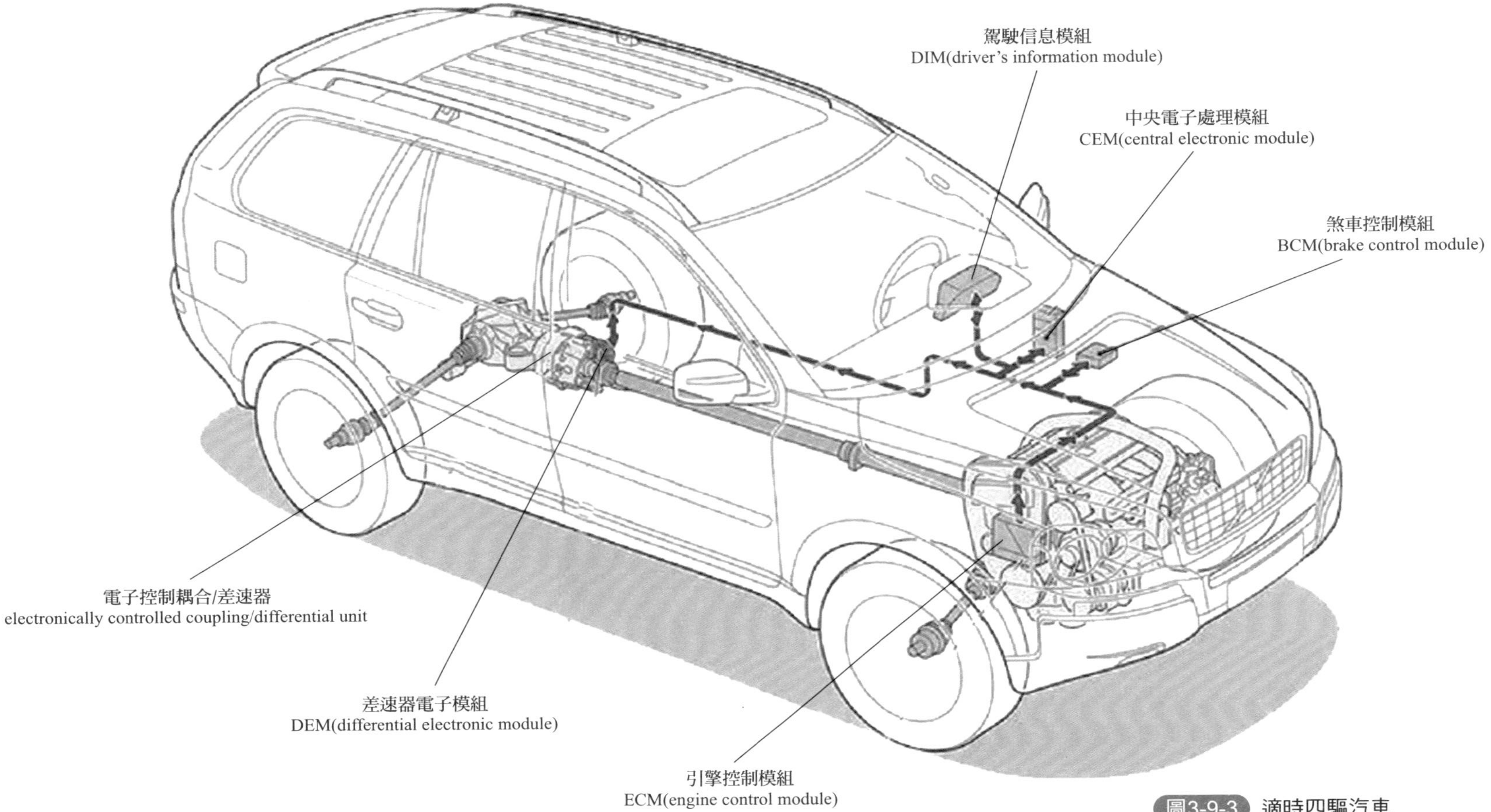

駕駛信息模組
DIM(driver's information module)
中央電子處理模組
CEM(central electronic module)
煞車控制模組
BCM(brake control module)
電子控制耦合/差速器
electronically controlled coupling/differential unit
差速器電子模組
DEM(differential electronic module)
引擎控制模組
ECM(engine control module)

圖3-9-3 適時四驅汽車

9.4 全時四驅

全時四驅就是指汽車的四個車輪時時刻刻都能提供驅動力。全時四驅汽車傳動系統中，設置了一個中央差速器，引擎動力先傳遞到中央差速器，將動力分配到前後軸總成（圖3-9-4）。

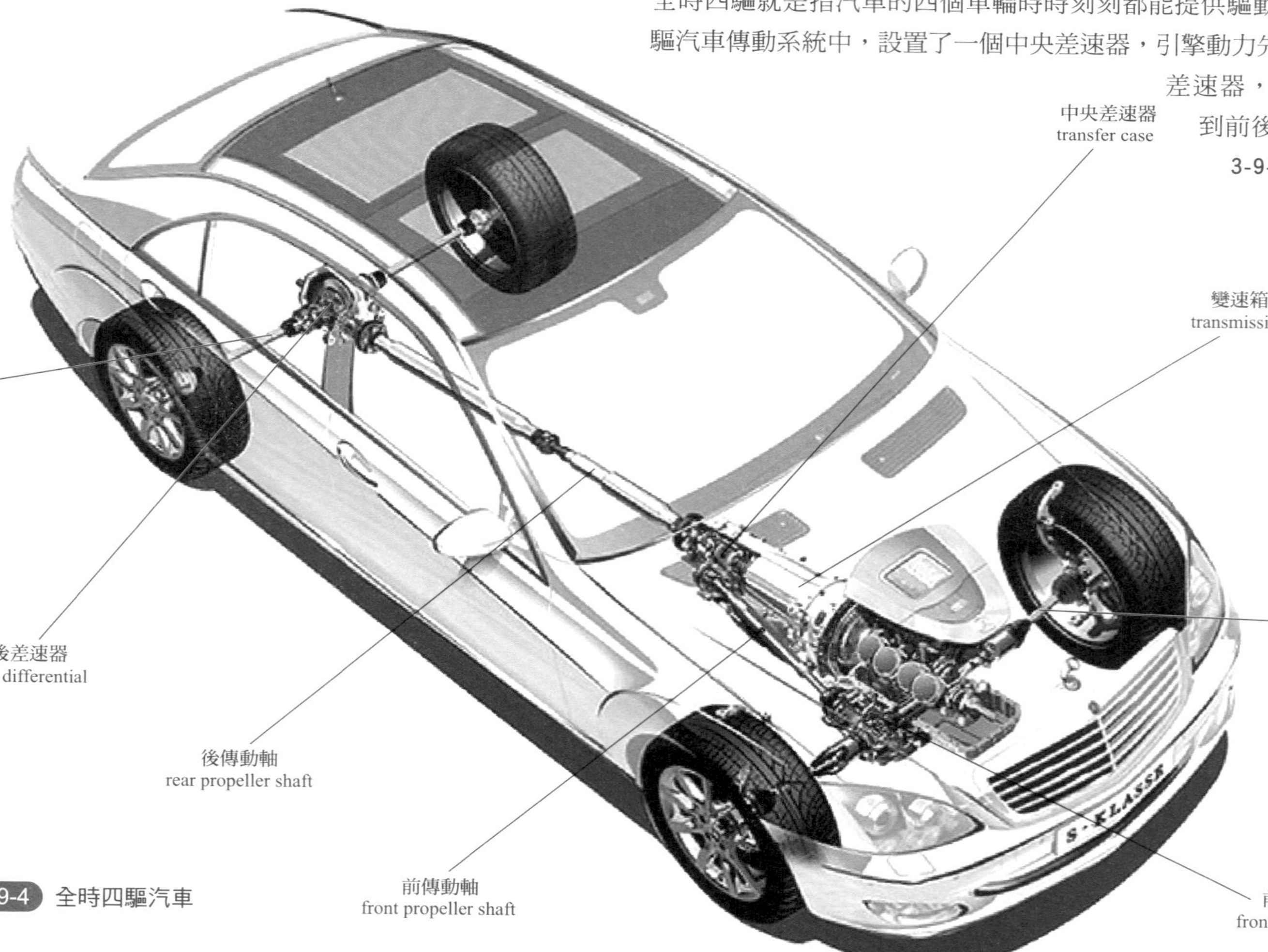
中央差速器
transfer case
變速箱
transmission
後軸（後驅動軸）
rear half shaft
前軸（前驅動軸）
front half shaft
後差速器
rear differential
後傳動軸
rear propeller shaft
前傳動軸
front propeller shaft
前差速器
front differential
S-KLASSE

圖3-9-4 全時四驅汽車

9.5 分動箱

在多軸驅動的汽車上設有分動箱，它位於變速箱與前後軸總成之間的傳動鏈中，用來增大變速箱輸出的扭矩，以擴大變速範圍，並將扭矩分配給各前後軸總成（圖3-9-5）。

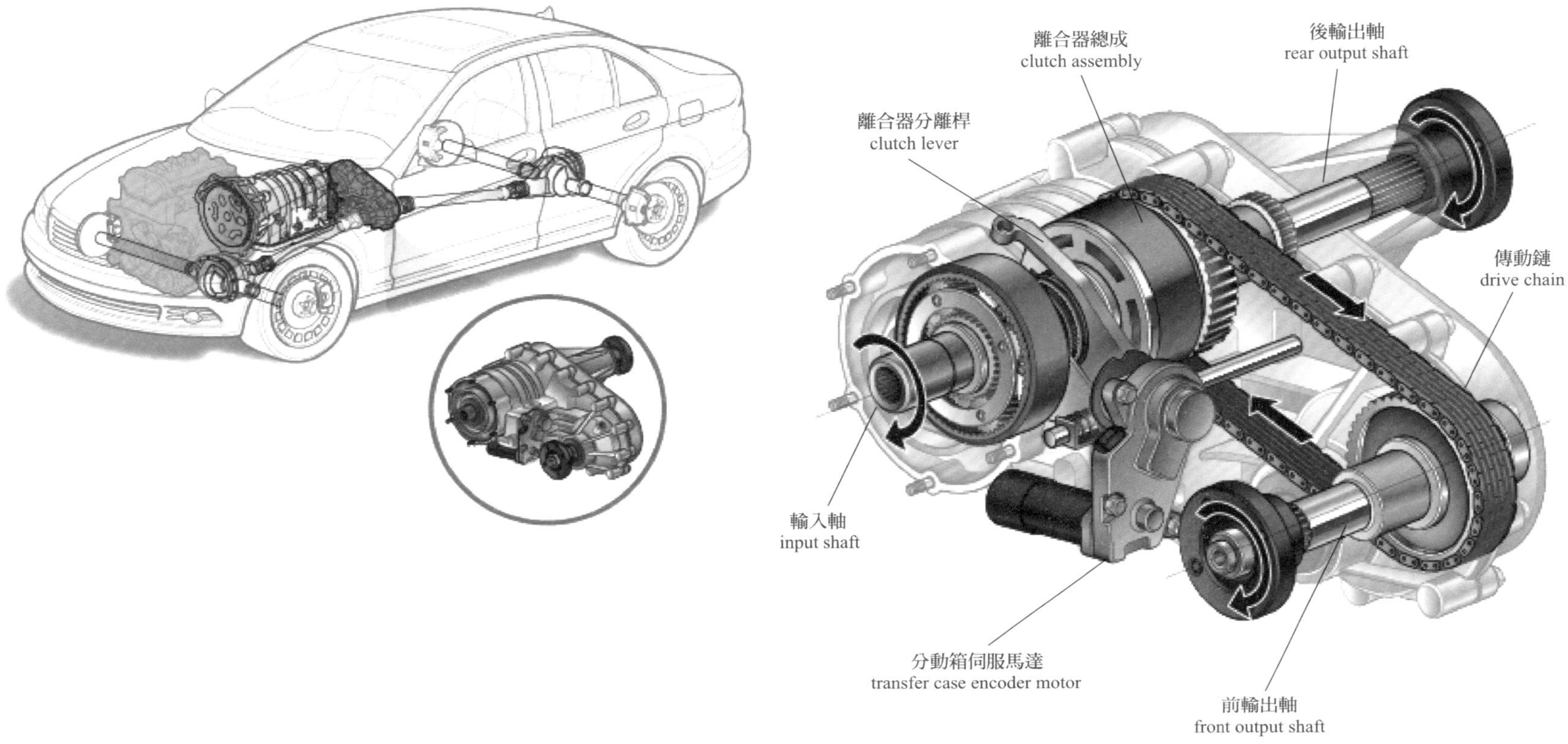
離合器總成
clutch assembly
後輪出軸
rear output shaft
離合器分離桿
clutch lever
傳動鏈
drive chain
輸入軸
input shaft
分動箱伺服馬達
transfer case encoder motor
前輪出軸
front output shaft

圖3-9-5 分動箱

分動箱原理：帶軸間差速器的分動箱在前、後輸出軸和之間有一個行星齒輪式軸間差速器。兩根輸出軸可以不同的轉速旋轉，並按一定的比例將扭矩分配給前、後軸總成，既可使前軸總成常處於驅動狀態，又可保證各車輪運動協調（圖3-9-6）。

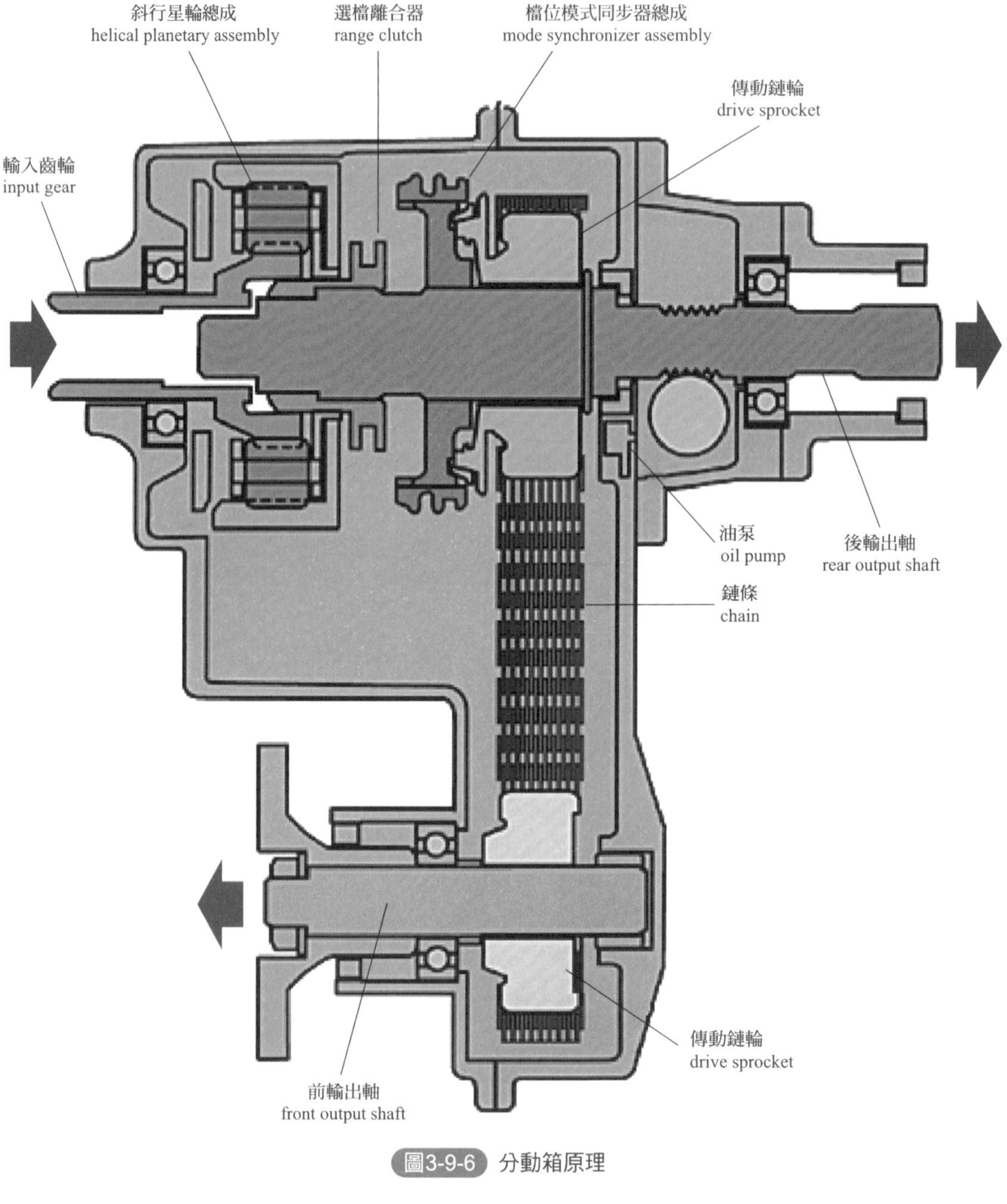

圖3-9-6　分動箱原理

第10章 傳動軸

10.1 概述

傳動軸是由軸管、滑動接頭和萬向接頭組成。傳動軸的作用是與變速箱、前後軸總成一起將引擎的動力傳遞給車輪，使汽車產生驅動力（圖3-10-1）。

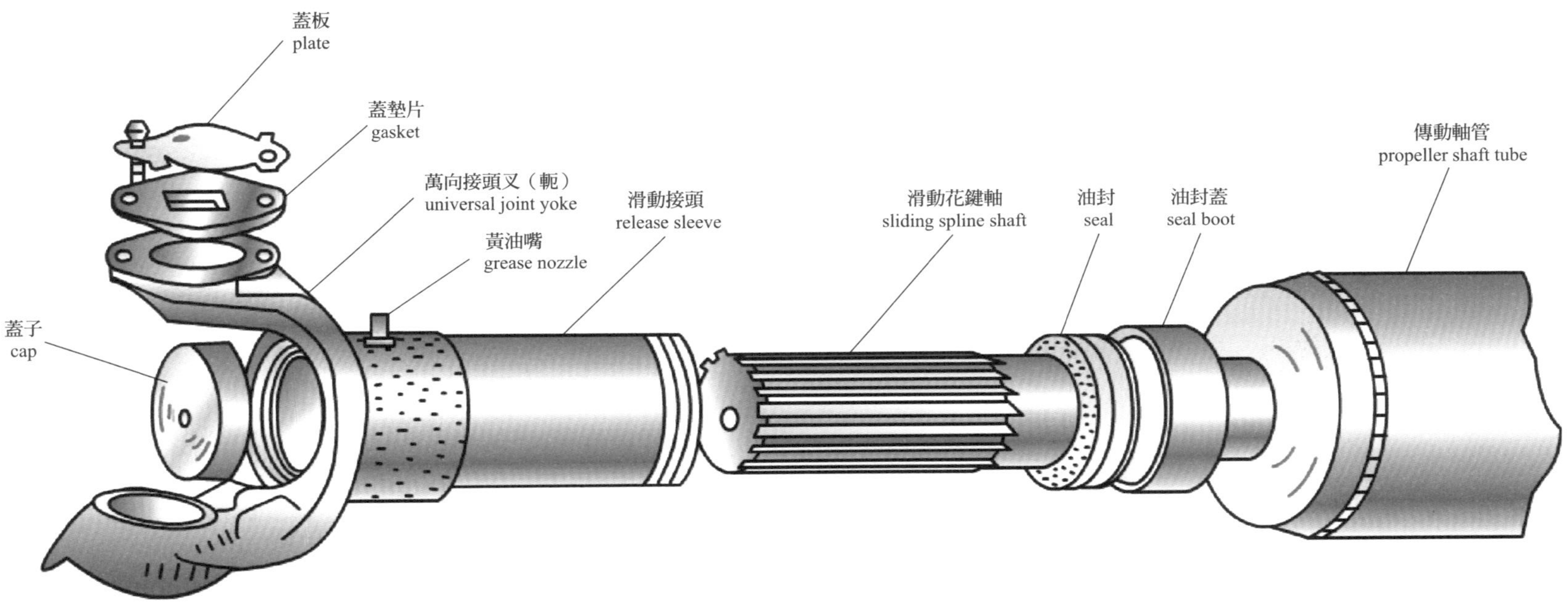
蓋板
plate
蓋墊片
gasket
萬向接頭叉（軛）
universal joint yoke
黃油嘴
grease nozzle
滑動接頭
release sleeve
滑動花鍵軸
sliding spline shaft
油封
seal
油封蓋
seal boot
傳動軸管
propeller shaft tube
蓋子
cap

圖3-10-1 傳動軸

10.2 萬向接頭

萬向接頭是指利用球形等裝置來實現不同方向的軸動力輸出，位於傳動軸的末端，起到連接傳動軸和前後軸總成、驅動軸等機件的作用。

10.2.1　十字軸萬向接頭

十字軸萬向接頭由一個十字軸、兩個萬向接頭叉（傳動軸叉和套筒叉）和四個滾針軸承等組成。兩個萬向接頭叉上的孔分別套在十字軸的兩對軸頸上，這樣，當輸入軸轉動時，輸出軸既可隨之轉動，又可繞十字軸中心在任意方向擺動（圖3-10-2）。

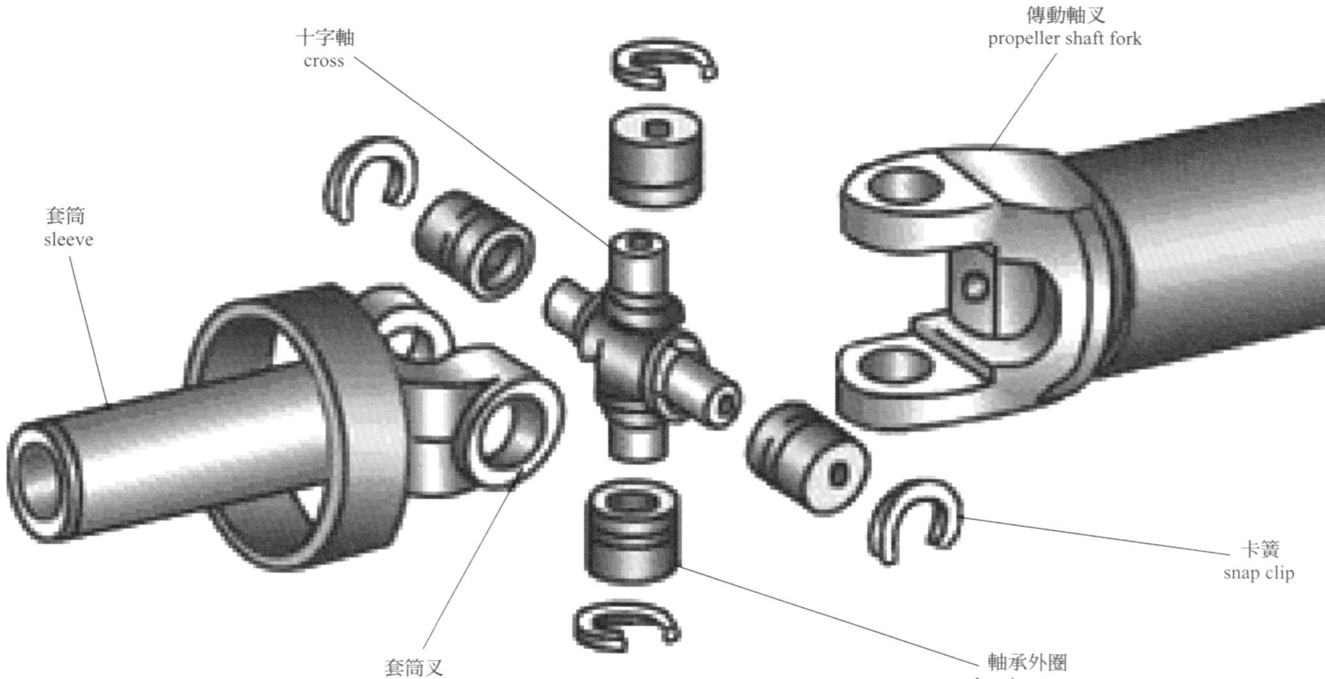
十字軸
cross
傳動軸叉
propeller shaft fork
套筒
sleeve
卡簧
snap clip
套筒叉
sleeve fork
軸承外圈
bearing outer

圖3-10-2　十字軸萬向接頭

10.2.2 力士伯式等速萬向接頭

力士伯式等速萬向接頭是奧地利人A. H. Rzeppa 於1926年發明的，利用若干鋼球分別置於與兩軸連接的內、外星輪槽內，以實現兩軸轉速同步的萬向接頭（**圖3-10-3**）。

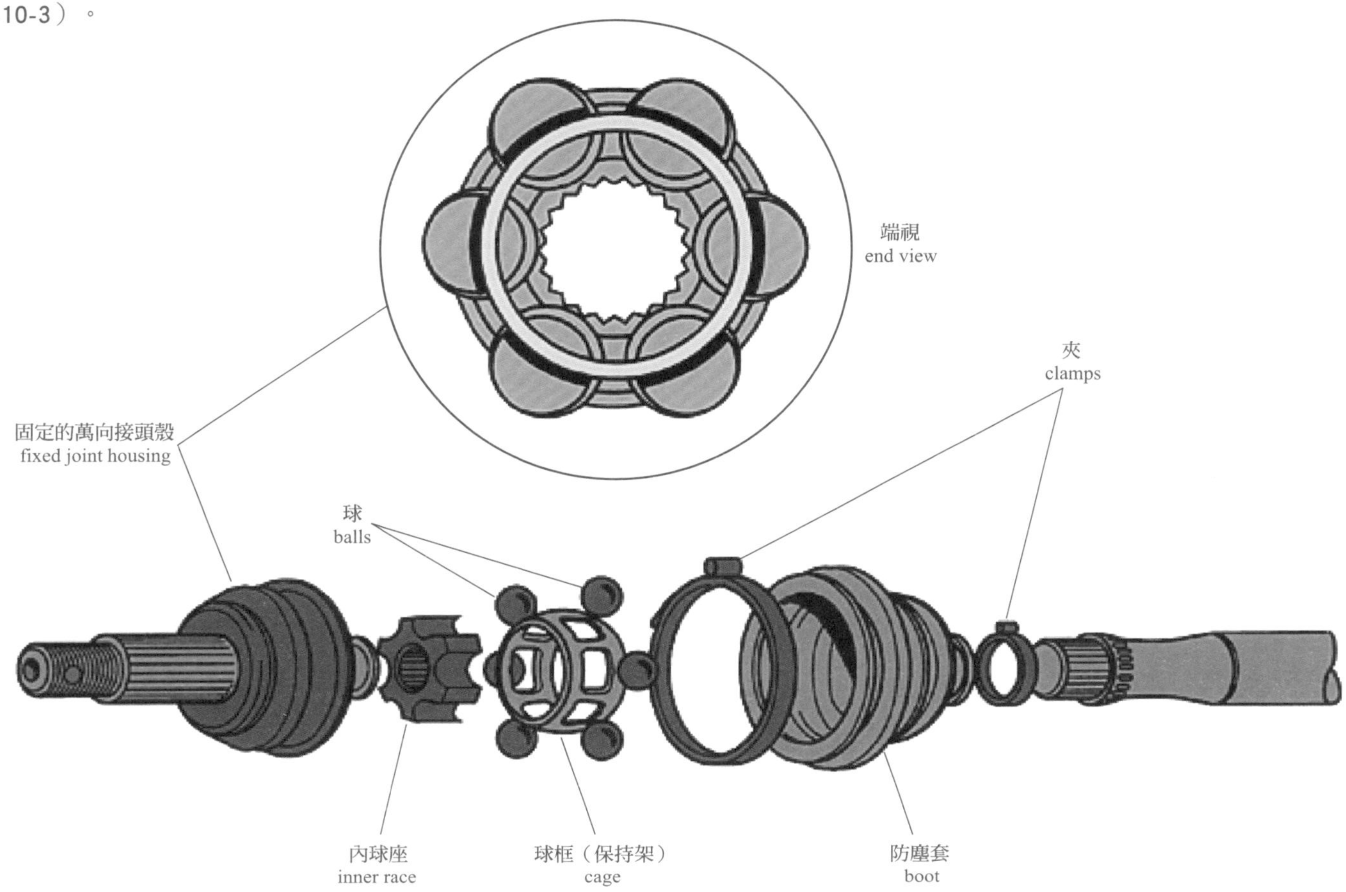
端視
end view
夾
clamps
固定的萬向接頭殼
fixed joint housing
球
balls
內球座
inner race
球框（保持架）
cage
防塵套
boot

圖3-10-3 力士伯式等速萬向接頭

第11章 差速器

11.1 概述

差速器由行星齒輪、行星輪架（差速器殼）、後軸齒輪等零件組成。引擎的動力經傳動軸進入差速器，直接驅動行星輪架，再由行星輪帶動左、右兩根後軸，分別驅動左、右車輪。通過差速器把動力分別傳遞給兩個驅動輪，可以實現左、右兩個車輪間轉速的不同（圖3-11-1）。

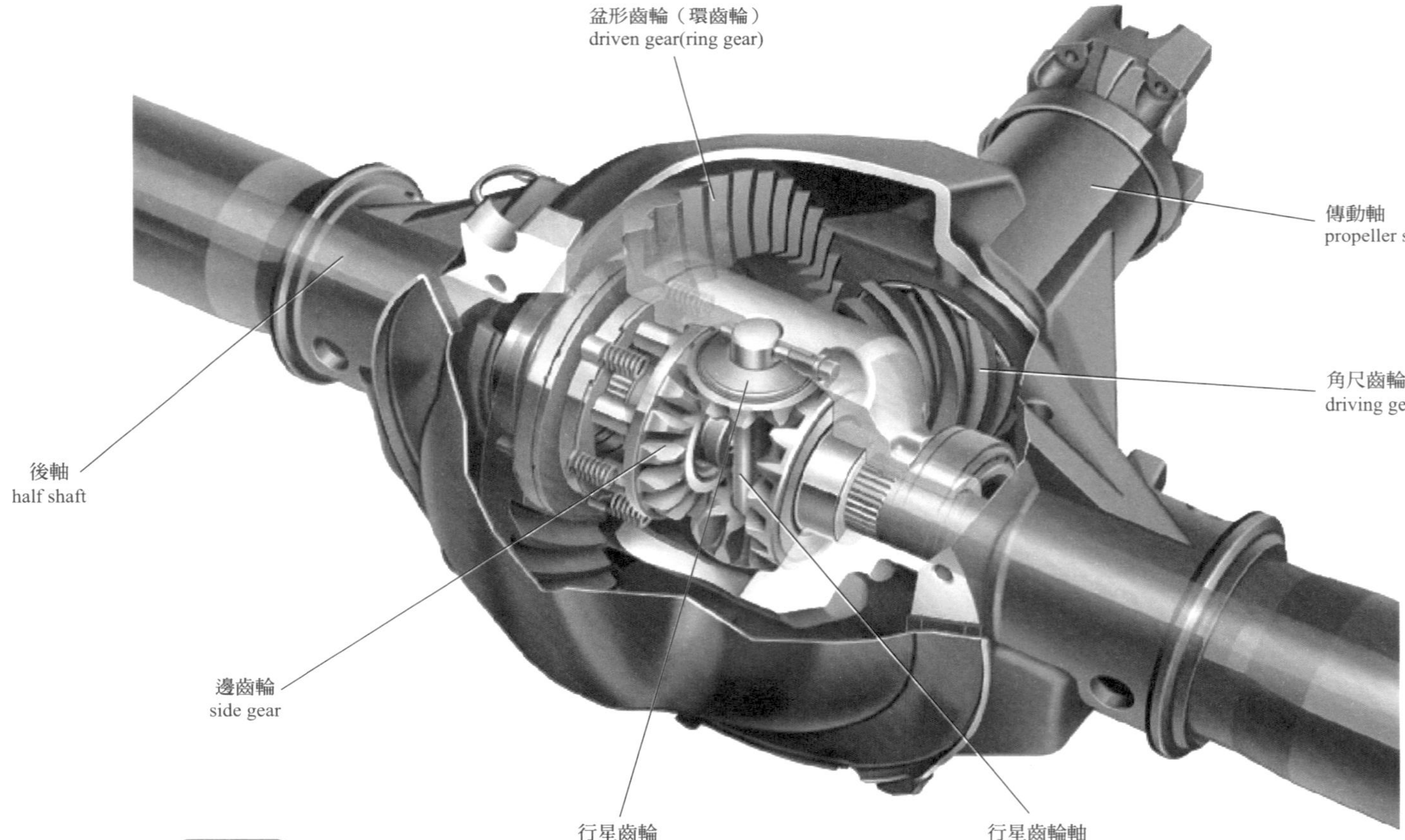
盆形齒輪（環齒輪）
driven gear(ring gear)
傳動軸
propeller shaft
角尺齒輪
driving gear
後軸
half shaft
邊齒輪
side gear
行星齒輪
planetary gear
行星齒輪軸
planetary gear shaft

圖3-11-1 差速器

11.2 差速器原理

傳動軸傳過來的動力通過角尺齒輪傳遞到盆形齒輪上，盆形齒輪帶動行星齒輪軸一起旋轉，同時帶動邊齒輪轉動，從而推動驅動輪前進。當車輛直線行駛時，動力通過盆形齒輪，傳遞到行星齒輪，由於兩側驅動輪受到的阻力相同，行星齒輪不發生自轉，通過後軸把動力傳到兩側車輪（相當於剛性連接，兩側車輪轉速相等）（圖3-11-2）。

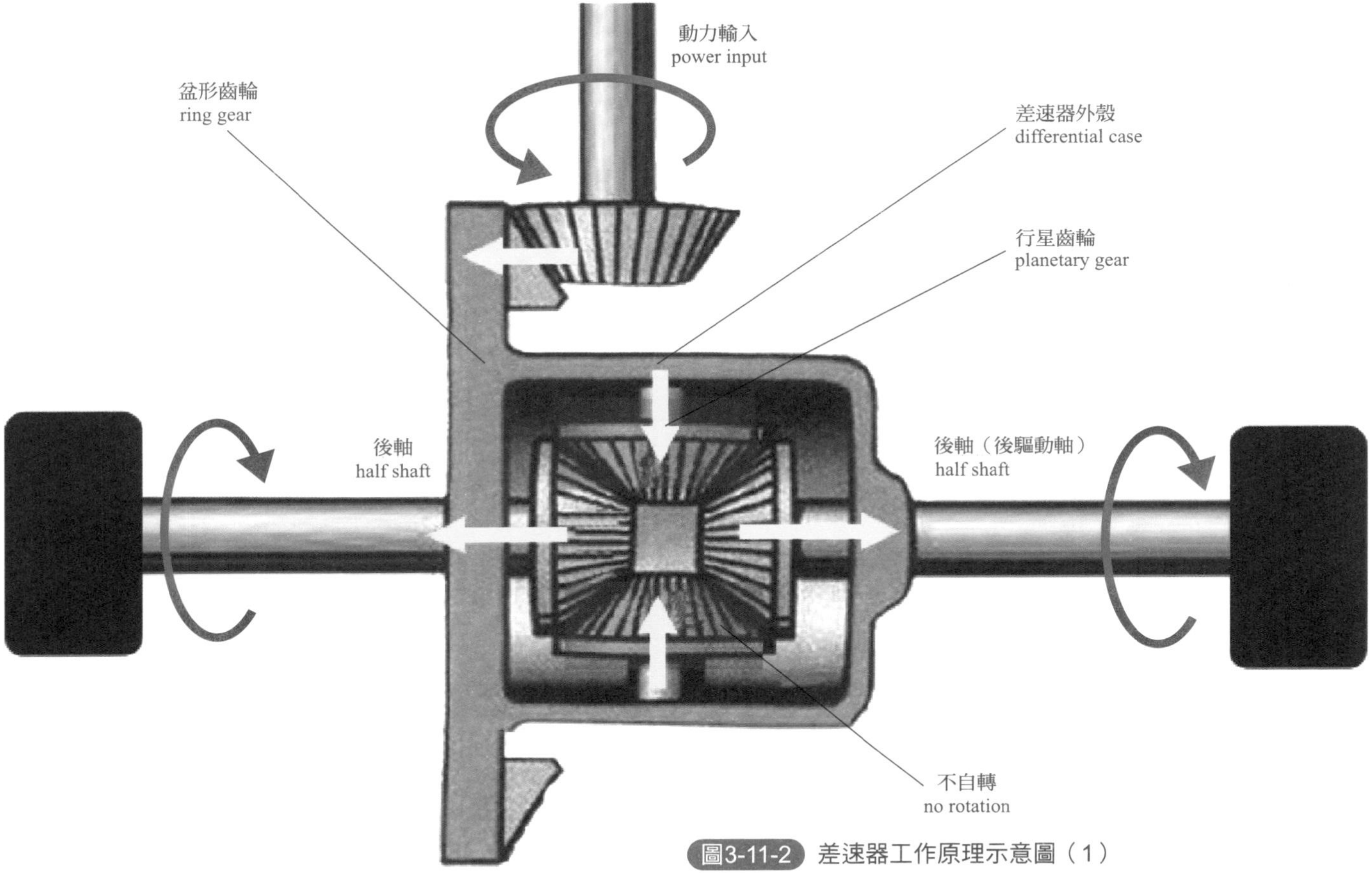
動力輸入
power input
盆形齒輪
ring gear
差速器外殼
differential case
行星齒輪
planetary gear
後軸
half shaft
後軸（後驅動軸）
half shaft
不自轉
no rotation

圖3-11-2 差速器工作原理示意圖（1）

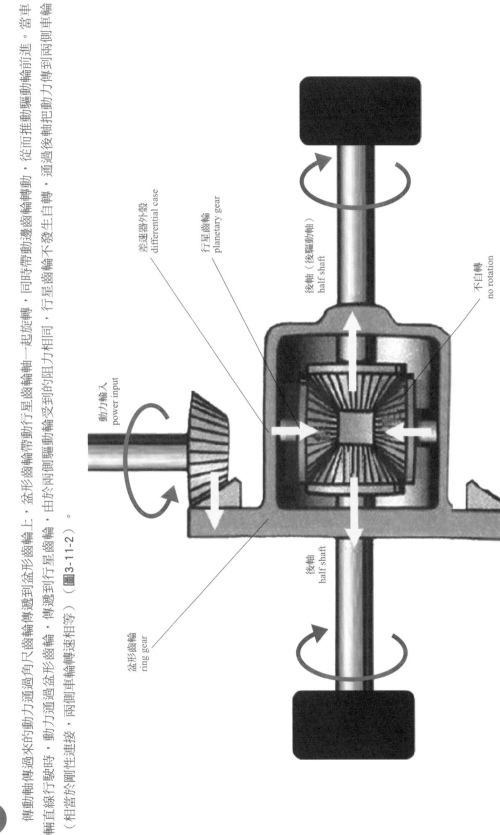

當車輛轉彎時，左、右車輪受到的阻力不一樣，行星齒輪繞著後軸轉動並同時自轉，從而吸收阻力差，使車輪能夠有不同的旋轉速度，保證汽車順利過彎，如圖3-11-3所示。

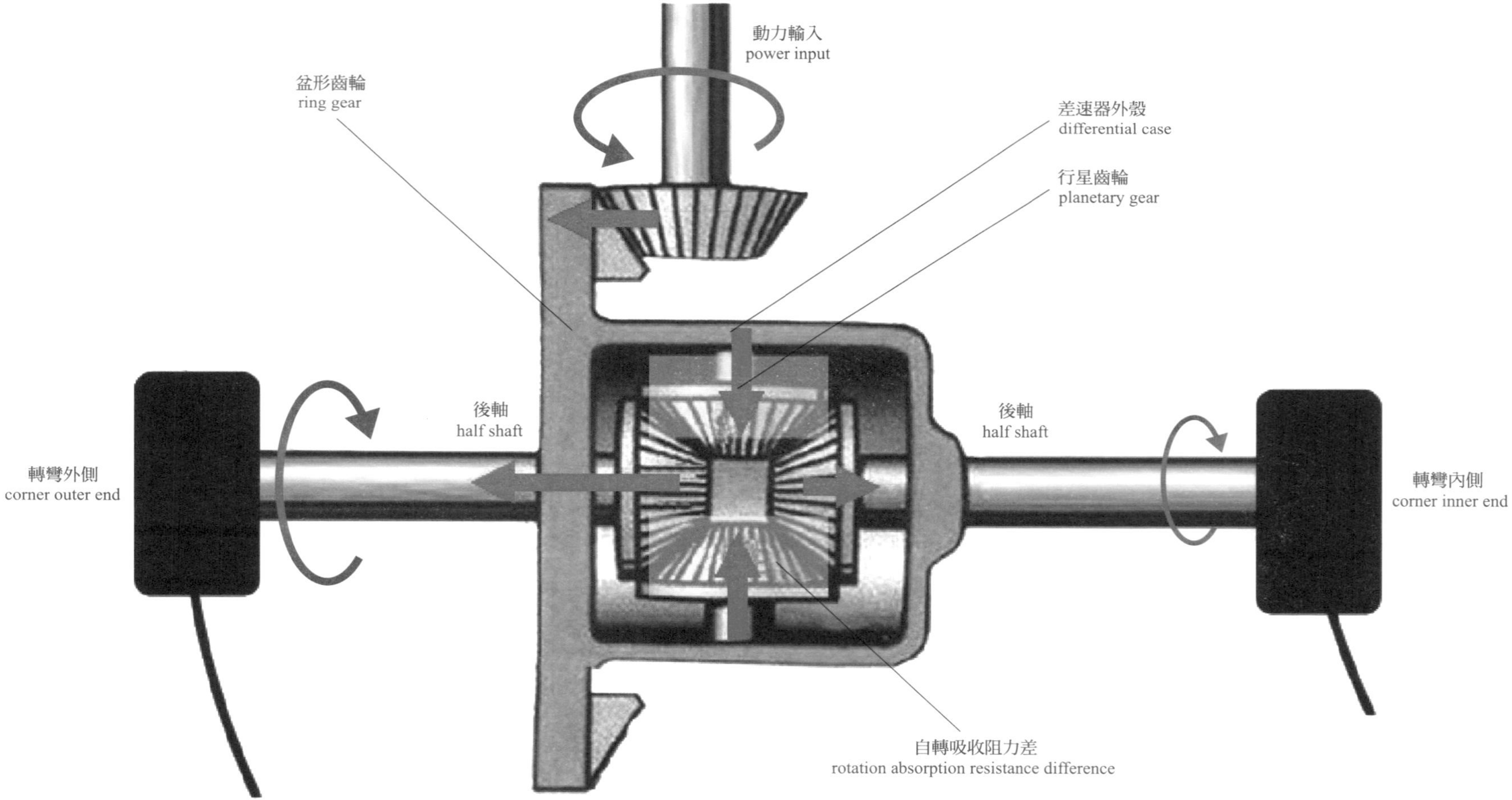
動力輸入
power input
盆形齒輪
ring gear
差速器外殼
differential case
行星齒輪
planetary gear
後軸
half shaft
後軸
half shaft
轉彎外側
corner outer end
轉彎內側
corner inner end
自轉吸收阻力差
rotation absorption resistance difference

圖3-11-3 差速器工作原理示意圖（2）

11.3 防滑差速器

防滑差速器主要通過來令片來實現動力的分配，其殼體內有多片離合器，一旦某組車輪打滑，利用車輪差的作用，會自動把部分動力傳遞到沒有打滑的車輪，從而擺脫困境。不過在長時間重負荷、高強度越野時，會影響它的可靠性（**圖3-11-4**）。

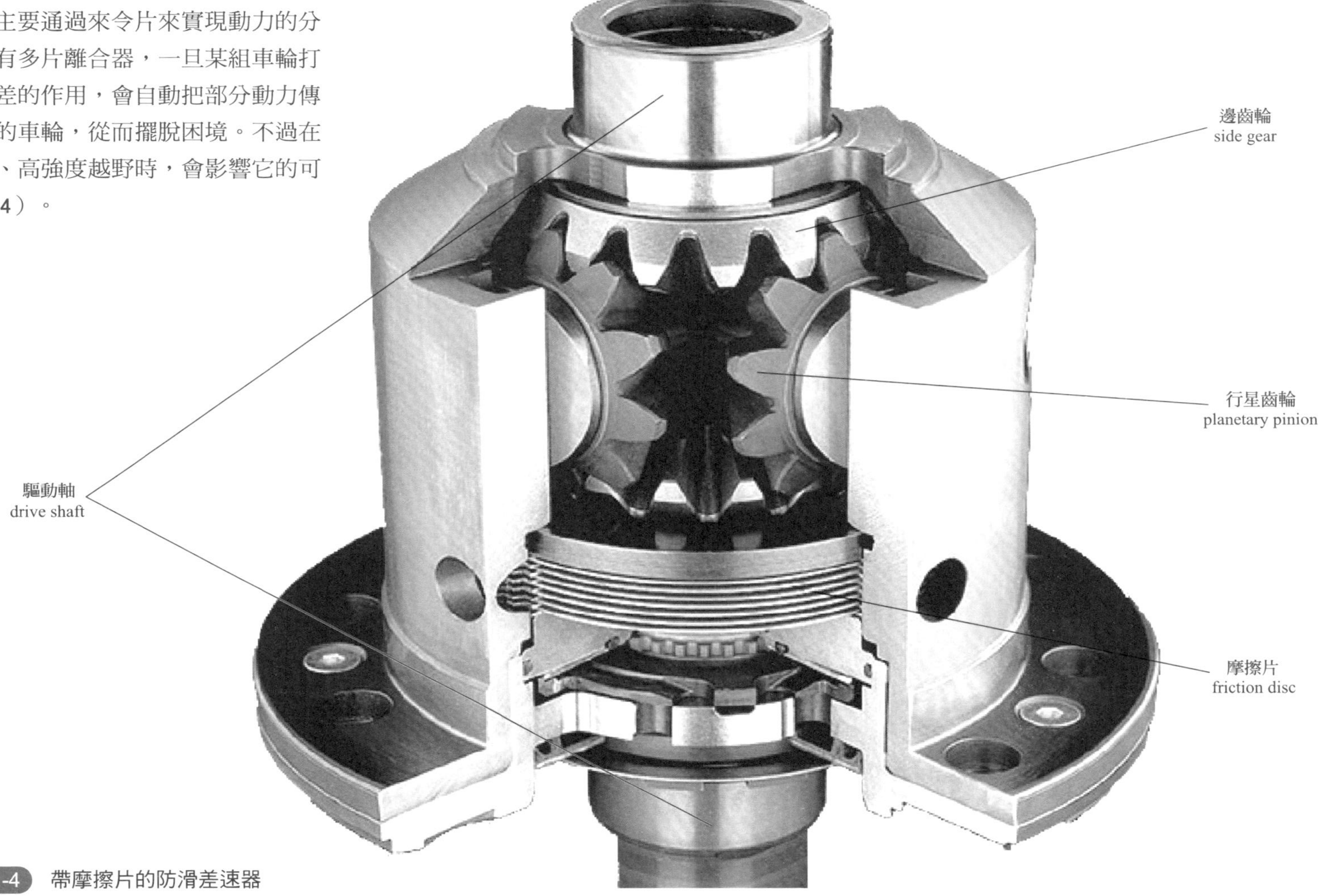
邊齒輪
side gear
行星齒輪
planetary pinion
摩擦片
friction disc
驅動軸
drive shaft

圖3-11-4 帶摩擦片的防滑差速器

第12章 懸吊系統

汽車懸吊是汽車中有彈性的、連接車架與車軸的裝置，它一般由彈性元件、轉向機構、避震器等部件構成，主要任務是緩和由不平路面傳給車架的衝擊，以提高乘車的舒適性。常見的懸吊有麥花臣式懸吊、雞胸骨臂（雙A臂式）懸吊、多連桿懸吊等。

12.1 概述

典型的懸吊系統主要包括彈性元件、轉向機構以及避震器等部分。彈性元件又有鋼板彈簧、空氣彈簧、圈狀彈簧以及扭桿彈簧等形式，而現代轎車懸吊系統多採用圈狀彈簧和扭桿彈簧，個別高級轎車則使用空氣彈簧（圖3-12-1）。

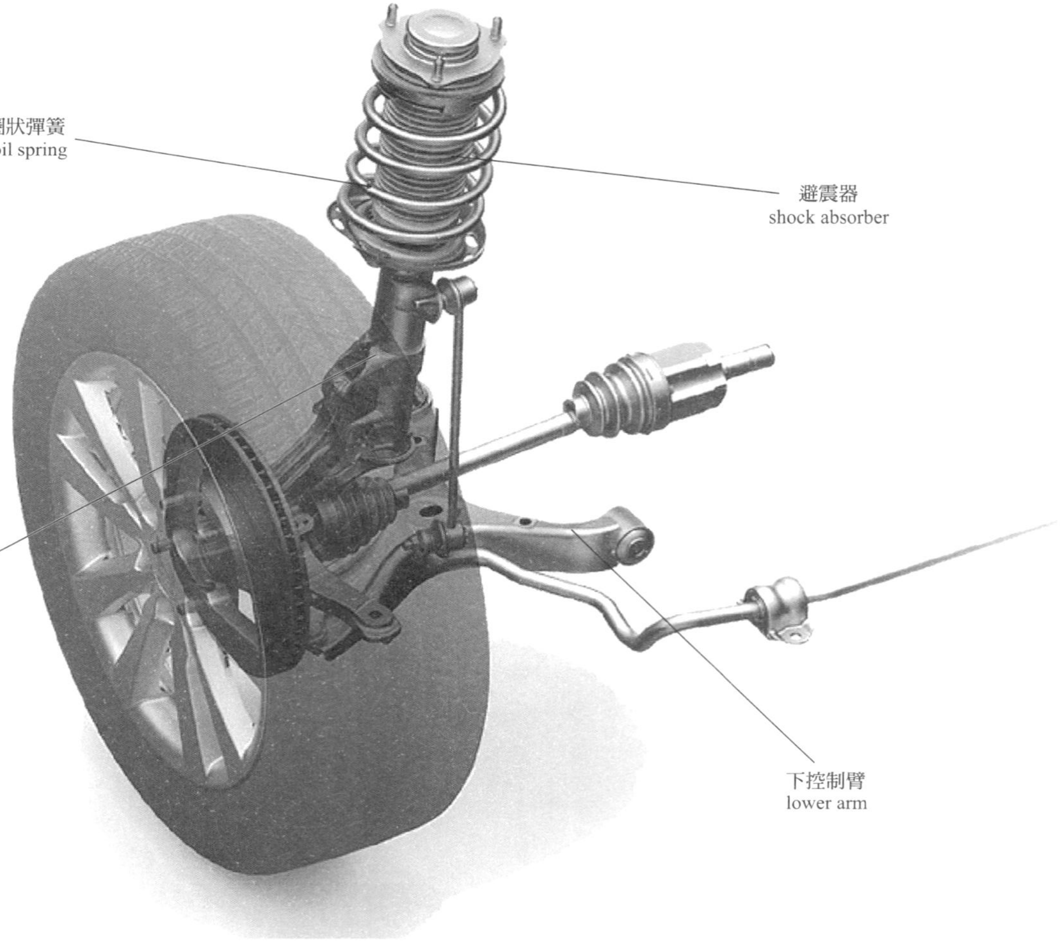
圈狀彈簧
coil spring
避震器
shock absorber
擺動軸承
swing bearing
下控制臂
lower arm

圖3-12-1 懸吊結構

12.2 懸吊的類型

根據懸吊結構不同，可分為獨立懸吊和整體式懸吊兩種。

12.2.1 獨立懸吊

獨立懸吊可以簡單理解為是左、右兩個車輪間沒有通過實軸進行剛性連接，一側車輪的懸吊部件全部都只與車身相連；而整體式懸吊的兩個車輪間不是相互獨立的，之間有實軸進行剛性連接（圖3-12-2）。

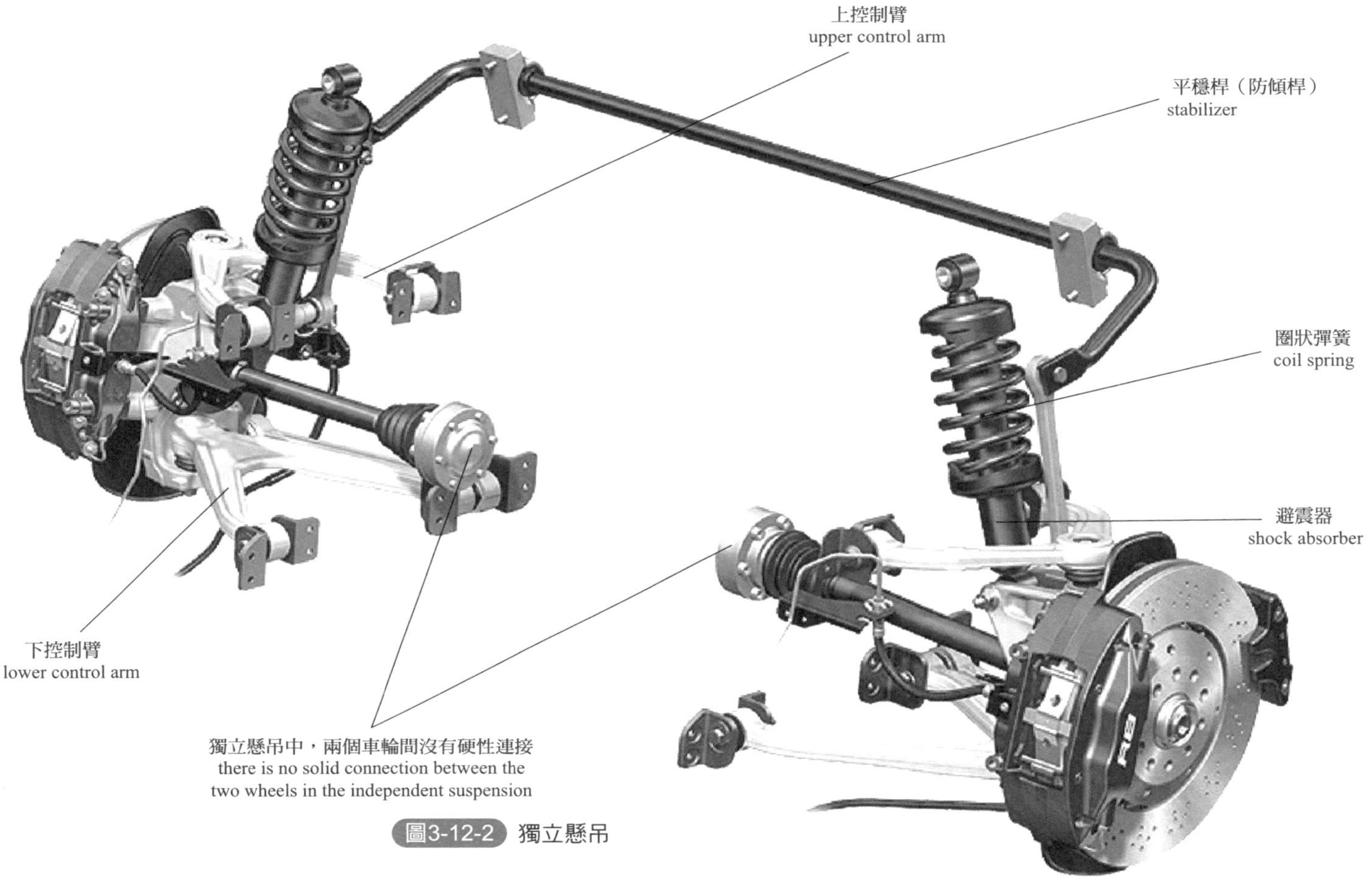
上控制臂
upper control arm
平穩桿（防傾桿）
stabilizer
圈狀彈簧
coil spring
避震器
shock absorber
下控制臂
lower control arm
獨立懸吊中，兩個車輪間沒有硬性連接
there is no solid connection between the
two wheels in the independent suspension

圖3-12-2 獨立懸吊

12.2.2　整體式懸吊

從結構上看，獨立懸吊由於兩個車輪間沒有干涉，可以有更好的舒適性和操控性；而整體式懸吊的兩個車輪間有硬性連接物，會發生相互干涉，但其結構簡單，有更好的剛性和通過性（**圖3-12-3**）。

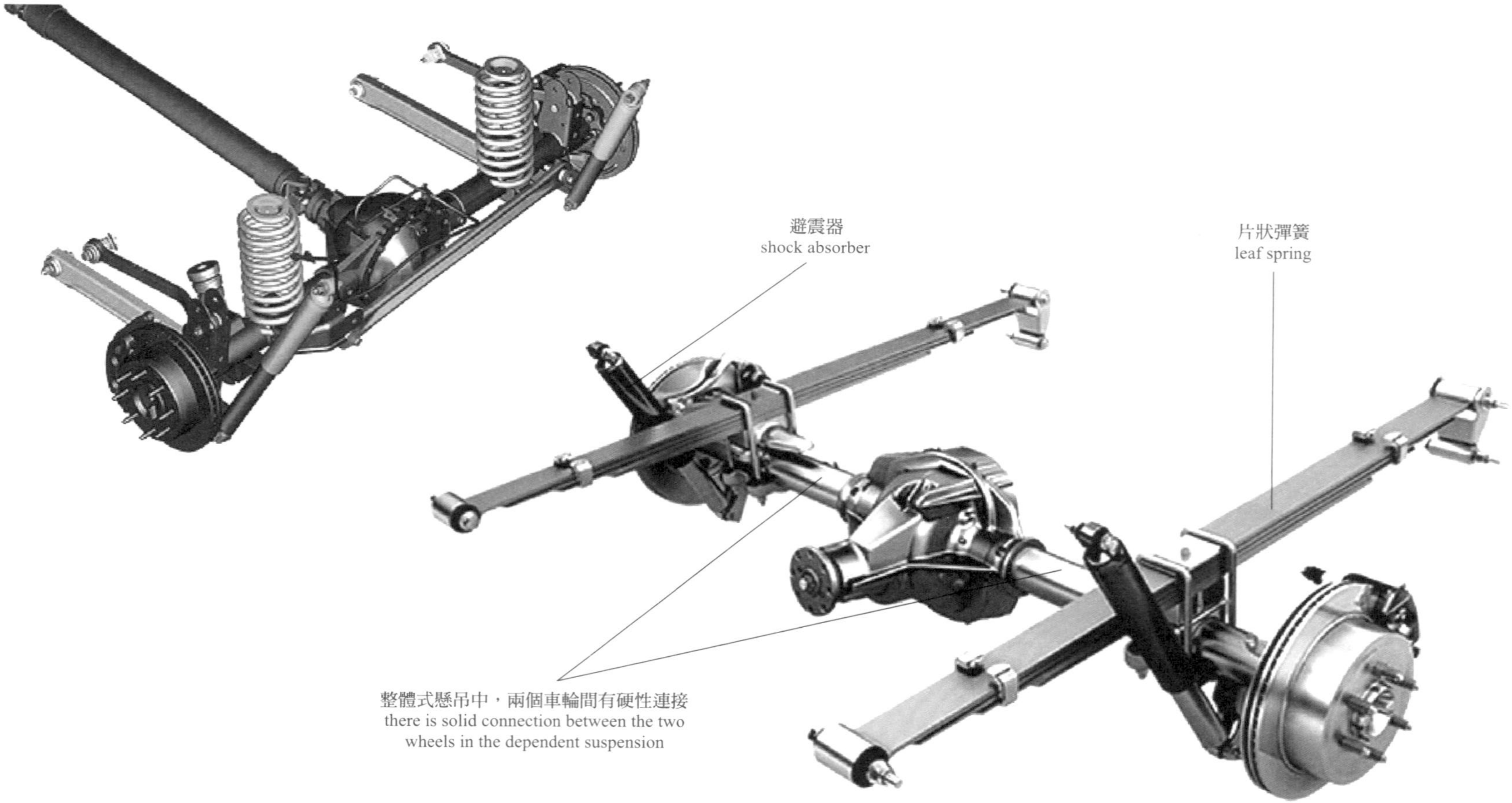
避震器
shock absorber
片狀彈簧
leaf spring
整體式懸吊中，兩個車輪間有硬性連接
there is solid connection between the two
wheels in the dependent suspension

圖3-12-3 整體式懸吊

12.3 麥花臣式懸吊

麥花臣式懸吊是一種最為常見的獨立懸吊，主要由下控制臂和避震機構組成。轉向節（羊角）與車輪相連，主要承受車輪下端的橫向力和縱向力。避震機構的上部與車身相連，下部與轉向節（羊角）相連，承擔避震和支持車身的任務，同時還要承受車輪上端的橫向力（**圖3-12-4**）。

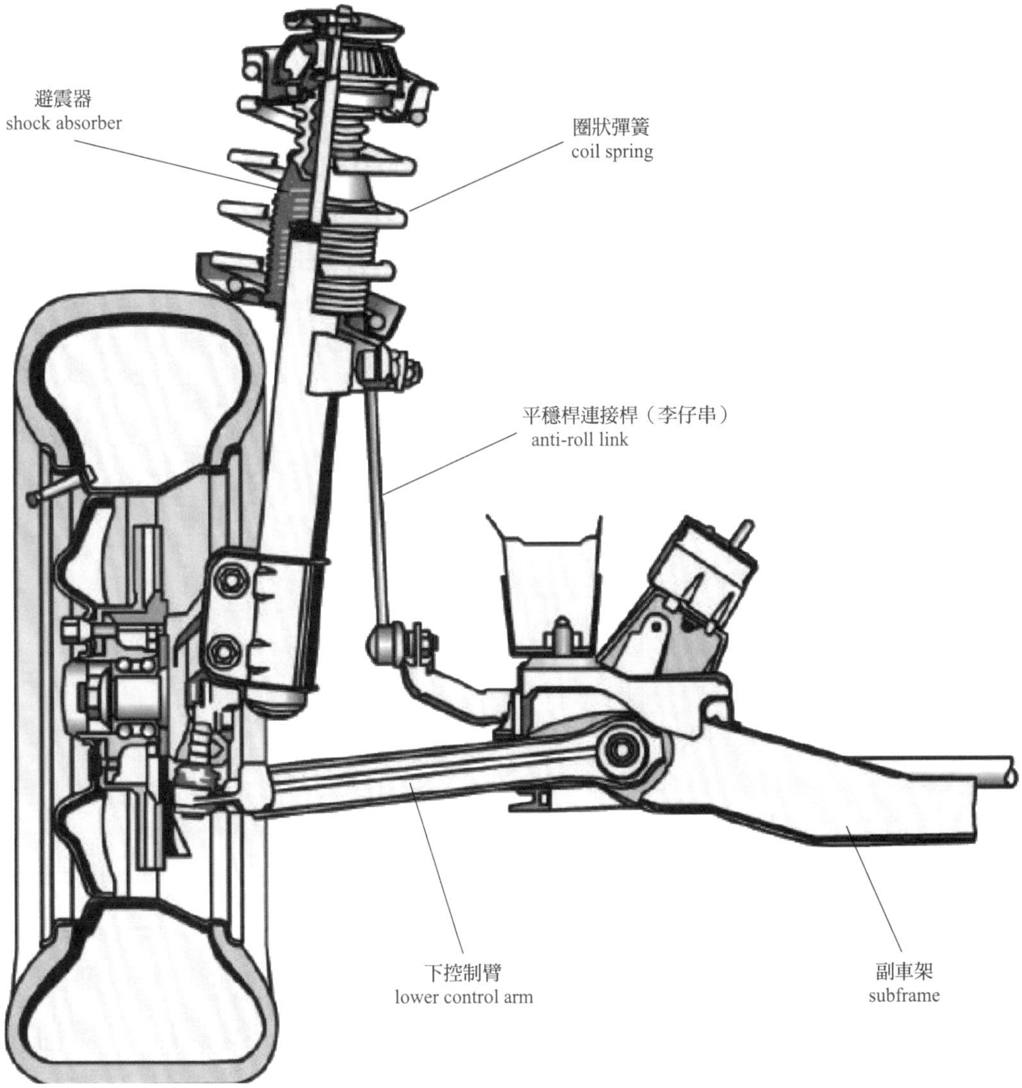
避震器
shock absorber
圈狀彈簧
coil spring
平穩桿連接桿（李仔串）
anti-roll link
下控制臂
lower control arm
副車架
subframe

圖3-12-4 麥花臣式懸吊

麥花臣式懸吊分解如圖3-12-5所示。

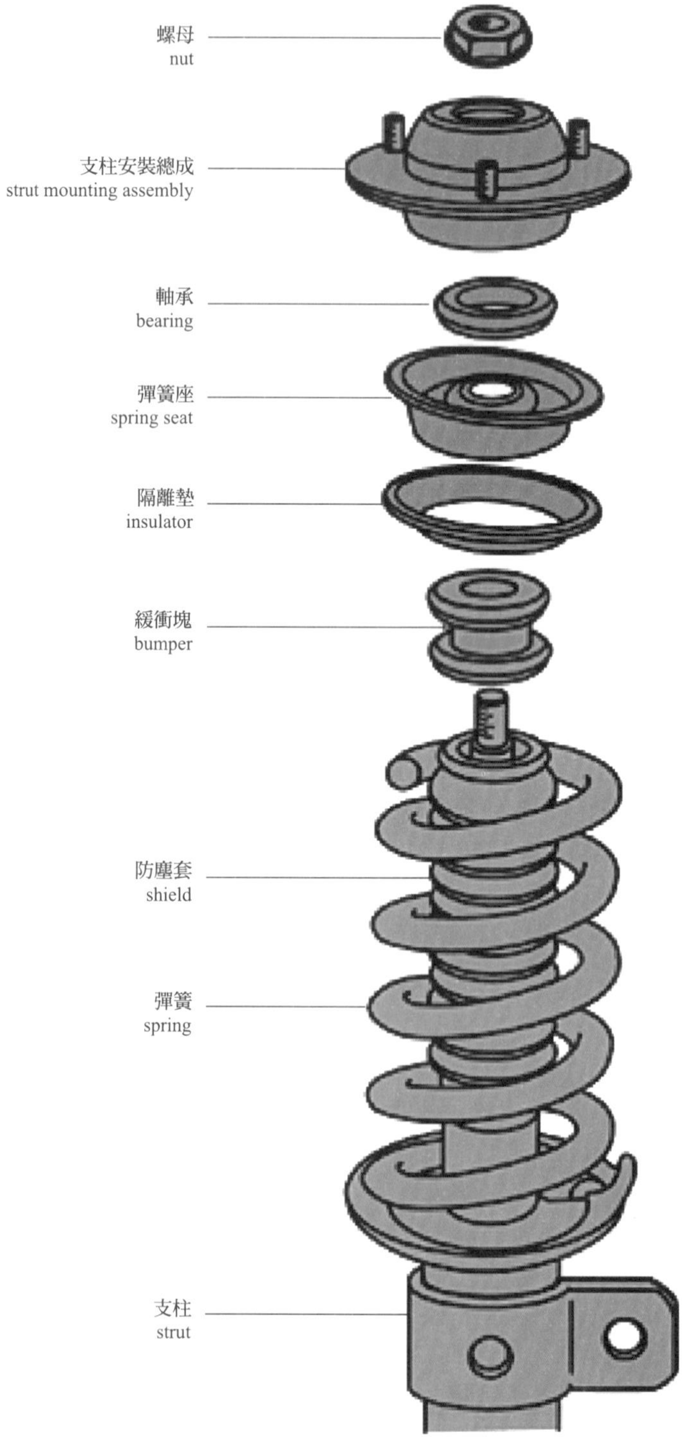
螺母
nut
支柱安裝總成
strut mounting assembly
軸承
bearing
彈簧座
spring seat
隔離墊
insulator
緩衝塊
bumper
防塵套
shield
彈簧
spring
支柱
strut

圖3-12-5 麥花臣式懸吊分解圖

12.4 雞胸骨臂懸吊（雙A臂式懸吊）

雞胸骨臂懸吊（雙A臂、雙橫臂式懸吊）由上、下兩根不等長V字形或A字形控制臂以及支柱式液壓避震器構成，通常上控制臂短於下控制臂。上控制臂的一端連接著支柱避震器，另一端連接著車身；下控制臂的一端連接著車輪，而另一端則連接著車身（圖3-12-6）。

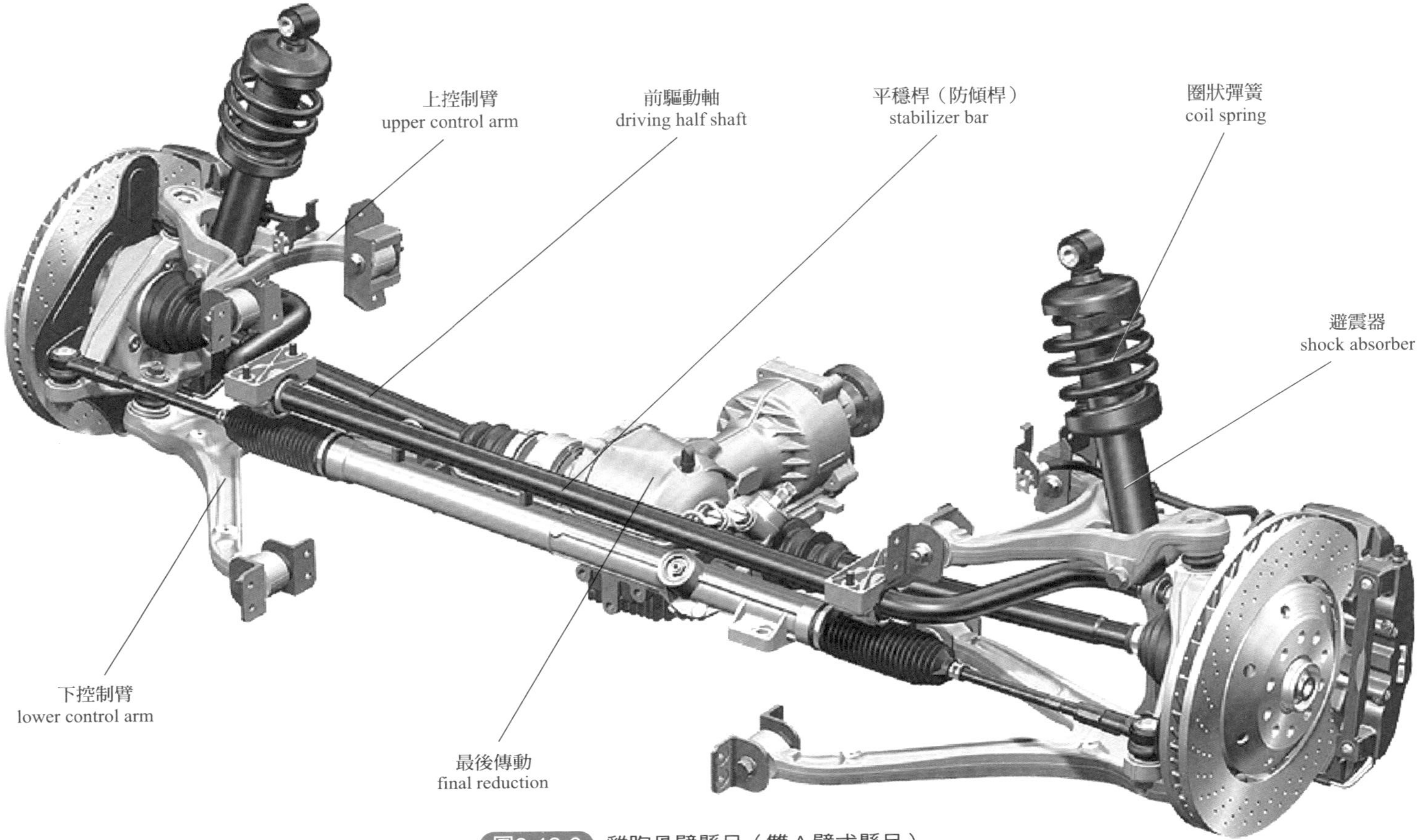
上控制臂
upper control arm
前驅動軸
driving half shaft
平穩桿（防傾桿）
stabilizer bar
圈狀彈簧
coil spring
避震器
shock absorber
下控制臂
lower control arm
最後傳動
final reduction

圖3-12-6 雞胸骨臂懸吊（雙A臂式懸吊）

12.5 扭力梁式懸吊

扭力梁式懸吊的結構中，兩個車輪之間沒有硬軸直接相連，而是通過一根扭力梁進行連接，扭力梁可以在一定範圍內扭轉。但如果一個車輪遇到非平整路面時，兩車輪之間的扭力梁仍然會對另一側車輪產生一定的干涉，嚴格地說，扭力梁式懸吊屬於半獨立式懸吊（圖3-12-7）。

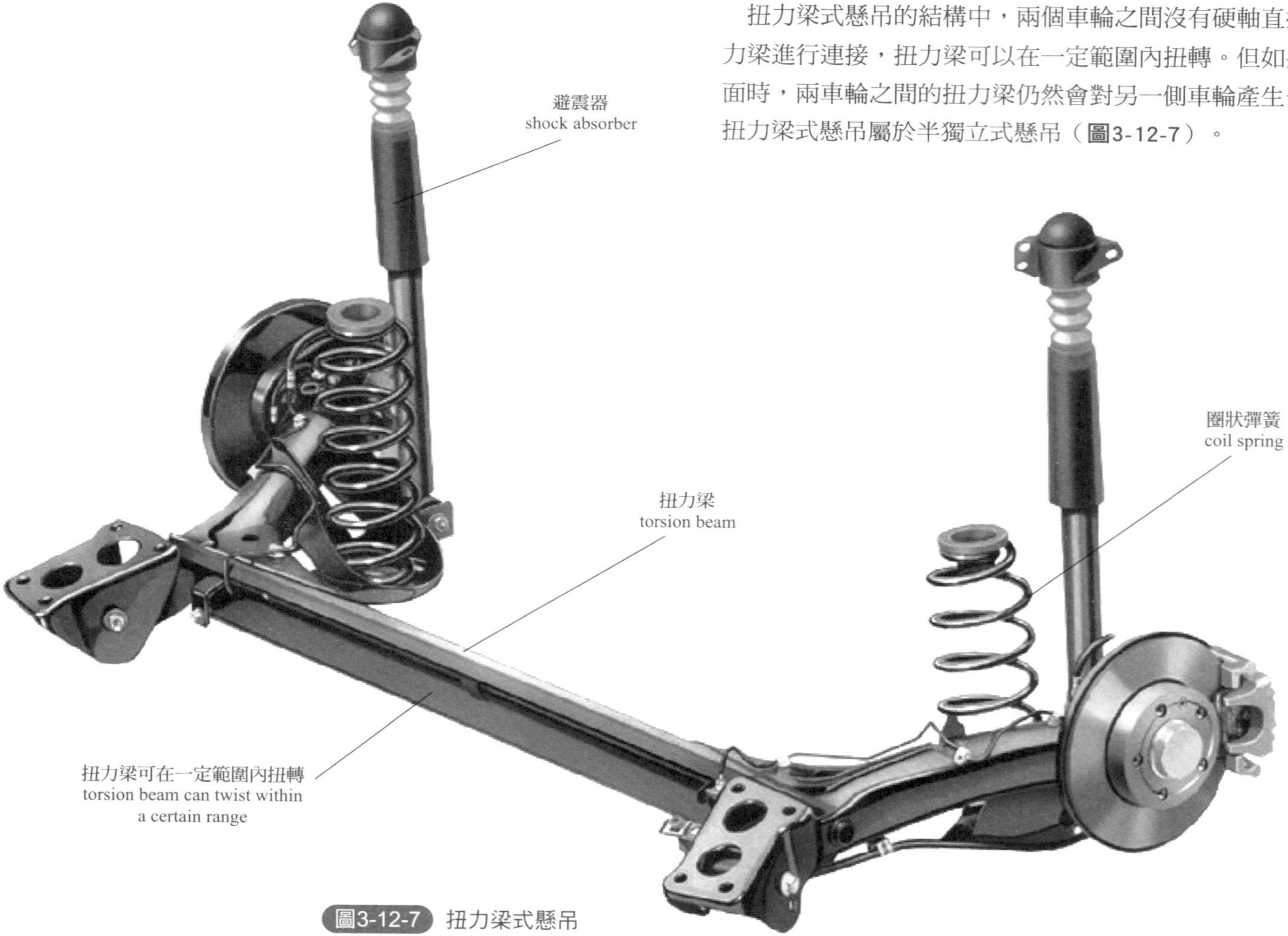
避震器
shock absorber
扭力梁
torsion beam
圈狀彈簧
coil spring
扭力梁可在一定範圍內扭轉
torsion beam can twist within a certain range

圖3-12-7 扭力梁式懸吊

12.6 平穩桿（防傾桿）

平穩桿也叫防傾桿，主要是用來防止車身側傾，保持車身平衡的。平穩桿的兩端分別固定在左、右懸吊上，當汽車轉彎時，外側懸吊會壓向平穩桿，平穩桿發生彎曲，由於變形產生的彈力可防止車輪抬起，從而使車身盡量保持平衡（圖3-12-8）。

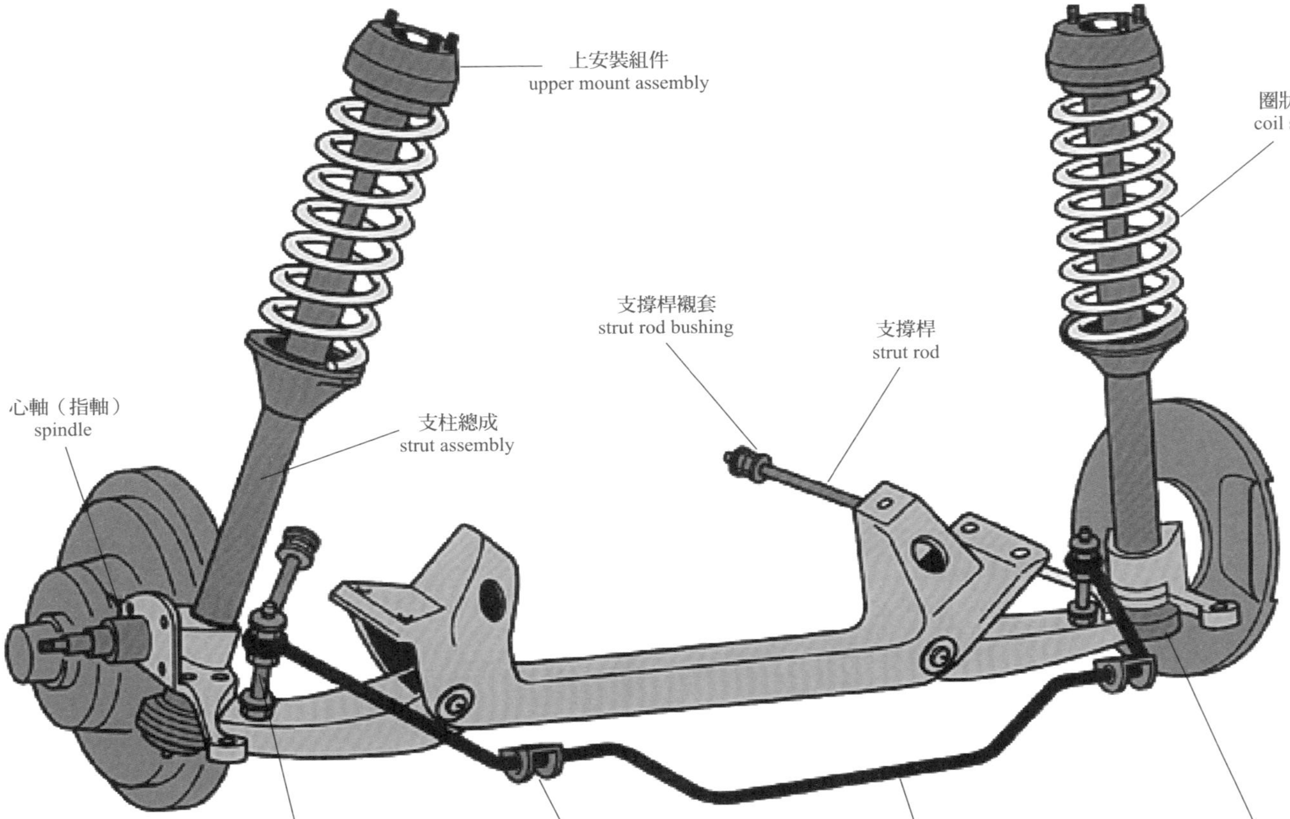
上安裝組件
upper mount assembly
圈狀彈簧
coil spring
支撐桿襯套
strut rod bushing
支撐桿
strut rod
心軸（指軸）
spindle
支柱總成
strut assembly
平穩桿連桿
stabilizer bar link
平穩桿襯套
stabilizer bar bushing
平穩桿（防傾桿）
stabilizer bar(anti-sway bar)
球接頭
ball joint

圖3-12-8 平穩桿位置

12.7 多連桿懸吊

多連桿懸吊就是指由三根或三根以上連桿拉桿構成的懸吊結構，以提供多個方向的控制力，使車輪具有更加可靠的行駛軌跡。常見的有三連桿、四連桿、五連桿等（圖3-12-9）。

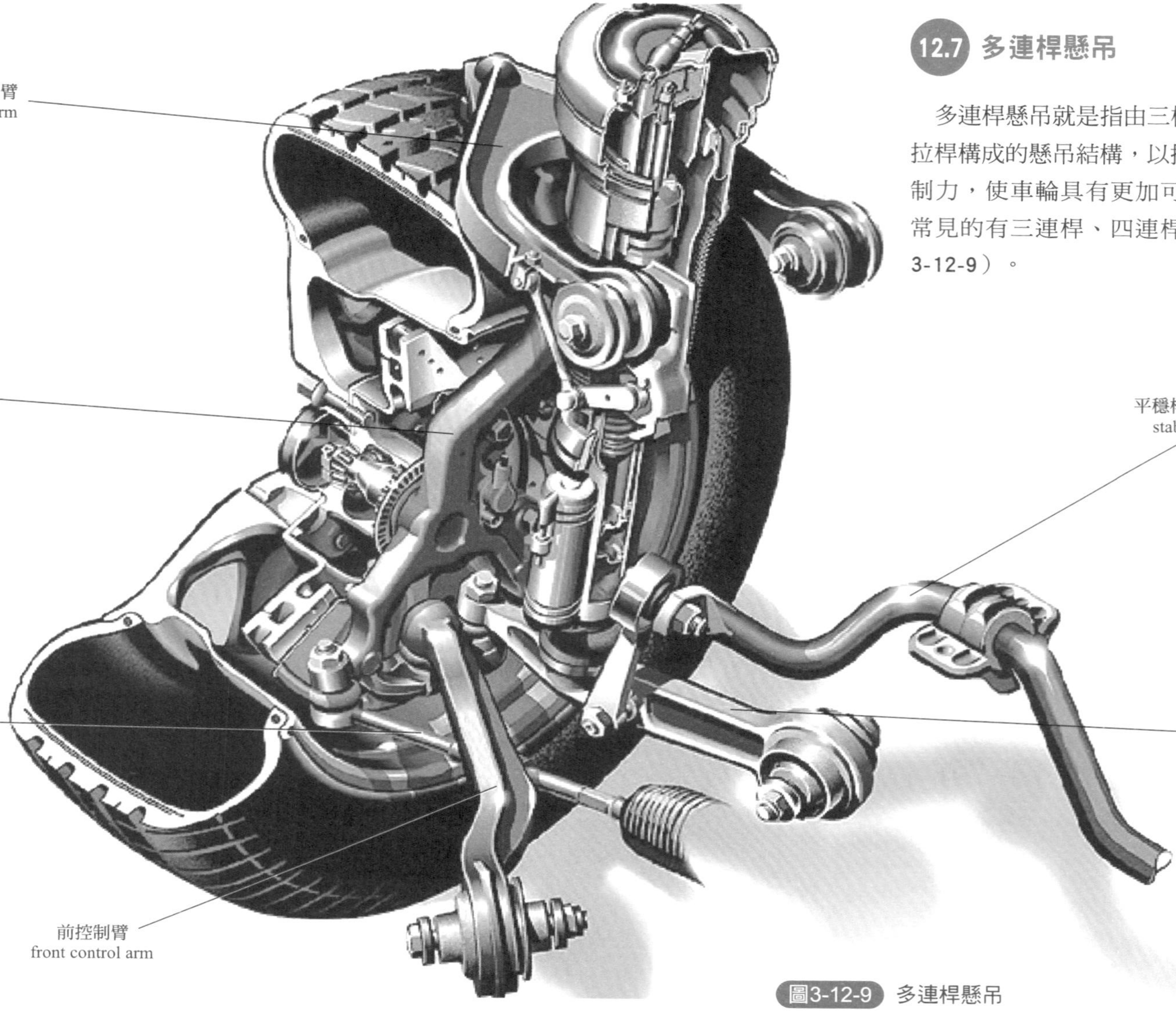
上控制臂
upper control arm
定位臂（轉向節臂）
alignment arm
轉向拉桿
steering tie rod
前控制臂
front control arm
平穩桿（防傾桿）
stabilizer bar
下控制臂
lower control arm

圖3-12-9 多連桿懸吊

12.8 空氣懸吊

空氣懸吊是指採用空氣避震器的懸吊，相對於傳統的鋼製懸吊系統來說，空氣懸吊具有很多優勢。如車輛高速行駛時，懸吊可以變硬，以提高車身穩定性；而低速或顛簸路面行駛時，懸吊可以變軟來提高舒適性（**圖3-12-10**）。

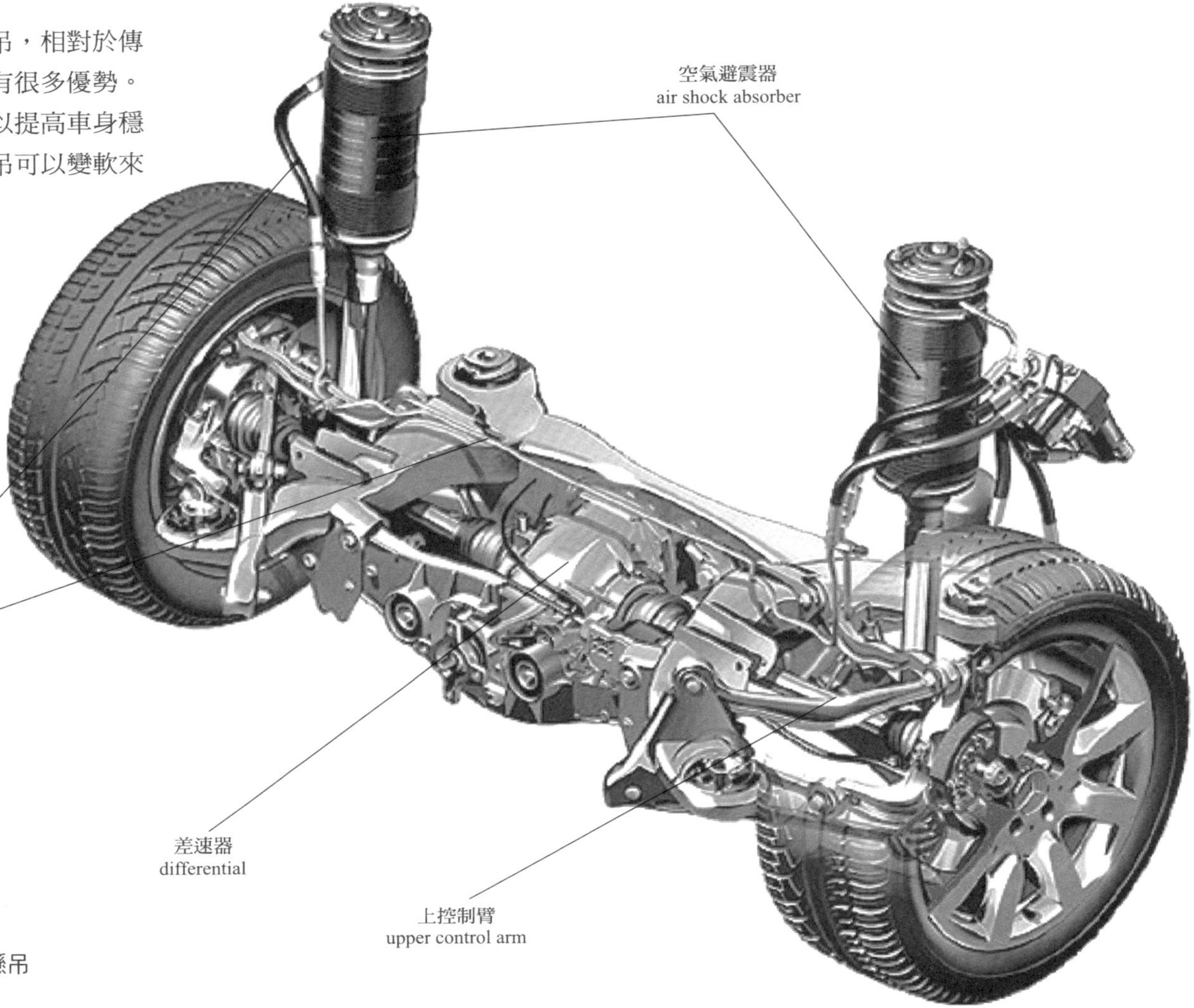
空氣避震器
air shock absorber
充氣管
air line
差速器
differential
上控制臂
upper control arm

圖3-12-10 空氣懸吊

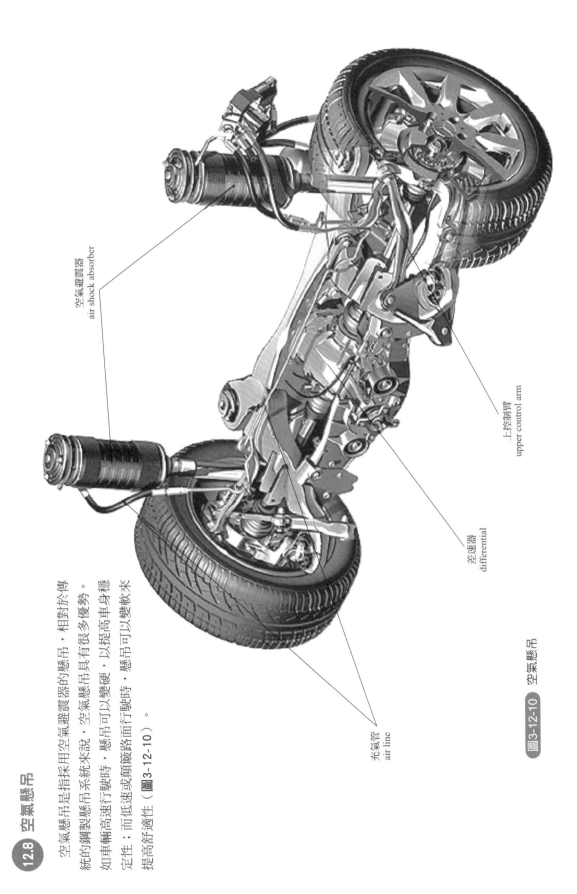

空氣懸吊控制系統主要是通過空氣壓縮機來調整空氣避震器的空氣量和壓力，可改變空氣避震器的硬度和彈性係數。通過調節壓入的空氣量，可以調節空氣避震器的行程和長度，可以實現底盤的升高或降低（圖3-12-11）。

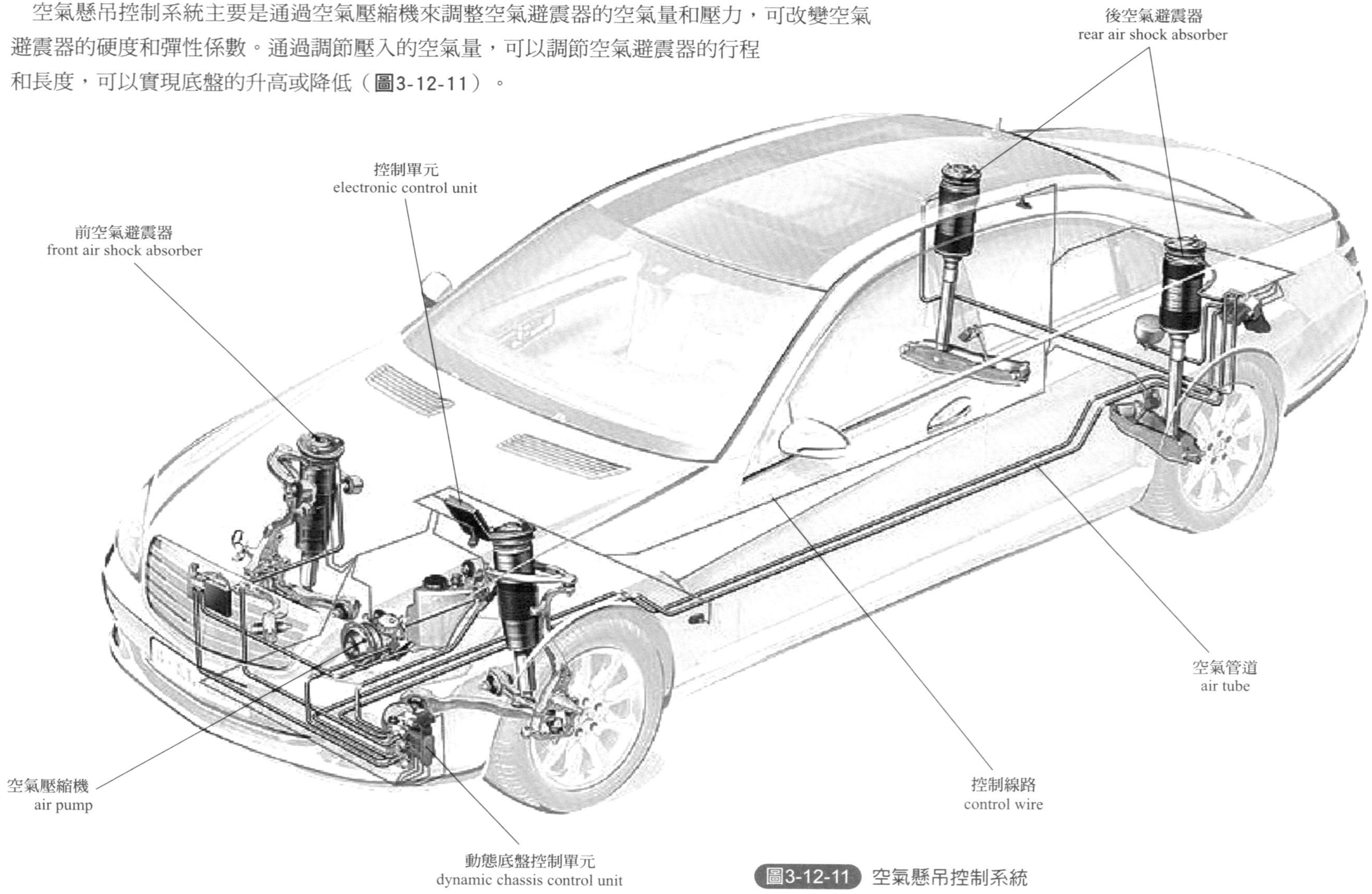
後空氣避震器
rear air shock absorber
控制單元
electronic control unit
前空氣避震器
front air shock absorber
空氣管道
air tube
空氣壓縮機
air pump
控制線路
control wire
動態底盤控制單元
dynamic chassis control unit

圖3-12-11 空氣懸吊控制系統

12.9 避震器

在懸吊的避震機構中，除了避震器還會有彈簧。當車輛行駛在不平路面時，彈簧受到地面衝擊後發生形變，而彈簧需要恢復原形時會出現來回震動的現象，這樣顯然會影響汽車的操控性和舒適性。而避震器對彈簧起到阻尼的作用，抑制彈簧來回擺動，這樣，在汽車通過不平路段時，才不至於不停地顫動（圖3-12-12）。

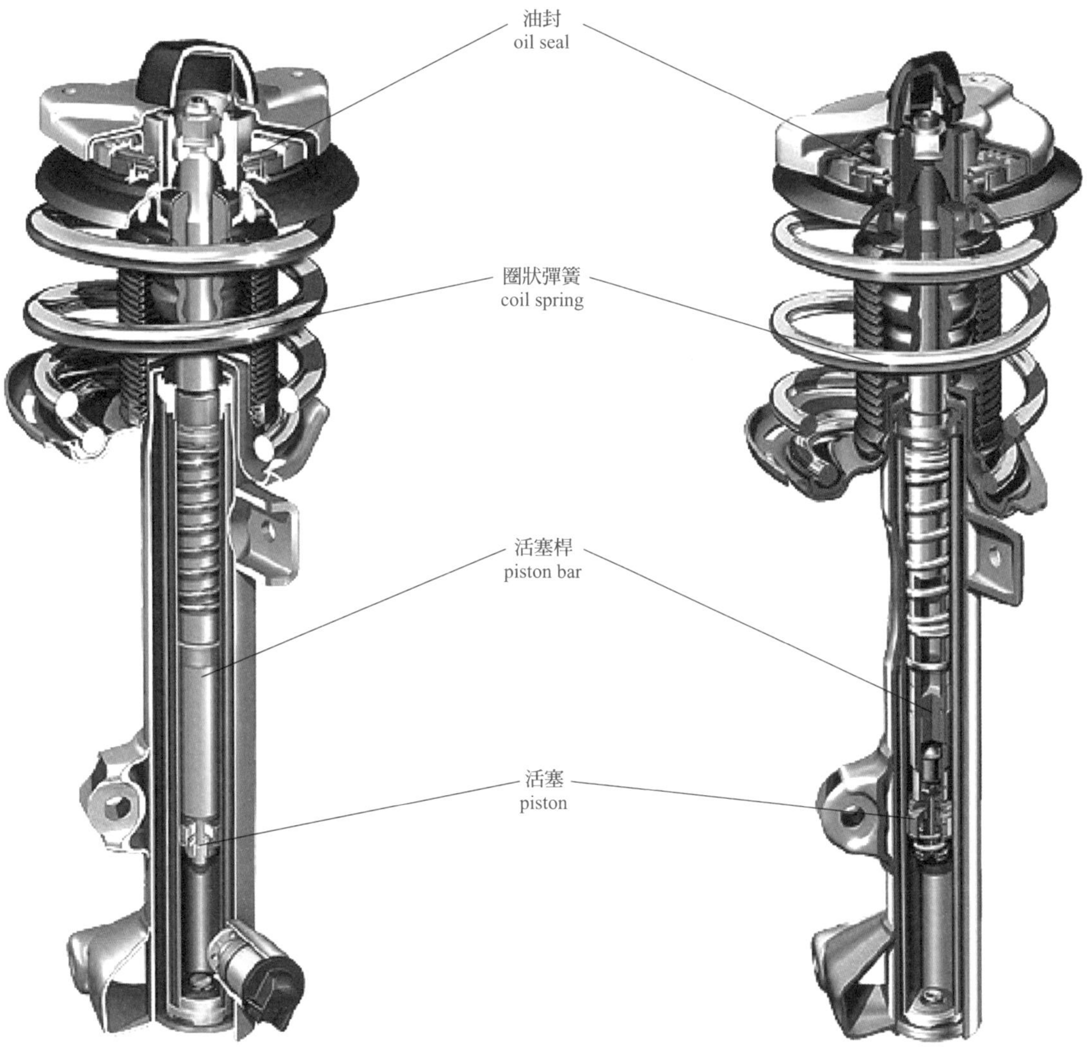
油封
oil seal
圈狀彈簧
coil spring
活塞桿
piston bar
活塞
piston

圖3-12-12 避震器

避震器原理：當車架（或車身）和車軸總成間震動而出現相對運動時，避震器內的活塞上下移動，避震器油室的油液便反復地從一個油室經過不同的孔隙流入另一個油室，此時孔壁與油液間的摩擦和油液分子間的內摩擦對震動形成阻尼力，使汽車震動能量轉化為油液熱能，再由避震器吸收散發到大氣中。

典型雙作用避震器的剖面如**圖3-12-13**（a）和（b）所示，表示在伸展和壓縮期間進油和壓縮閥的位置。

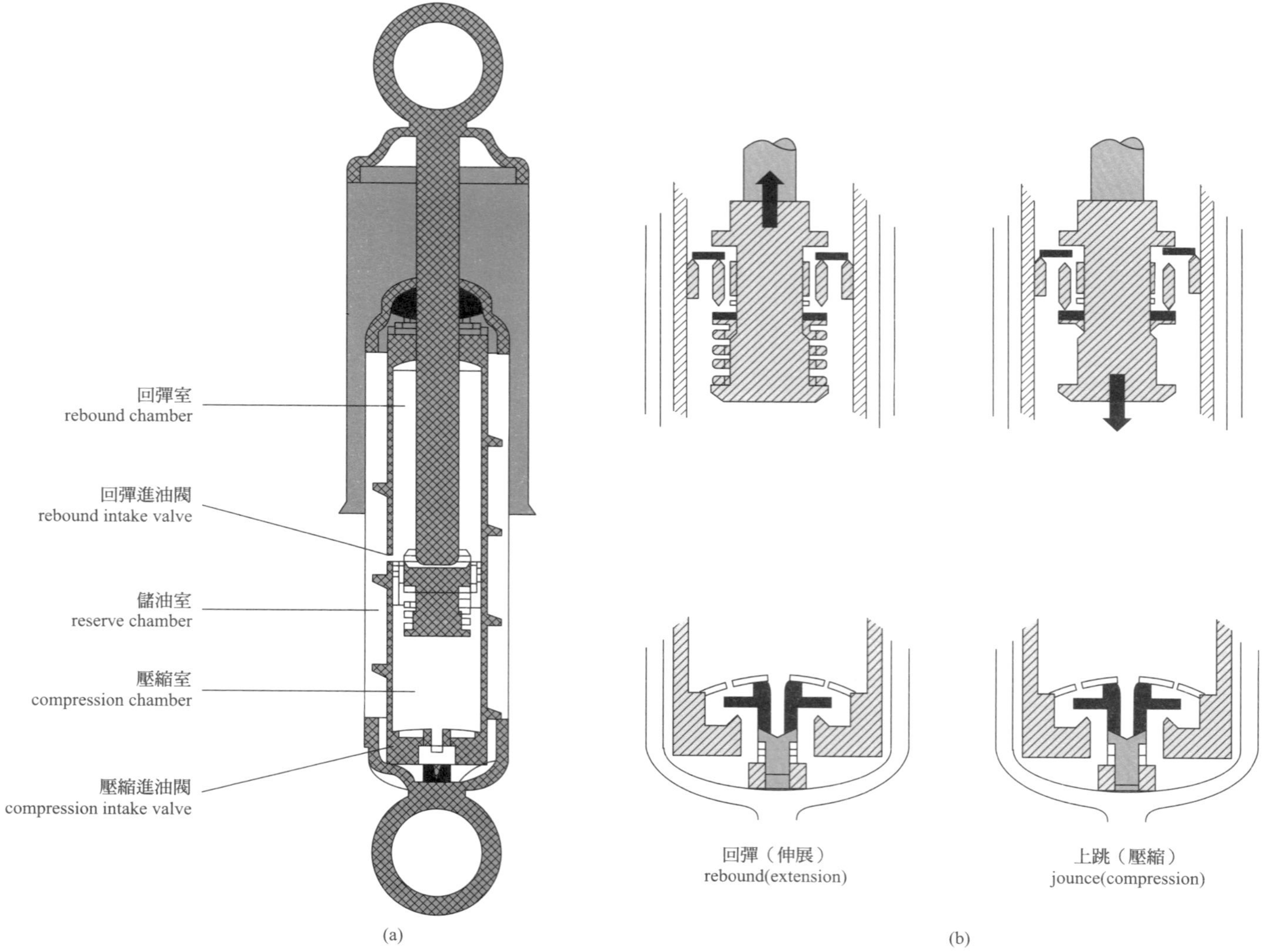
回彈室
rebound chamber
回彈進油閥
rebound intake valve
儲油室
reserve chamber
壓縮室
compression chamber
壓縮進油閥
compression intake valve
(a)
回彈（伸展）
rebound(extension)
上跳（壓縮）
jounce(compression)
(b)

圖3-12-13　典型雙作用避震器的剖面圖

第13章 輪胎

13.1 概述

輪胎直接與路面接觸，和汽車懸吊共同來緩和汽車行駛時所受到的衝擊，保證汽車有良好的乘坐舒適性和行駛平順性；保證車輪和路面有良好的附著性，提高汽車的牽引性、煞車性和通過性；承受著汽車的重量（圖3-13-1）。

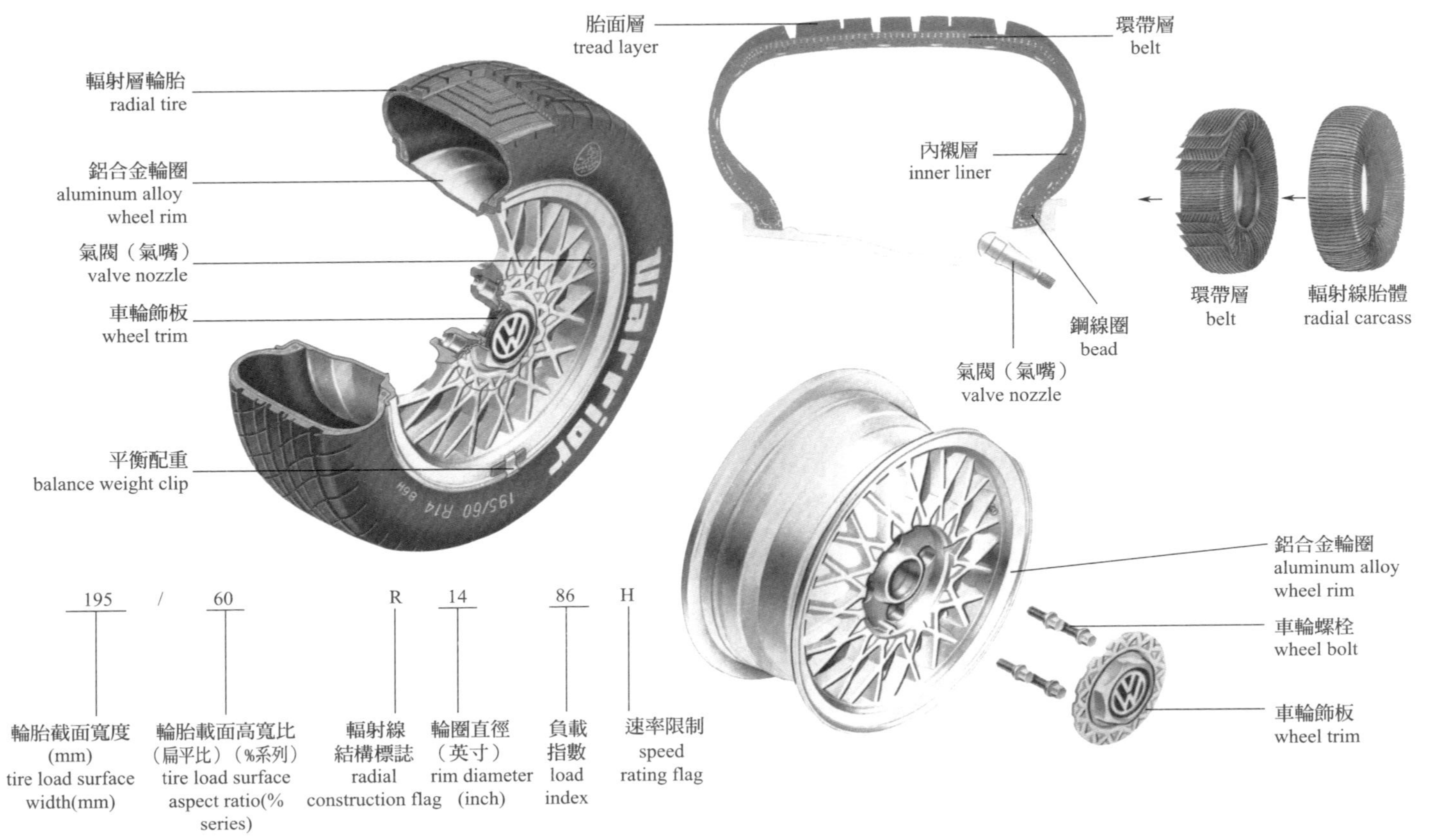

輻射層輪胎
radial tire
鋁合金輪圈
aluminum alloy wheel rim
氣閥（氣嘴）
valve nozzle
車輪飾板
wheel trim
平衡配重
balance weight clip
胎面層
tread layer
環帶層
belt
內襯層
inner liner
鋼線圈
bead
氣閥（氣嘴）
valve nozzle
環帶層
belt
輻射線胎體
radial carcass
鋁合金輪圈
aluminum alloy wheel rim
車輪螺栓
wheel bolt
車輪飾板
wheel trim
195 / 60 R 14 86 H
輪胎截面寬度(mm)
tire load surface width(mm)
輪胎載面高寬比（扁平比）（%系列）
tire load surface aspect ratio(% series)
輻射線結構標誌
radial construction flag
輪圈直徑（英寸）
rim diameter (inch)
負載指數
load index
速率限制
speed rating flag

圖3-13-1 輪胎

13.2 車輪定位

車輪定位就是汽車的每個車輪、轉向節（羊角）和軸總成與車架的安裝應保持一定的相對位置。車輪定位的作用是保持汽車直線行駛的穩定性，保證汽車轉彎時轉向輕便，且使轉向輪自動回正，減少輪胎的磨損。轉向輪定位參數有後傾角、內傾角、外傾角、前輪前束等。

13.2.1　外傾角

車輪旋轉平面上略向外傾斜，稱為車輪外傾（**圖3-13-2**）。

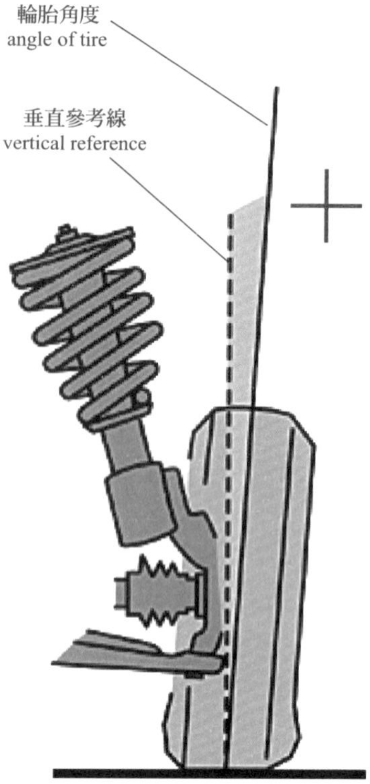
輪胎角度
angle of tire
垂直參考線
vertical reference

圖3-13-2 外傾角

13.2.2　後傾角

主銷安裝到前軸上，通過車輪中心的鉛垂線和真實或假想的轉向軸線在車輛縱向對稱平面的投影線所夾銳角為主銷後傾角，向前為負，向後為正（**圖3-13-3**）。

後傾角的作用是保持汽車直線行駛的穩定性，並使汽車轉彎後能自動回正。簡要地說，後傾角越大，車速越高，車輪的穩定性越強。

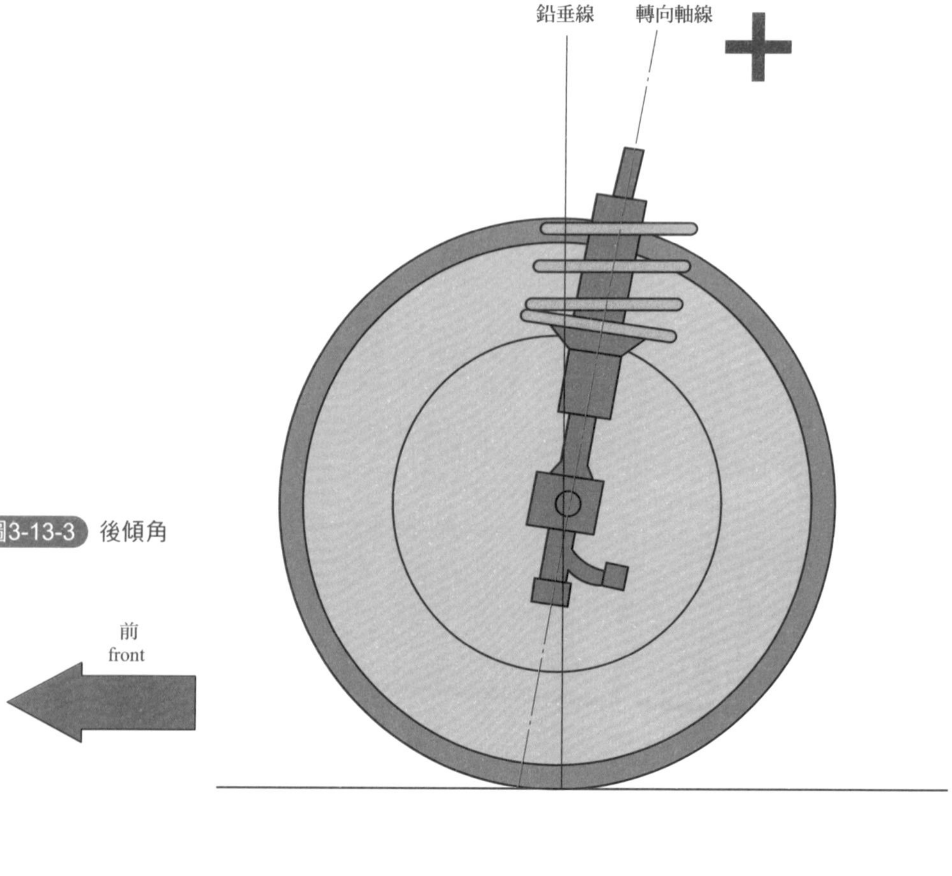
鉛垂線
轉向軸線
前
front

圖3-13-3 後傾角

13.2.3 內傾角

內傾角是指轉向軸線與鉛垂線間的夾角。它的作用是使車輪轉向後能自動回正，且操縱輕便（**圖3-13-4**）。

圖3-13-4中的左圖表示內傾角由穿過上下球接頭之間的中心線確定，這表示前輪在轉彎時的球接點；右圖表示內傾角由穿過上支柱軸承安裝總成的軸線和下球接頭的中心之間的連線確定。

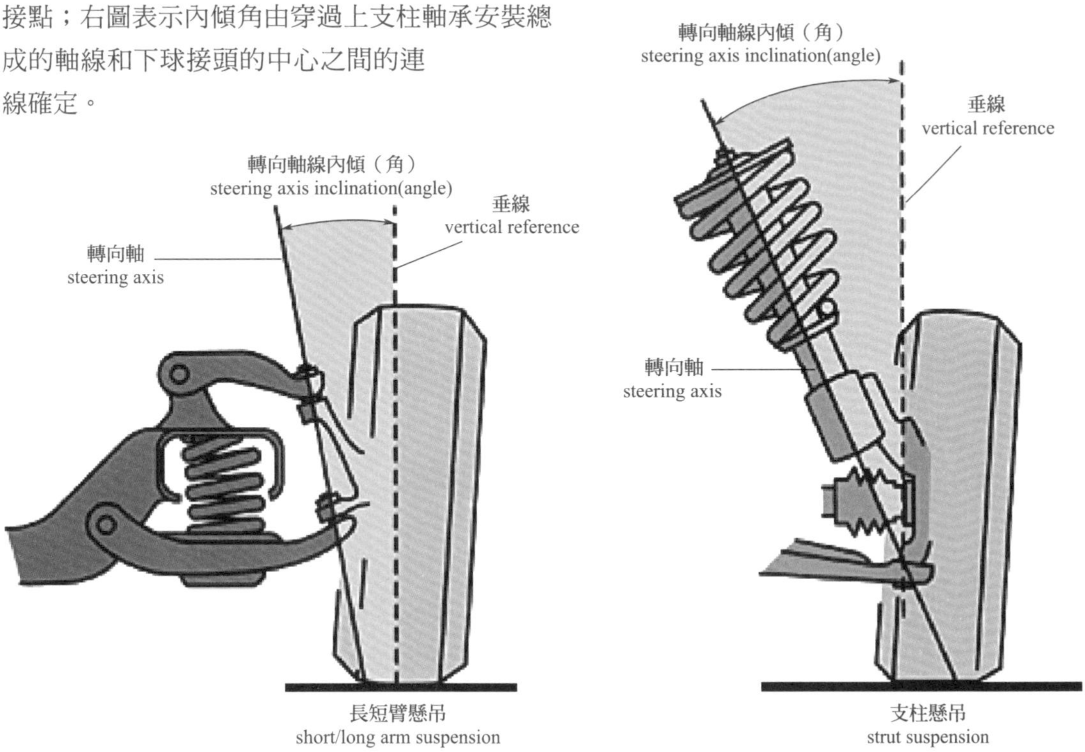

圖3-13-4 內傾角

13.2.4 前束

俯視車輪，汽車的兩個前輪的旋轉平面並不完全平行，而是稍微帶一些角度，這種現象被稱為前輪前束。正確的前束角與外傾角配合能夠減少車輛行進時對輪胎的磨損，它補償了由於車輪外傾角使得地面對輪胎產生的側向力，使駕駛穩定（**圖3-13-5**）。

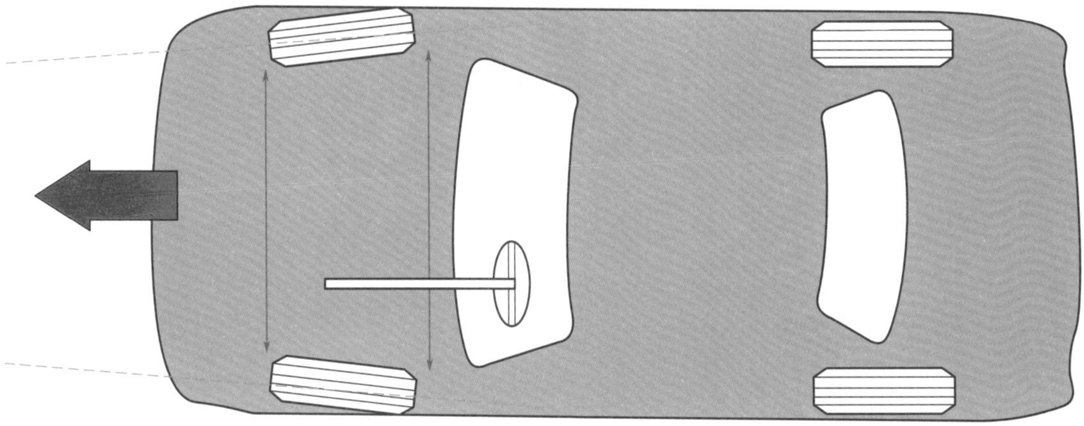

圖3-13-5 前束

13.2.5 轉向軸線偏移距（包容角）

轉向軸線偏移距指由內傾角延長線至地面與輪胎中心線的差距。合適的轉向軸線偏距使車輛易於駕駛，既可以減小路面的衝擊，又可以使方向盤有很好的回正能力（圖3-13-6）。

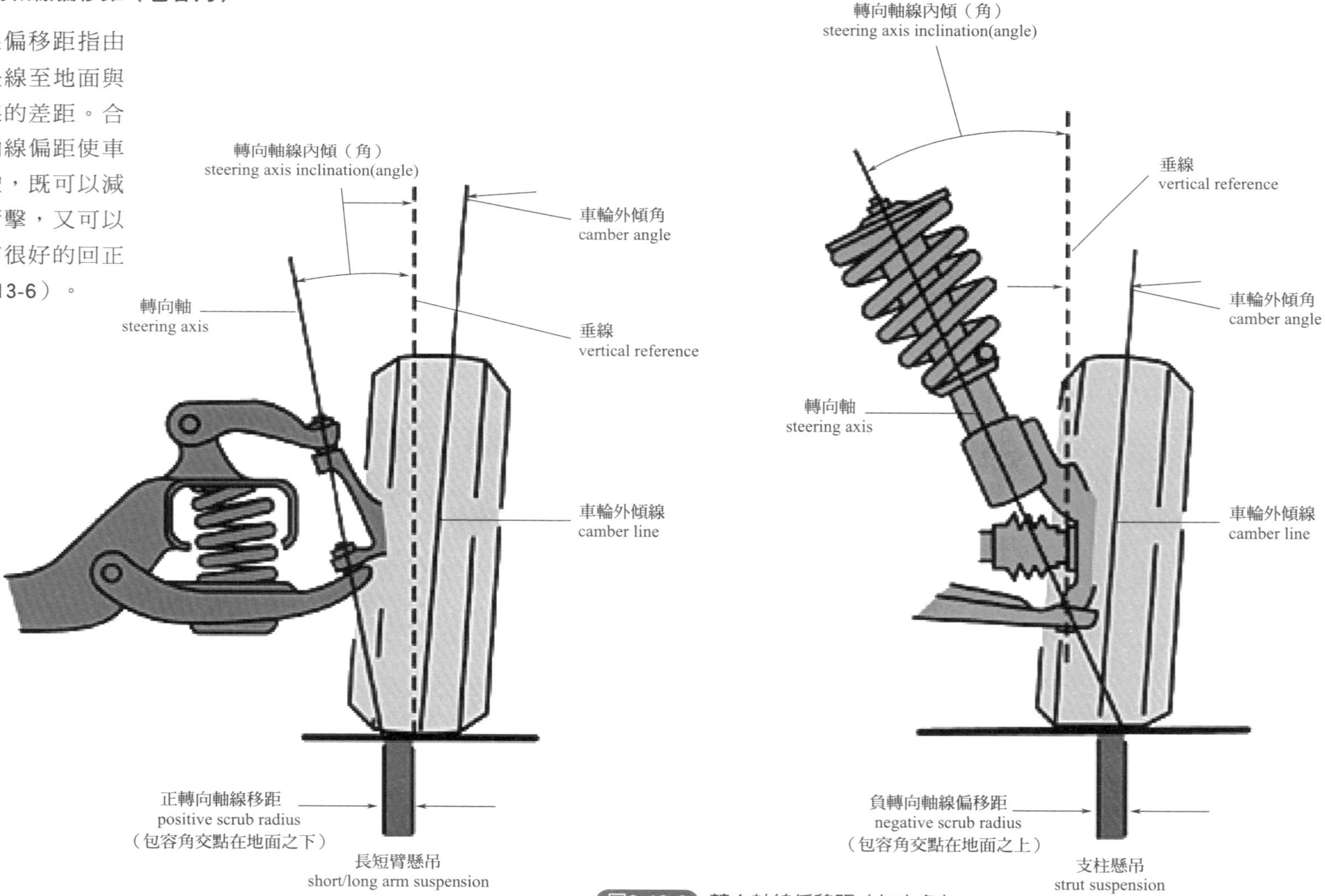
轉向軸線內傾（角）
steering axis inclination(angle)
車輪外傾角
camber angle
轉向軸
steering axis
垂線
vertical reference
車輪外傾線
camber line
正轉向軸線移距
positive scrub radius
（包容角交點在地面之下）
長短臂懸吊
short/long arm suspension
轉向軸線內傾（角）
steering axis inclination(angle)
垂線
vertical reference
車輪外傾角
camber angle
轉向軸
steering axis
車輪外傾線
camber line
負轉向軸線偏移距
negative scrub radius
（包容角交點在地面之上）
支柱懸吊
strut suspension

圖3-13-6 轉向軸線偏移距（包容角）

13.2.6　轉向時前展

轉向時前展（TOT或TOOT），指轉向時內輪相對外輪的轉向角度差值，表示當向左右轉向時，轉向梯形臂的工作狀態。通過轉向時前展的測量值，可以判斷梯形是否變形（**圖3-13-7**）。

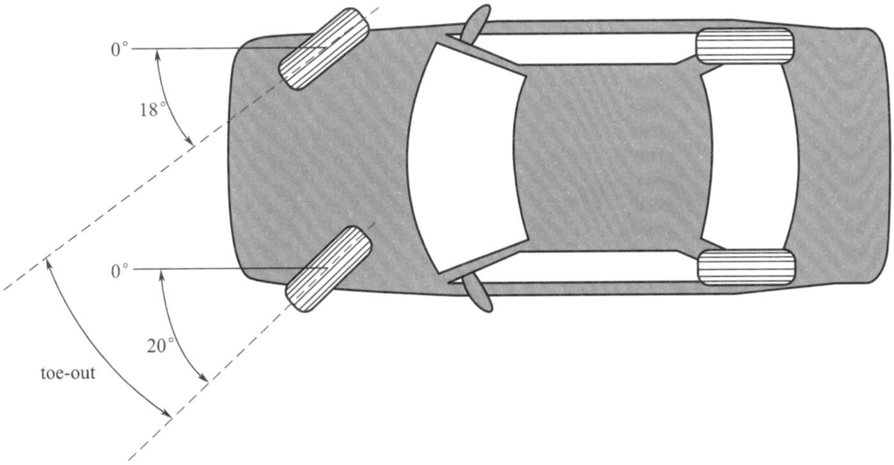
0°
18°
0°
20°
toe-out

圖3-13-7 轉向時前展

13.2.7　輪胎磨損與車輪定位

車輪定位不準會導致輪胎磨損，如**圖3-13-8**所示。

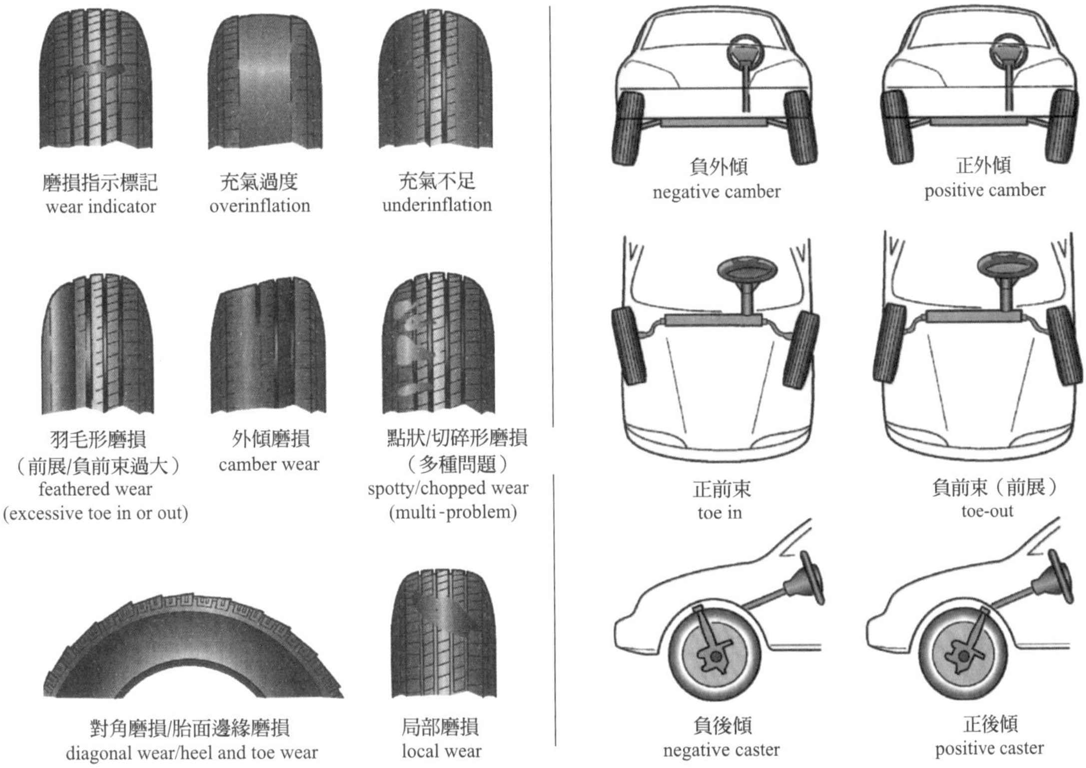
磨損指示標記
wear indicator
充氣過度
overinflation
充氣不足
underinflation
羽毛形磨損
（前展/負前束過大）
feathered wear
(excessive toe in or out)
外傾磨損
camber wear
點狀/切碎形磨損
（多種問題）
spotty/chopped wear
(multi-problem)
對角磨損/胎面邊緣磨損
diagonal wear/heel and toe wear
局部磨損
local wear
負外傾
negative camber
正外傾
positive camber
正前束
toe in
負前束（前展）
toe-out
負後傾
negative caster
正後傾
positive caster

圖3-13-8 輪胎磨損與車輪定位

第14章 轉向系統

14.1 概述

用來改變或保持汽車行駛或倒退方向的一系列裝置稱為汽車轉向系統（圖3-14-1）。汽車轉向系統的功能就是按照駕駛員的意願控制汽車的行駛方向。日常接觸最多的就是齒輪齒條和循環滾珠式轉向系統。

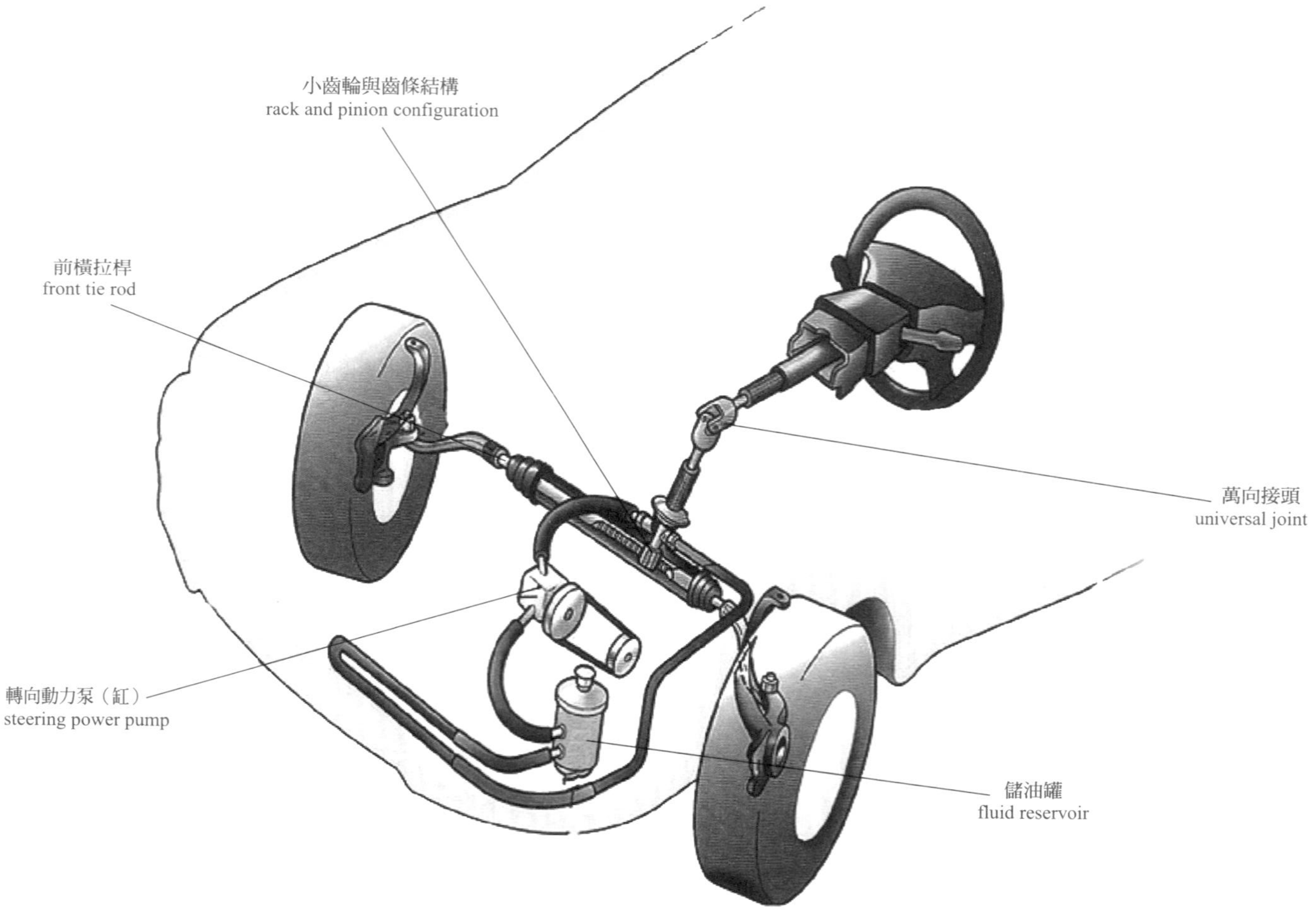
小齒輪與齒條結構
rack and pinion configuration
前橫拉桿
front tie rod
萬向接頭
universal joint
轉向動力泵（缸）
steering power pump
儲油罐
fluid reservoir

圖3-14-1 轉向系統

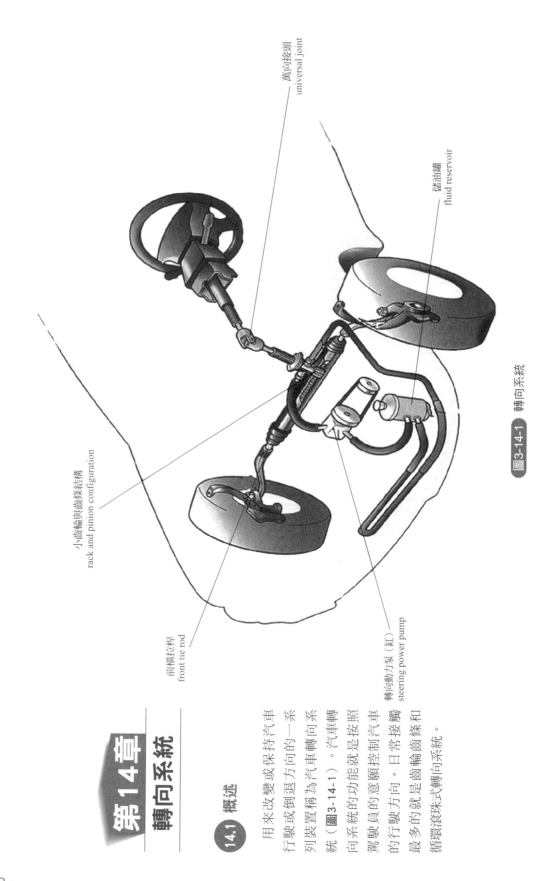

14.2 齒輪齒條式轉向系統

齒輪齒條式轉向系統主要由小齒輪、齒條、調整螺絲、外殼及齒條導塊等組成，方向機小齒輪在轉向主軸的下端，與轉向齒條嚙合。當旋轉方向盤時，方向機中的小齒輪便開始轉動，帶動方向機中的齒條朝方向盤轉動的方向移動（圖3-14-2）。

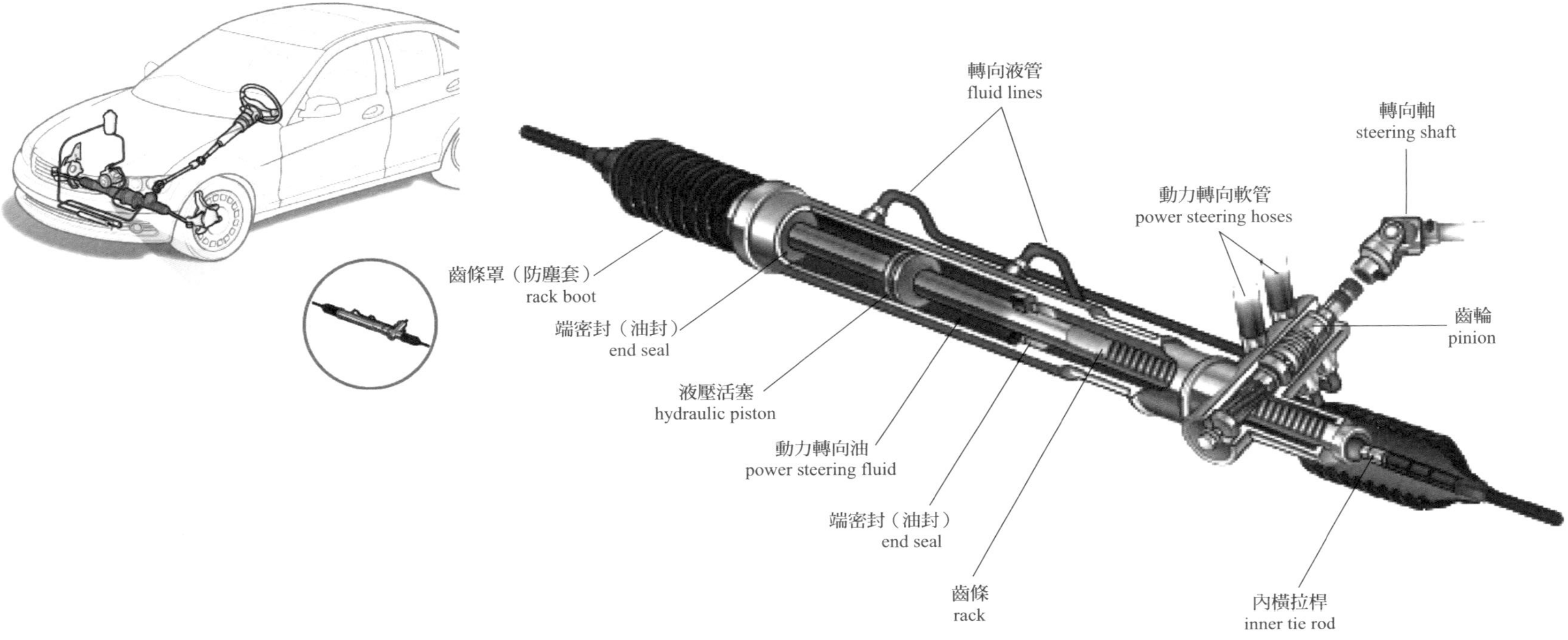
轉向液管
fluid lines
轉向軸
steering shaft
動力轉向軟管
power steering hoses
齒輪
pinion
齒條罩（防塵套）
rack boot
端密封（油封）
end seal
液壓活塞
hydraulic piston
動力轉向油
power steering fluid
端密封（油封）
end seal
齒條
rack
內橫拉桿
inner tie rod

圖3-14-2 齒輪齒條式轉向系統

齒輪齒條式轉向系統分解如圖3-14-3所示。

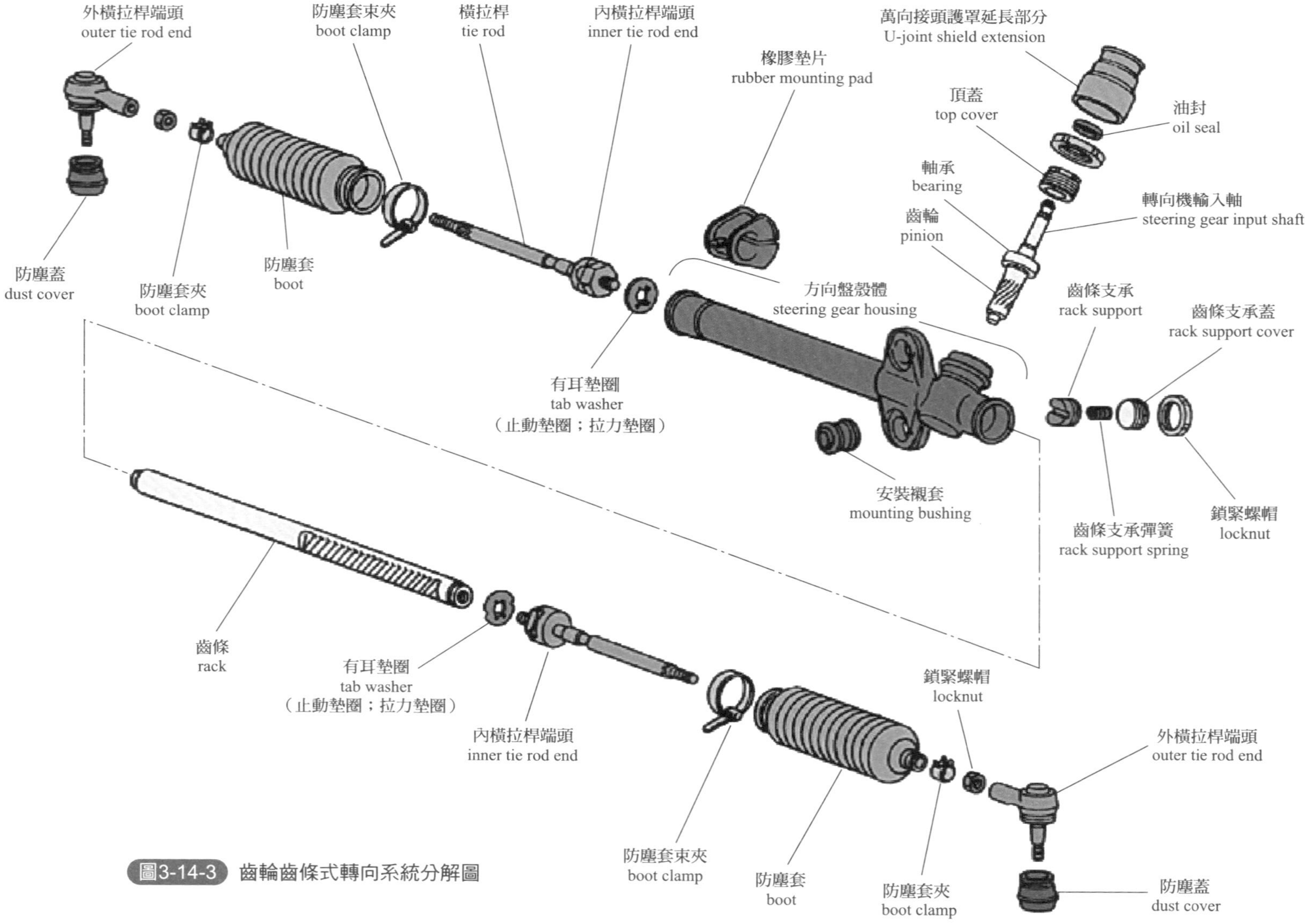
外橫拉桿端頭
outer tie rod end
防塵套束夾
boot clamp
橫拉桿
tie rod
內橫拉桿端頭
inner tie rod end
萬向接頭護罩延長部分
U-joint shield extension
橡膠墊片
rubber mounting pad
頂蓋
top cover
油封
oil seal
軸承
bearing
轉向機輸入軸
steering gear input shaft
齒輪
pinion
防塵蓋
dust cover
防塵套夾
boot clamp
防塵套
boot
方向盤殼體
steering gear housing
齒條支承
rack support
齒條支承蓋
rack support cover
有耳墊圈
tab washer
（止動墊圈；拉力墊圈）
安裝襯套
mounting bushing
齒條支承彈簧
rack support spring
鎖緊螺帽
locknut
齒條
rack
有耳墊圈
tab washer
（止動墊圈；拉力墊圈）
內橫拉桿端頭
inner tie rod end
鎖緊螺帽
locknut
外橫拉桿端頭
outer tie rod end
防塵套束夾
boot clamp
防塵套
boot
防塵套夾
boot clamp
防塵蓋
dust cover

圖3-14-3 齒輪齒條式轉向系統分解圖

齒輪齒條式轉向機安裝在防火牆凸緣上，其他部件安裝到引擎體或車架上（**圖3-14-4**）。

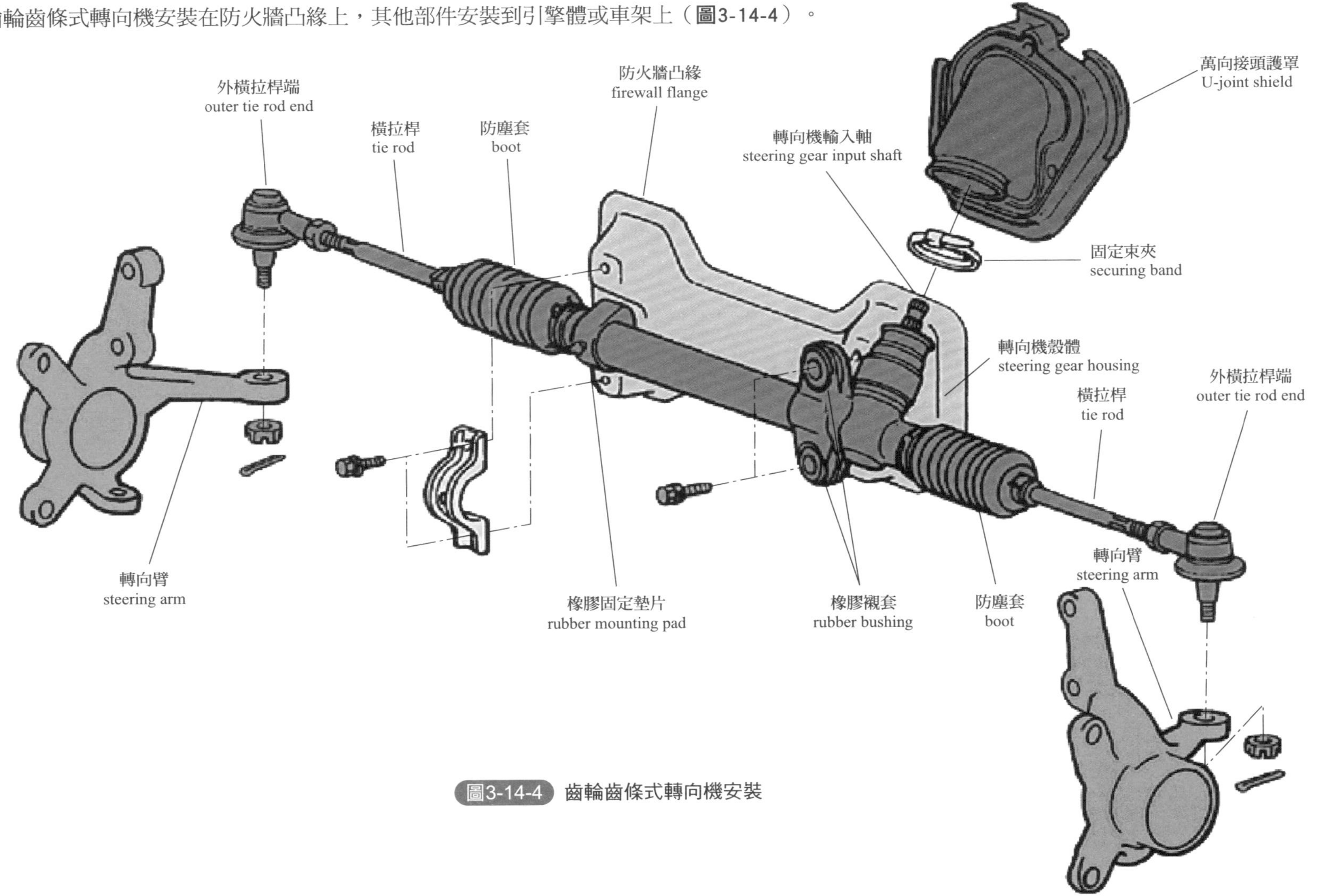
外橫拉桿端
outer tie rod end
橫拉桿
tie rod
防塵套
boot
防火牆凸緣
firewall flange
轉向機輸入軸
steering gear input shaft
萬向接頭護罩
U-joint shield
固定束夾
securing band
轉向機殼體
steering gear housing
橫拉桿
tie rod
外橫拉桿端
outer tie rod end
轉向臂
steering arm
轉向臂
steering arm
橡膠固定墊片
rubber mounting pad
橡膠襯套
rubber bushing
防塵套
boot

圖3-14-4 齒輪齒條式轉向機安裝

14.3 循環滾珠式轉向系統

在蝸輪蝸桿結構間加入了鋼球減小阻力，同時將圓周運動變化為水平運動，由於鋼球在螺紋之間滾動，就像反復循環一樣，所以得名循環滾珠結構（圖3-14-5）。

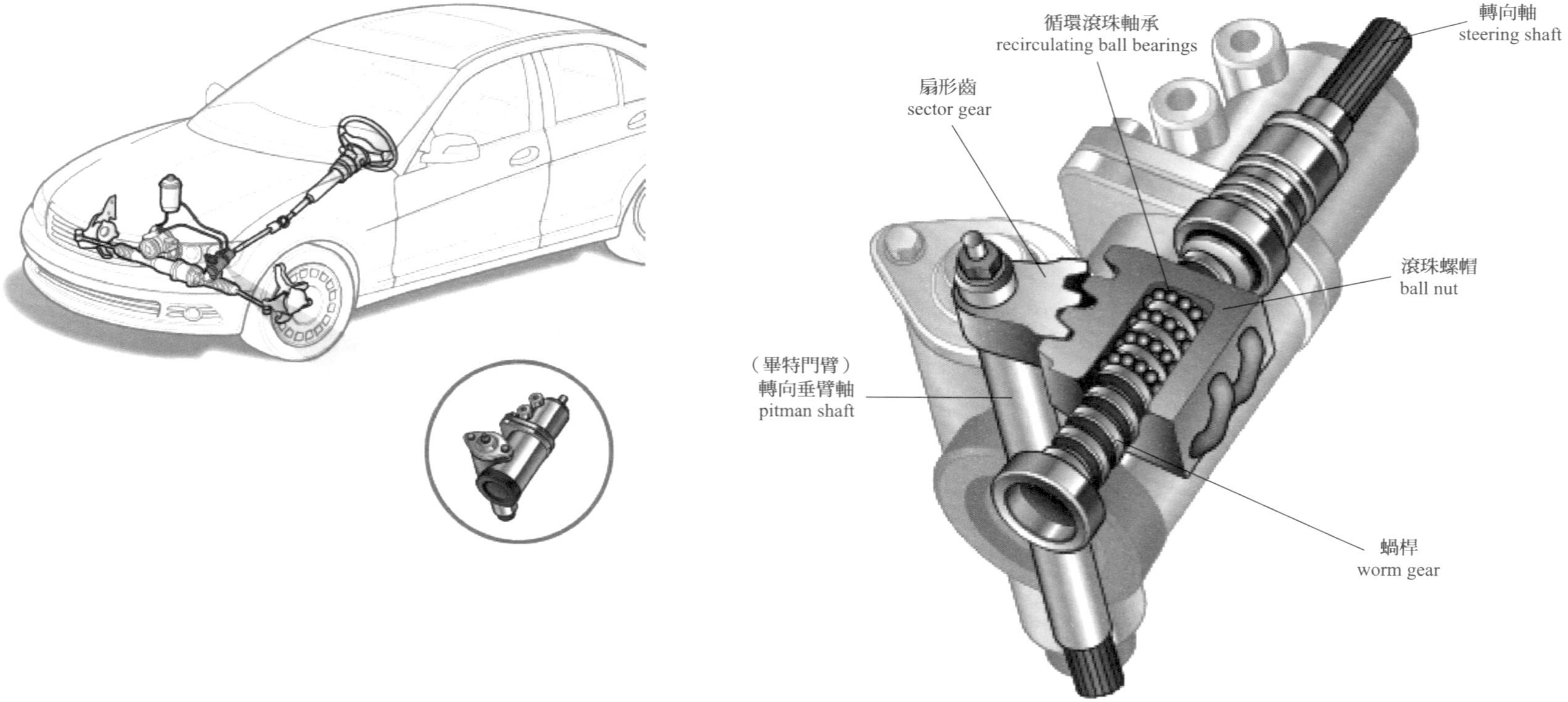
循環滾珠軸承
recirculating ball bearings
轉向軸
steering shaft
扇形齒
sector gear
滾珠螺帽
ball nut
（畢特門臂）
轉向垂臂軸
pitman shaft
蝸桿
worm gear

圖3-14-5 循環滾珠式轉向系統

循環滾珠式轉向系統分解如圖3-14-6所示。

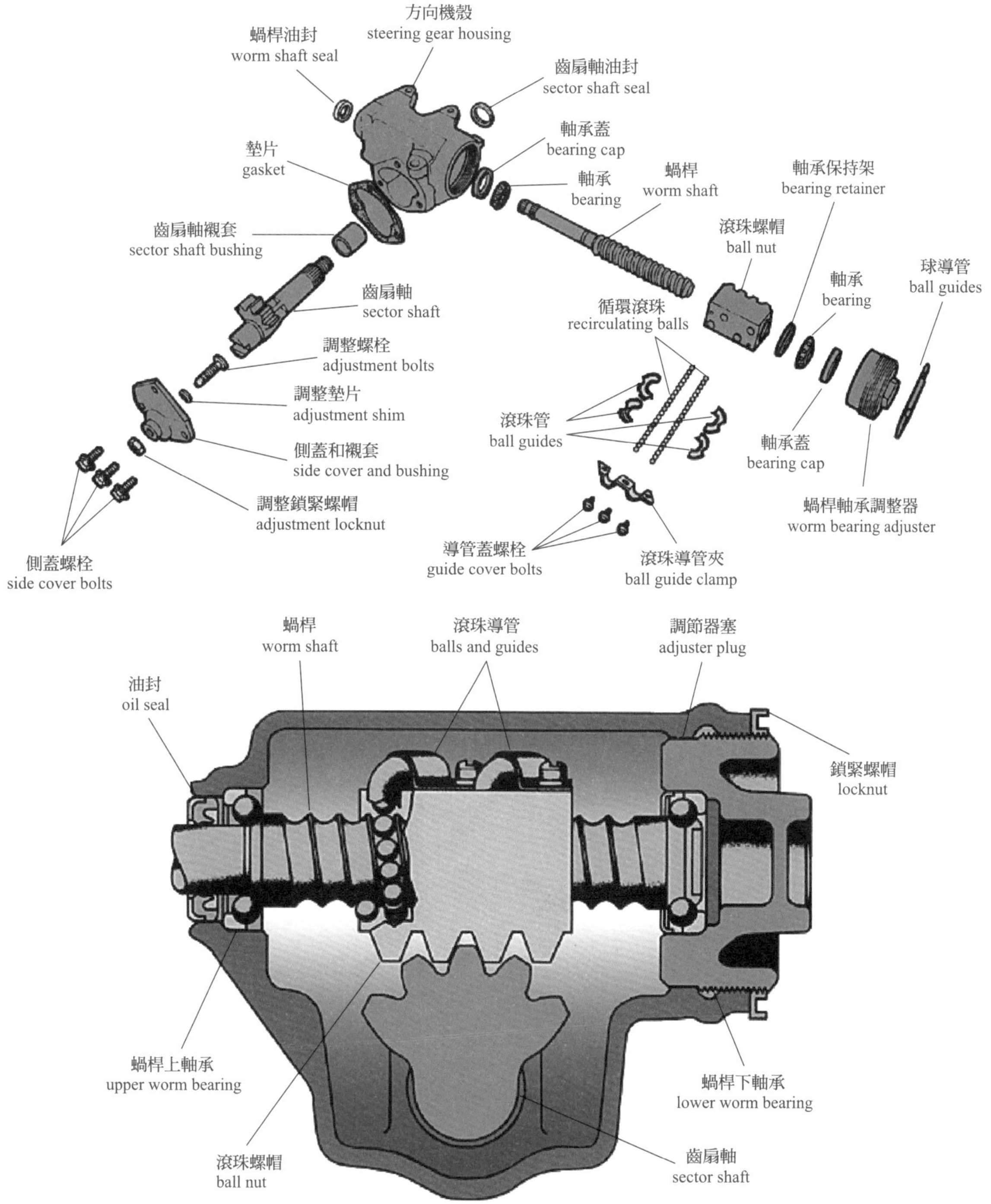

圖3-14-6 循環滾珠式轉向系統分解

14.4 轉向系統部件（圖3-14-7）

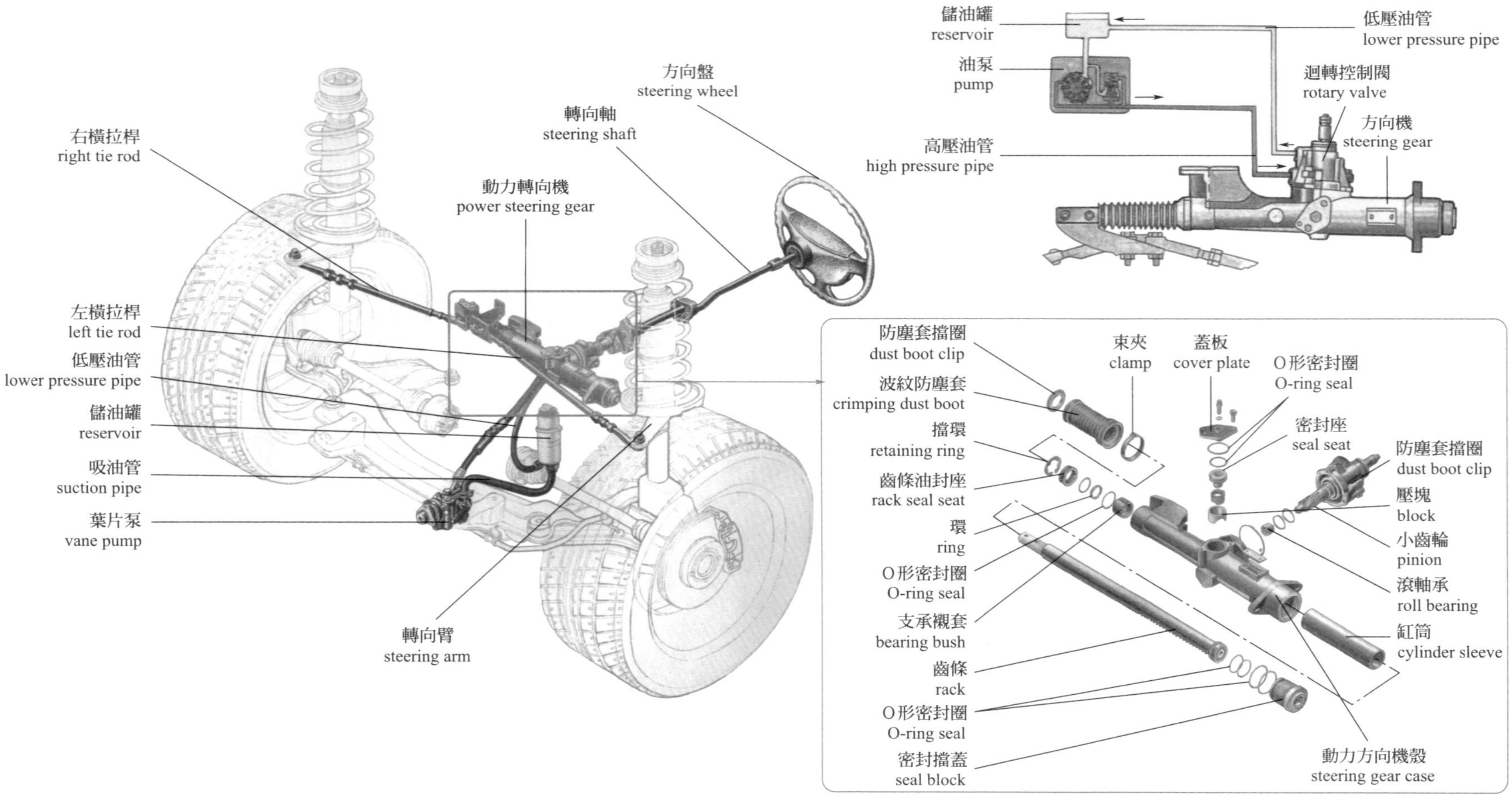

儲油罐
reservoir
油泵
pump
高壓油管
high pressure pipe
低壓油管
lower pressure pipe
迴轉控制閥
rotary valve
方向機
steering gear
方向盤
steering wheel
轉向軸
steering shaft
右橫拉桿
right tie rod
動力轉向機
power steering gear
左橫拉桿
left tie rod
低壓油管
lower pressure pipe
儲油罐
reservoir
吸油管
suction pipe
葉片泵
vane pump
轉向臂
steering arm
防塵套擋圈
dust boot clip
波紋防塵套
crimping dust boot
擋環
retaining ring
齒條油封座
rack seal seat
環
ring
O形密封圈
O-ring seal
支承襯套
bearing bush
齒條
rack
O形密封圈
O-ring seal
密封擋蓋
seal block
束夾
clamp
蓋板
cover plate
O形密封圈
O-ring seal
密封座
seal seat
防塵套擋圈
dust boot clip
壓塊
block
小齒輪
pinion
滾軸承
roll bearing
缸筒
cylinder sleeve
動力方向機殼
steering gear case

圖3-14-7 轉向系統部件

14.5 液壓動力轉向系統

所謂動力轉向，是指借助外力使駕駛者用更少的力就能完成轉向。動力轉向按動力的來源可分為液壓動力和電動動力兩種。

機械式液壓動力系統主要包括齒輪齒條轉向結構和液壓系統（轉向動力泵、動力缸、活塞等）兩部分（圖3-14-8）。

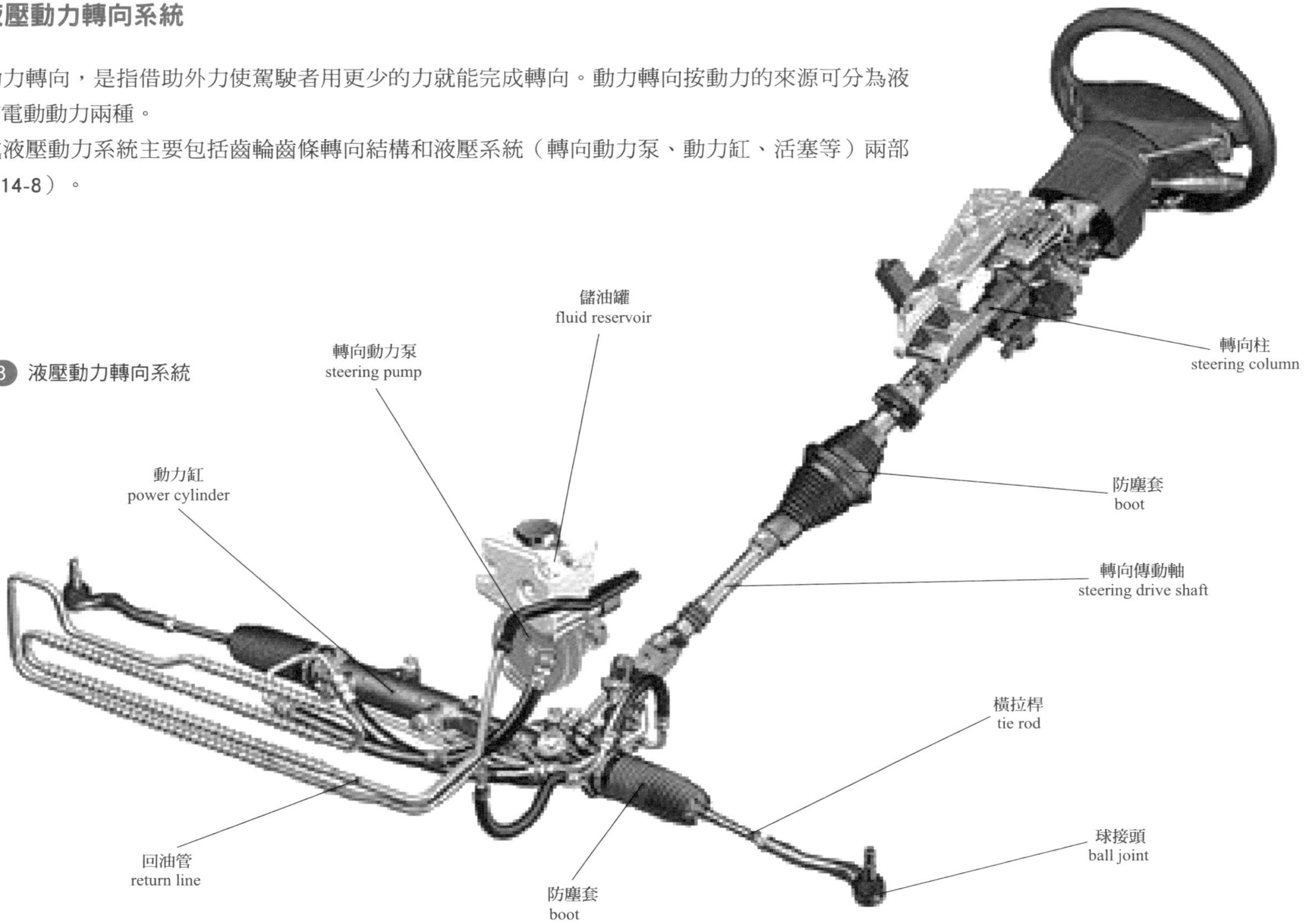
儲油罐
fluid reservoir
轉向動力泵
steering pump
轉向柱
steering column
動力缸
power cylinder
防塵套
boot
轉向傳動軸
steering drive shaft
橫拉桿
tie rod
球接頭
ball joint
回油管
return line
防塵套
boot

圖3-14-8 液壓動力轉向系統

液壓動力轉向系統的工作原理是通過油泵（由引擎皮帶帶動）提供油壓推動活塞，進而產生輔助力推動轉向拉桿，輔助車輪轉向（圖3-14-9）。

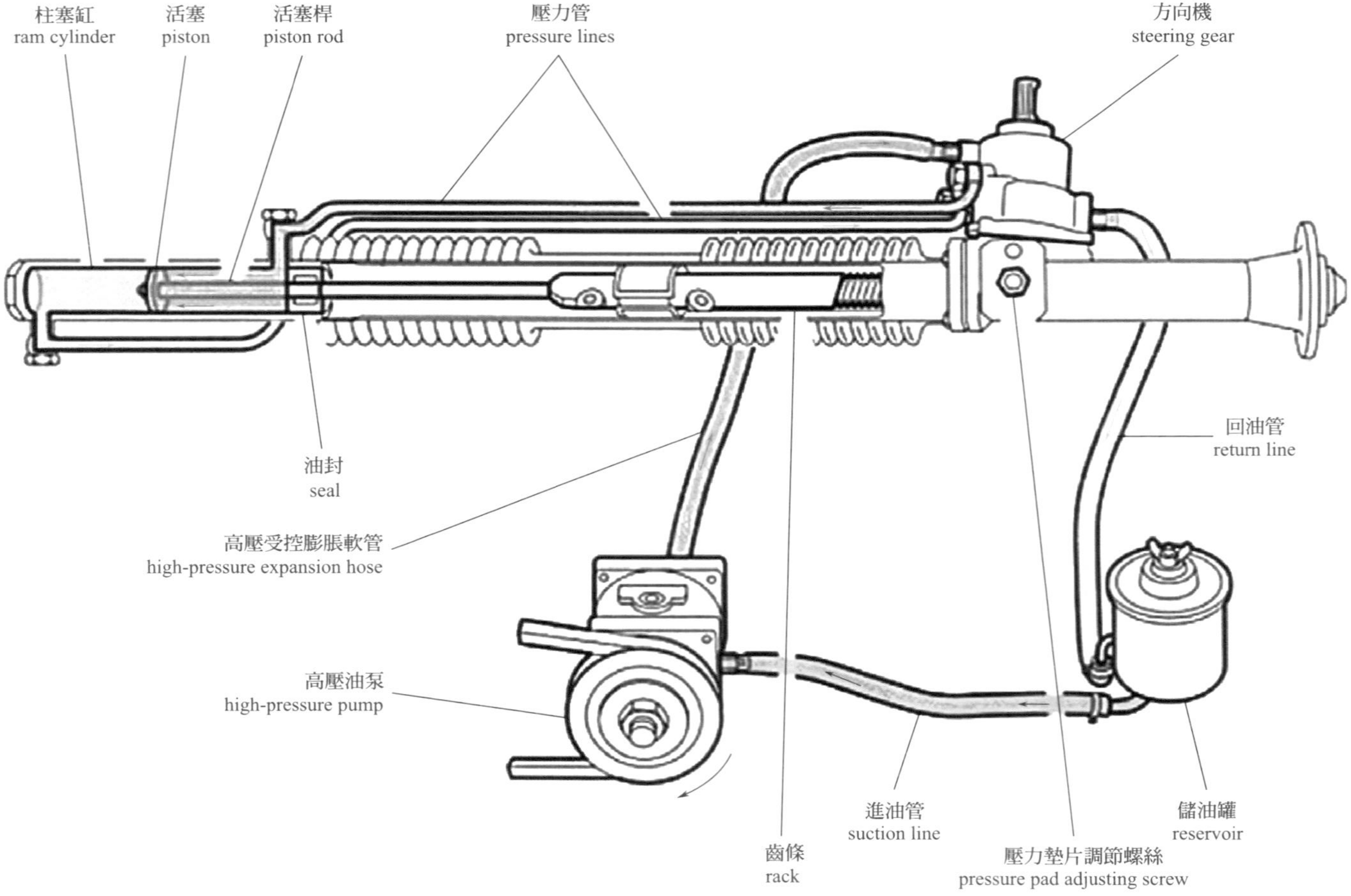
柱塞缸
ram cylinder
活塞
piston
活塞桿
piston rod
壓力管
pressure lines
方向機
steering gear
回油管
return line
油封
seal
高壓受控膨脹軟管
high-pressure expansion hose
高壓油泵
high-pressure pump
齒條
rack
進油管
suction line
壓力墊片調節螺絲
pressure pad adjusting screw
儲油罐
reservoir

圖3-14-9 液壓動力轉向系統工作原理

14.6 電動動力轉向系統

電動動力轉向系統由電動馬達直接提供轉向助力，主要由感知器、控制單元和電動馬達構成，沒有了液壓助力系統的油壓泵、油壓管路、轉向柱閥體等結構，結構非常簡單（圖3-14-10）。

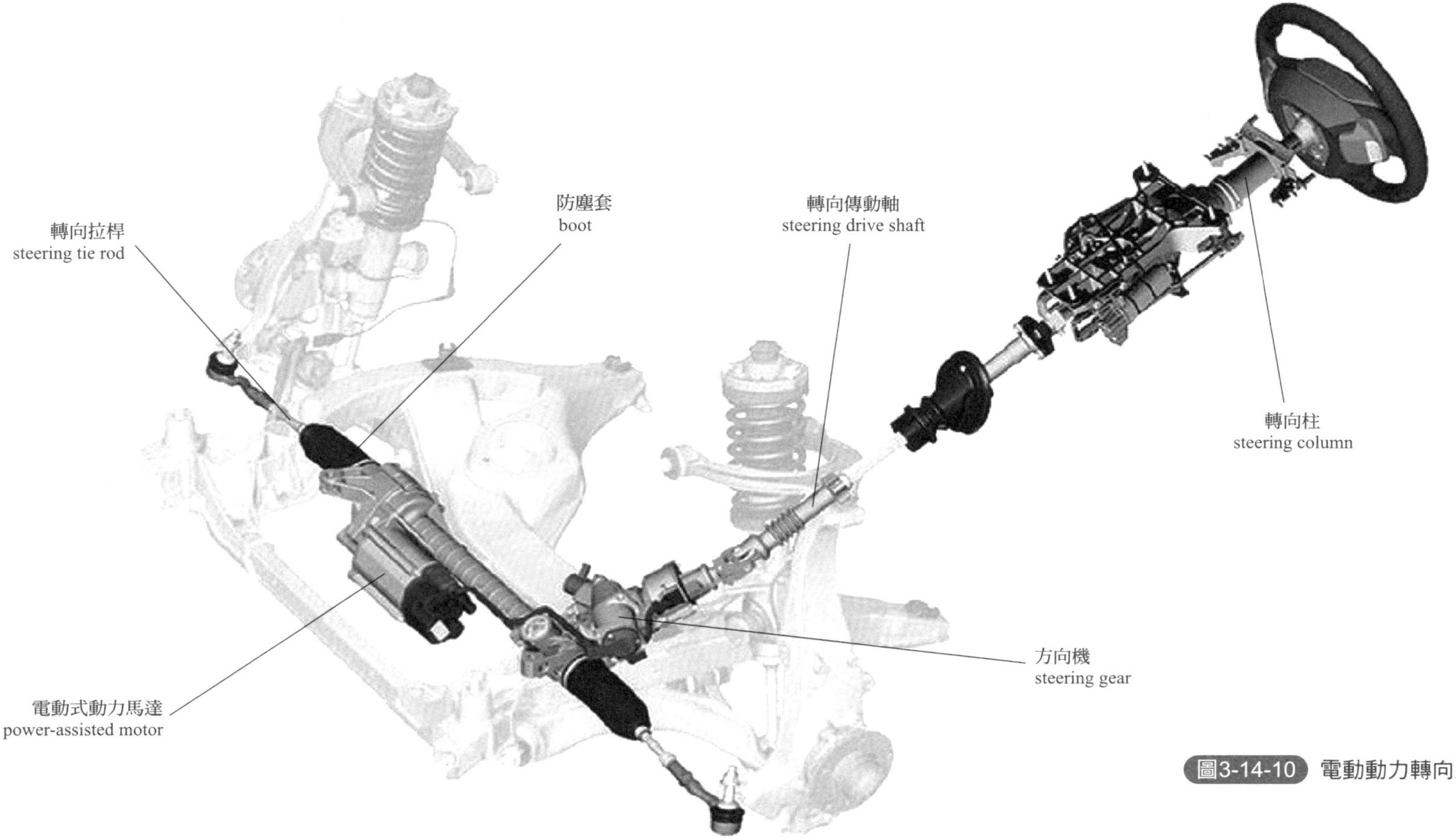
轉向拉桿
steering tie rod
防塵套
boot
轉向傳動軸
steering drive shaft
轉向柱
steering column
方向機
steering gear
電動式動力馬達
power-assisted motor

圖3-14-10 電動動力轉向系統

電動式動力轉向原理：駕駛員在操縱方向盤進行轉向時，扭矩感知器檢測到方向盤的轉向以及扭矩的大小，將電壓信號輸送到電子控制單元，電子控制單元根據扭矩感知器檢測到的扭矩電壓信號、轉動方向和車速信號等，向電動馬達控制器發出指令，使電動馬達輸出相應大小和方向的轉向助力扭矩，從而產生輔助動力。

豐田SUV電動動力轉向採用無刷直流電動機驅動，電壓為42伏（**圖3-14-11**）。

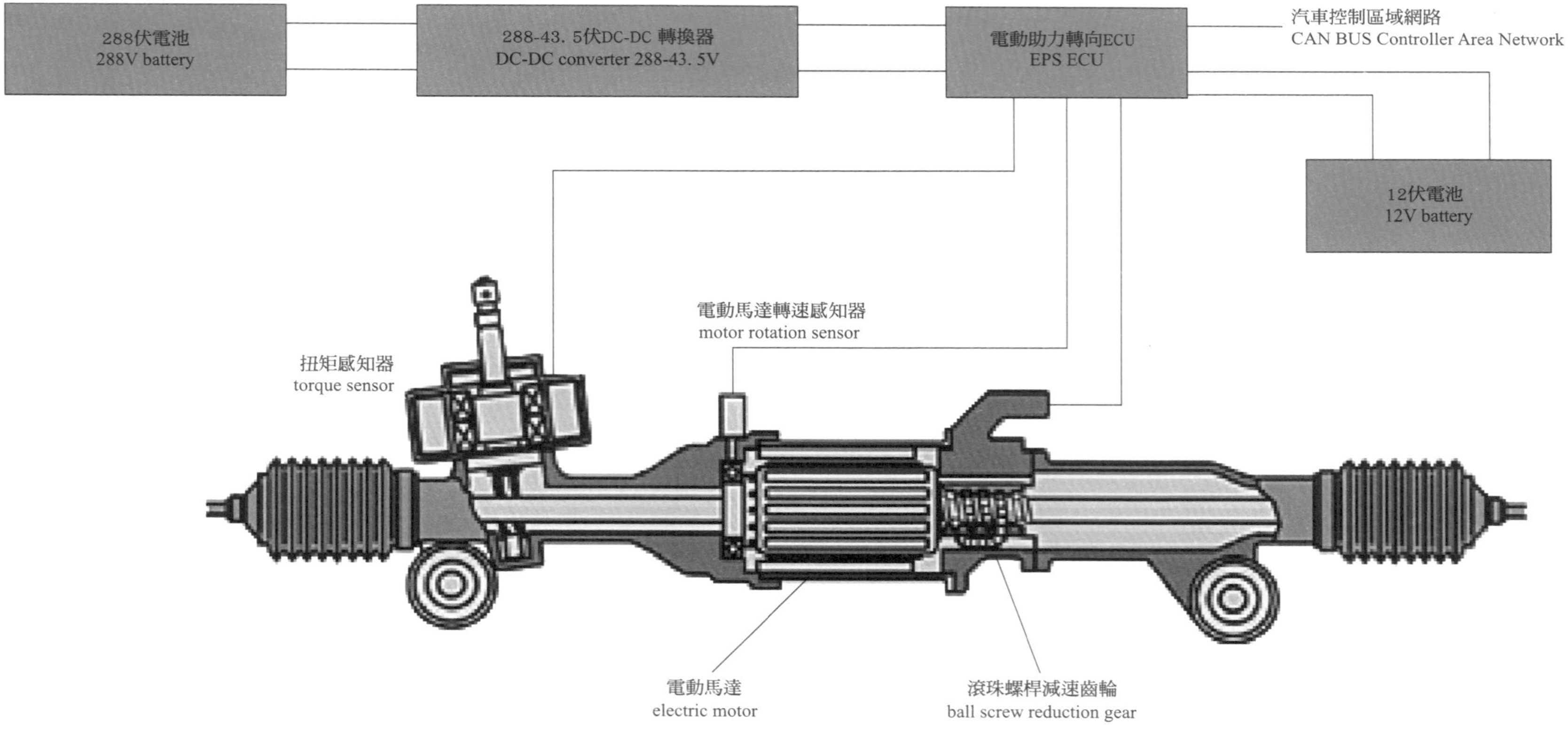
288伏電池
288V battery
288-43. 5伏DC-DC 轉換器
DC-DC converter 288-43. 5V
電動助力轉向ECU
EPS ECU
汽車控制區域網路
CAN BUS Controller Area Network
12伏電池
12V battery
扭矩感知器
torque sensor
電動馬達轉速感知器
motor rotation sensor
電動馬達
electric motor
滾珠螺桿減速齒輪
ball screw reduction gear

圖3-14-11 豐田SUV電動式動力轉向

第15章 煞車系統

15.1 概述

煞車系統的作用是使行駛中的汽車按照駕駛員的要求進行強制減速甚至停車，使已停駛的汽車在各種道路條件下（包括在坡道上）穩定駐車，使下坡行駛的汽車速度保持穩定。

工作原理就是將汽車的動能通過摩擦轉換成熱能。汽車煞車系統主要由供能裝置、控制裝置、傳動裝置和煞車本體等部分組成，常見的煞車主要有鼓式煞車和碟式煞車。按煞車系統的作用，煞車系統可分為行車煞車系統、駐車煞車系統等（圖3-15-1）。

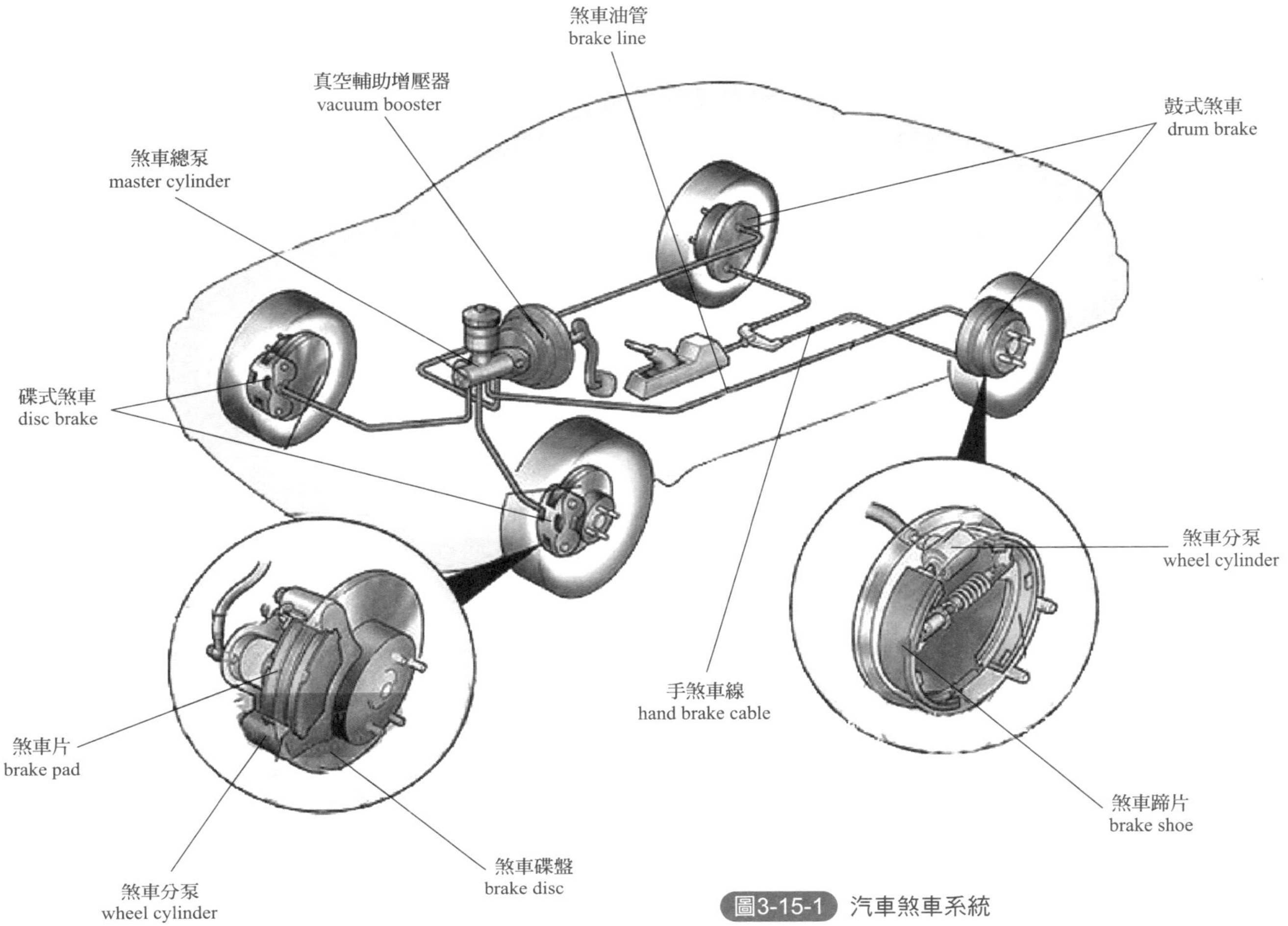
煞車油管
brake line
真空輔助增壓器
vacuum booster
煞車總泵
master cylinder
鼓式煞車
drum brake
碟式煞車
disc brake
煞車分泵
wheel cylinder
手煞車線
hand brake cable
煞車片
brake pad
煞車蹄片
brake shoe
煞車碟盤
brake disc
煞車分泵
wheel cylinder

圖3-15-1 汽車煞車系統

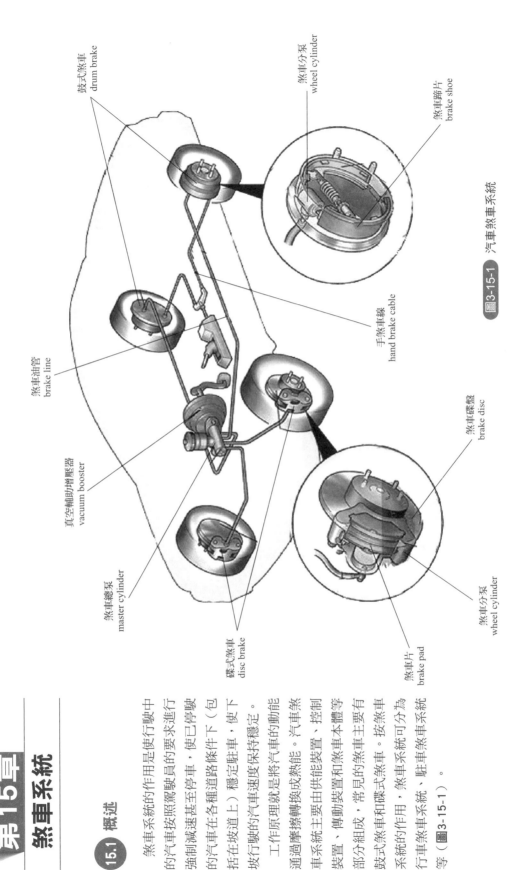

15.2 煞車系統的結構

煞車系統部件如圖3-15-2所示。

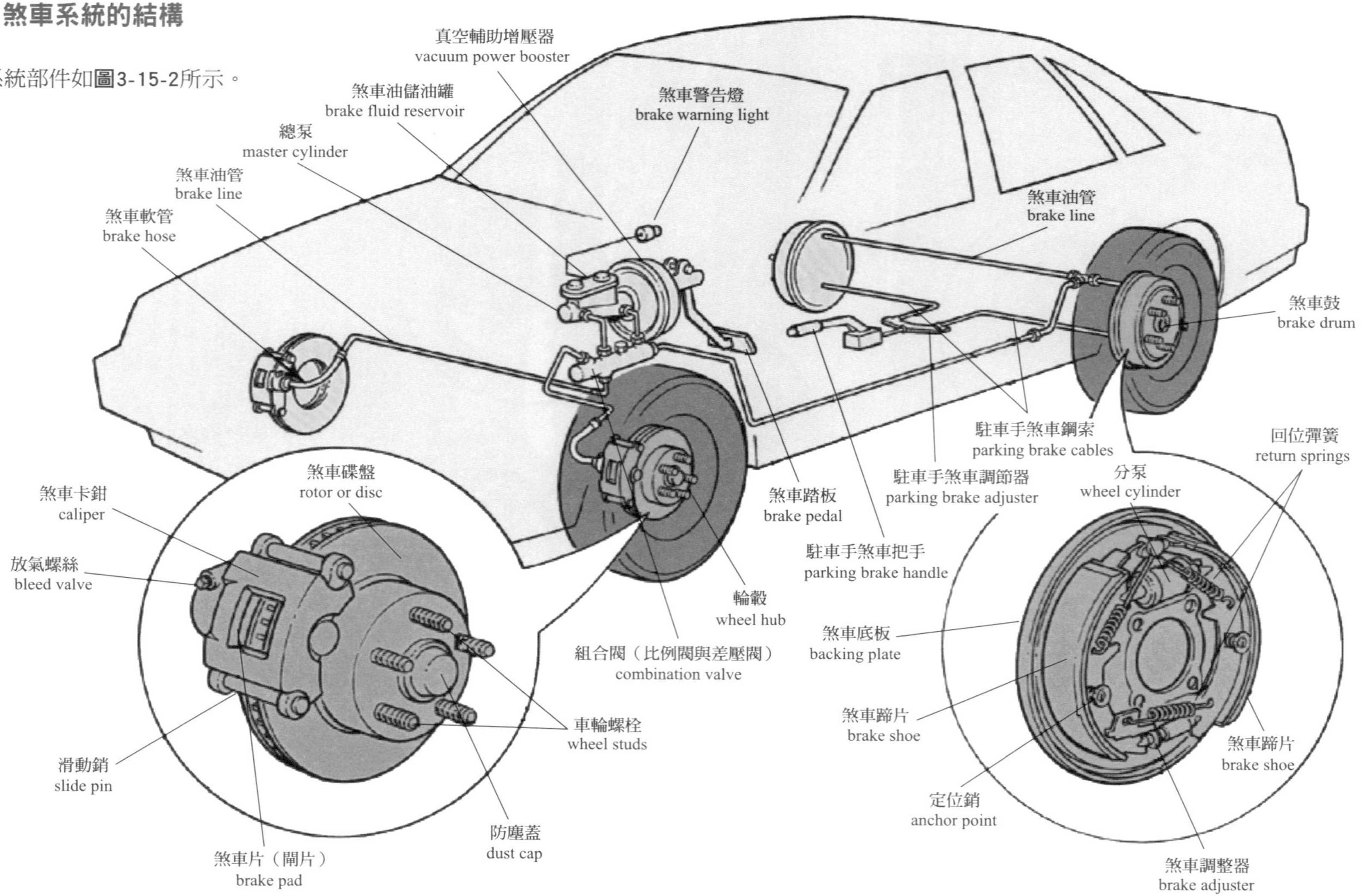
真空輔助增壓器
vacuum power booster
煞車油儲油罐
brake fluid reservoir
總泵
master cylinder
煞車油管
brake line
煞車軟管
brake hose
煞車警告燈
brake warning light
煞車油管
brake line
煞車鼓
brake drum
駐車手煞車鋼索
parking brake cables
回位彈簧
return springs
分泵
wheel cylinder
駐車手煞車調節器
parking brake adjuster
煞車踏板
brake pedal
駐車手煞車把手
parking brake handle
煞車卡鉗
caliper
煞車碟盤
rotor or disc
放氣螺絲
bleed valve
輪轂
wheel hub
組合閥（比例閥與差壓閥）
combination valve
煞車底板
backing plate
煞車蹄片
brake shoe
車輪螺栓
wheel studs
滑動銷
slide pin
煞車蹄片
brake shoe
定位銷
anchor point
防塵蓋
dust cap
煞車片（鬧片）
brake pad
煞車調整器
brake adjuster

圖3-15-2 煞車系統部件

煞車系統的結構如圖3-15-3所示。

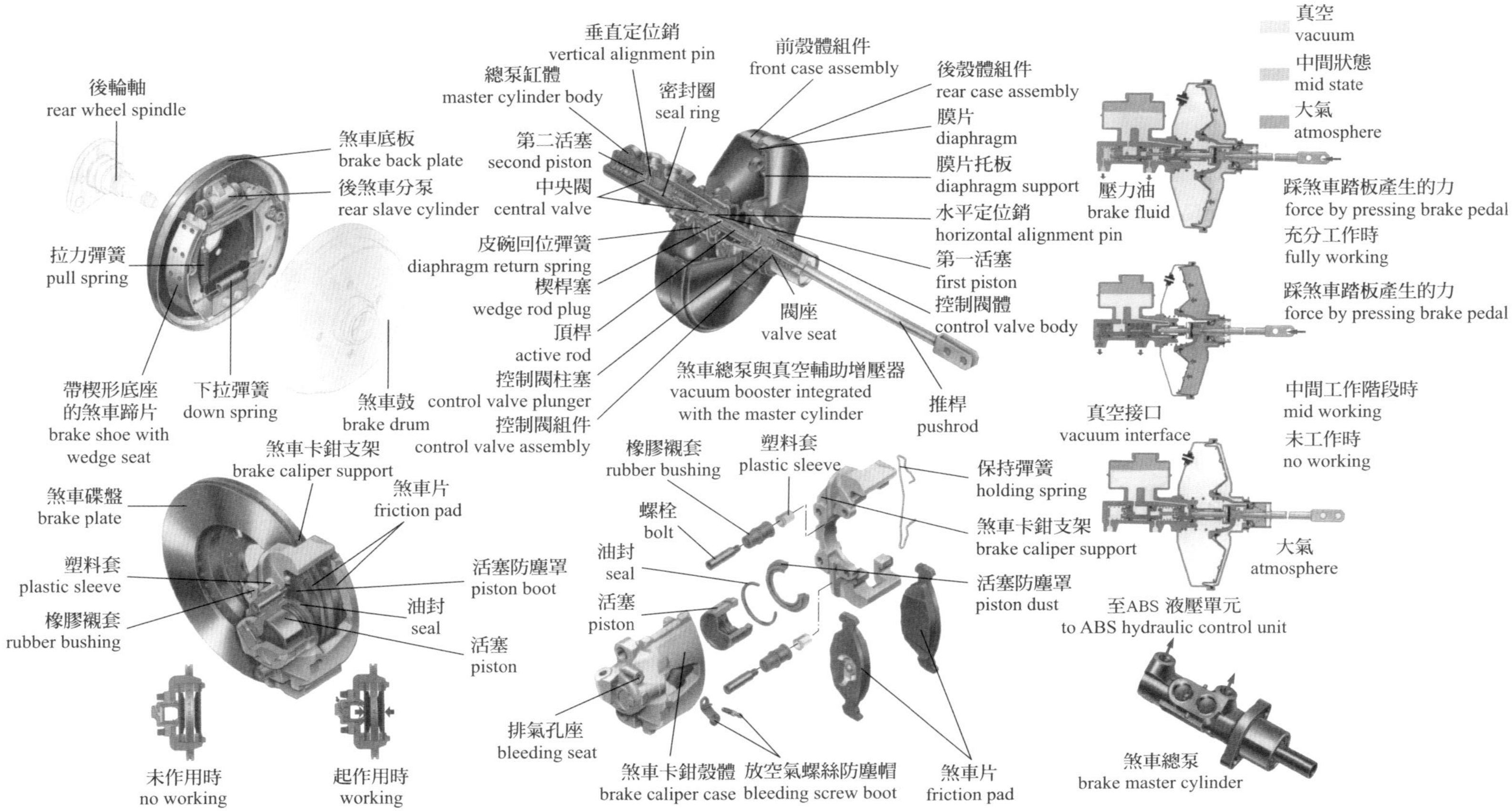

圖3-15-3 煞車系統結構

15.3 液壓煞車系統

在踩下煞車踏板時，推動煞車總泵的活塞運動，進而在油路中產生壓力，煞車油將壓力傳遞到車輪的煞車分泵推動活塞，活塞推動煞車蹄向外運動，進而使得煞車來令片與煞車鼓發生摩擦，從而產生煞車力（圖3-15-4）。

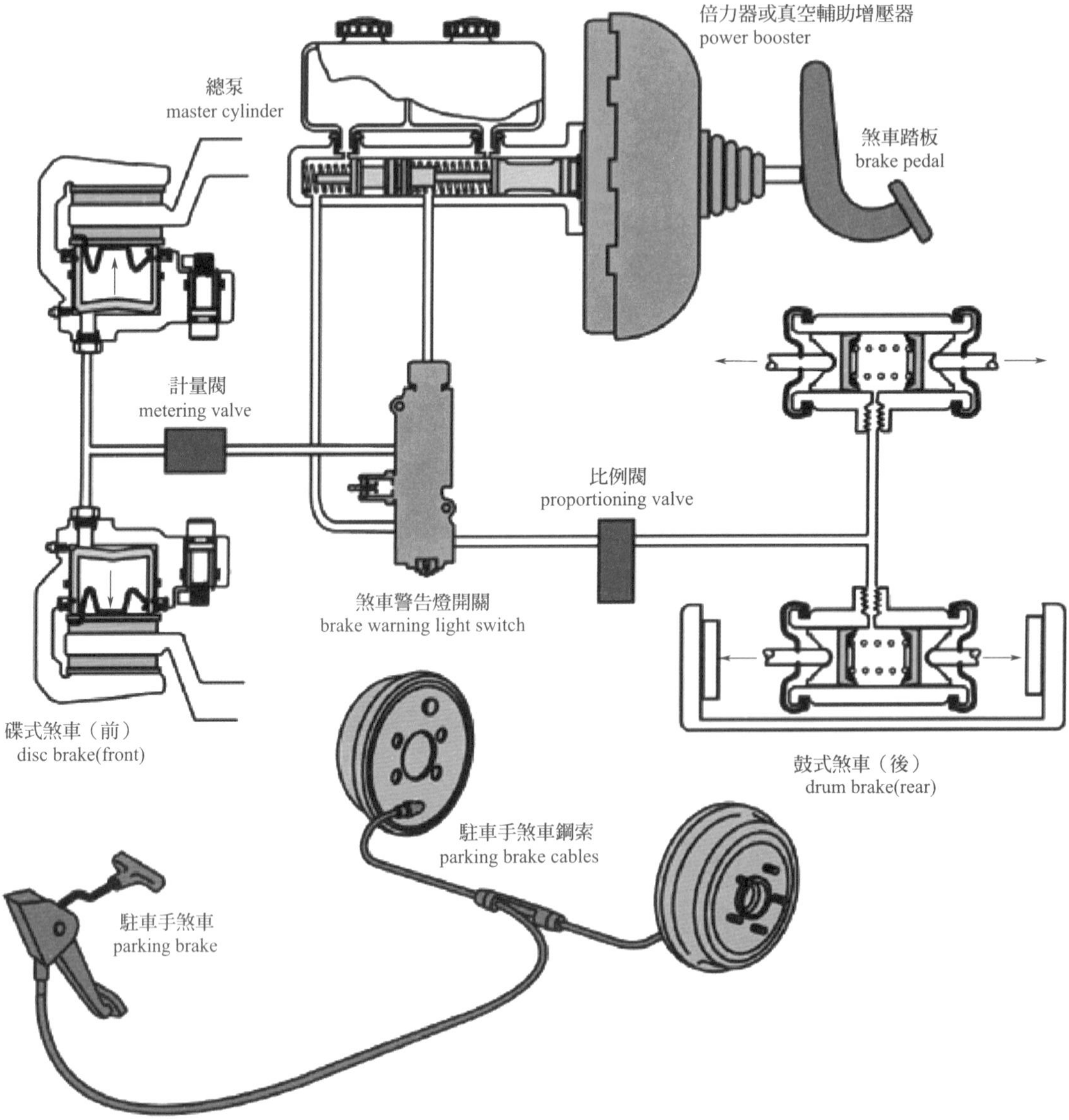
倍力器或真空輔助增壓器
power booster
總泵
master cylinder
煞車踏板
brake pedal
計量閥
metering valve
比例閥
proportioning valve
煞車警告燈開關
brake warning light switch
碟式煞車（前）
disc brake(front)
鼓式煞車（後）
drum brake(rear)
駐車手煞車鋼索
parking brake cables
駐車手煞車
parking brake

圖3-15-4 液壓煞車系統

15.4 鼓式煞車

鼓式煞車主要包括煞車分泵、煞車蹄片、煞車鼓、來令片、回位彈簧等部分。通過液壓裝置使來令片與車輪轉動的煞車鼓內側面發生摩擦，從而起到煞車的效果（圖3-15-5）。

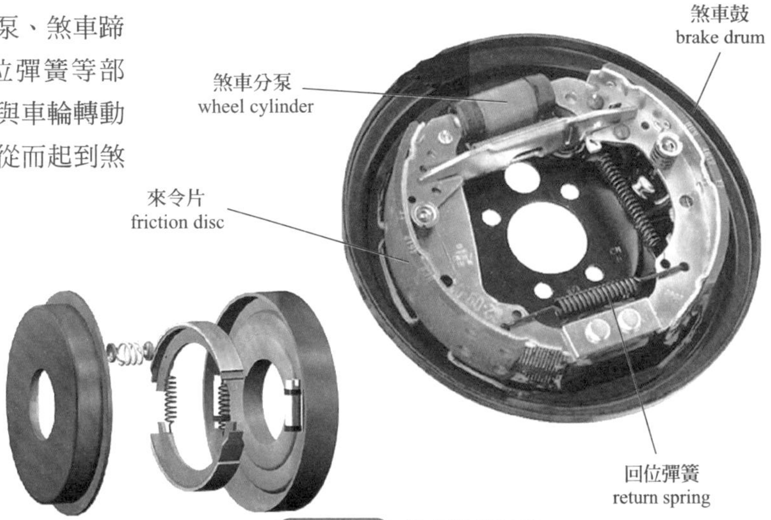
煞車鼓
brake drum
煞車分泵
wheel cylinder
來令片
friction disc
回位彈簧
return spring

圖3-15-5 鼓式煞車結構

鼓式煞車分解如圖3-15-6所示。

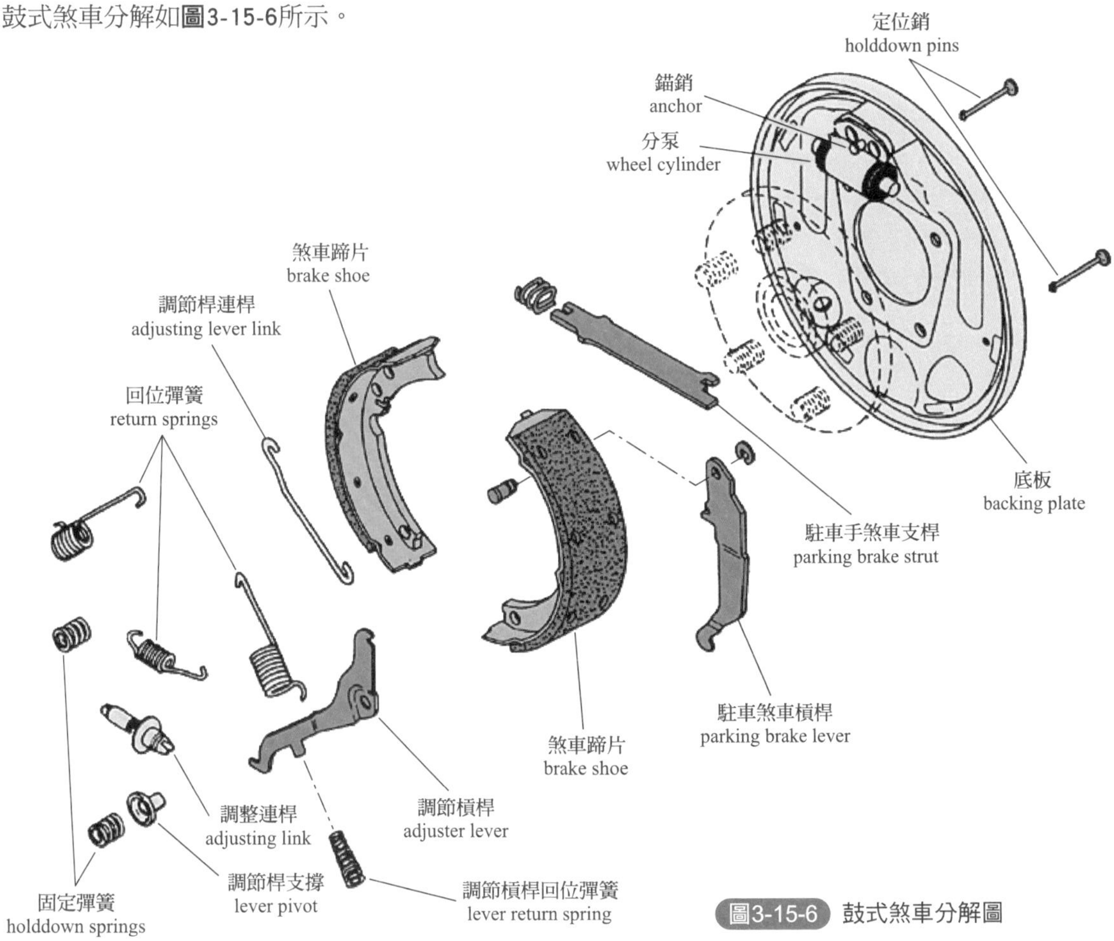
定位銷
holddown pins
錨銷
anchor
分泵
wheel cylinder
煞車蹄片
brake shoe
調節桿連桿
adjusting lever link
回位彈簧
return springs
底板
backing plate
駐車手煞車支桿
parking brake strut
駐車煞車槓桿
parking brake lever
煞車蹄片
brake shoe
調整連桿
adjusting link
調節槓桿
adjuster lever
調節桿支撐
lever pivot
調節槓桿回位彈簧
lever return spring
固定彈簧
holddown springs

圖3-15-6 鼓式煞車分解圖

鼓式煞車原理：在踩下煞車踏板時，推動煞車總泵的活塞運動，進而在油路中產生壓力，煞車油將壓力傳遞到車輪的煞車分泵推動活塞，活塞推動煞車蹄片向外運動，進而使得來令片與煞車鼓發生摩擦，從而產生煞車力（圖3-15-7）。

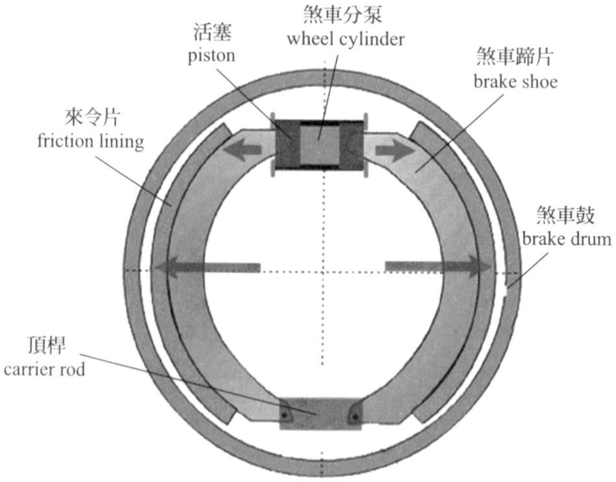

在踩下煞車踏板時，煞車分泵的活塞推動來令片向外運動，使來令片與煞車鼓的內面發生摩擦，以達到降低車速的目的。

圖3-15-7　鼓式煞車工作原理

15.5 碟式煞車

碟式煞車也叫盤式煞車，主要由煞車碟盤、煞車卡鉗、煞車片、分泵、油管等部分構成。碟式煞車通過液壓系統把壓力施加到煞車卡鉗上，使煞車來令片與隨車輪轉動的煞車碟盤發生摩擦，從而達到煞車的目的（圖3-15-8）。

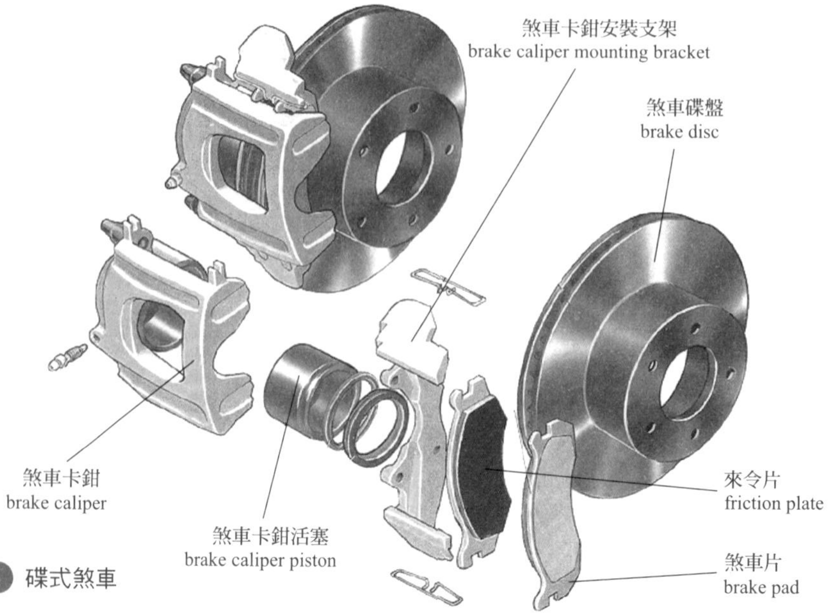

圖3-15-8　碟式煞車

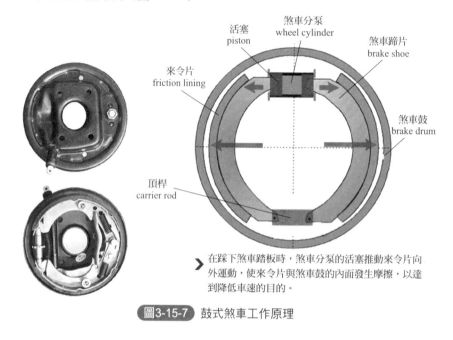

碟式煞車原理：主要通過施加在煞車卡鉗上的壓力，使得來令片夾住旋轉的煞車碟盤（圖3-15-9）。

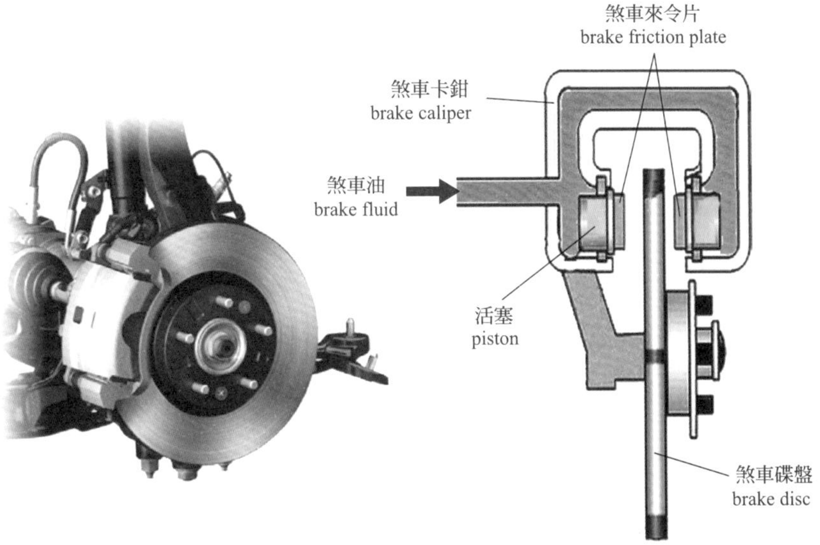

圖3-15-9 碟式煞車工作原理

碟式煞車分解如圖3-15-10所示。

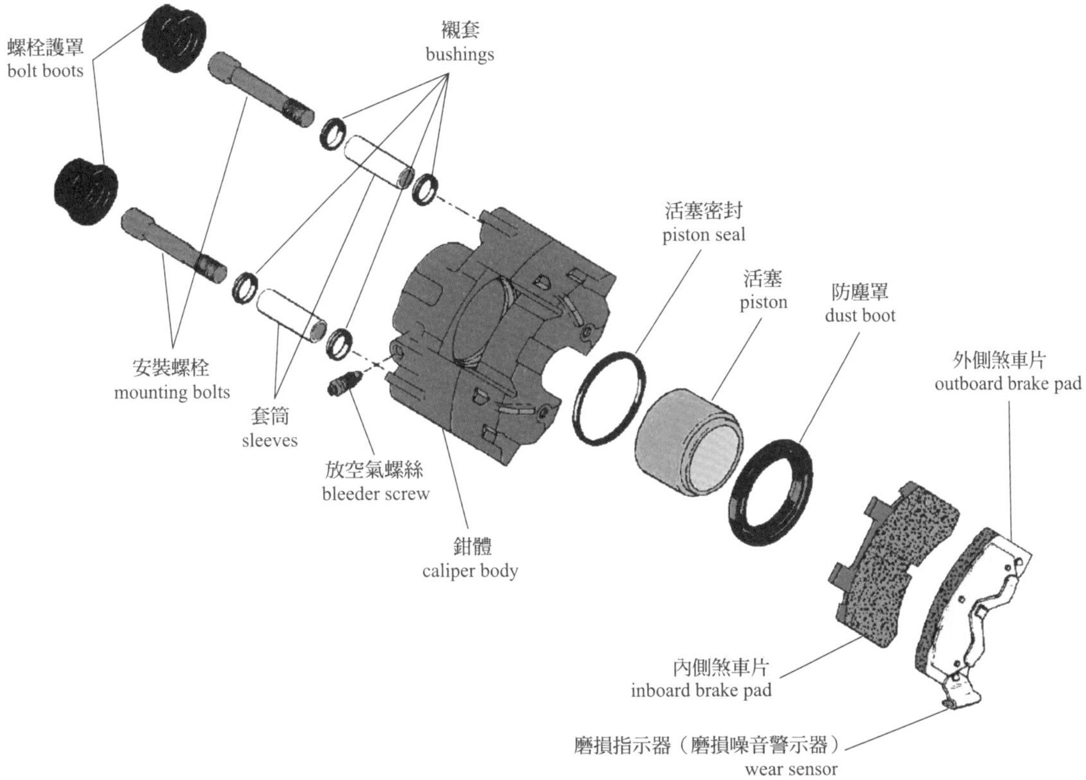

圖3-15-10 碟式煞車分解圖

15.6 煞車真空輔助增壓器

煞車真空輔助增壓器，是在人力液壓煞車傳動裝置的基礎上，為了減輕駕駛員的踏板力的煞車加力裝置。它通常利用引擎進氣管的真空為動力源，對液壓煞車裝置進行加力。它在煞車踏板和煞車總泵之間，裝有一個膜片式的增壓器。膜片的一側與大氣連通，在煞車時，使另一側與引擎進氣管連通，從而產生一個比踏板力大幾倍的附加力，此時，總泵的活塞除了受踏板力外，還受到真空輔助增壓器產生的力，因此可以提高液壓，從而減輕踏板力（**圖3-15-11**）。

典型真空輔助液壓煞車總成：真空管與引擎進氣歧管相連，煞車踏板行程感知器是防鎖死系統輸入信號感知器（**圖3-15-12**）。

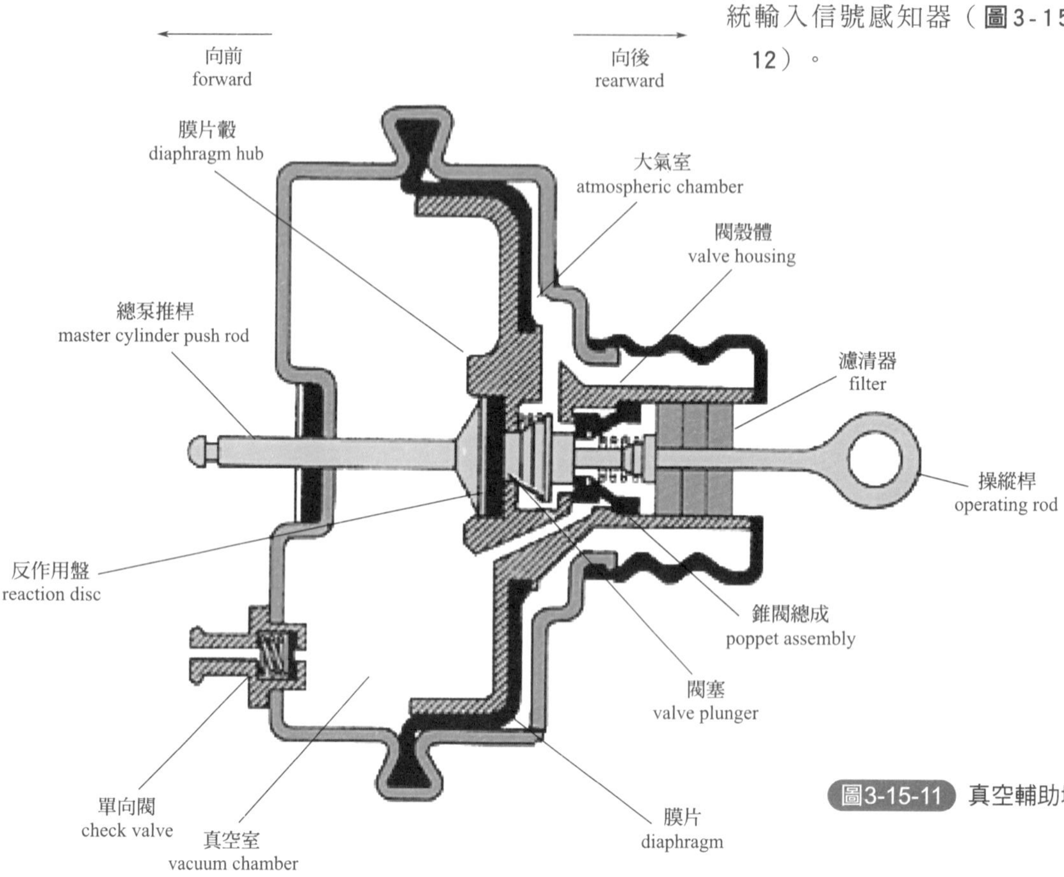

圖3-15-11 真空輔助增壓器

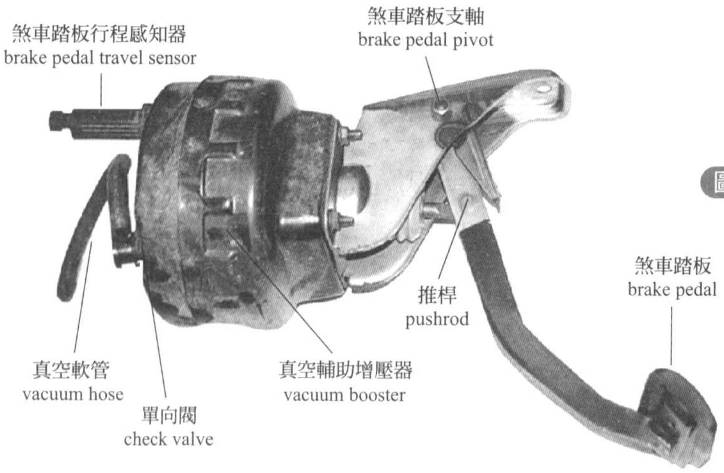

圖3-15-12 典型真空液壓煞車總成

15.7 防鎖死煞車系統（ABS）

防鎖死煞車系統是一種具有防滑、防鎖死等優點的汽車安全控制系統。ABS主要由電子控制單元、車輪轉速感知器、煞車壓力調節裝置和煞車控制電路等部分組成（圖3-15-13）。

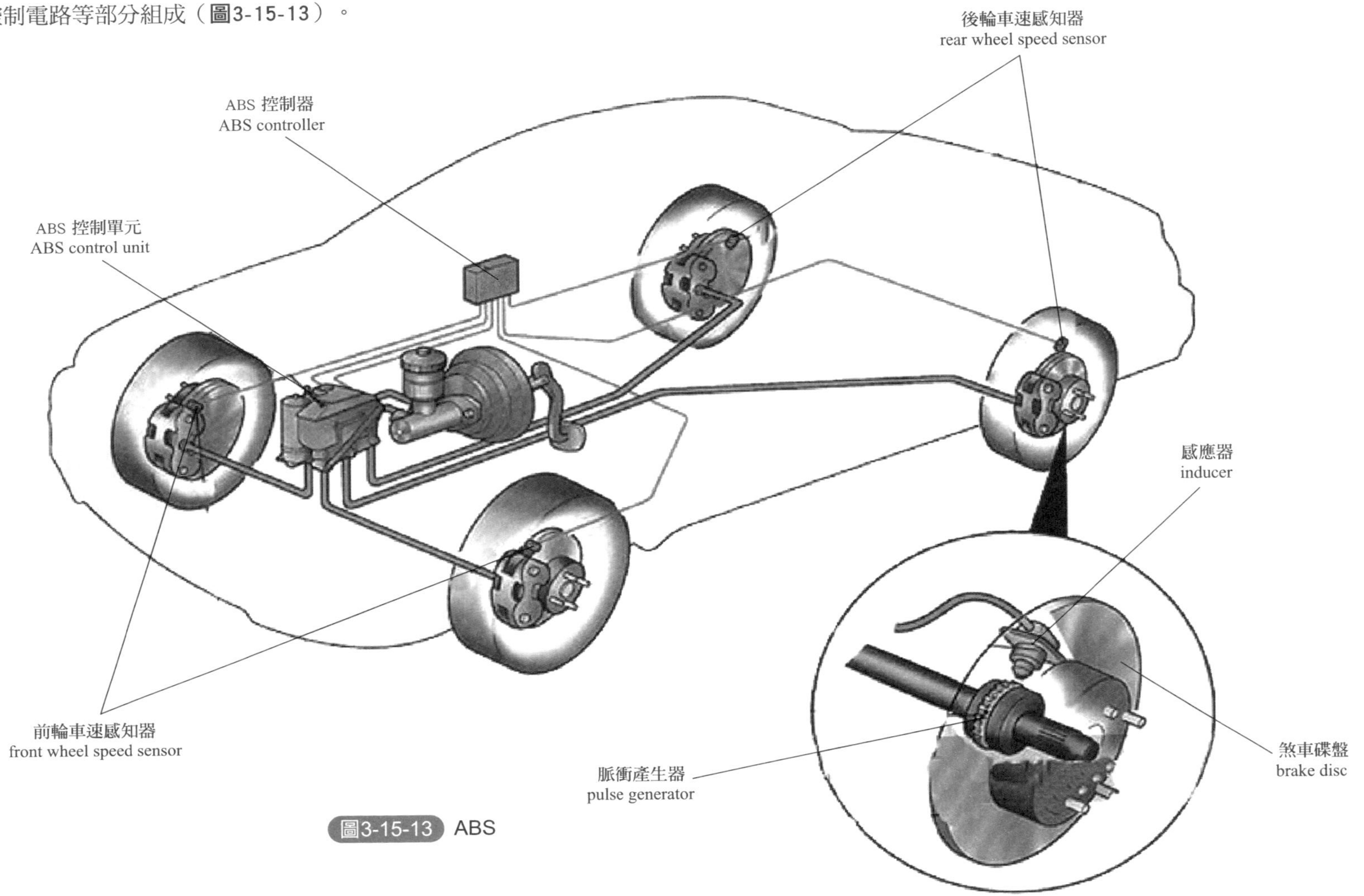
後輪車速感知器
rear wheel speed sensor
ABS 控制器
ABS controller
ABS 控制單元
ABS control unit
感應器
inducer
前輪車速感知器
front wheel speed sensor
脈衝產生器
pulse generator
煞車碟盤
brake disc

圖3-15-13 ABS

防鎖死煞車系統的布置如圖3-15-14所示。

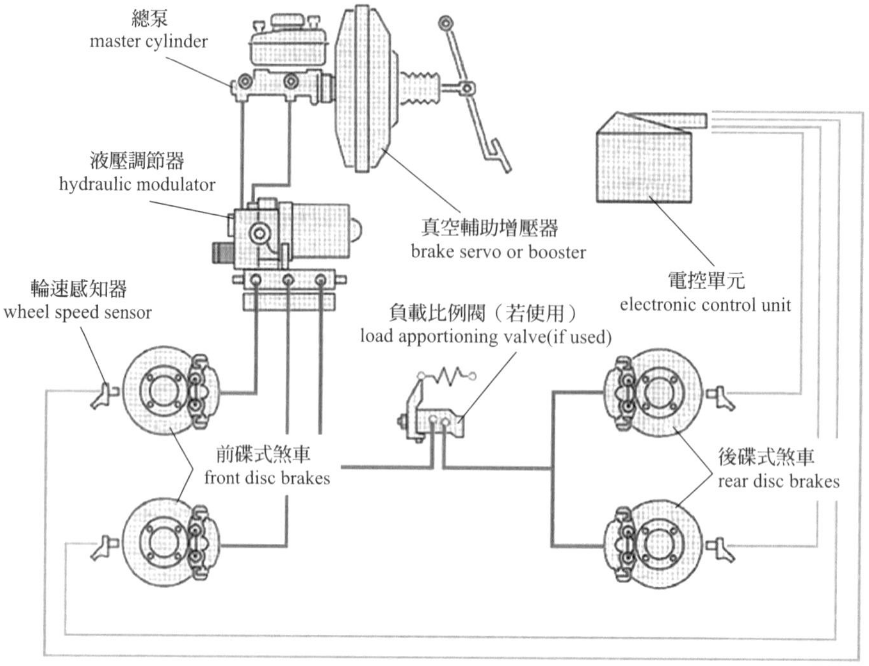
總泵
master cylinder
液壓調節器
hydraulic modulator
真空輔助增壓器
brake servo or booster
電控單元
electronic control unit
輪速感知器
wheel speed sensor
負載比例閥（若使用）
load apportioning valve(if used)
前碟式煞車
front disc brakes
後碟式煞車
rear disc brakes

圖3-15-14 防鎖死煞車系統的布置

ABS工作原理：煞車過程中，ECU通過輪速感知器判斷車輪是否被鎖死，如車輪即將鎖死，ECU發出命令，通過煞車調節裝置，減少煞車動力，防止車輪鎖死（圖3-15-15）。

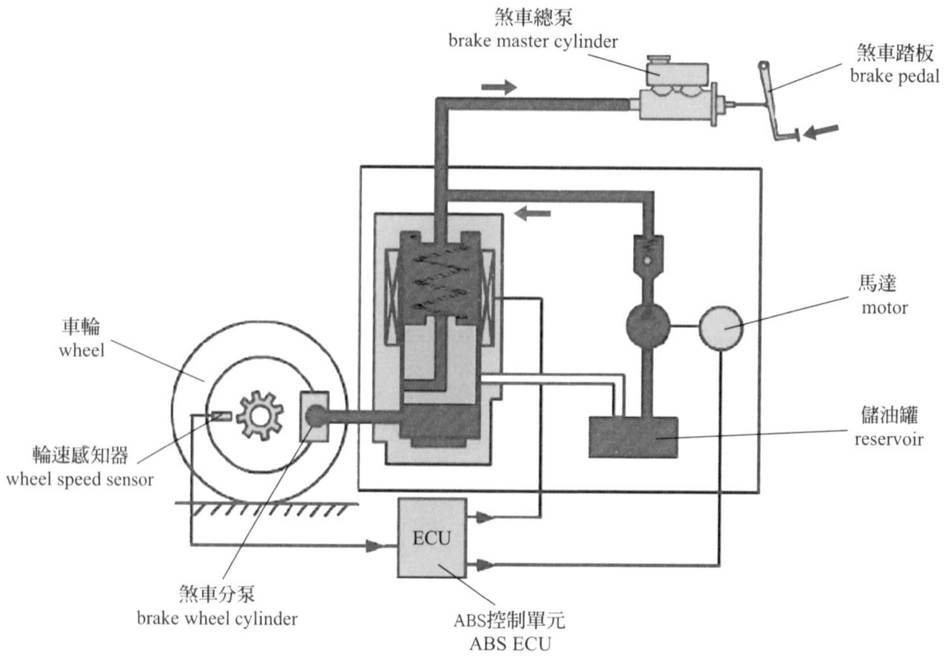
煞車總泵
brake master cylinder
煞車踏板
brake pedal
馬達
motor
車輪
wheel
儲油罐
reservoir
輪速感知器
wheel speed sensor
ECU
煞車分泵
brake wheel cylinder
ABS控制單元
ABS ECU

圖3-15-15 ABS工作原理

PART 4

第4部分

車身

第1章

概述

車身安裝在底盤的車架上，用以駕駛員、旅客乘坐或裝載貨物。轎車、客車的車身一般是整體結構，貨車車身一般是由駕駛室和貨廂兩部分組成。典型乘用車車身的結構如圖4-1-1所示。

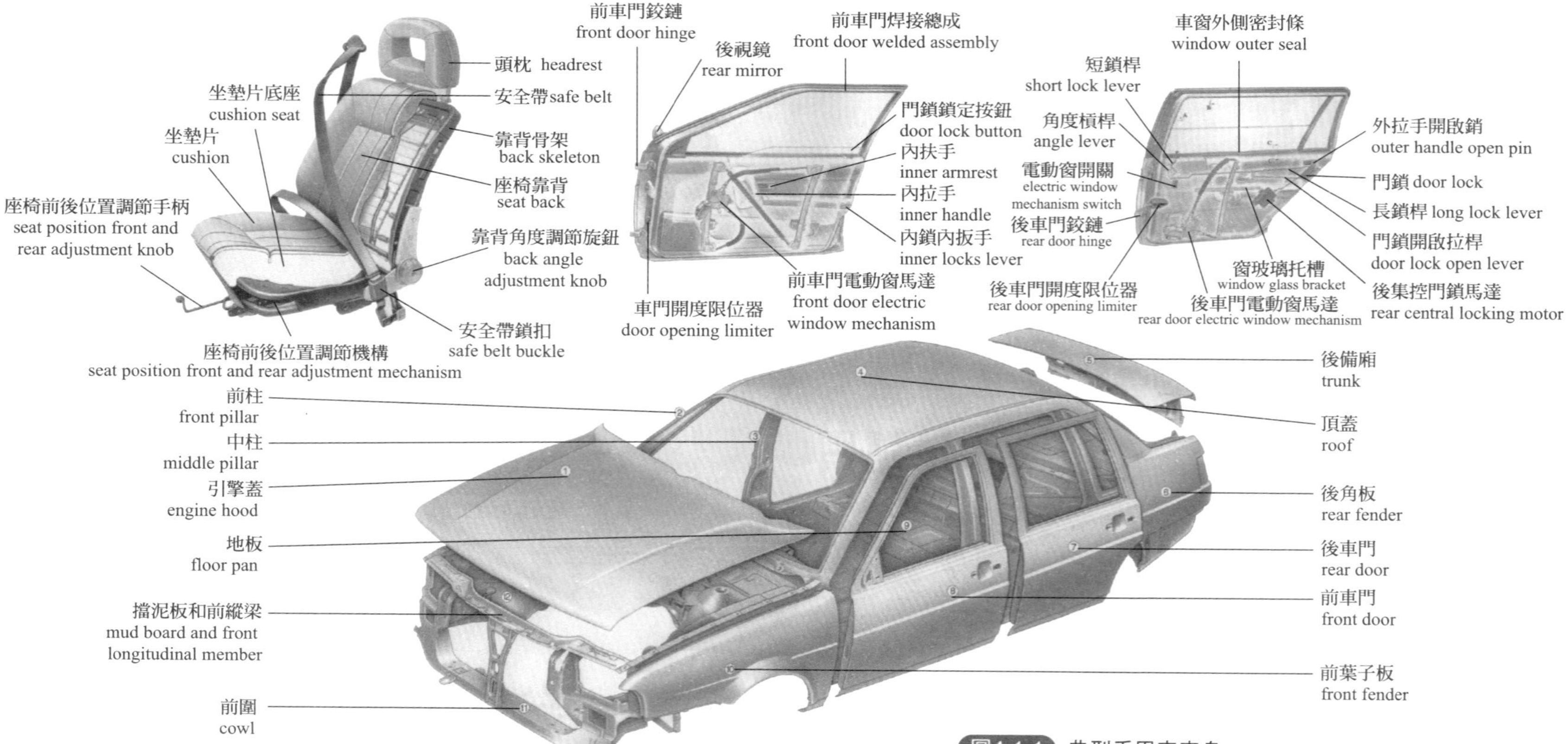

前車門鉸鏈 front door hinge
後視鏡 rear mirror
前車門焊接總成 front door welded assembly
車窗外側密封條 window outer seal
頭枕 headrest
安全帶safe belt
坐墊片底座 cushion seat
坐墊片 cushion
靠背骨架 back skeleton
座椅靠背 seat back
座椅前後位置調節手柄 seat position front and rear adjustment knob
靠背角度調節旋鈕 back angle adjustment knob
安全帶鎖扣 safe belt buckle
座椅前後位置調節機構 seat position front and rear adjustment mechanism
門鎖鎖定按鈕 door lock button
內扶手 inner armrest
內拉手 inner handle
內鎖內扳手 inner locks lever
前車門電動窗馬達 front door electric window mechanism
車門開度限位器 door opening limiter
短鎖桿 short lock lever
角度槓桿 angle lever
電動窗開關 electric window mechanism switch
後車門鉸鏈 rear door hinge
後車門開度限位器 rear door opening limiter
窗玻璃托槽 window glass bracket
後車門電動窗馬達 rear door electric window mechanism
外拉手開啟銷 outer handle open pin
門鎖 door lock
長鎖桿 long lock lever
門鎖開啟拉桿 door lock open lever
後集控門鎖馬達 rear central locking motor
前柱 front pillar
中柱 middle pillar
引擎蓋 engine hood
地板 floor pan
擋泥板和前縱梁 mud board and front longitudinal member
前圍 cowl
後備廂 trunk
頂蓋 roof
後角板 rear fender
後車門 rear door
前車門 front door
前葉子板 front fender

圖4-1-1 典型乘用車車身

第2章

車架

2.1 概述

車架是支撐全車的基礎，承受著在其上所安裝的各個總成的各種載荷（圖4-2-1）。

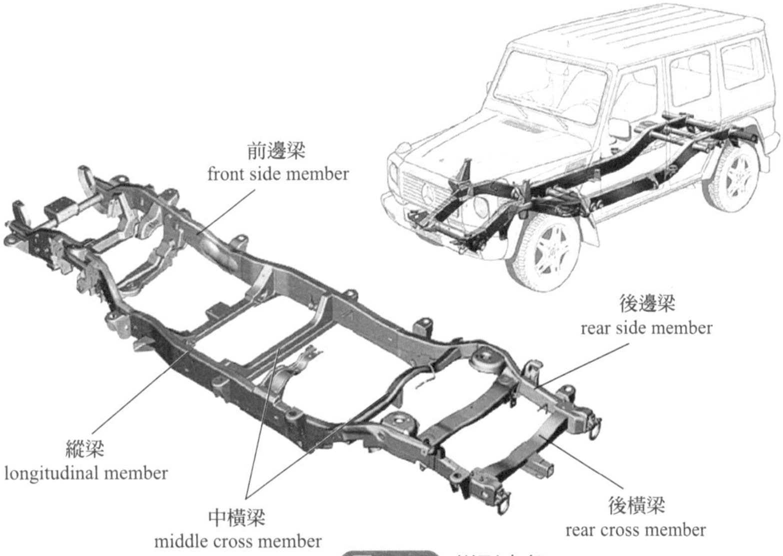
前邊梁
front side member
後邊梁
rear side member
縱梁
longitudinal member
中橫梁
middle cross member
後橫梁
rear cross member

圖4-2-1 梯形車架

2.2 車身分類

車身按受力分類一般分為非承載式車身和承載式車身兩類。

2.2.1 非承載式車身

非承載式車身是指車架承載著整個車體，引擎、懸吊和車身都安裝在車架上，車架上有用於固定車身的螺孔以及固定彈簧的基座的一種底盤形式（圖4-2-2）。

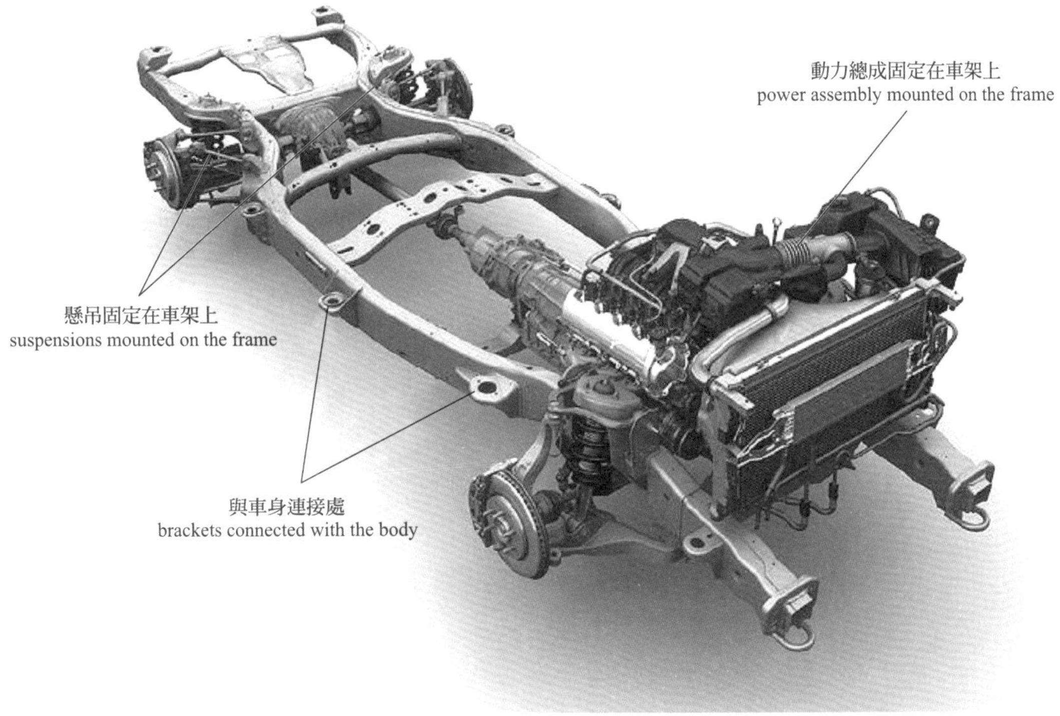
動力總成固定在車架上
power assembly mounted on the frame
懸吊固定在車架上
suspensions mounted on the frame
與車身連接處
brackets connected with the body

圖4-2-2 非承載式車身

2.2.2　承載式車身

承載式車身的特點是汽車沒有車架，車身就作為引擎和底盤各總成的安裝基體，車身兼有車架的作用並承受全部載荷（**圖4-2-3**）。

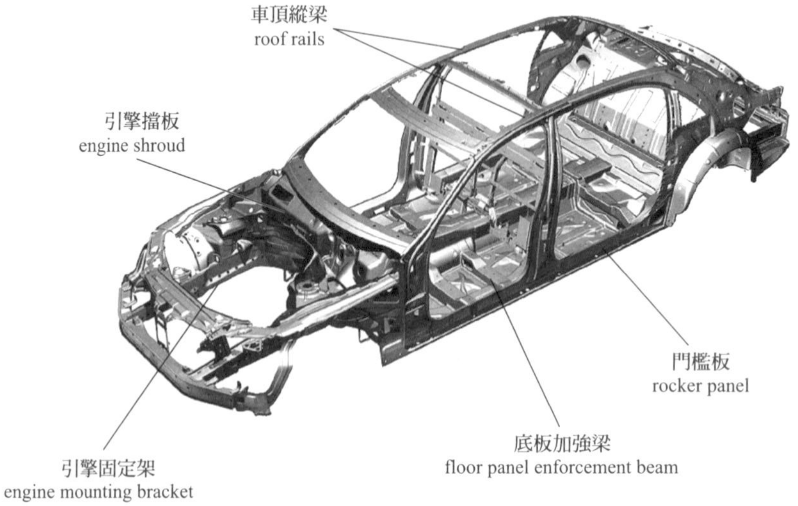
車頂縱梁
roof rails
引擎擋板
engine shroud
門檻板
rocker panel
底板加強梁
floor panel enforcement beam
引擎固定架
engine mounting bracket

圖4-2-3 承載式車身

承載式車身的分解如**圖4-2-4**所示。

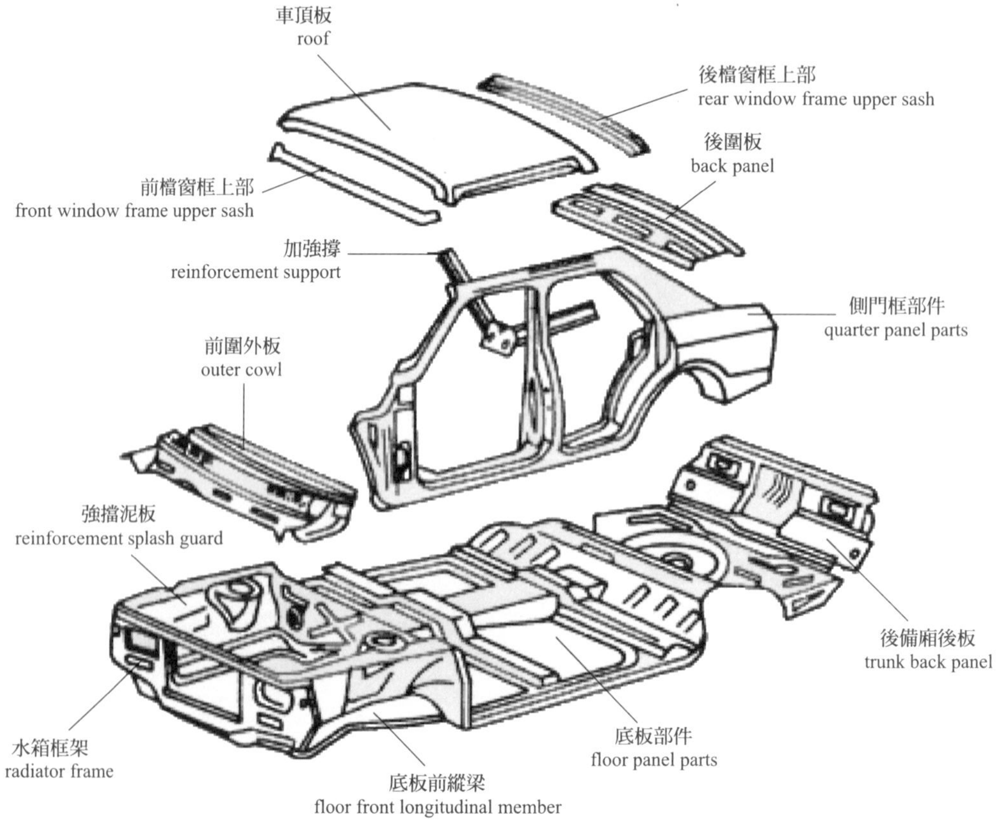
車頂板
roof
後檔窗框上部
rear window frame upper sash
後圍板
back panel
前檔窗框上部
front window frame upper sash
加強撐
reinforcement support
側門框部件
quarter panel parts
前圍外板
outer cowl
強擋泥板
reinforcement splash guard
後備廂後板
trunk back panel
水箱框架
radiator frame
底板部件
floor panel parts
底板前縱梁
floor front longitudinal member

圖4-2-4 承載式車身分解圖

第3章
汽車安全系統

汽車安全系統主要分為兩個方面，一是主動安全系統，二是被動安全系統。主動安全的作用就是避免事故的發生；而被動安全則是在發生事故時汽車對車內成員的保護或對被撞車輛或行人的保護，如安全帶、安全氣囊、車身的前後吸能區、車門防撞鋼樑都屬被動安全設計（圖4-3-1）。

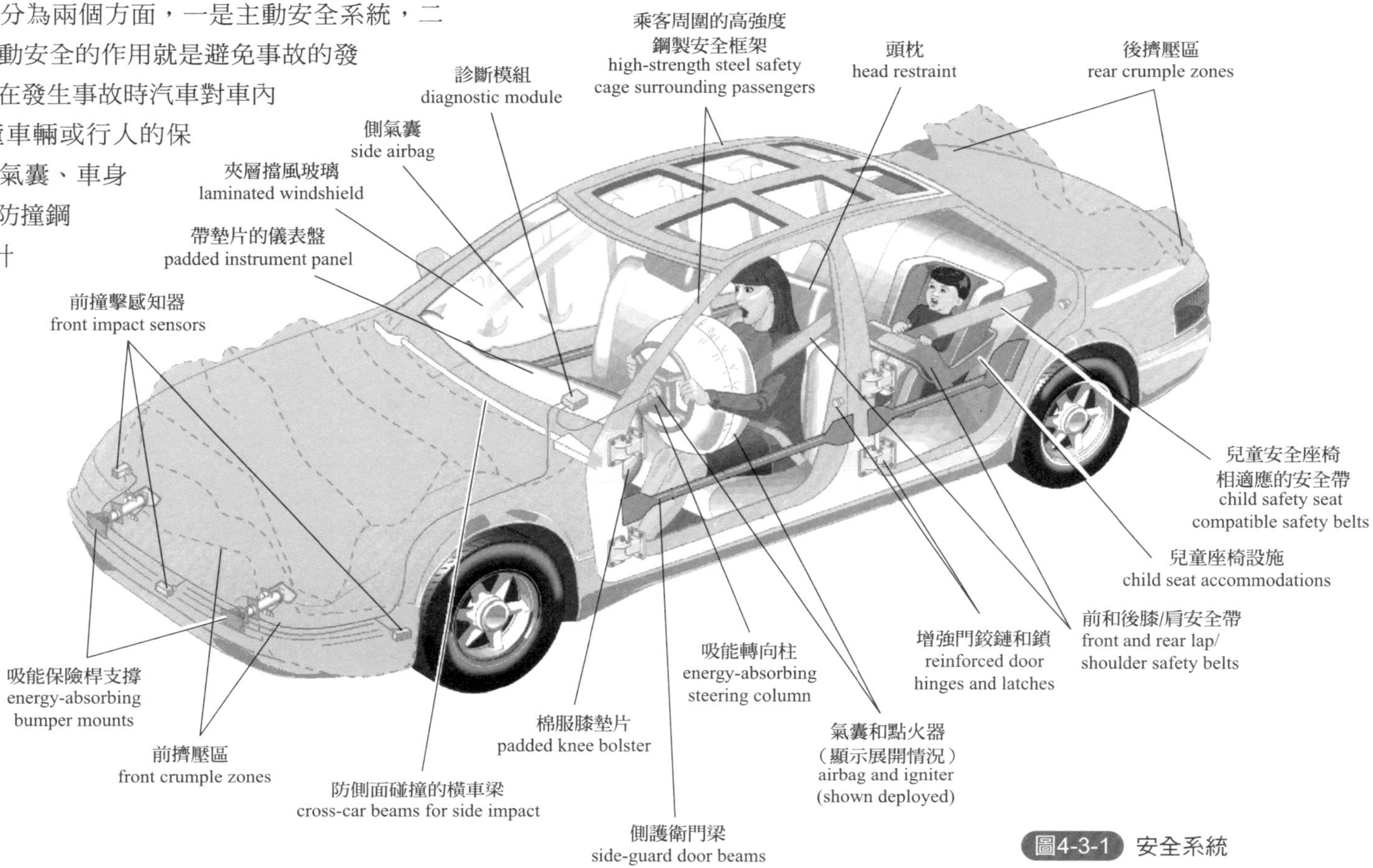
乘客周圍的高強度
鋼製安全框架
high-strength steel safety
cage surrounding passengers
頭枕
head restraint
後擠壓區
rear crumple zones
診斷模組
diagnostic module
側氣囊
side airbag
夾層擋風玻璃
laminated windshield
帶墊片的儀表盤
padded instrument panel
前撞擊感知器
front impact sensors
兒童安全座椅
相適應的安全帶
child safety seat
compatible safety belts
兒童座椅設施
child seat accommodations
前和後膝/肩安全帶
front and rear lap/
shoulder safety belts
增強門鉸鏈和鎖
reinforced door
hinges and latches
吸能轉向柱
energy-absorbing
steering column
吸能保險桿支撐
energy-absorbing
bumper mounts
棉服膝墊片
padded knee bolster
氣囊和點火器
（顯示展開情況）
airbag and igniter
(shown deployed)
前擠壓區
front crumple zones
防側面碰撞的橫車梁
cross-car beams for side impact
側護衛門梁
side-guard door beams

圖4-3-1 安全系統

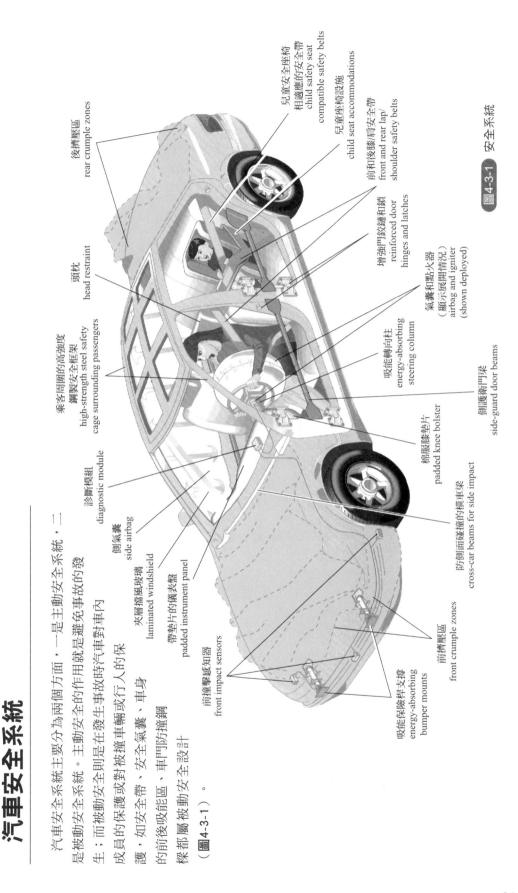

PART 5

第5部分 汽車電系

第 1 章
汽車電系概述

汽車電系由電源和用電設備兩大部分組成。電源包括電瓶和發電機。用電設備包括引擎的起動系統、汽油引擎的點火系統和其他用電裝置（圖 5-1-1）。

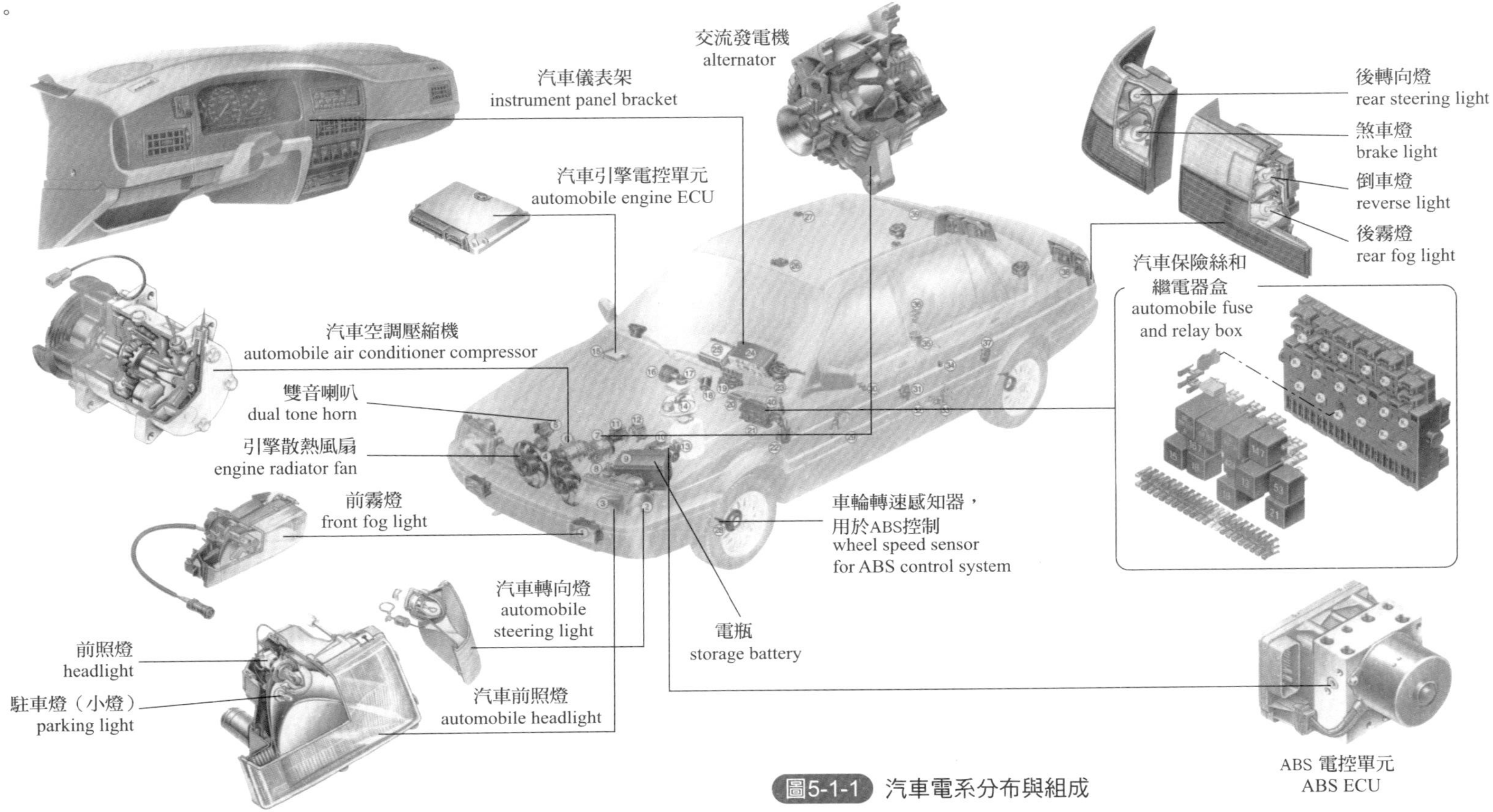
交流發電機
alternator
汽車儀表架
instrument panel bracket
汽車引擎電控單元
automobile engine ECU
汽車空調壓縮機
automobile air conditioner compressor
雙音喇叭
dual tone horn
引擎散熱風扇
engine radiator fan
前霧燈
front fog light
汽車轉向燈
automobile
steering light
前照燈
headlight
駐車燈（小燈）
parking light
汽車前照燈
automobile headlight
電瓶
storage battery
車輪轉速感知器，
用於ABS控制
wheel speed sensor
for ABS control system
後轉向燈
rear steering light
煞車燈
brake light
倒車燈
reverse light
後霧燈
rear fog light
汽車保險絲和
繼電器盒
automobile fuse
and relay box
ABS 電控單元
ABS ECU

圖5-1-1 汽車電系分布與組成

第2章 起動系統

2.1 概述

起動系統由電瓶、點火開關、起動繼電器、起動馬達等組成。起動系統的功用是通過起動馬達將電瓶的電能轉換成機械能，起動引擎運轉（圖5-2-1）。

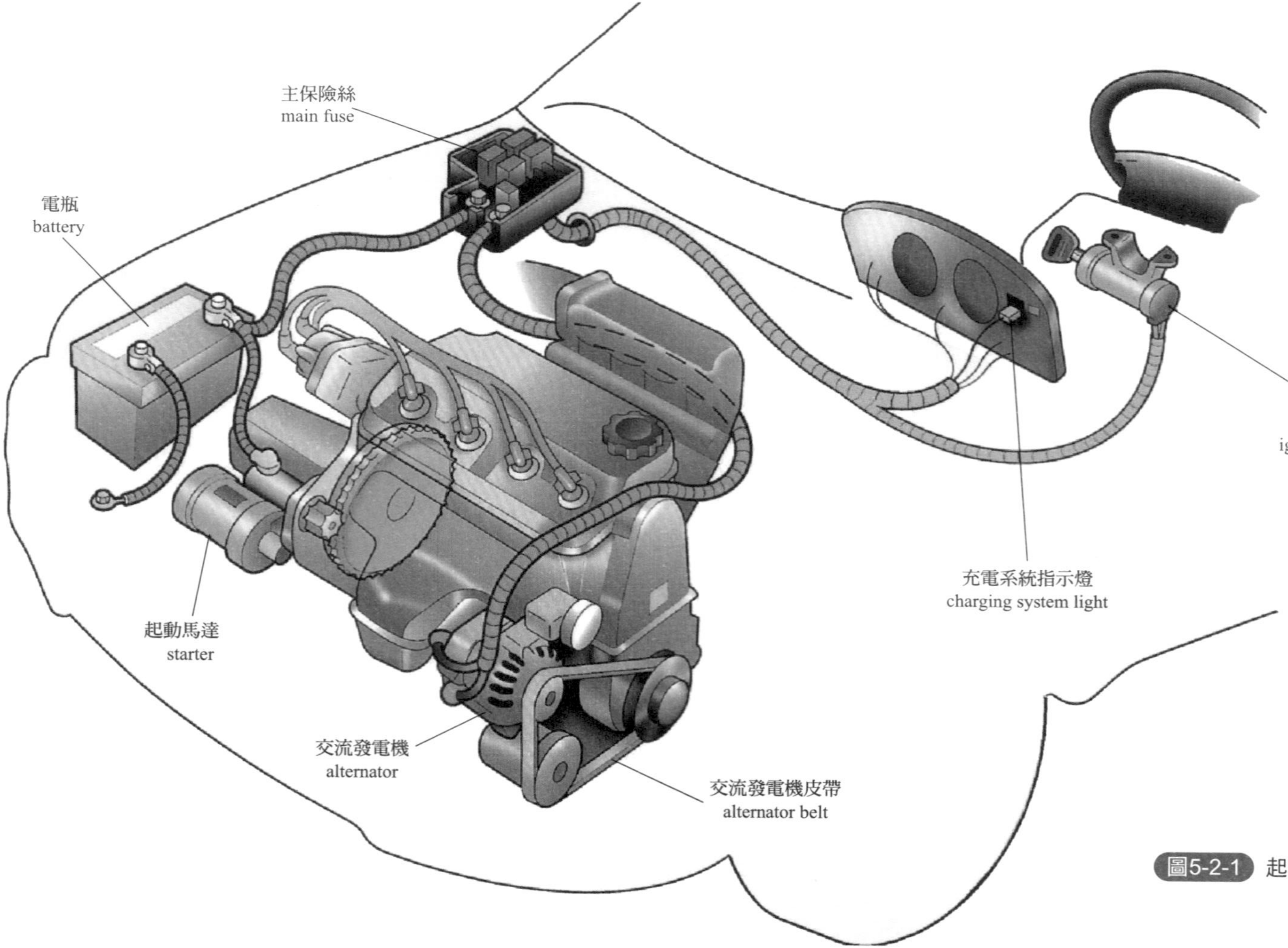
主保險絲
main fuse
電瓶
battery
點火開關
ignition switch
充電系統指示燈
charging system light
起動馬達
starter
交流發電機
alternator
交流發電機皮帶
alternator belt

圖5-2-1 起動系統

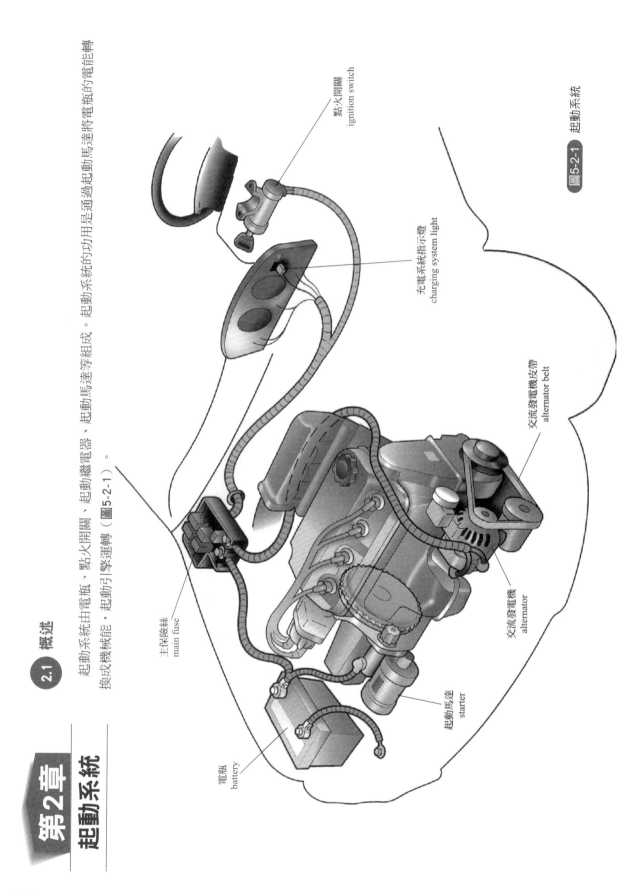

2.2 起動馬達部件與工作原理

起動馬達用三個部件來實現整個起動過程。直流馬達引入來自電瓶的電流並且使起動馬達的驅動齒輪產生機械運動；傳動機構將驅動齒輪嚙合入飛輪齒圈，同時能夠在引擎起動後自動脫開；起動馬達電路的通斷則由一個電磁開關來控制（圖5-2-2）。

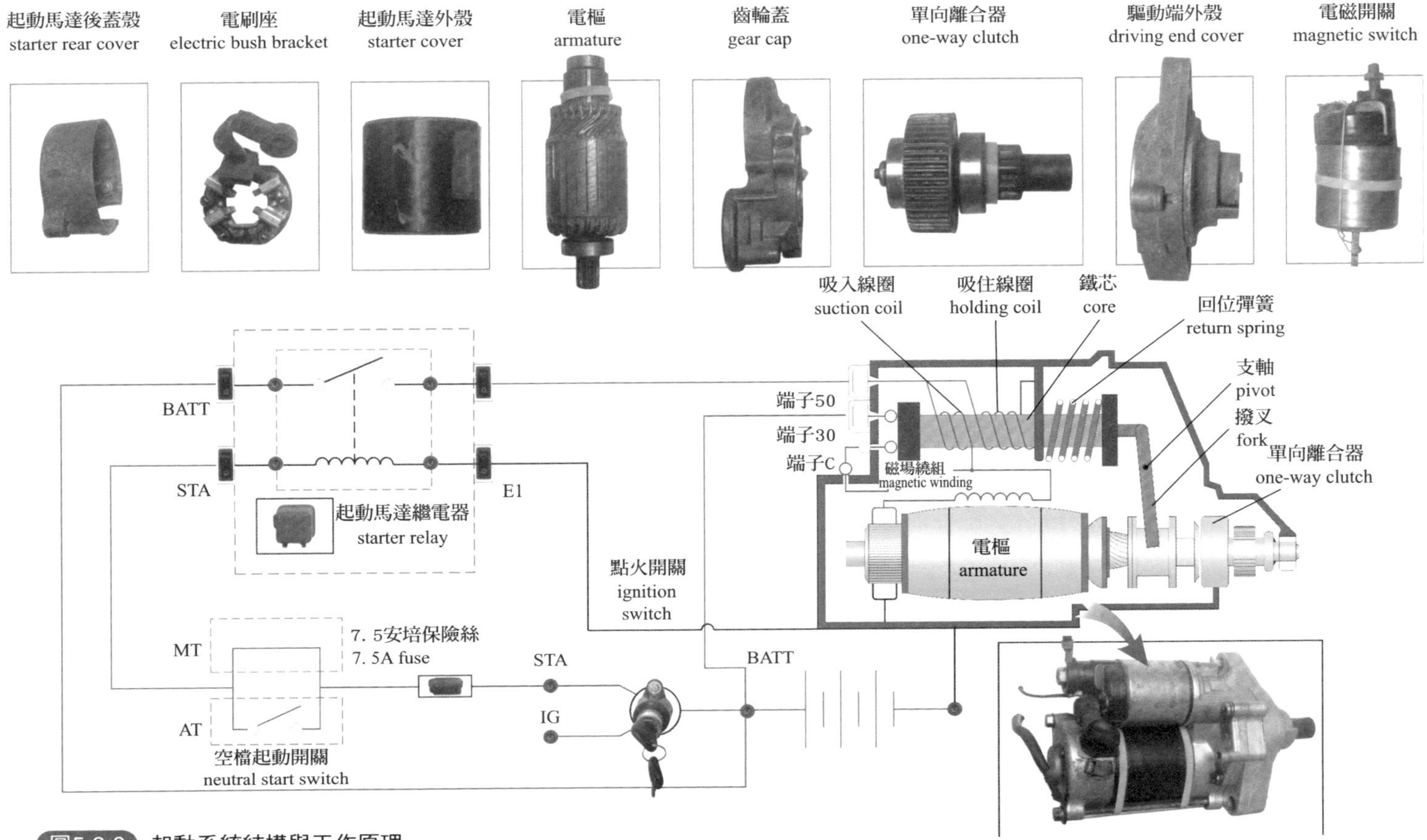

圖5-2-2 起動系統結構與工作原理

2.3 起動馬達結構（圖5-2-3）

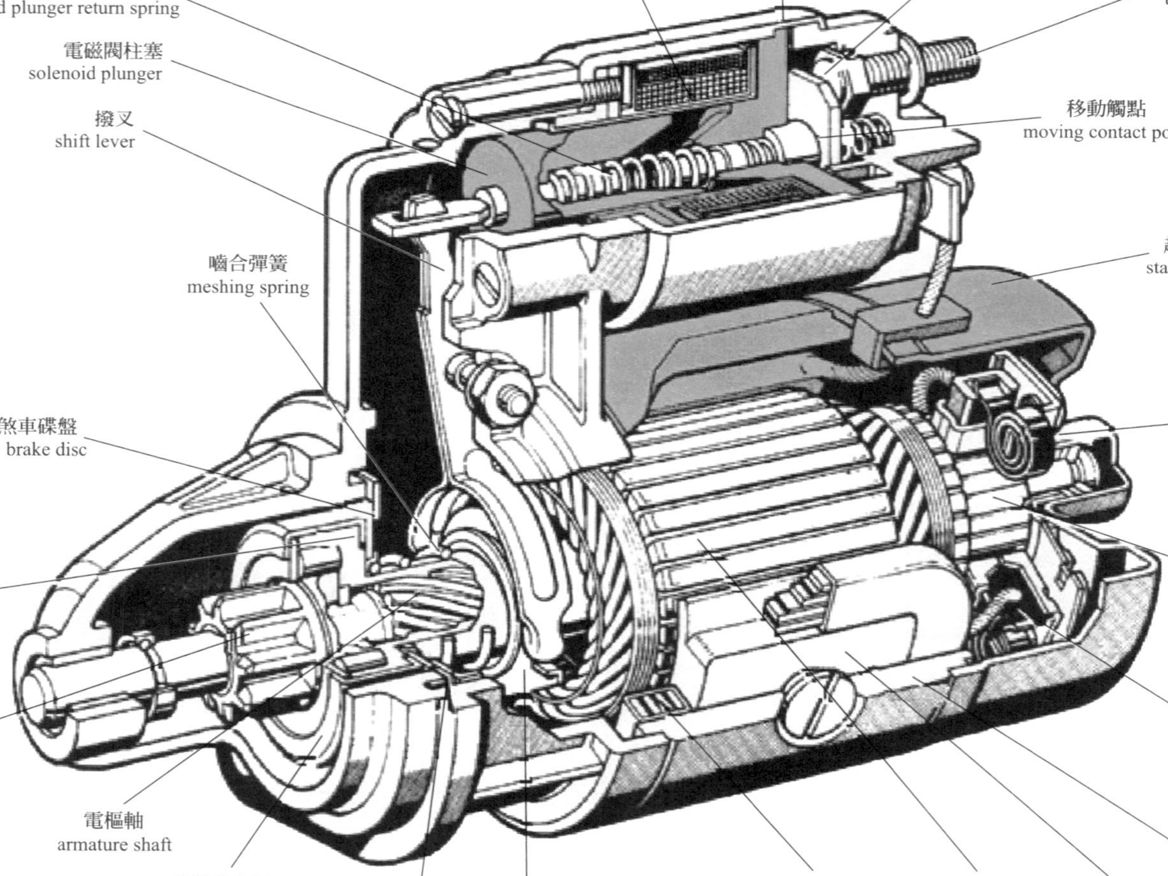

電磁閥柱塞回位彈簧
solenoid plunger return spring
電磁閥柱塞
solenoid plunger
撥叉
shift lever
嚙合彈簧
meshing spring
煞車碟盤
brake disc
驅動板
driver
小齒輪
pinion gear
電樞軸
armature shaft
超越離合器
overrunning clutch
止塊
stop
導向環
guide ring
電磁線圈繞組
solenoid windings
電磁線圈
solenoid
觸點
contact point
接線端子
terminal
移動觸點
moving contact point
起動馬達端蓋
starter end frame
電刷彈簧
brush spring
換向器（整流子）
commutator
電刷
brush
起動馬達殼體
starter housing
磁場繞組
field winding
電樞極
armature pole
磁極
pole piece

圖5-2-3 起動馬達剖面圖

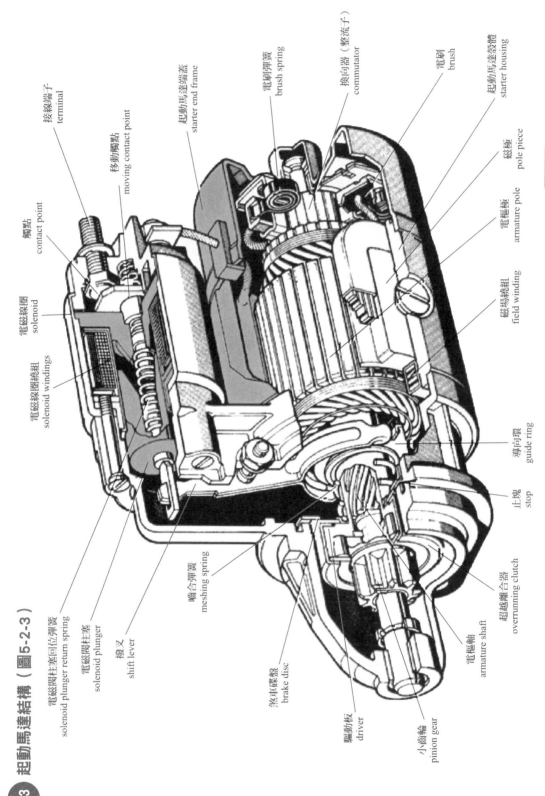

分解的起動馬達如**圖5-2-4**所示。

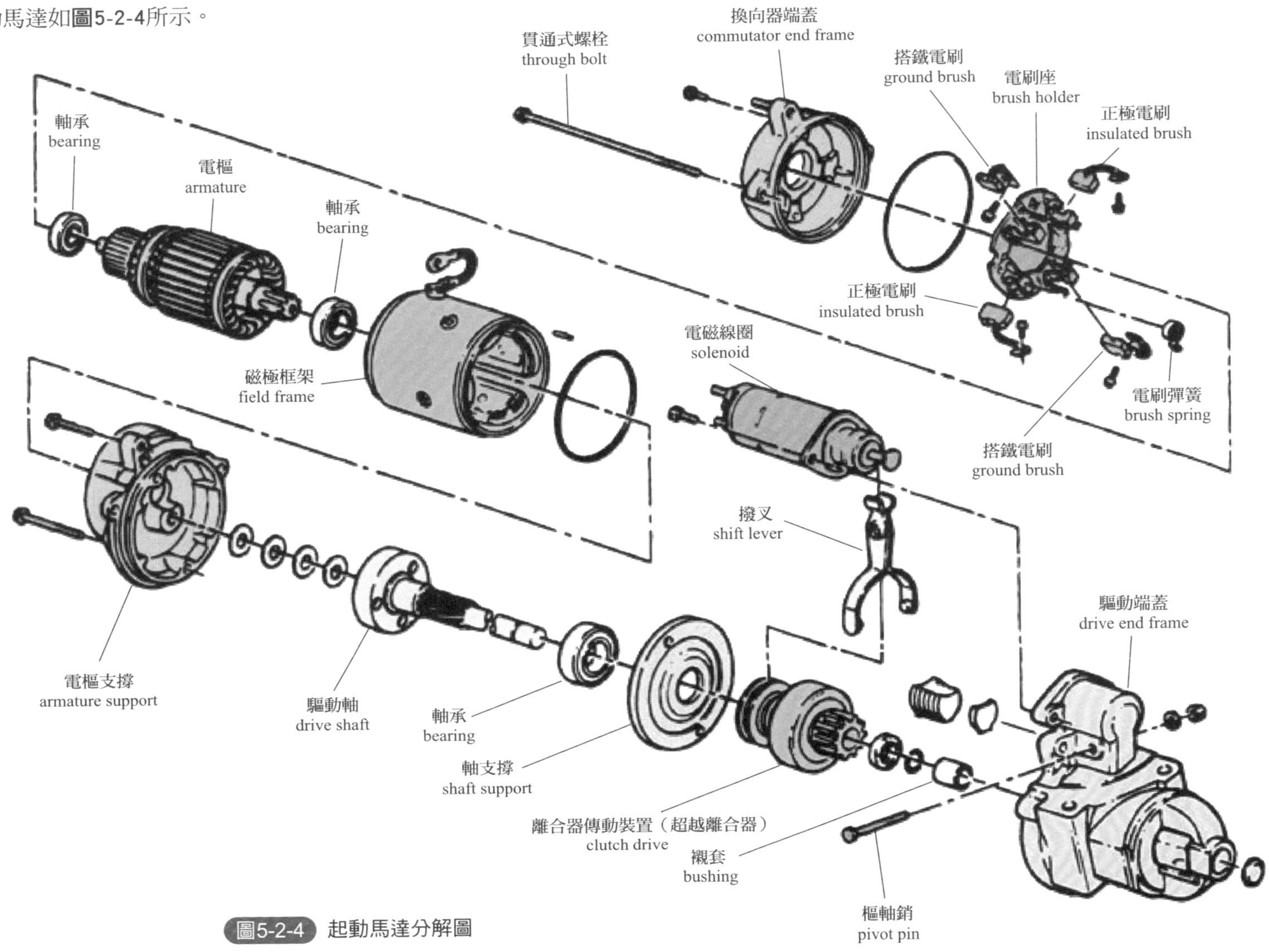

圖5-2-4　起動馬達分解圖

2.3.1　起動馬達齒輪減速機構

在起動馬達的電樞軸與驅動齒輪之間安裝齒輪減速器，可以在降低起動馬達轉速的同時提高其扭矩（圖5-2-5）。

2.3.2　起動馬達單向離合器

當起動時，起動馬達通過單向離合器帶動曲軸旋轉，當引擎起動後，由於它的轉速高於起動馬達的轉速，單向離合器就把起動馬達與引擎的轉動脫開，以保護起動馬達避免損壞（圖5-2-6）。

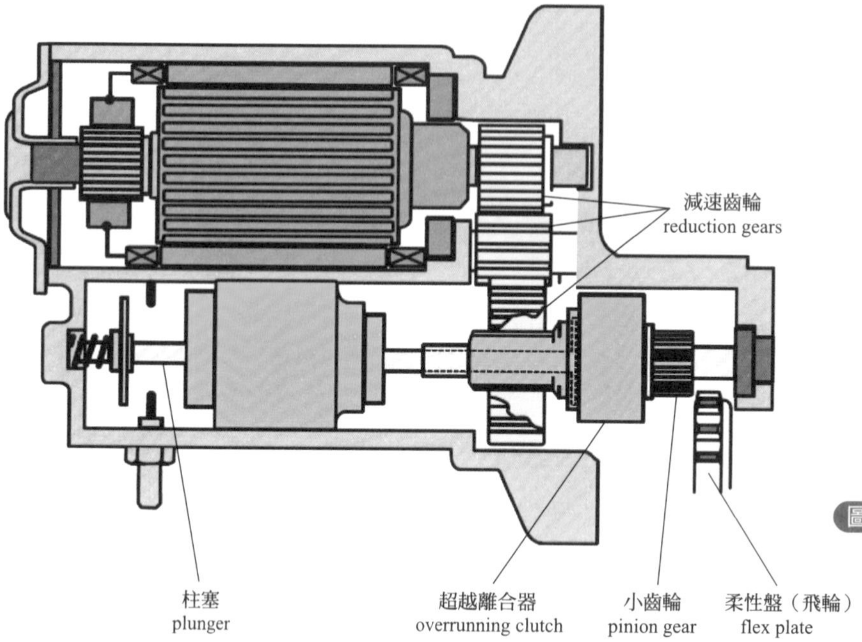
減速齒輪
reduction gears
柱塞
plunger
超越離合器
overrunning clutch
小齒輪
pinion gear
柔性盤（飛輪）
flex plate

圖5-2-5　典型減速起動馬達

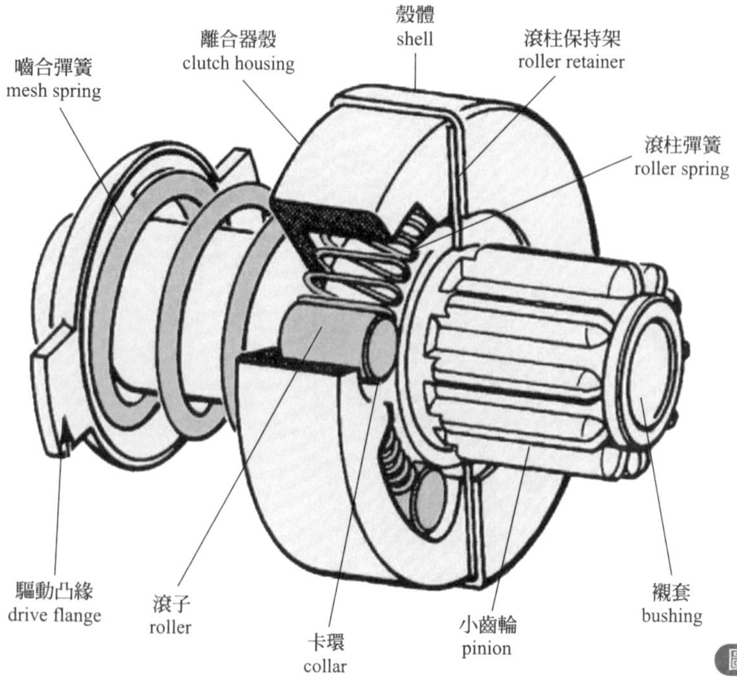
殼體
shell
離合器殼
clutch housing
滾柱保持架
roller retainer
嚙合彈簧
mesh spring
滾柱彈簧
roller spring
驅動凸緣
drive flange
滾子
roller
卡環
collar
小齒輪
pinion
襯套
bushing

圖5-2-6　起動馬達單向離合器

第3章
充電系統

3.1 概述

汽車充電系統由電瓶、交流發電機及工作狀態指示裝置組成。在充電系統中，一般還包括電壓調整器、點火開關、充電指示燈、電流表和保險裝置等（圖5-3-1）。

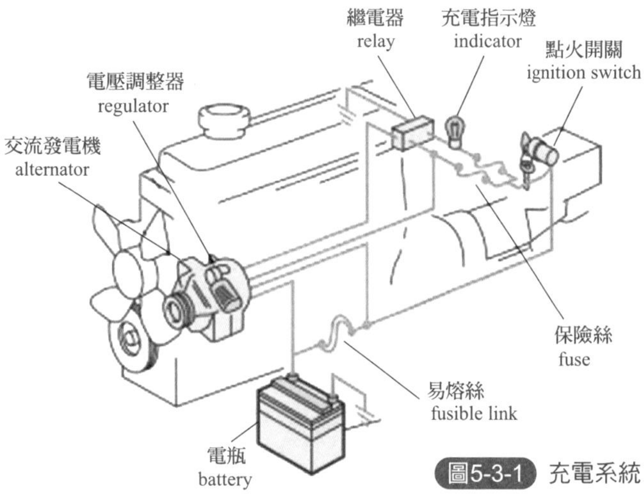

圖5-3-1 充電系統

3.2 發電機

汽車發電機是汽車的主要電源，其功用是在引擎正常運轉時（怠速以上），向所有用電設備（起動馬達除外）供電，同時向電瓶充電。汽車用發電機可分為直流發電機和交流發電機，以及有電刷和無電刷發電機（圖5-3-2）。

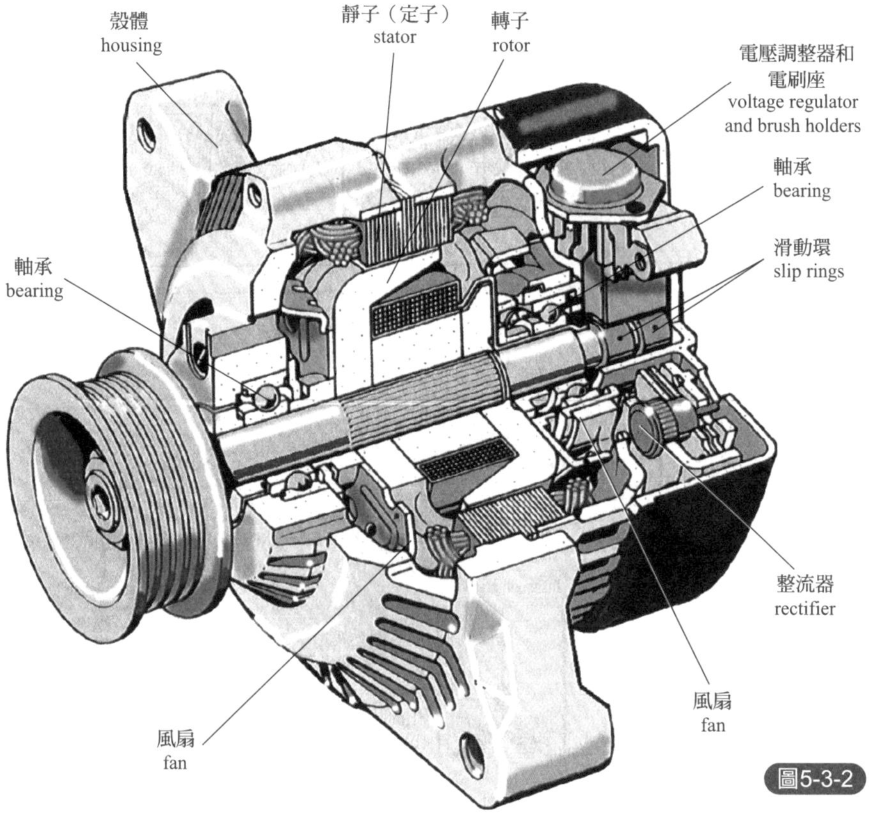

圖5-3-2 剖開的交流發電機

典型交流發電機分解如圖5-3-3所示。

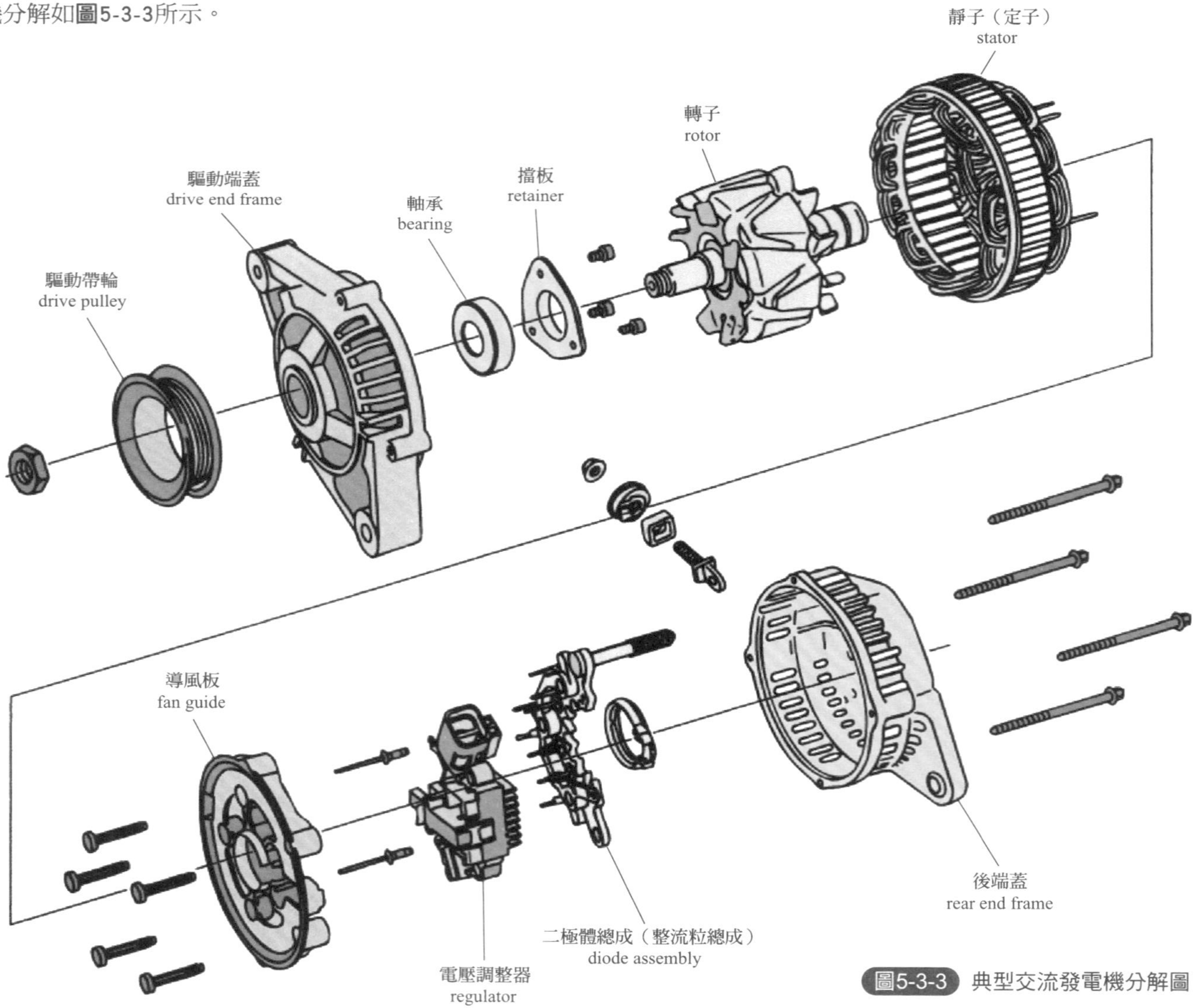
靜子（定子）
stator
轉子
rotor
擋板
retainer
軸承
bearing
驅動端蓋
drive end frame
驅動帶輪
drive pulley
導風板
fan guide
電壓調整器
regulator
二極體總成（整流粒總成）
diode assembly
後端蓋
rear end frame

圖5-3-3　典型交流發電機分解圖

3.2.1　交流發電機結構

發電機通常由靜子（定子）、轉子、端蓋及軸承等部件構成。靜子由靜子鐵芯、漆包線組、機座以及固定這些部分的其他結構件組成。靜子的功用是產生交流電。轉子由轉子鐵芯（或磁極、磁軛）繞組、護環、中心環、滑環、風扇及轉軸等部件組成。轉子的功用是產生磁場，安裝在靜子裡邊（**圖5-3-4**）。

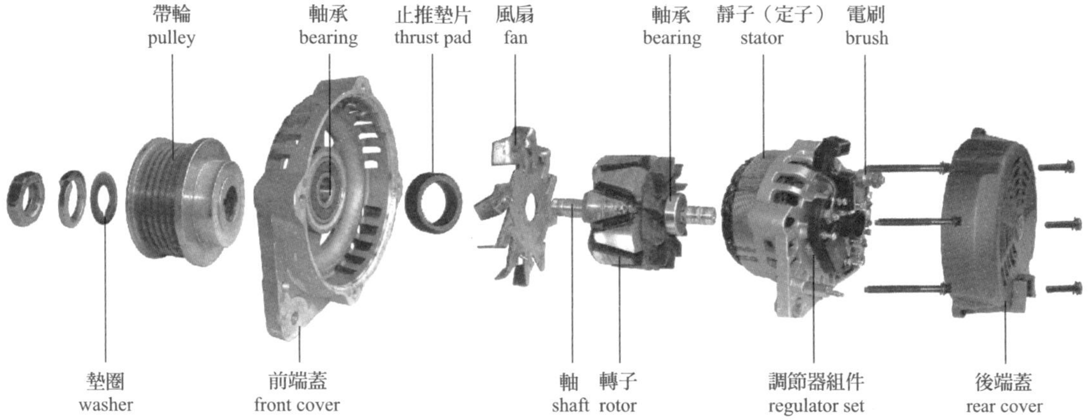
帶輪
pulley
軸承
bearing
止推墊片
thrust pad
風扇
fan
軸承
bearing
靜子（定子）
stator
電刷
brush
墊圈
washer
前端蓋
front cover
軸
shaft
轉子
rotor
調節器組件
regulator set
後端蓋
rear cover

圖5-3-4 分解的交流發電機

3.2.2　交流發電機的工作原理

當外電路通過電刷使激磁繞組通電時，便產生磁場，使爪極被磁化為N極和S極。當轉子旋轉時，磁通交替地在靜子繞組中變化，根據電磁感應原理可知，靜子的三相繞組中便產生交變的感應電動勢（**圖5-3-5**）。

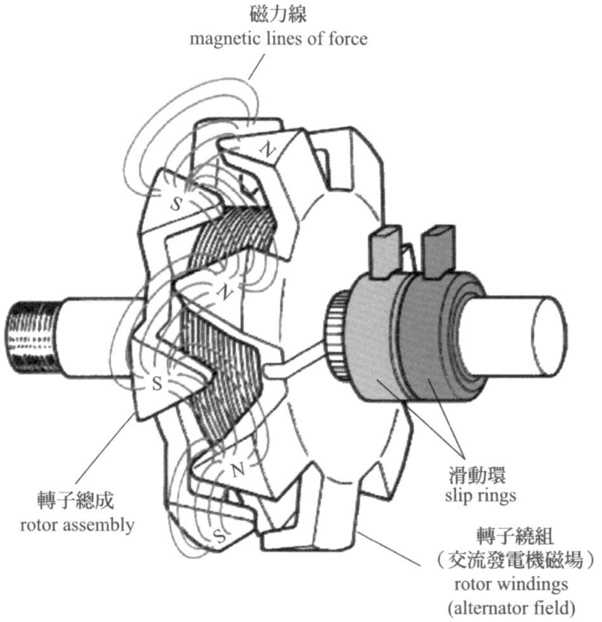
磁力線
magnetic lines of force
N
S
N
S
N
S
轉子總成
rotor assembly
滑動環
slip rings
轉子繞組
（交流發電機磁場）
rotor windings
(alternator field)

圖5-3-5 交流發電機的工作原理

3.3 電瓶

電瓶主要負責起動汽車引擎和為車內電控系統供電，保證車輛的正常運行。在不供電時通過安裝在引擎上的發電機為其充電，在引擎不工作時為電控系統供電。

3.3.1 電瓶結構

電瓶由正負極板、隔板、殼體、電解液和接線樁頭等組成，放電的化學反應是依靠正極板活性物質和負極板活性物質在電解液的作用下進行的（圖5-3-6）。

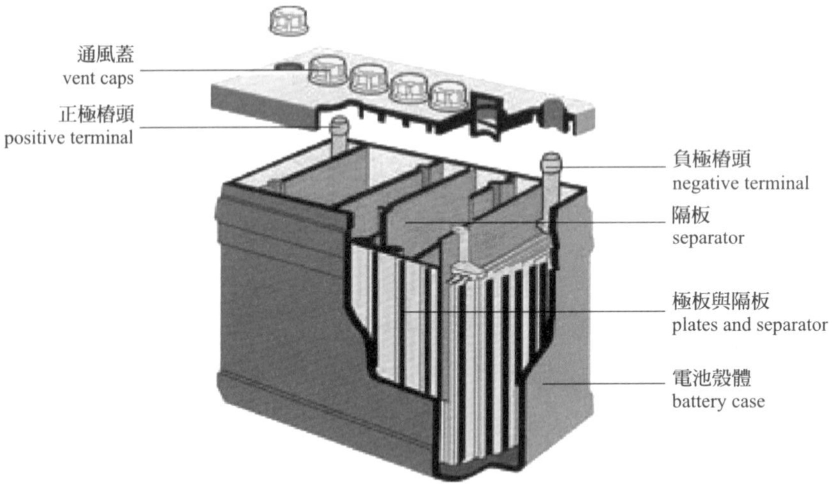
通風蓋
vent caps
正極樁頭
positive terminal
負極樁頭
negative terminal
隔板
separator
極板與隔板
plates and separator
電池殼體
battery case

圖5-3-6 電瓶結構

電瓶極板如圖5-3-7所示。

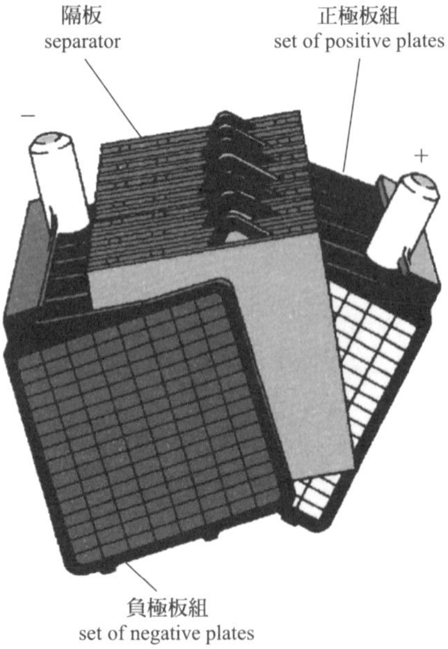
隔板
separator
正極板組
set of positive plates
−
+
負極板組
set of negative plates

圖5-3-7 極板

3.3.2　鉛酸電瓶原理

鉛酸電瓶的基本原理就是放電時將化學能轉化為電能，在充電時將電能轉化為化學能（**圖5-3-8**）。鉛酸電瓶放電時，在電瓶的電位差作用下，負極板上的電子經負載進入正極板形成電流，同時在電池內部進行化學反應。負極板上每個鉛原子放出兩個電子後，生成的鉛離子（Pb^{2+}）與電解液中的硫酸根離子反應，在極板上生成難溶的硫酸鉛（$PbSO_4$）。

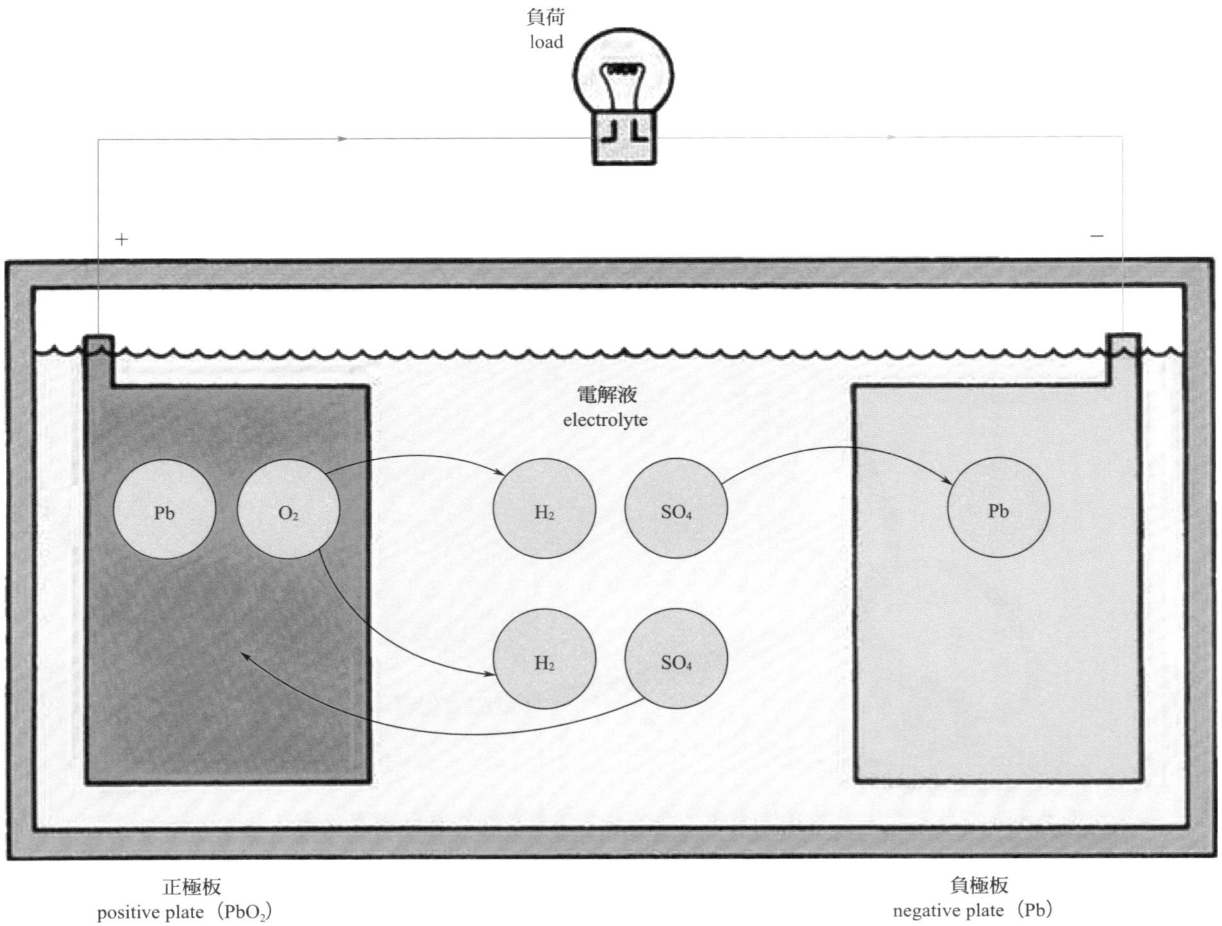
負荷
load
+
−
電解液
electrolyte
Pb
O2
H2
SO4
H2
SO4
Pb
正極板
positive plate（PbO2）
負極板
negative plate（Pb）

圖5-3-8　鉛酸電瓶原理

第4章 點火系統

4.1 概述

能夠在火星塞兩電極間產生電火花的全部設備稱為引擎點火系統，通常由電瓶、發電機、分電盤、點火線圈和火星塞等組成（圖5-4-1）。

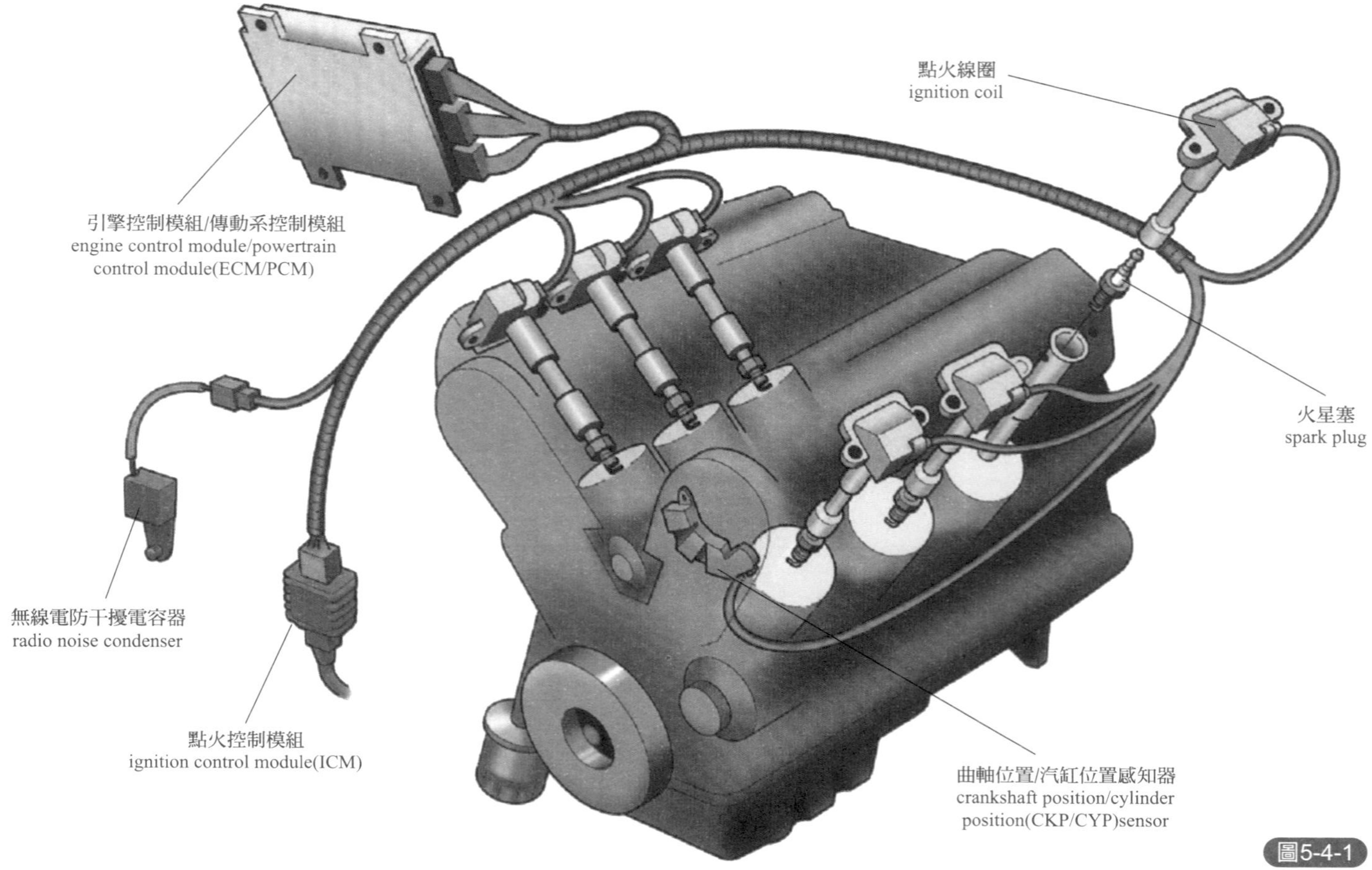
點火線圈
ignition coil
引擎控制模組/傳動系控制模組
engine control module/powertrain control module(ECM/PCM)
火星塞
spark plug
無線電防干擾電容器
radio noise condenser
點火控制模組
ignition control module(ICM)
曲軸位置/汽缸位置感知器
crankshaft position/cylinder position(CKP/CYP)sensor

圖5-4-1 點火系統

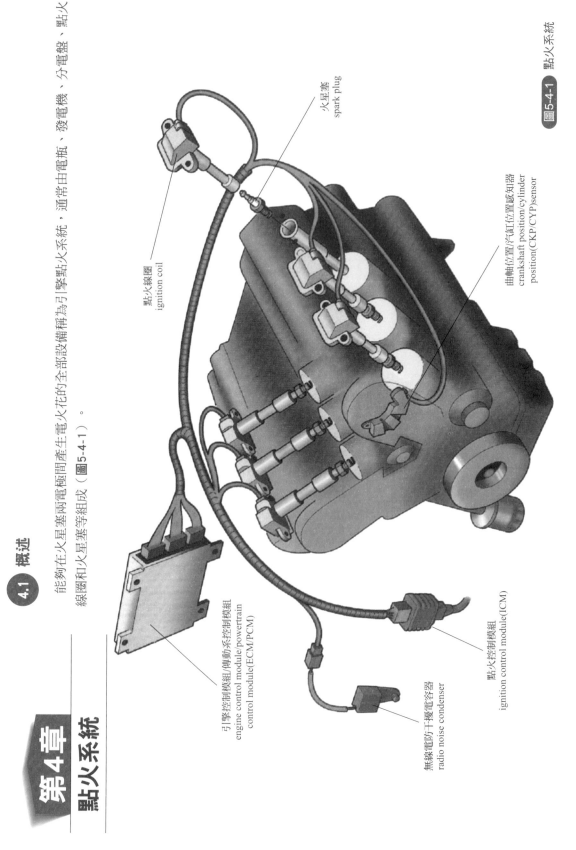

4.2 傳統機械觸點式點火系統工作原理

傳統機械式點火系統由機械裝置完成點火能量的形成、點火順序控制和點火時刻控制的整個點火過程（圖5-4-2）。

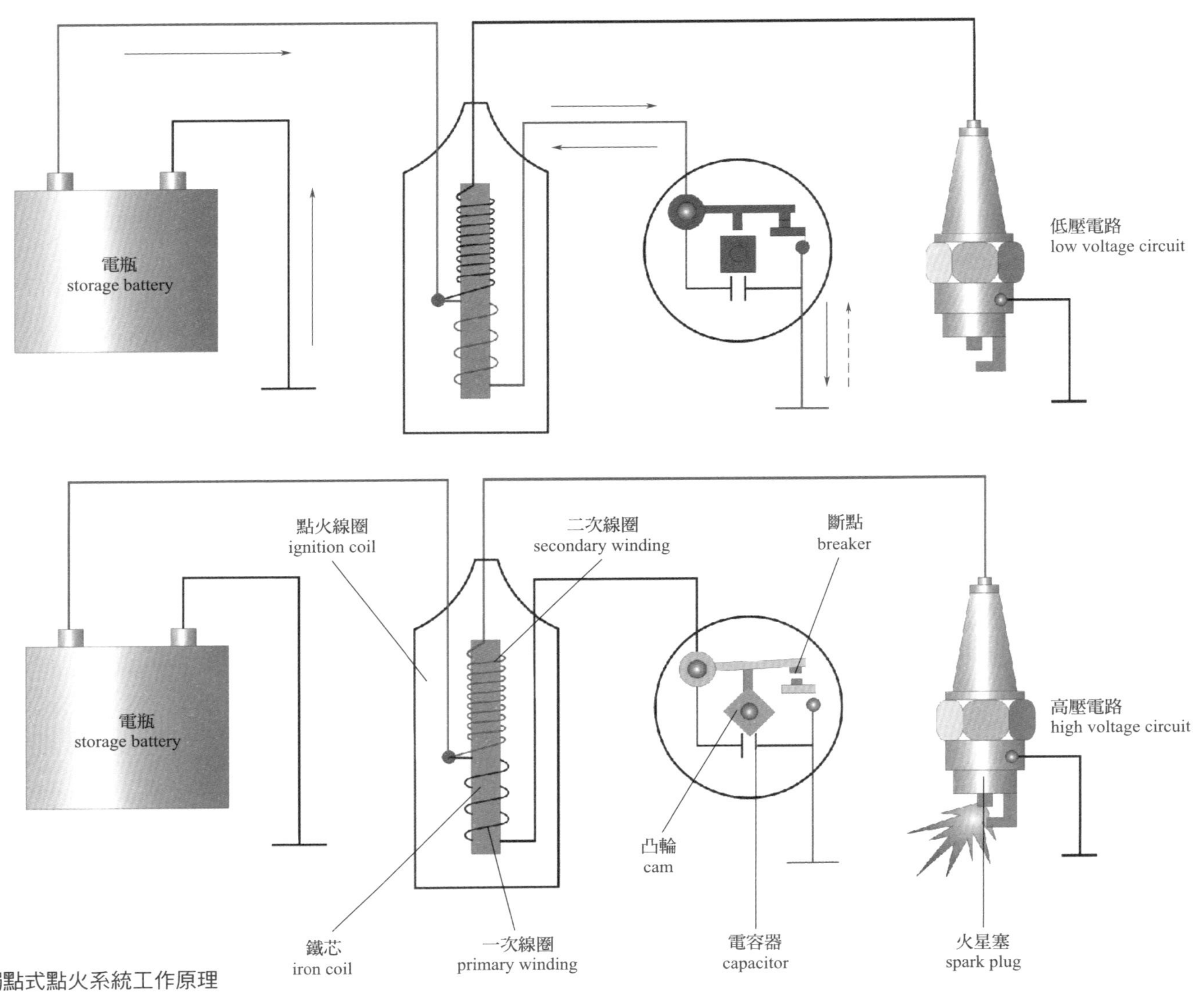

圖5-4-2 傳統機械觸點式點火系統工作原理

4.3 電子點火系統

電子點火系統有一個點火用電子控制裝置，內部有引擎在各種負載下所需的點火控制圖（MAP圖）。通過一系列感知器如引擎轉速感知器、進氣管真空度感知器（引擎負荷感知器）、節汽門位置感知器、曲軸位置感知器等來判斷引擎的工作狀態，在MAP圖上找出引擎在此工作狀態下所需的點火提前角，按此要求進行點火。然後根據爆震感知器信號對上述點火要求進行修正，使引擎工作在最佳點火時刻（圖5-4-3）。

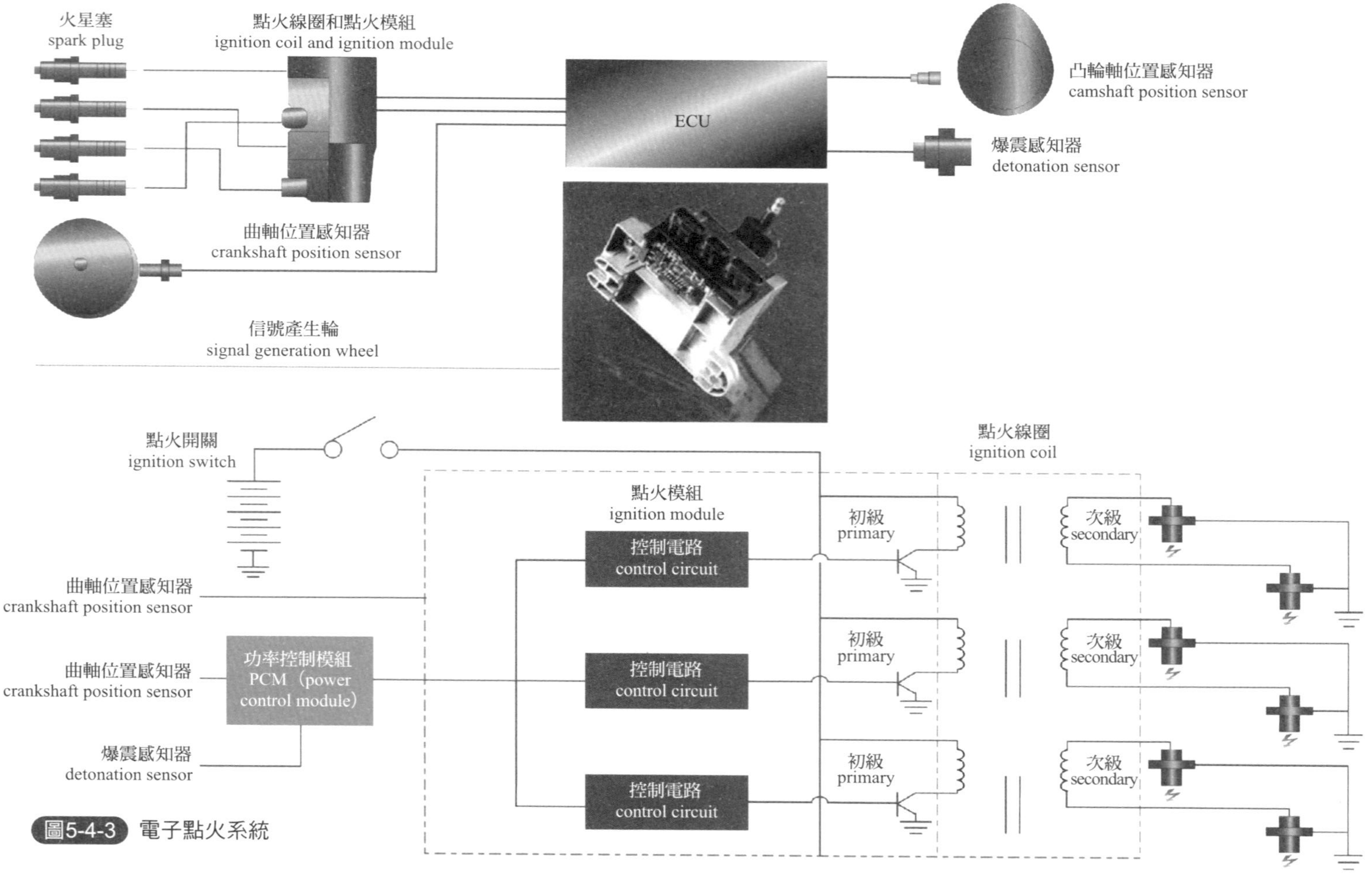
火星塞
spark plug
點火線圈和點火模組
ignition coil and ignition module
ECU
凸輪軸位置感知器
camshaft position sensor
爆震感知器
detonation sensor
曲軸位置感知器
crankshaft position sensor
信號產生輪
signal generation wheel
點火開關
ignition switch
點火線圈
ignition coil
點火模組
ignition module
控制電路
control circuit
初級
primary
次級
secondary
曲軸位置感知器
crankshaft position sensor
曲軸位置感知器
crankshaft position sensor
功率控制模組
PCM（power control module）
爆震感知器
detonation sensor

圖5-4-3 電子點火系統

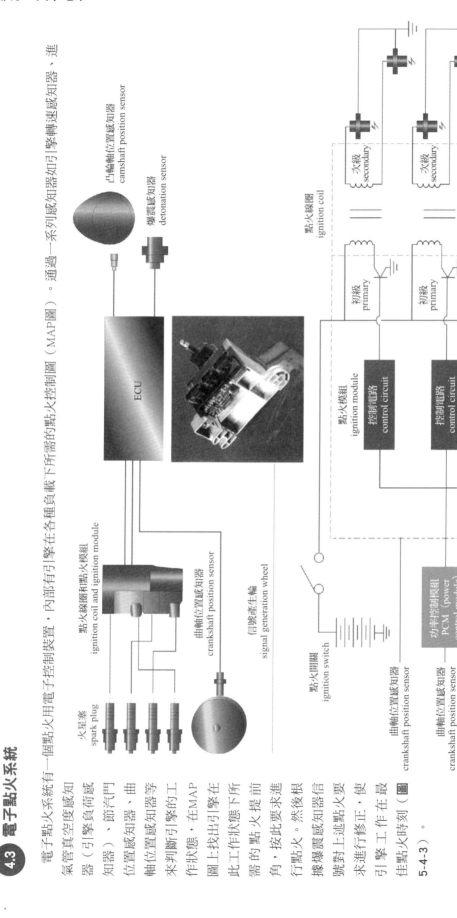

4.4 火星塞

火星塞的作用是把高壓導線送來的脈衝高壓電放電，擊穿火星塞兩電極間空氣，產生電火花以此引燃汽缸內的混合氣體（**圖5-4-4**）。

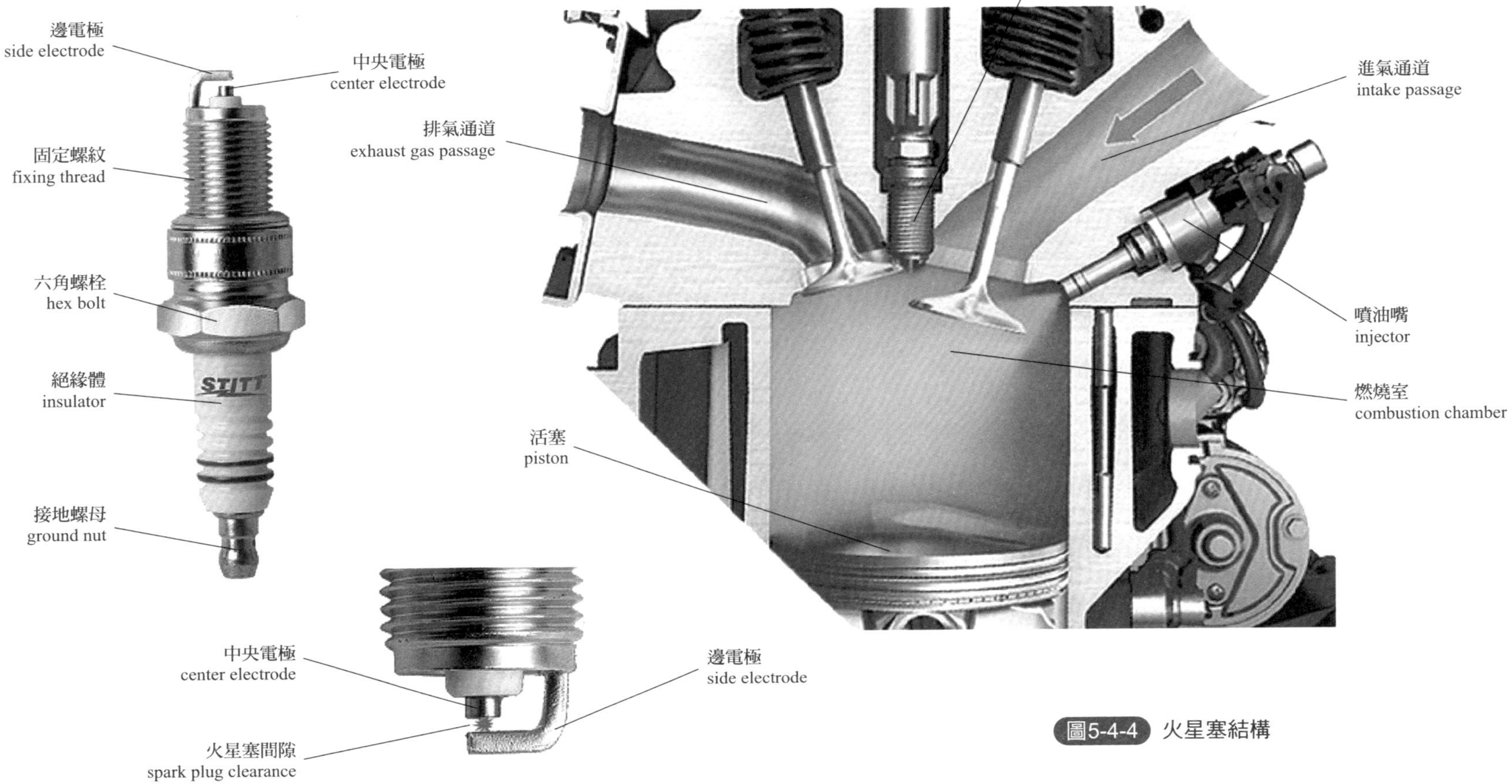
邊電極
side electrode
中央電極
center electrode
固定螺紋
fixing thread
排氣通道
exhaust gas passage
六角螺栓
hex bolt
絕緣體
insulator
STITT
接地螺母
ground nut
火星塞
spark plug
進氣通道
intake passage
噴油嘴
injector
燃燒室
combustion chamber
活塞
piston
中央電極
center electrode
火星塞間隙
spark plug clearance
邊電極
side electrode

圖5-4-4 火星塞結構

第5章
儀表

汽車儀表由各種儀表、指示器，特別是駕駛員用警示燈報警器等組成，為駕駛員提供所需的汽車運行參數信息（圖5-5-1）。

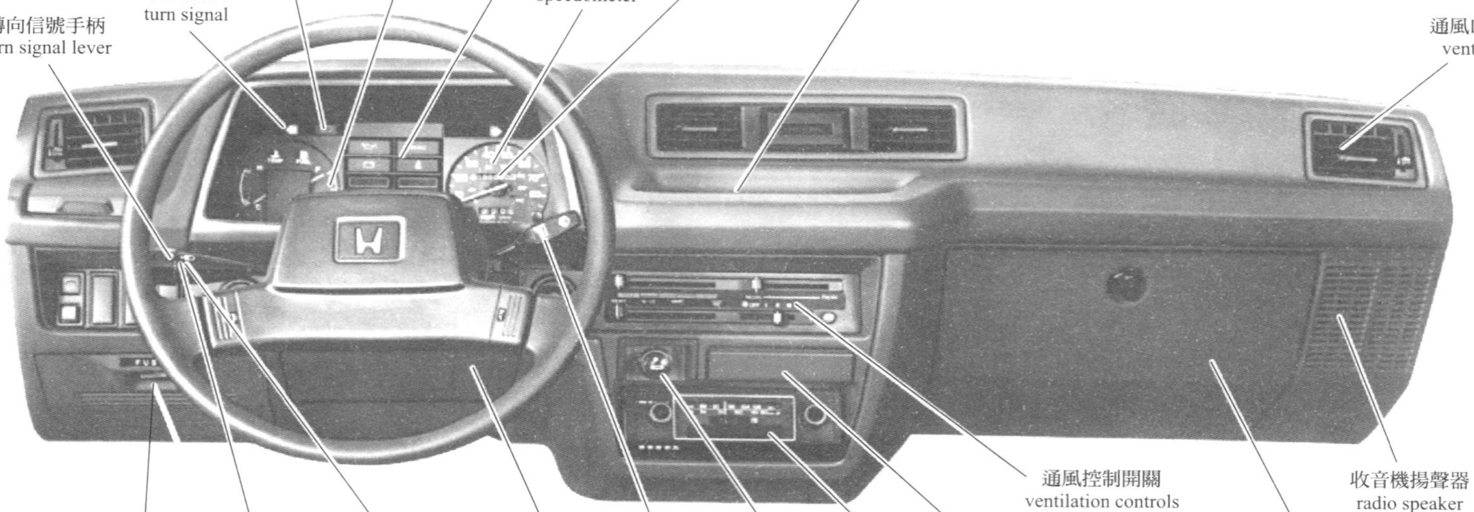
燃油表
fuel gauge
警告燈
warning lights
大燈信號
bright light signal
里程表
odometer
車速表
speedometer
托架
tray
轉向信號
turn signal
轉向信號手柄
turn signal lever
通風口
vent
通風控制開關
ventilation controls
收音機揚聲器
radio speaker
菸灰缸
ashtray
保險絲盒
fuse box
燈光開關
lights switch
點火開關
ignition switch
點煙器
lighter
儲物箱
glove compartment
收音機和控制開關
radio and controls
警示燈開關
hazard light switch
擋風雨刷和清洗器控制開關
windshield wiper and washer controls

圖5-5-1 儀表

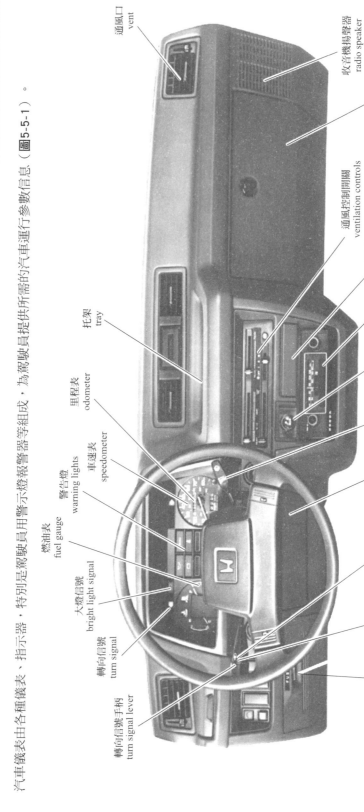

第6章 空調系統

6.1 概述

汽車空調系統是實現對車廂內空氣進行製冷、加熱、換氣和空氣淨化的裝置（圖5-6-1）。

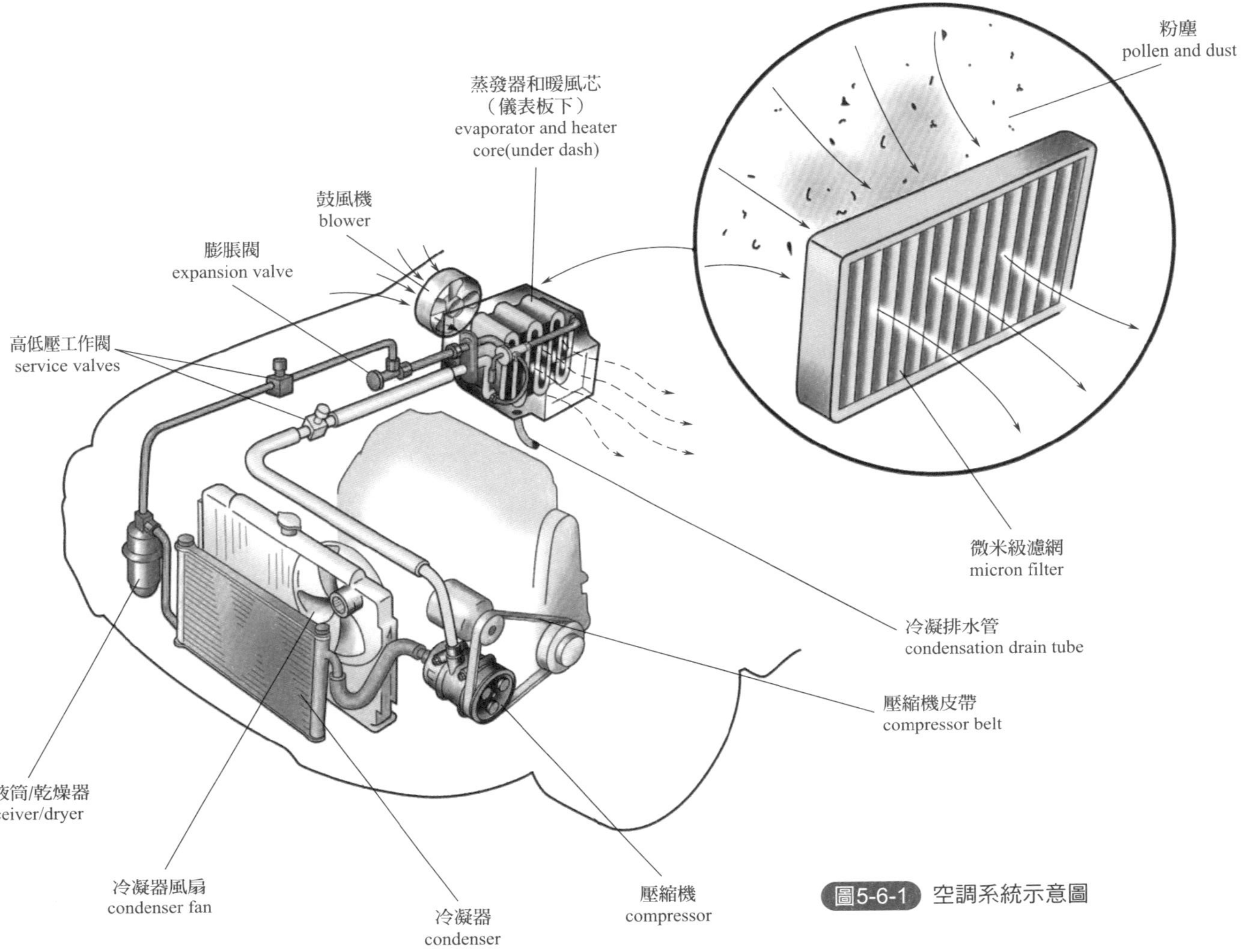
粉塵
pollen and dust
蒸發器和暖風芯
（儀表板下）
evaporator and heater
core(under dash)
鼓風機
blower
膨脹閥
expansion valve
高低壓工作閥
service valves
微米級濾網
micron filter
冷凝排水管
condensation drain tube
壓縮機皮帶
compressor belt
貯液筒/乾燥器
receiver/dryer
冷凝器風扇
condenser fan
冷凝器
condenser
壓縮機
compressor

圖5-6-1 空調系統示意圖

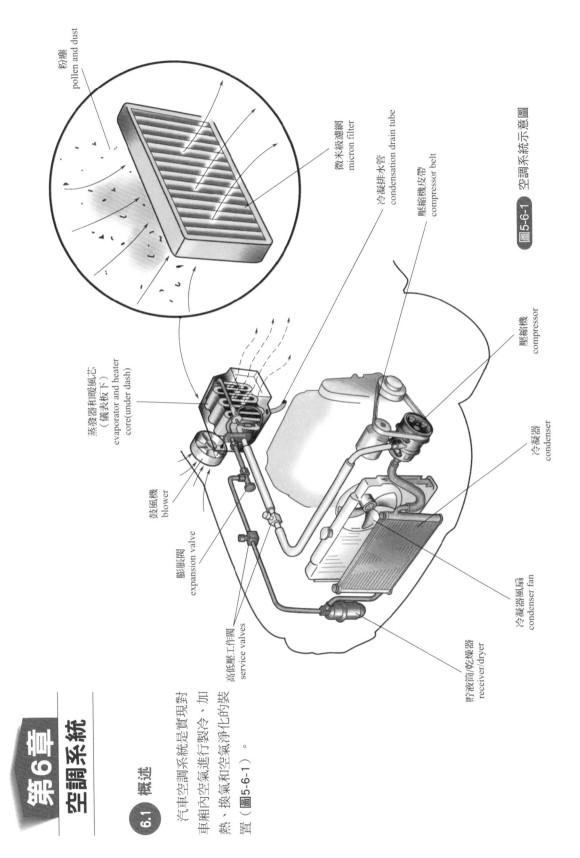

6.2 空調系統組成

空調系統由製冷系統、供暖系統、通風和空氣淨化裝置及控制系統組成（圖5-6-2）。

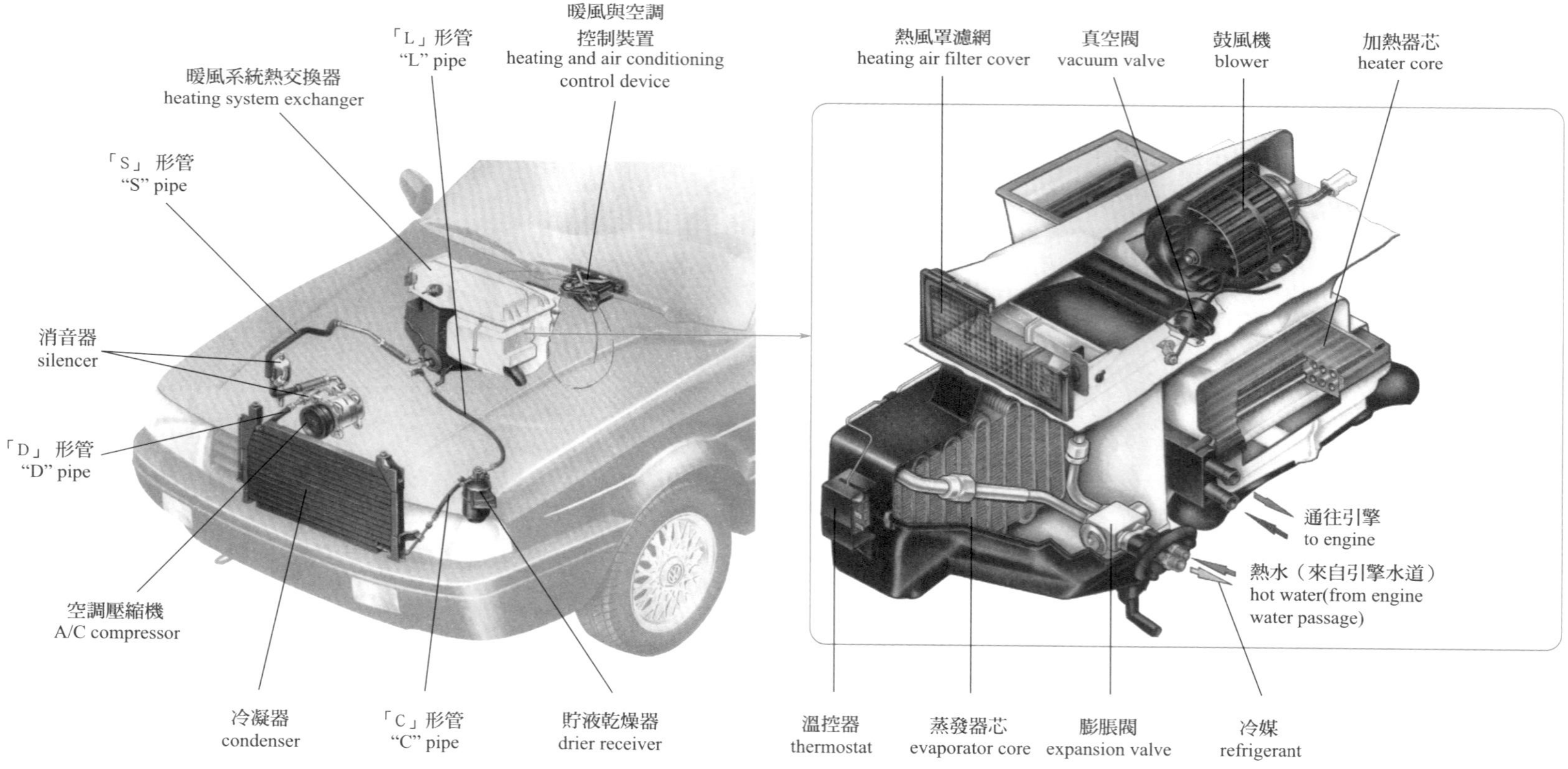
暖風與空調
控制裝置
heating and air conditioning
control device
「L」形管
"L" pipe
暖風系統熱交換器
heating system exchanger
「S」形管
"S" pipe
消音器
silencer
「D」形管
"D" pipe
空調壓縮機
A/C compressor
冷凝器
condenser
「C」形管
"C" pipe
貯液乾燥器
drier receiver
熱風罩濾網
heating air filter cover
真空閥
vacuum valve
鼓風機
blower
加熱器芯
heater core
通往引擎
to engine
熱水（來自引擎水道）
hot water(from engine
water passage)
溫控器
thermostat
蒸發器芯
evaporator core
膨脹閥
expansion valve
冷媒
refrigerant

圖5-6-2 空調系統組成

6.3 空調系統原理

首先，壓縮機吸收來自蒸發器的氣體冷媒並進行加溫加壓，再送到冷凝器進行降溫處理，但是壓強還是很高，之後到達貯液乾燥器進行乾燥處理，再到達膨脹閥，在這裡進行降溫降壓處理，最後是送到蒸發器，吸收熱量（**圖5-6-3**）。

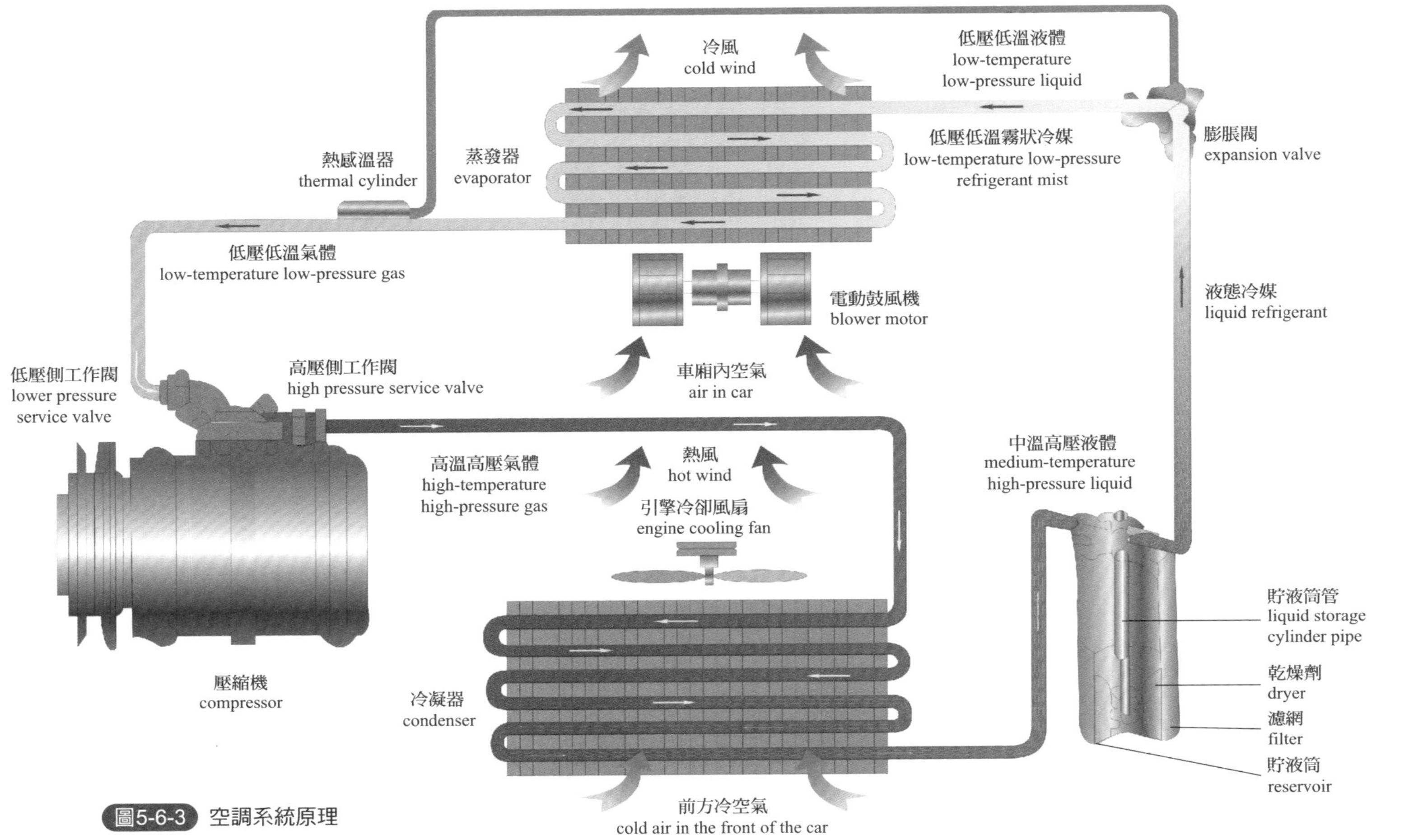
冷風
cold wind
低壓低溫液體
low-temperature
low-pressure liquid
膨脹閥
expansion valve
低壓低溫霧狀冷媒
low-temperature low-pressure
refrigerant mist
熱感溫器
thermal cylinder
蒸發器
evaporator
低壓低溫氣體
low-temperature low-pressure gas
電動鼓風機
blower motor
液態冷媒
liquid refrigerant
低壓側工作閥
lower pressure
service valve
高壓側工作閥
high pressure service valve
車廂內空氣
air in car
中溫高壓液體
medium-temperature
high-pressure liquid
高溫高壓氣體
high-temperature
high-pressure gas
熱風
hot wind
引擎冷卻風扇
engine cooling fan
貯液筒管
liquid storage
cylinder pipe
乾燥劑
dryer
濾網
filter
貯液筒
reservoir
壓縮機
compressor
冷凝器
condenser
前方冷空氣
cold air in the front of the car

圖5-6-3 空調系統原理

6.4 壓縮機

壓縮機從吸氣管吸入低溫低壓的冷媒氣體，通過馬達或引擎運轉帶動活塞對其進行壓縮後，向排氣管排出高溫高壓的冷媒氣體，為製冷循環提供動力，從而實現壓縮→冷凝（放熱）→膨脹→蒸發（吸熱）的製冷循環（**圖5-6-4**）。

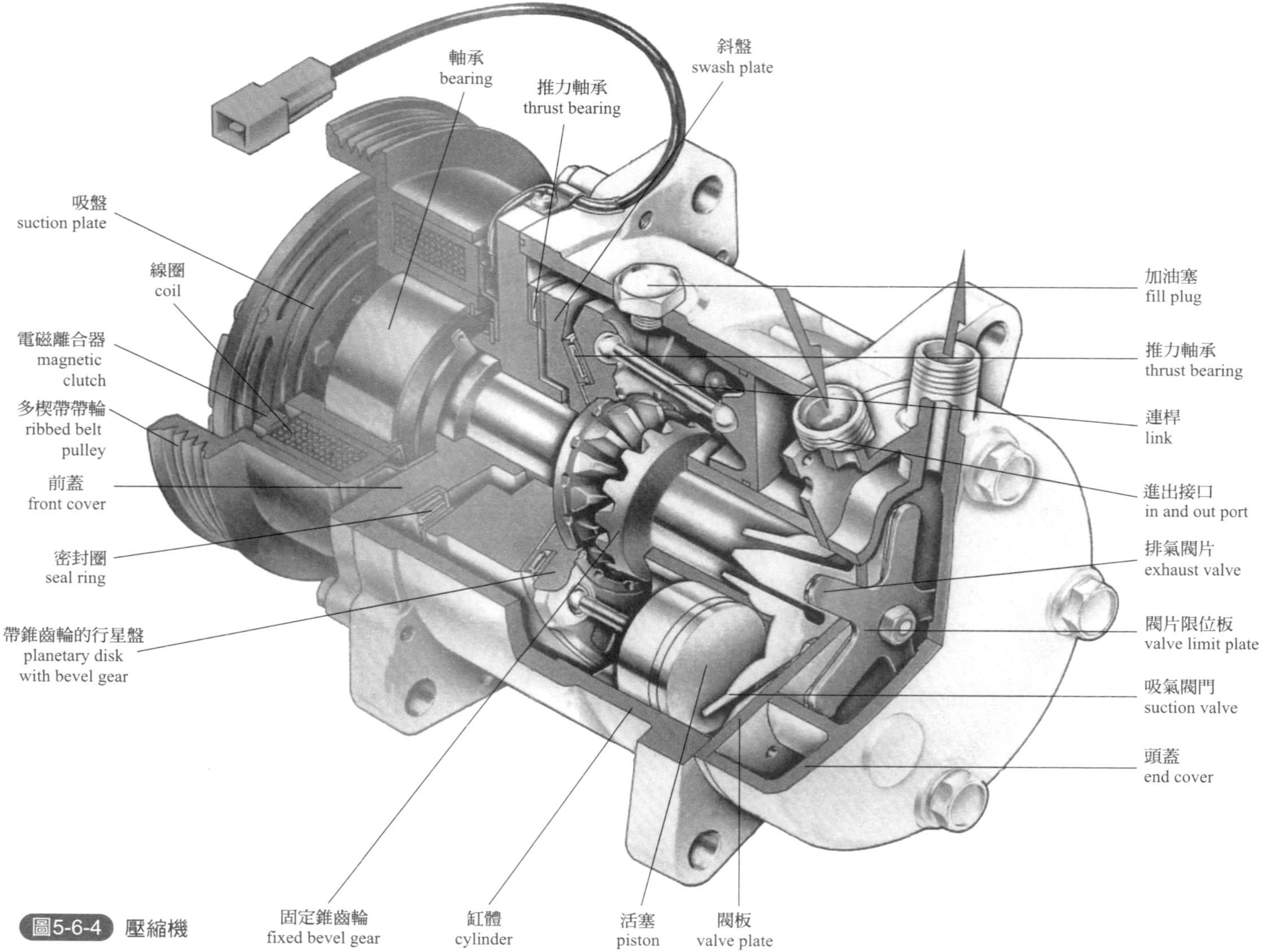
軸承
bearing
推力軸承
thrust bearing
斜盤
swash plate
吸盤
suction plate
線圈
coil
電磁離合器
magnetic clutch
多楔帶帶輪
ribbed belt pulley
前蓋
front cover
密封圈
seal ring
帶錐齒輪的行星盤
planetary disk with bevel gear
固定錐齒輪
fixed bevel gear
缸體
cylinder
活塞
piston
閥板
valve plate
加油塞
fill plug
推力軸承
thrust bearing
連桿
link
進出接口
in and out port
排氣閥片
exhaust valve
閥片限位板
valve limit plate
吸氣閥門
suction valve
頭蓋
end cover

圖5-6-4 壓縮機

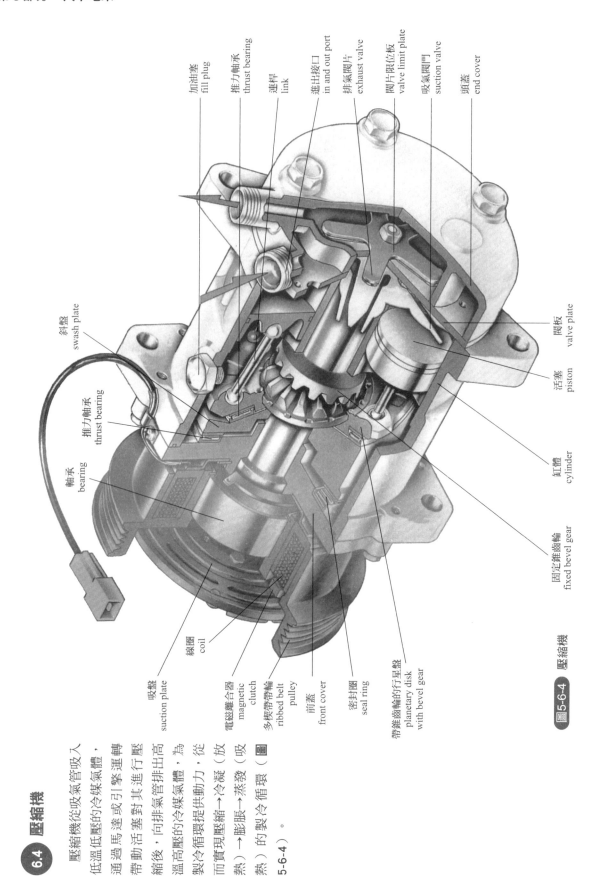

第7章 安全氣囊

安全氣囊，縮寫SRS（supplementary restraint system，輔助束縛系統），指安裝在汽車上的充氣軟囊，在車輛發生撞擊事故的瞬間彈出，以達到緩衝的作用，保護駕駛員和乘客的安全（**圖5-7-1**）。

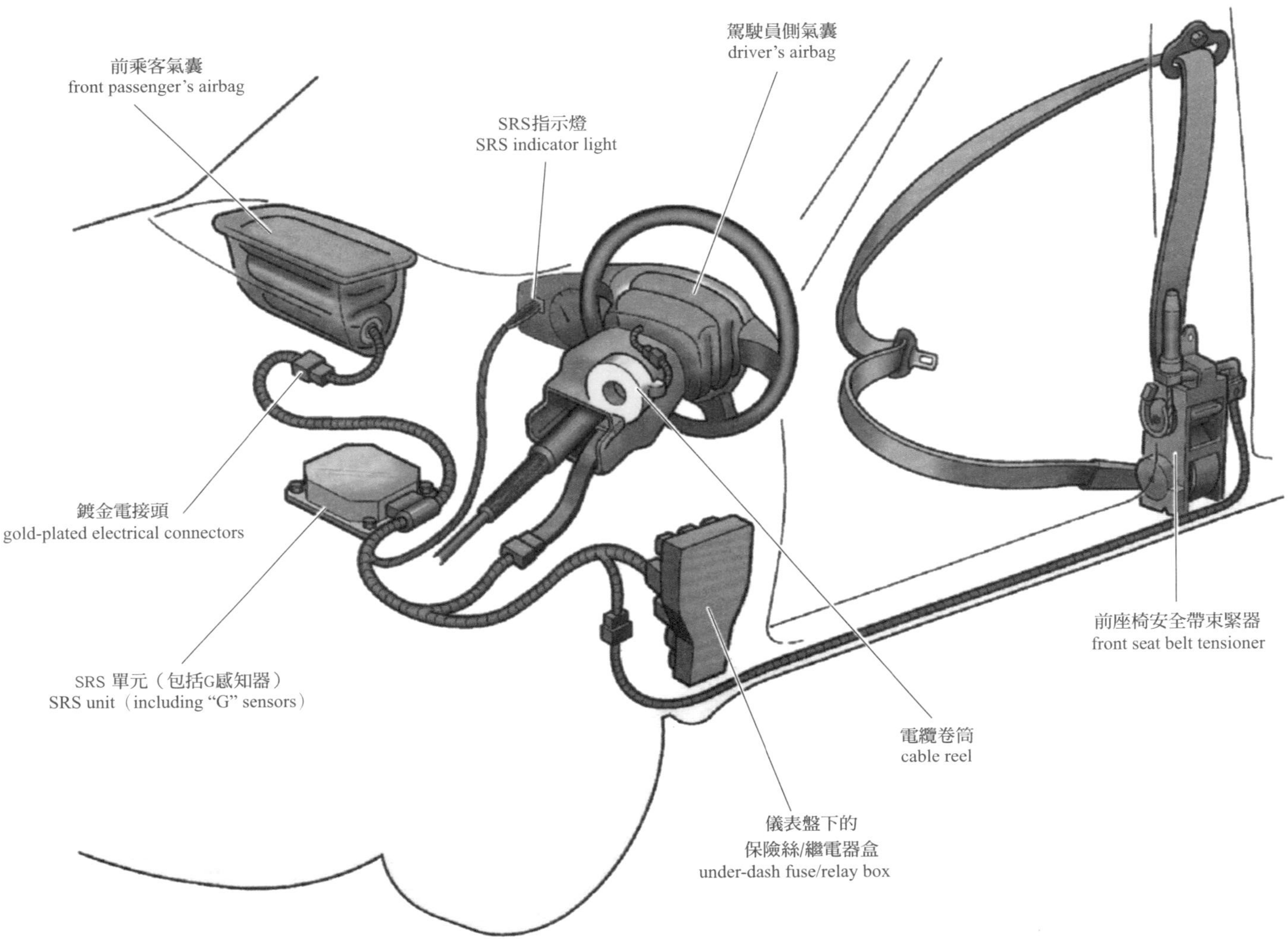
前乘客氣囊
front passenger's airbag
SRS指示燈
SRS indicator light
駕駛員側氣囊
driver's airbag
鍍金電接頭
gold-plated electrical connectors
SRS 單元（包括G感知器）
SRS unit（including "G" sensors）
前座椅安全帶束緊器
front seat belt tensioner
電纜卷筒
cable reel
儀表盤下的
保險絲/繼電器盒
under-dash fuse/relay box

圖5-7-1 安全氣囊

參考文獻

[1] 阙广武，张汛，田勇根.图解汽车发动机新技术入门.北京：中国电力出版社，2009.

[2] 吴文琳.图解汽车发动机构造手册.北京：化学工业出版社，2007.

[3] 陈家瑞.汽车构造.北京：机械工业出版社，2013.

[4] 关文达.汽车构造.北京：机械工业出版社，2010.

[5] Denton T. Automobile Mechanical and Electrical Systems. Oxford：Butterworth Heinemann，2011.

[6] Halderman J，Linder J. Automotive Fuel and Emission Control Systems：3rd ed. New Jersey：Pearson，2012.

[7] Halderman J. Automotive Technology：Principles，Diagnosis，and Service：4th ed. New Jersey：Pearson，2012.